冶金职业技能培训丛书

原铝及其合金的熔铸生产问答

向凌霄 编著

北 京
冶金工业出版社
2011

内容简介

本书根据电解铝厂的生产特点，按生产工序以问答方式叙述原铝及其合金的熔铸生产过程。全书共分22部分，361个问题，各部分具体为：铝的一般特性，原铝的特点，熔炼工艺的选择，出铝，化学成分的调整与配料，第一次精炼，静置，晶粒细化处理，第二次精炼，炉子管理，铸造，立式半连续铸造，同水平铸造，水平连续铸造，连续铸轧，连铸连轧，重熔用铝锭生产，双带式连续铸造，中间合金生产，熔剂生产，铝渣处理，生产检验与铸锭缺陷。附录中列出了常用铝及铝合金牌号和化学成分等。

本书适合铝电解厂熔铸生产的操作、技术及研究人员学习，也可供大专院校冶金和材料等相关专业师生参考。

图书在版编目（CIP）数据

原铝及其合金的熔铸生产问答/向凌霄编著．—北京：冶金工业出版社，2011.2

冶金职业技能培训丛书

ISBN 978-7-5024-5474-6

Ⅰ.①原…　Ⅱ.①向…　Ⅲ.①炼铝　②铝合金—熔炼　③铝合金—铸造　Ⅳ.①TF821　②TG292

中国版本图书馆CIP数据核字（2011）第014874号

出 版 人　曹胜利
地　　址　北京北河沿大街嵩祝院北巷39号，邮编100009
电　　话　(010)64027926　电子信箱　yjcbs@cnmip.com.cn
责任编辑　李　梅　美术编辑　李　新　版式设计　孙跃红
责任校对　石　静　责任印制　牛晓波
ISBN 978-7-5024-5474-6
北京百善印刷厂印刷；冶金工业出版社发行；各地新华书店经销
2011年2月第1版，2011年2月第1次印刷
850mm×1168mm　1/32；17.875印张；478千字；543页
48.00元

冶金工业出版社发行部　电话：(010)64044283　传真：(010)64027893
冶金书店　地址：北京东四西大街46号(100010)　电话：(010)65289081(兼传真)

序

新的世纪刚刚开始，中国冶金工业就在高速发展。2002 年中国已是钢铁生产的“超级”大国，其钢产总量不仅连续 7 年居世界之冠，而且比居第二位和第三位的美、日两国钢产量总和还高。这是国民经济高速发展对钢材需求旺盛的结果，也是冶金工业从 20 世纪 90 年代加速结构调整，特别是工艺、产品、技术、装备调整的结果。

在这良好发展态势下，我们深深地感觉到我们的人员素质还不能完全适应这一持续走强形势的要求。当前不仅需要运筹帷幄的管理决策人员，需要不断开发创新的科技人员，更需要适应这一新变化的大量技术工人和技师。没有适应新流程、新装备、新产品生产的熟练技师和技工，我们即使有国际先进水平的装备，也不能规模地生产出国际先进水平的产品。为此，提高技工知识水平和操作水平需要开展系列的技能培训。

冶金工业出版社根据这一客观需要，为了配合职业技能培训，组织国内有实践经验的专家、技术人员和院校老师编写了《冶金职业技能培训丛书》，以支持各钢铁企业、中国金属学会各相关组织普及和培训工作的需要。这套丛书按照不同工种分类编辑成册，各册根据不同工种的特点，从基础知识、操作技能技巧到事故防范，采用一问一答形式分章讲解，语言简练，易读易懂易记，适合于技术工人阅读。冶金工业出版社的这一努力是希望为更好发展冶金工业而做出的贡献。感谢编著者和出版社的辛勤劳动。

借此机会，向工作在冶金工业战线上的技术工人同志们致意，感谢你们为行业发展做出的无私奉献，希望不断学习以适应时代变化的要求。

原冶金工业部副部长
中国金属学会理事长

2003 年 6 月 18 日

前　言

进入新世纪以来，我国的铝工业迅速发展，无论原铝生产量还是铝加工材生产量都已成为世界上的大国。2001 年，原铝产量达到 342.7 万吨，跃居世界第一大原铝生产国。2009 年是世界经济危机最严重的一年，世界铝材产量比上年下降 2.2%，是 1947 年以来首次负增长；如果没有中国铝材产量大幅增长的支撑，世界铝材产量下降幅度还会更大一些。2009 年，中国的氧化铝产量比上年增长 4.43%，达到 2379.24 万吨；原铝产量比上年下降 2.51%，仍然达到 1284.6 万吨；铝材产量比上年增长 15.62%，达到 1650.35 万吨，其中铝板带材产量 485 万吨，铝挤压材产量达到 830 万吨，铝箔产量 165 万吨；再生铝产量 465 万吨。

目前，电解铝生产和铝加工生产大都处于各自独立的状态。电解铝厂将铝电解槽产出的液态原铝铸成重熔用铝锭。铝加工厂再将重熔用铝锭重熔后铸造成各种压力加工用坯锭，铝铸造厂再将重熔用铝锭重熔后铸造成各种铝铸件。在这种生产状态下，需要消耗很大的能量，同时产生大量的废气和废渣。根据生产实践，液态原铝铸成重熔用铝锭时，每吨铝锭的消耗指标为：电能 30kW·h，生产用水 9~12t，原铝损耗 0.5%，捆扎锭垛用的钢带及封缄3kg。在铝加工厂或铝铸造厂将重熔用铝锭重熔时，每吨铝锭的消耗指标为：重油80kg（实际上100kg左右），铝的烧损1.35%，覆盖剂用量1%～2%；每吨重熔用铝锭重熔时，重油燃烧后产生的CO_2量在0.2232t以上，产生的热量在2961MJ以上。使用发生煤气熔化重熔用铝锭时，煤气消耗量约1500m^3/t（Al），燃烧后产生的CO_2量和热量比使用重油时更多。在铝加工生产中，会产生大量的废料，在重油反射炉中熔化时，返炉一、二级废料的烧损为7.82%，覆盖剂用量3%～5%。

由此可见，电解铝生产和铝加工生产应实行优化组合以实现资源综合利用，节能减排。优化组合的结合点就是熔铸生产，将两者合二为一，使用高温液态原铝直接生产出压力加工用坯锭或铝铸件，这样可以省去重熔用铝锭生产和重熔用铝锭的重熔过程，从而大量减少能源的消耗，大量减少温室气体的排放量。根据生产实践，在这种情况下液态原铝的损耗约为1%。综上所述，电解铝生产和铝加工生产若实行优化组合，无论从保护生态环境还是从提高企业的经济效益考虑，都是最佳选择。

电线电缆生产用坯料，在电解铝厂一直是常规产品。20世纪60年代以来，沈阳铝镁设计研究院通过水平连续铸造和连铸连轧工艺及其设备的研究，促进电解铝生产和铝加工生产实现优化组合；在试验过程中，作者既是设计者又是生产操作人员。80年代以来，我国铝工业大发展，沈阳铝镁设计研究院又结合工程设计着力推动电解铝生产和铝加工生产实行优化组合。结合包头铝厂的电解铝扩建工程，设计建设了年产3万吨320mm×(1040~1540) mm断面的工业纯铝扁铸锭生产设施，与东北轻合金加工厂板材改造系统配套；结合青海铝厂电解铝二期工程，设计建设了年产5万吨400mm×950mm~480mm×1700mm的工业纯铝扁铸锭生产设施，与西南铝加工厂板材生产系统配套。这些都是沈阳铝镁设计研究院为促进我国电解铝生产与铝加工生产实现优化组合所做的早期工作。

20世纪80年代以来，我国随着建筑铝型材生产迅速发展，6063铝合金圆铸锭需用量大增，在电解铝厂生产6063铝合金圆铸锭的产量逐渐多起来。为此，1993年国家制定了《LD30、LD31铝合金挤压用圆锭》（YS/T 67—1993）标准。随着社会的发展，2005年颁布的《变形铝及铝合金圆铸锭》（YS/T 67—2005）标准，代替《LD30、LD31铝合金挤压用圆锭》（YS/T 67—1993）标准，将标准范围扩大到所有铝合金的圆铸锭。2006年，又颁布了《变形铝及铝合金扁铸锭》（YS/T 590—2006）标准，将标准范围扩大到所有规格的铝合金铸锭，使电解铝生产和铝加工生产实行优化组合朝着良好的方向发展。

在大型铝加工厂中，为了提高熔化速度，减少金属的烧损量，通常采用火焰炉熔化铝锭；再将液态铝转注到电炉内进行合金化熔炼。在铝加工生产中，会产生大量的废料。在铝加工厂与电解铝厂相距较远的条件下，即使电解铝厂能供给压力加工用坯锭，处理这些生产废料，仍然是很麻烦的事，必须建立对口供需关系，严格加强废料管理。铝电解槽内液态原铝的温度在960℃左右。电解铝生产和铝加工生产实行优化组合的最佳形式是组成联合企业，利用液态原铝的高温余热可以处理铝加工生产中产生的废料，处理的废料量可达液态原铝量的25%左右，使金属的烧损量大幅度减少，从而可大量减少铝渣的生成量，大量节省能源，提高企业的经济效益和社会效益。沈阳铝镁设计研究院曾为年产量2400t的山东淄博铝厂设计了配套规模的电线电缆工程，产品有铝绞线、漆包线和塑料线。沈阳铝镁设计研究院首次采用直接使用液态原铝水平连续铸造工艺代替轧制工艺生产ϕ10mm的铝杆，用铸态铝杆拉拔成圆铝单线，生产废料直接回炉，大大降低了基本建设投资和生产成本。经过试验研究，水平连续铸造ϕ10mm铝杆的工艺与设备正式投产后，用铸态铝杆经十模拉丝机拉拔成硬圆铝单线，生产出铝绞线产品，大大提高了企业的经济效益。原先液态原铝全部用以生产重熔用铝锭，企业经营显得被动；有了加工产品之后，每月只要生产8t铝绞线，其余的液态原铝生产重熔用铝锭，即可保持企业的生产经营平衡。

为了促进电解铝生产和铝加工生产实现优化组合，

2005年冶金工业出版社出版的《原铝及其合金的熔炼与铸造》一书，主要内容为介绍电解铝厂直接使用液态原铝生产压力加工用铝及铝合金铸锭和坯料的过程。2009年夏天，冶金工业出版社建议作者撰写与生产操作相关的图书。生产操作人员是生产过程中的主要群体，只有参与生产的技术人员的水平提高了，才能真正提高整个社会的生产技术水平，因此编写生产操作的书是很有意义的事。本书根据电解铝厂的生产特点，按生产工序，以问答方式叙述生产过程，注重生产操作，兼顾理性认识，目的在于促进电解铝生产和铝加工生产，实行优化组合，提高生产操作人员的技术水平。

现代化的电解铝厂，其生产规模都在50kt/a以上。按铝加工厂的熔铸生产规模来说，属于大型企业。在这种规模的企业里，熔铸车间应该生产各种规格的铝合金铸坯；生产的各种辅助材料也比较多。因此，将适于电解铝厂熔铸生产的各种产品、包括中间合金生产和熔剂生产都纳入了本书的内容。

为了提高产品质量，根据电解铝厂可以直接使用液态原铝作为主要炉料和高温液态原铝含氢量较高的特点，书中着重强调使用电能作为炉用能源的意义，对于火焰炉熔炼的相关内容未作专门介绍。

由于个人经历和认识的局限，书中难免有不妥之处，诚望读者多多指教，以便更好地促进电解铝生产和铝加工生产的优化组合。

在编著本书的过程中，得到杨宇、向铮、向岳、马鸣波和李翔的大力相助，还得到许多亲友的大力支持，在此表示衷心的感谢！本书能顺利出版，冶金工业出版社的编辑做了许多细致的工作，在此一并致谢！

向凌霄

2010 年 8 月

目　录

一、铝的一般特性

二、原铝的特点

三、熔炼工艺的选择

四、出 铝

五、化学成分的调整与配料

六、第一次精炼

七、静 置

八、晶粒细化处理

九、第二次精炼

十、炉子管理

十一、铸　造

十二、立式半连续铸造

十三、同水平铸造

十四、水平连续铸造

十五、连续铸轧

十六、连铸连轧

十七、重熔用铝锭生产

十八、双带式连续铸造

十九、中间合金生产

二十、熔剂生产

二十一、铝渣处理

二十二、生产检验与铸锭缺陷

附　录

一、铝的一般特性

1. 铝是什么物质?

答：世界是由各种不同物质组成的。物质分为有机物和无机物；无机物分为金属物质和非金属物质。在已发现的107种元素里，有85种是金属元素。铝属于金属物质。金属有各种各样的颜色。按颜色分类，钢铁的颜色灰黑，称为黑色金属；其他金属统称为有色金属。按物质密度分类，以密度为$4.5g/cm^3$作为标准，把密度小于此值的金属称为轻金属，如锂、镁、钛等；把密度大于此值的金属称为重金属，如铜、铅、锌等。铝在室温时的理论密度为$2.69872g/cm^3$，工业纯铝的密度为$2.705g/cm^3$，铝属于轻金属。因此，铝是一种轻有色金属。

2. 铝在地壳中的蕴藏量有多少?

答：铝在地壳中的含量仅次于氧和硅，是地壳中分布最广的一种金属元素，约占地壳重量的8.2%。自然界的含铝矿物约有250种，最常见的是铝硅酸盐及其风化产物——黏土。用于工业生产的铝富集矿石称为铝土矿，如一水软铝石（$Al_2O_3 \cdot H_2O$）、一水硬铝石（$Al_2O_3 \cdot H_2O$）、三水铝石（水铝矿）等。我国已探明的铝土矿，除个别地区外都为低铁高铝的一水硬铝石型。

3. 在自然界里有金属状态的铝吗?

答：在自然界里，铝虽然是地壳中分布最广的一种金属，但是由于铝的化学活泼性很强，很容易与其他元素进行化学反应，特别是很容易与氧反应生成氧化铝（Al_2O_3）。到目前为止在自然界里尚未发现金属状态的铝。1825年丹麦科学工作者

H. C. Oersted 发现了铝元素。随后许多科学工作者研究从含铝矿物中提炼金属铝的方法。目前，世界上广泛应用的铝工业生产方法，绝大部分是熔盐电解法，是 1886 年由法国埃鲁和美国霍尔同时提出来的，1890 年应用于工业生产。人类社会中广泛使用的金属铝都是人工生产出来的。

4. 人类社会中广泛使用的金属铝都是原铝吗？

答：人类社会中广泛使用的金属铝不都是原铝。目前的来源是原铝生产和再生铝生产。再生铝是将回收的废旧铝制品进行熔炼后生产出来的。但是，原铝生产量占整个铝产量的主要部分。随着工业发展，铝产量的增加，铝制品增多，再生铝的生产量也会增大。工业发达的国家，再生铝产量约占铝产量的 1/3。

5. 铝在国民经济和人们日常生活中的作用如何？

答：自从采用熔盐电解法生产金属铝以来，铝及其合金得到极为广泛的应用。由于铝有着优异的化学性质和优良的物理性能，在各个工业领域中，包括航空、航天工业，电力、电工工业，汽车等交通运输工业，仪表工业，化工工业，食品工业以及建筑业，乃至人们的日常生活中，无不广泛地应用着铝。

铝的产量在有色金属工业中占首位，在整个冶金工业中仅次于钢铁产量。自 2001 年以来，我国已成为世界上第一大原铝生产国；2001 年的电解铝生产能力约 426 万吨，当年实际产铝量 342. 7 万吨。2009 年的实际产铝量达到 1284. 6 万吨。

在实际应用中，为了提高材料的使用性能多采用铝合金。铝合金分为变形铝合金与铸造铝合金两类。在全部铝合金生产中，变形铝合金约占 80%，铸造铝合金约占 20%。

6. 铝有哪些主要的化学性质？

答：铝是比较活泼的金属，能跟非金属、酸、碱起反应。

铝对氧有很大的亲和力。在常温下，铝在空气中即能跟氧起反应，生成一层致密而坚固的氧化铝（Al_2O_3）薄膜，从而使金属表面失去光泽；但是，这层氧化薄膜能够阻止金属铝的继续氧化，所以铝有很好的耐大气（包括工业性大气和海洋大气）腐蚀和水腐蚀的能力。在生产和使用铝制品过程中，应避免划伤铝表面的氧化膜。

铝粉或铝箔放在氧气里加热时，铝能燃烧，放出大量的热，同时发出耀眼的白光。氧化铝的生成热为1670kJ/mol，所以铝粉可以作为火箭中的固体燃料，也可以作为铝热还原剂。

铝还能跟卤素等非金属起反应。铝与氯气反应生成氯化铝（$AlCl_3$），同时放出大量的热，氯化铝的生成热为680kJ/mol。铝与氟反应生成氟化铝（AlF_3），同时放出大量的热，氟化铝的生成热为1385kJ/mol。氯化铝和氟化铝跟铝一起加热时，生成挥发性的低价氯化铝（AlCl）和低价氟化铝（AlF）；在冷却时低价氯化铝（AlCl）和低价氟化铝（AlF）又会分解为铝和相应的卤化物。

铝可溶于盐酸和硫酸中。铝能跟稀盐酸或稀硫酸起反应生成氢气。但是，铝不溶于浓硝酸和有机酸中。在常温下，铝在浓硝酸里表面被钝化，生成致密而坚硬的氧化膜，可以阻止反应的继续进行；因此，可以用铝制的容器来装运浓硝酸。在生产和使用过程中应避免盐酸和硫酸跟铝接触。

铝可溶于碱液中。铝能跟强碱溶液起反应，生成氢气和偏铝酸盐。在生产和使用过程中应避免碱液跟铝接触。

在一定条件下，铝能跟氧化铁（Fe_2O_3）发生氧化－还原反应，生成铁和氧化铝，同时放出大量的热，可达很高的温度。这个反应叫铝热反应。通常把铝粉和氧化铁的混合物叫铝热剂。

7. 固态铝有哪些主要的物理性质？

答：铝属于轻金属，其密度比较小。固态纯铝的密度接近于$2.7g/cm^3$，约为固态铁或铜的密度的1/3。固态铝的密度与其纯度有关，不同纯度铝的密度列于表1－1中。

表1-1 不同纯度铝的密度[1]

纯度/%	99.9998	99.996	99.971	99.75	99.4	99.25
密度（20℃）/g·cm^{-3}	2.69808	2.6989	2.699	2.703	2.706	2.727

固态铝的硬度较低。纯铝的硬度约为150HV。铝的硬度随其纯度降低而略有增高。

铝的熔点也比较低。纯铝的熔点为660.4℃。铝的熔点对其纯度十分敏感，不同纯度铝的熔点列于表1-2中。

表1-2 不同纯度铝的熔点[1]

纯度/%	99.20	99.50	99.60	99.97	99.996
熔点/℃	657	658	658.7	659.8	660.24

纯铝的熔化热为（10.46±0.13）kJ/mol[1]。一般来说，金属的热容随温度升高而增大。铝的热容和熔化热是决定铝在加热熔化时需要吸收的热量或在凝固冷却时需要散发的热量。纯铝的热容（C_p^0）随温度变化的情况列于表1-3中。

表1-3 纯铝的热容（C_p^0）随温度变化的情况[1]

温度/K	298	300	400	500	600	700	800	900
C_p^0 /J·(mol·K)$^{-1}$	28.275	28.314	30.014	31.412	32.712	34.085	35.892	38.478

铝的线膨胀系数比其他重金属大一些。因此，在铸造生产中铸模应预留较大的收缩间隙，在组合铝材时必须预留较大的膨胀空隙。纯铝的体膨胀系数为$68.1\times10^{-6}m^3/(m^3\cdot K)$。K表示绝对温度，273K相当于0℃。铝的线膨胀系数随温度升高而增大。99.99%铝的线膨胀系数（α）随温度变化的情况列于表1-4中。

表1-4 99.99%铝的线膨胀系数（α）随温度变化的情况[1]

温度/K	25	50	75	100	200	200	250	293	350	400	500	600	700	800	900
α /μm·(m·K)$^{-1}$	0.5	3.5	8.1	12.0	17.1	20.2	22	23	24.1	24.9	26.5	28.2	30.4	33.5	37.3

铝的导热性能比较好，仅次于银、铜和金。铝的导热性能与温度有着密切的关系，99.99%铝退火后的热导率随温度变化的情况列于表1-5中。

表1-5 99.99%铝退火后的热导率随温度变化的情况[1]

温度/K	273.2	298.2	300	323.2	350	373.2	400	473.2	500
热导率 /W·(cm·K)$^{-1}$	2.36	2.37	2.37	2.39	2.40	2.40	2.40	2.37	2.36
温度/K	573.2	600	673.2	700	733.2	800	873.2	900	933.2
热导率 /W·(cm·K)$^{-1}$	2.33	2.31	2.26	2.25	2.19	2.18	2.12	2.10	2.08

8. 固态铝有哪些主要的物理性能？

答：纯铝的导电性能很好。纯度为99.990%的铝，在20℃时的电阻率为$2.6548\times10^{-8}\Omega\cdot m$，等体积的电导率为64.94% IACS（国际退火铜标准）。电工铝的等体积电导率可达62% IACS。

随着温度升高，铝的电阻率增大，铝的电导率降低。

铝的导电性能对其纯度十分敏感，随着铝的纯度降低，其电阻率增大而电导率降低。在电工用铝的熔铸生产过程中，应避免降低铝的纯度。

铝的电导率虽然只有铜的64.94%，但是，铝的密度只有铜的32.1%。按照同样的导电能力计算，用铝量只有用铜量的46%。所以，在电力、电工工业中，多用纯铝制造电线、电缆。

铝是银白色金属，反射性强。铝的抛光表面对白光的反射率达80%以上；纯度越高，反射率越高。同时，铝对红外线、紫外线、电磁波、热辐射等都有良好的反射能力。并且由于高纯铝的抗腐蚀能力很强，在食品工业中广泛用作食品包装材料。

纯铝的热扩散率比较高，接近于紫铜；在常温下，紫铜为$1.14cm^2/s$，纯铝为$0.98cm^2/s$。纯铝及某些铝合金在铝连铸生产中常用作结晶器材料。

9. 液态铝有哪些主要的化学性质?

答：液态铝在空气中氧化能力大大强于固态铝。液态铝能与空气中的水汽反应生成氧化铝，同时放出氢。这些氢很容易被液态铝吸收，从而降低铝液的纯洁度。其反应式如下：

$$3H_2O + 2Al \xlongequal{} Al_2O_3 + 6H \qquad (1-1)$$

液态铝很容易与二氧化硅（SiO_2）反应，生成氧化铝和硅。这些硅很容易被液态铝溶解而降低铝的纯度。生成的氧化铝也混于铝液中，降低了铝的纯洁度。其反应式如下：

$$4Al + 3SiO_2 \xlongequal{} 2Al_2O_3 + 3Si \qquad (1-2)$$

液态铝与油脂等碳氢化合物反应，生成碳化铝和氢，其反应式如下：

$$(4/3)mAl + C_mH_n \xlongequal{} (m/3)Al_4C_3 + nH \qquad (1-3)$$

铝能跟氮反应。在800℃时铝与氮气发生反应，生成氮化铝（AlN）。

10. 液态铝有哪些主要的物理性能?

答：液态铝的密度小于其固态，并且随温度升高而减小。液态铝的密度同固态铝一样随纯度降低而略有增加，不同纯度铝的密度随温度变化的情况列于表1－6中。

表1－6 不同纯度铝的密度随温度变化的情况[2]

温度/℃		658.7	700	800	900	1000	1100
密度/g·cm^{-3}	99.75% Al	2.382	2.371	2.343	2.316	2.289	2.262
	99.4% Al	2.384	2.373	2.345	2.318	2.291	2.264
	99.25% Al	2.405	2.394	2.366	2.339	2.311	2.285

液态铝的热导率也小于其固态，并且在一定温度范围内随温度升高而增大。99.99%纯度液态铝的热导率随温度变化的情况列于表1－7中。

表1-7 99.99%纯度液态铝的热导率随温度变化的情况[1]

温度/K	933.52	973.2	1000	1073.2	1100	1173.2	1200	1273.2	1300	1373.2	1400
热导率/W·(cm·K)$^{-1}$	0.907	0.921	0.930	0.955	0.964	0.986	0.994	1.01	1.02	1.04	1.05

铝的沸点为2750K。最大蒸发速度为0.7×10^{13}个原子/s，高于这个速度就会发生爆炸。

液态纯铝的热容小于熔点时固态纯铝的热容，并且随温度升高而增大。液态工业纯铝的热容随温度变化的情况列于表1-8中。

表1-8 液态工业纯铝的热容随温度变化的情况[2]

温度/℃	657	700	800	900	1000
热容/J·(g·℃)$^{-1}$	1.05	1.06	1.08	1.10	1.12

液态铝的黏度随温度升高而降低，不同温度下的黏度列于表1-9中。

表1-9 不同温度下铝液的黏度[1]

温度/℃	669	710	744	776	804	837	860	885	923	944
黏度/MPa·s	1.1603	1.0909	1.0231	0.9841	0.9841	0.9002	0.8722	0.8533	0.8104	0.7922

许多常见的气体元素及其化合物能够溶解于熔融的铝及铝合金中。其中氢气占85%以上。铝不与氢发生反应；但是，液态铝很容易吸收氢气，其溶解度很大，而且随温度升高溶解度增大。在熔点温度下，每100g液态铝的氢溶解度为$0.7cm^3$，在1000℃时每100g铝溶解的氢可达$8.7cm^3$。在熔点温度下，每100g固态铝中氢的溶解度为$0.036cm^3$；在相同温度下，液态铝与固态铝中氢的溶解度之比为19:1。液态铝中溶解的气体，在凝固时析出来，对铸锭或铸件中孔穴的数量及其分布情况有很大的影响。所以，在熔铸生产过程中应严格控制气体（特别是水汽）与铝液相互作用，以避免铝液吸气；并且必须通过严格的精炼措施排除铝液中的气体。

液态铝的表面张力比较高，并且随温度升高而减小。铝液表面的氧化薄膜能增加表面张力。不同纯度的铝液在不同温度范围的表面张力平均值列于表1－10中。

表1－10 熔融铝的表面张力[1]

铝的纯度/%	99.9	99.99	99.99	99.999	99.99	99.999
介　质	空气	空气	空气	空气	氩气	氩气
温度范围/℃	660	660～1200	700～1200	660～977	660～900	700～750
σ/N·cm^{-1}	910×10^{-5}	865×10^{-5}	865×10^{-5}	865×10^{-5}	825×10^{-5}	884×10^{-5}
dσ/dt /N·(cm·℃)$^{-1}$	—	0.16×10^{-5}	0.14×10^{-5}	0.10×10^{-5}	0.05×10^{-5}	0.34×10^{-5}

11. 铝的工艺性能怎样？

答：铝可以用任何一种铸造方法进行铸造，有着良好的充型能力。铝在凝固时体积变化较大，其体积收缩率约为6.6%，便于连续铸造。

铝有着良好的塑性，便于加工成材，加工速度快。可轧成薄板和箔材；可拉拔成管材和细丝；可挤压成各种复杂断面的型材。

铝有着良好的切削性能，可以运用大多数机床所能达到的最大速度进行车、铣、镗、刨等机械加工。

12. 为什么要做成铝合金？

答：铝虽然有着良好的物理化学性质和性能，但是，还不能完全满足社会生产和生活中各种复杂的需要。如纯铝的强度比较低，而且纯度越高，其强度越低。退火状态纯铝的强度与纯度的关系列于表1－11中。

表1－11 退火状态纯铝的强度与纯度的关系[1]

纯度/%	99.99	99.8	99.7	99.6	99.5
抗拉强度/MPa	45	60	65	70	85

当铝中加入其他成分组成合金之后，其强度大大提高。例如，高强度铝合金（LC9）的抗拉强度可达570MPa，即使软状态时也能达到220MPa。这种材料可以与钢的抗拉强度相比；而它的密度为2.8g/cm^3，约只有钢的三分之一。碳素结构钢的抗拉强度为422MPa，不锈钢的抗拉强度为1300MPa，它们的密度均为7.8g/cm^3[2]。按同体积的强度（比强度）比较，高强度铝合金大大超过钢材。所以航空设备采用高强度铝合金，以减轻其重量，节省燃料，提高经济效益。又如铝合金门窗所用的铝合金（LD31），其抗拉强度可达255MPa，即使软状态时也能达到90MPa，密度为2.69g/cm^3，其比强度也超过碳素结构钢。在工业纯铝中，通常含有硅铁等杂质，低纯度铝的强度大于高纯度铝，也是同样的原因。材料的强度与其密度之比，称为比强度；抗拉强度与其密度之比称为抗拉强度比例，屈服强度与其密度之比称为屈服点比例。铝合金与钢材的比强度列于表1-12中。

表1-12 铝合金与钢材的比强度

材料品种	高强度铝合金 7A09（LC9）	2A12（LY12）	2A14（LD10）	6063（LD31）	不锈钢	碳素结构钢
抗拉强度比例	20.36	17.8	16.79	9.48	16.67	5.41
屈服点比例	18.04	14.21	14.82	8.92	12.6	3.17

13. 市场上通常所见的铝原料都有哪些？

答：市场上通常所见的铝原料主要是固态铝，即重熔用铝锭，包括原生铝锭和再生铝锭。原生铝锭的化学成分符合各国标准要求，化学成分稳定，其纯洁度也比较高。再生铝由于其生产原料是回收的废旧铝，除了很少部分经电解精炼处理之外，一般来说杂质含量及其种类比较多。实际上通常称原生铝锭为重熔用铝锭。再生铝习惯上称为杂铝。原生铝锭通常分为高纯铝和工业纯铝两个等级。高纯铝即重熔用精铝锭；工业纯铝即重熔用铝锭。

一般正规的铝加工厂都使用原生铝作为生产原料。国外有少数铝加工厂和铝铸件生产厂直接从电解铝厂购入液态原铝作为生产原料。

14. 我国变形铝及铝合金产品状态是怎样表示的?

答：变形铝及铝合金产品或半成品由于加工方法的不同而处于不同的状态，其性能存在着一定的差异，产品价格也有所不同。使用铝材时，应根据需要合理地选择材料的加工状态。

我国变形铝及铝合金产品状态，原来采用汉语拼音字母表示。产品状态名称及其汉语拼音字母的代号列于表1－13中。产品特性及其汉语拼音字母的代号列于表1－14中。产品状态、产品特性代号组合举例列于表1－15中。

表1－13　产品状态名称及其汉语拼音字母的代号

名　称	采用的汉字及汉语拼音		采用代号	字　体
	汉字	汉语拼音		
热加工	热	re	R	大　写
退火（焖火）	焖（软）	men	M	大　写
淬　火	淬	cui	C	大　写
淬火后冷轧（冷作硬化）	淬、硬	cui ying	CY	大　写
淬火后自然时效	淬、自	cui zi	CZ	大　写
淬火后人工时效	淬、时	cui shi	CS	大　写
硬	硬	ying	Y	大　写
3/4 硬、1/2 硬、1/3 硬、1/4 硬	硬	ying	Y_1、Y_2、Y_3、Y_4	Y大写，数字右下角
特　硬	特	te	T	大　写

根据GB/T 16475—1996《变形铝及铝合金状态代号》标准规定，基础状态代号用一个英文大写字母表示，分为5种，如表1－16所示。本标准与国际标准化组织（ISO）的状态代号相接近。

表1-14 产品特性及其汉语拼音字母的代号

名 称	采用的汉字及汉语拼音		采用代号	字 体
	汉字	汉语拼音		
优质表面	优	you	Y	大 写
涂漆蒙皮板	漆	qi	Q	大 写
加厚包铝的	加	jia	J	大 写
不包铝的	不	bu	B	大 写

表1-15 产品状态、产品特性代号组合举例

名 称	采用的汉字及汉语拼音		采用代号	字 体
	汉字	汉语拼音		
不包铝（热轧）	不、热	bu re	BR	大 写
不包铝（退火）	不、焖	bu men	BM	大 写
不包铝（淬火、冷作硬化）	不、淬、硬	bu cui ying	BCY	大 写
不包铝（淬火、优质表面）	不、淬、优	bu cui you	BCO	大 写
不包铝（淬火、冷作硬化、优质表面）	不、淬、硬、优	bu cui ying you	BCYO	大 写
优质表面（退火）	焖、优	men you	MO	大 写
优质表面、淬火、自然时效	淬、自、优	cui zi you	CZO	大 写
优质表面、淬火、人工时效	淬、时、优	cui shi you	CSO	大 写
淬火后冷轧、人工时效	淬、硬、时	cui ying shi	CYS	大 写
热加工、人工时效	热、时	re shi	RS	大 写
淬火、自然时效、冷作硬化、优质表面	淬、自、硬、优	cui zi ying you	CZYO	大 写

表1-16 基础状态代号、名称及说明（GB/T 16475—1996）

代号	名 称	说明与应用
F	自由加工状态	适用于在成型过程中，对于加工硬化和热处理无特殊要求的产品，该状态产品的力学性能不作规定
O	退火状态	适用于经完全退火获得最低强度的加工产品

续表 1－16

代号	名　称	说明与应用
H	加工硬化状态	适用于通过加工硬化提高强度的产品，产品在加工硬化后可经过（也可不经过）使强度有所降低的附加热处理 H 状态后面必须跟有两位或三位阿拉伯数字
W	固溶热处理状态	一种不稳定状态，仅适用于经固溶热处理后、室温下自然时效的合金，该状态代号仅表示产品处于自然时效阶段
T	热处理状态（不同于 F、O、H 状态）	适用于热处理后、经过（或不经过）加工硬化达到稳定状态的产品 T 代号后面必须跟有一位或多位阿拉伯数字

根据 GB/T 16475—1996《变形铝及铝合金状态代号》标准规定，细分状态代号采用基础状态代号后跟一位或多位阿拉伯数字表示。在字母 H 后面添加两位阿拉伯数字（称作 H××状态）或三位阿拉伯数字（称作 H×××状态）表示 H 的细分状态。H 后面第一位数字表示获得该状态的基本处理程序，H×代号的说明如表 1－17 所示。H 后面第二位数字表示产品的加工硬化程度；数字 8 表示硬状态。通常采用 O 状态的最小抗拉强度与表 1－18 中规定的强度差值之和，来规定 H×8 状态的最小抗拉强度值。对于 O（退火）和 H×8 状态之间的状态，应在 H×代号后分别添加从 1 到 7 的数字来表示，在 H×后添加数字 9 表示比 H×8 加工硬化程度更大的超硬状态。各种 H×Y 细分状态代号及对应的加工硬化程度列于表 1－19 中。

表 1－17　H×代号的说明（GB/T 16475—1996）

状态	获得该状态的基本处理程序
H1	单纯硬加工状态。适用于未经附加热处理、只经加工硬化即获得所需强度的状态
H2	加工硬化及不完全退火的状态。适用于加工硬化程度超过成品规定要求后、经不完全退火、使强度降低到规定指标的产品。对于室温下自然时效软化的合金，H2 与对应的 H3 具有相同的最小极限抗拉强度值；对于其他合金，H2 与对应的 H1 具有相同的最小极限抗拉强度值，但伸长率比 H1 稍高

续表 1-17

状态	获得该状态的基本处理程序
H3	加工硬化及稳定化处理的状态。适用于加工硬化后经低温热处理或由于加工过程中的受热作用致使其力学性能达到稳定的产品。H3 状态仅适用于在室温下逐渐时效软化（除非经稳定化处理）的合金
H4	加工硬化及涂漆处理的状态。适用于加工硬化后经涂漆处理导致了不完全退火的产品

表 1-18　H×8 状态与 O 状态的最小抗拉强度差值（GB/T 16475—1996）

O 状态的最小抗拉强度/MPa	≤40	45～60	65～80	85～100	105～120	125～160	165～200	205～240	245～280	285～320	≥325
H×8 状态与 O 状态的最小抗拉强度差值/MPa	55	65	75	85	90	95	100	105	110	115	120

表 1-19　H×Y 细分状态代号及加工硬化程度（GB/T 16475—1996）

细分状态代号	加工硬化程度
H×1	抗拉强度极限为 O 与 H×2 状态的中间值
H×2	抗拉强度极限为 O 与 H×4 状态的中间值
H×3	抗拉强度极限为 H×2 与 H×4 状态的中间值
H×4	抗拉强度极限为 O 与 H×8 状态的中间值
H×5	抗拉强度极限为 H×4 与 H×6 状态的中间值
H×6	抗拉强度极限为 H×4 与 H×8 状态的中间值
H×7	抗拉强度极限为 H×6 与 H×8 状态的中间值
H×8	硬状态
H×9	超硬状态。最小抗拉强度极限值超过 H×8 状态至少 10MPa

注：当按上表确定的 H×1～H×9 状态的抗拉强度极限值，不是以 0 或 5 结尾时，应修约至以 0 或 5 结尾的相邻较大值。

H×××代号如下所示：

（1）H111：适用于最终退火后又进行适量的加工硬化，但加工硬化程度又不及 H11 状态的产品。

（2）H112：适用于热加工成型的产品。该状态产品的力学性能有规定要求。

（3）H116：适用于镁含量不小于4.0%的5×××系合金制成的产品。这些产品具有规定的力学性能和抗剥落腐蚀性能要求。

（4）花纹板的状态代号：花纹板的状态代号及其对应的、压花前的板材状态代号列于表1-20中。

表1-20 花纹板的状态代号及压花前的板材状态代号对照（GB/T 16475—1996）

压花板的状态代号	H114	H124	H224	H324	H134	H234	H334	H144	H244	H344
压花前的板材状态代号	O	H11	H21	H31	H12	H22	H32	H13	H23	H33
压花板的状态代号	H154	H254	H354	H164	H264	H364	H174	H274	H374	
压花前的板材状态代号	H14	H24	H34	H15	H25	H35	H16	H26	H36	
压花板的状态代号	H184	H284	H384	H194	H294	H394	H195	H295	H395	
压花前的板材状态代号	H17	H27	H37	H18	H28	H38	H19	H29	H39	

在字母T后面添加一位或多位阿拉伯数字表示T的细分状态。在T后面添加0~10的阿拉伯数字表示的细分状态称作T×状态。T后面的数字表示对产品的基本处理程序。T×细分状态的代号说明与应用列于表1-21中。

表1-21 T×细分状态的代号说明与应用（GB/T 16475—1996）

状态代号	说明	应用
T0	固溶热处理后，经自然时效再通过冷加工的状态	适用于经冷加工提高强度的产品
T1	由高温成型过程冷却，然后自然时效至基本稳定的状态	适用于由高温成型过程冷却后，不再进行冷加工（可进行矫直、矫平，但不影响力学性能极限）的产品

续表 1-21

状态代号	说 明	应 用
T2	由高温成型过程冷却，经冷加工后自然时效至基本稳定的状态	适用于由高温成型过程冷却后，进行冷加工或矫直、矫平以提高强度的产品
T3	固溶热处理后进行冷加工，再经自然时效至基本稳定的状态	适用于在固溶热处理后，进行冷加工或矫直、矫平以提高强度的产品
T4	固溶热处理后自然时效至基本稳定的状态	适用于在固溶热处理后，不再进行冷加工（可进行矫直、矫平，但不影响力学性能极限）的产品
T5	由高温成型过程冷却，然后进行人工时效的状态	适用于由高温成型过程冷却后，不经过冷加工（可进行矫直、矫平，但不影响力学性能极限），予以人工时效的产品
T6	固溶热处理后进行人工时效的状态	适用于在固溶热处理后，不再进行冷加工（可进行矫直、矫平，但不影响力学性能极限）的产品
T7	固溶热处理后进行过时效的状态	适用于在固溶热处理后，为获得某些重要特性，在人工时效时，强度在时效曲线上越过了最高峰点的产品
T8	固溶热处理后经冷加工，然后进行人工时效的状态	适用于经冷加工或矫直、矫平以提高强度的产品
T9	固溶热处理后人工时效，然后进行冷加工的状态	适用于经冷加工提高强度的产品
T10	由高温成型过程冷却后，进行冷加工，然后人工时效的状态	适用于经冷加工或矫直、矫平以提高强度的产品

注：某些6×××系的合金，无论是炉内固溶热处理，还是从高温成型过程急冷以保留可溶性组分在固溶体中，均能达到相同的固溶热处理效果，这些合金的T3、T4、T6、T7、T8和T9状态可采用上述两种处理方法的任一种。

在T×状态代号后面在添加一位阿拉伯数字（称作T××状

态）或两位阿拉伯数字（称作T×××状态），表示经过了明显改变产品特性（如力学性能、抗腐蚀性能等）的特定工艺处理的状态。T××及T×××细分状态的说明与应用列于表1-22中。

表1-22 T××及T×××细分状态的说明与应用（GB/T 16475—1996）

状态代号	说明与应用
T42	适用于自O或F状态固溶热处理后，自然时效到充分稳定状态的产品；也适用于需方对任何状态的加工产品热处理后，力学性能达到了T42状态的产品
T62	适用于自O或F状态固溶热处理后，进行人工时效的产品；也适用于需方对任何状态的加工产品热处理后，力学性能达到了T62状态的产品
T73	适用于固溶热处理后，经过时效以达到规定的力学性能和抗应力腐蚀性能指标的产品
T74	与T73状态定义相同。该状态的抗拉强度大于T73状态，但小于T76状态
T76	与T73状态定义相同。该状态的抗拉强度大于T73和T74状态，抗应力腐蚀断裂性能低于T73和T74状态，但抗剥落腐蚀性能仍较好
T7×2	适用于自O或F状态固溶热处理后，进行人工时效处理，力学性能和抗腐蚀性能达到了T7×状态的产品
T81	适用于固溶热处理后，经1%左右的冷加工变形提高强度，然后进行人工时效的产品
T87	适用于固溶热处理后，经7%左右的冷加工变形提高强度，然后进行人工时效的产品

在上述T×或T××或T×××状态的代号后面添加“51”或“510”、或“511”、或“52”、或“54”表示经过了消除应力处理的产品状态代号。消除应力状态代号的说明和应用列于表1-23中。

采取与T的细分状态相似的表示方法，在W状态代号后面添加与热处理状态（T状态）消除应力状态相同的数字（如51、52、54），表示不稳定的固溶热处理及消除应力状态。

表1-23 消除应力状态代号的说明和应用（GB/T 16475—1996）

状态代号	说明与应用
T×51 T××51 T×××51	适用于固溶热处理或自高温成型过程冷却后，按规定量进行拉伸的厚板、轧制或冷精整的棒材以及模锻件、锻环或轧制环，这些产品拉伸后不再进行矫直； 厚板的永久变形量为1.5%~3%；轧制或冷精整棒材的永久变形量为1%~3%；模锻件、锻环或轧制环的永久变形量为1%~5%
T×510 T××510 T×××510	适用于固溶热处理或自高温成型过程冷却后，按规定量进行拉伸的挤制棒、型和管材，以及拉制管材，这些产品拉伸后不再进行矫直； 挤制棒、型和管材的永久变形量为1%~3%；拉制管材的永久变形量为1.5%~3%
T×511 T××511 T×××511	适用于固溶热处理或自高温成型过程冷却后，按规定量进行拉伸的挤制棒、型和管材，以及拉制管材，这些产品拉伸后可略微矫直以符合标准公差； 挤制棒、型和管材的永久变形量为1%~3%；拉制管材的永久变形量为1.5%~3%
T×52 T××52 T×××52	适用于固溶热处理或自高温成型过程冷却后，通过压缩来消除应力，以生产1%~5%的永久变形量的产品
T×54 T××54 T×××54	适用于在终锻模内通过冷整形来消除应力的模锻件

原状态代号与新状态代号对照列于表1-24中。

表1-24 原状态代号与新状态代号对照（GB/T 16475—1996）

旧代号	M	R	Y	Y1	Y2	Y4	T	CZ	CS	CYS	CZY	CSY	MCS	MCZ	CGS1	CGS2	CGS3	RCS
新代号	O	H112或F	H×8	H×6	H×4	H×2	H×9	T4	T6	T×51、T×52等	T0	T9	T62	T42	T73	T76	T74	T5

在熔铸生产车间，铝合金铸锭均为半成品，其产品状态一般为铸态或T4、T6状态。

二、原铝的特点

15. 什么叫原铝?

答：原铝是指直接用氧化铝（Al_2O_3）作原料、经冶炼而生产出来的金属铝。有人称之为原生铝，以便与再生铝相区别。严格来说，原铝主要是电解铝厂从铝电解槽里生产出来的液态铝，可称为液态原铝。市场上所见的重熔用（原生）铝锭，是用液态原铝经人工调整其化学成分和进行精炼处理之后铸成的商品铝锭，其纯洁度稍高于液态原铝。在这里是指液态原铝。

16. 在电解铝厂液态原铝是什么产品?

答：在电解铝厂，液态原铝是中间产品；液态原铝经熔铸后生产出来的铝锭和铝铸件才是出厂的终端产品。国外少数电解铝厂以液态原铝作为商品供应给相距较近的铝加工厂或铝铸件生产厂；但是，由于盛铝液的容器保温受到限制，运输距离不能太远。

17. 原铝及其合金有哪些特点?

答：原铝及其合金，由于生产关系有如下几个特点：

（1）目前，原铝及其合金大都是采用熔盐电解法从铝电解槽里生产出来的，均为液态。

（2）在铝电解生产过程中，由于电解槽的工作温度在960℃左右，所以原铝及其合金的温度很高。铝液从电解厂房运到铸造车间，一般来说均在900℃以上。

（3）液态原铝中的氢等气体含量比较高，出铝后在800℃时仍可达0.4mL/100g(Al)以上。

（4）液态原铝中的非金属夹杂物比较多。

（5）铝电解槽中的液态原铝含有较多的金属钠。根据 Марголис Л. Д. 的资料[4]，在电解槽中液态原铝含钠量为 0.0081% ~0.010%。

18. 为什么液态原铝的温度很高？

答：目前，在铝电解生产中采用冰晶石（Na_3AlF_6）-氟化铝（AlF_3）-氧化铝（Al_2O_3）系作为电解质，熔点温度比较高，其工作温度一般在 950 ~965℃之间。铝电解槽中液态原铝的温度比电解质液的温度低 5 ~7℃。由此可知，电解槽中液态原铝的温度在 943℃以上。

19. 铝液温度过高有什么影响？

答：在铝合金熔炼过程中，熔炼温度愈高，合金化程度愈完全。但是，铝液温度过高时不利影响较多，主要表现在铸锭或铸件的质量上。铝液温度过高，铸锭或铸件的晶粒粗化和产生裂纹的倾向性增大；由于液态铝很容易吸收气体，特别是容易吸收氢气，而且随着温度升高吸气量增多，给熔炼过程中精炼除气工作带来困难，容易使铸锭或铸件中的气孔增多。通常变形铝合金的熔炼温度都控制在合金液相线温度以上 50 ~100℃的范围内。

铸锭或铸件中的晶粒粗化和气孔增多，都会降低铸锭或铸件的力学性能。

20. 为什么液态原铝中氢等气体含量很高？

答：在电解生产过程中，铝液虽然在熔融电解质下面，但由于氧化铝等原料中含有少量水分。在铝电解槽中，这些水分会通过两个途径产生氢气，一部分水分被分解在阴极析出氢；一部分可能与液态铝直接反应而放出氢。这些氢都很容易被液态铝吸收。

在电解铝过程中，由于铝液温度很高，氢的溶解度很高，如前所述在1000℃时每100g铝中可溶解8.7mL氢。所以液态原铝中的氢等气体含量很高，可达$0.4cm^3/100g(Al)$以上[5]。铝液中氢含量高，给熔炼过程中精炼除气工作带来困难，容易使铸锭或铸件中的气孔增多。

21. 铝液中氢含量多有什么影响？

答：铝液中氢含量多对生产过程和铝材的危害很大，主要表现在如下几方面：

（1）影响铸造性能。随着铝熔体中氢含量增加，铸锭或铸件中形成疏松、气孔、小白点、小尾巴等缺陷的倾向性增加，并使变形铝合金半制品或铸件的气密性降低。

（2）影响铝加工制品的质量。变形铝合金半制品中的分层缺陷随氢含量的增多而增加，板材表面的起皮成泡和锻件中的光亮鳞片都是由氢直接造成的（这种氢也可能在热处理过程中由炉气渗入而加重）。

（3）影响加热和热处理过程。铸锭中以过饱和状态和化合态存在的氢是促使铸锭在均匀化及半制品中产生二次疏松和表面起泡的主要原因。

（4）影响铝加工材的性能。由于铝及铝合金也存在着第二类氢脆现象，随着铝及铝合金中氢含量的增加，其脆性断裂温度区间扩大，并使横向截面收缩率显著减小，使合金在锻造和轧制时脆性增大。随着铝及铝合金中氢含量的增加，铸锭及半制品的强度、塑性、冲击韧性及断裂韧性都明显降低。合金中的氢也是促进电解抛光时产生坑蚀的原因之一，并使车削后的表面状态变坏。

22. 为什么液态原铝中非金属夹杂物比较多？

答：在电解铝生产过程中，目前都是使用粉状氧化铝等原料。氧化铝中含有两种晶体形态的结构：$\alpha-Al_2O_3$和$\gamma-Al_2O_3$。$\gamma-Al_2O_3$在电解质中的溶解速度比较快，但容易吸潮；

为了减少水分被带入铝电解过程中，氧化铝原料中通常含有一定量的 $\alpha-Al_2O_3$。$\alpha-Al_2O_3$ 不容易吸潮，但在电解质中的溶解速度比较慢，部分 $\alpha-Al_2O_3$ 等物料会沉入液态铝中。在铝电解生产过程中，电解槽的槽帮物料也会卷入液态原铝中，所以液态原铝中的非金属夹杂物比较多。

23. 铝液中非金属夹杂物多有什么影响？

答：铝液中的非金属夹杂物主要是氧化物。氧化物的危害主要表现在如下几方面：

（1）影响铸造性能。氧化物降低铝合金熔体的流动性和填充铸型的能力，并使合金产生分散性缩孔和铸锭裂纹的倾向增大。铝液中非金属夹杂物多，给熔炼过程中精炼除气工作带来困难，容易使铸锭或铸件中的夹杂物增多，氧化物在铸锭或铸件中直接形成夹渣、氧化膜缺陷，降低铸锭或铸件的成品率。

（2）影响铝加工制品的质量。氧化物是铝加工制品产生分层和许多表面缺陷的重要原因。

（3）影响加热和热处理过程。在加热和热处理过程中，氧化物的存在可促进二次疏松和气泡的形成。

（4）影响铝加工材的力学性能。随着铝合金被污染程度的增加，铝合金的强度极限和伸长率降低，特别是横向伸长率和动态力学性能（冲击韧性、疲劳强度和断裂韧性）降低更为严重。此外，氧化物还会降低铝合金的抗应力腐蚀性能。

24. 为什么液态原铝中金属钠含量比较多？

答：在电解铝生产过程中由于使用冰晶石作为电解质的主体原料，冰晶石中含有氟化钠，电解过程中会分解出钠。所以铝电解槽中液态原铝含有较多的钠。在强酸电解质的电解槽中，液态原铝中的钠含量比较低。

根据 Марголис Л. Д. 等人在德聂伯铝厂测定的结果[4]，液态原铝中钠含量波动范围很大，在 0.0045% ~0.014% 之间。液态原铝在运输、精炼和静置过程中，其钠含量会逐渐降低。如电解槽中液态原铝钠含量为0.010%～0.0081%时；出铝后抬包内液态原铝钠含量，精炼（在抬包内氯化）前为0.0079%～0.0061%，精炼时经过5min后为0.0058%～0.0049%，10min后为0.0047%～0.0039%，15min后为0.0039%～0.0037%；在混合炉中静置时铝液的钠含量：装完炉后立即取样为0.005%，经过10min后取样为0.0047%；30min后为0.0044%，45min后为0.0044%，105min后为0.004%，165min后为0.0037%。商品铝锭中的钠含量波动在0.003%～0.010%之间。

25. 铝液中钠含量多有什么影响？

答：钠几乎不溶解于铝中，最大固溶度小于0.0025%。钠的熔点低，只有97.8℃。合金中存在钠时，凝固过程中钠会吸附在枝晶表面或晶界上。热加工时，晶界上的钠会形成液态吸附层，产生脆性开裂，即所谓“钠脆”。

当铝合金中有硅和钠存在时，会形成NaAlSi化合物，无游离钠存在，不产生钠脆。但是，当铝合金中有足量的镁和硅同时存在时，镁会从NaAlSi化合物中夺取硅，生成Mg_2Si，析出游离钠，产生钠脆。因此，当生产铝镁合金时，必须严格控制钠的含量。

26. 使用液态原铝直接生产压力加工用坯锭或铸件有什么好处？

答：使用液态原铝直接生产压力加工用坯锭或铸件，可以省去重熔用铝锭的生产及其重熔的工序，因而可以节省大量的人力和物力，可以大大提高企业经济效益和社会效益。

根据生产实践，生产1t重熔用铝锭，大概需用30kW·h电能，9～12t生产用水，3kg钢带和封緘，液态原铝的烧损为0.5%（设计指标）。熔化1t铝锭，大概需用煤气约1500m^3或95～125L重油、或96～114m^3天然气（13t圆形炉）、或485kW·h电量（10t容量的低频感应坩埚炉）[1]，金属烧损约为

1.5%。重熔用铝锭生产和铝锭重熔时铝的总烧损约为2%；使用液态原铝直接生产压力加工用坯锭或铸件时，金属铝损耗约为1%。因此，可以节省金属铝1%；而且还可以利用高温液态铝的余热熔化铝加工生产废料23.2%左右[5]。

目前，在铝加工生产和铝铸件生产过程中，大都采用高铝砖作为熔铝炉内衬。在重熔铝锭的过程中，液态铝会与炉内衬中的二氧化硅起反应，使铝液中的硅含量略有增加，约为0.01%。采用普通的黏土耐火砖作为炉衬时，铝液中增硅量会更多一些。重熔用铝锭在存放和运输过程中，会黏附一些灰尘；特别是当铝锭上表面中心在凝固收缩时产生较深裂缝的情况下，裂缝中会积存较多的灰尘，而且很不容易清除干净。灰尘中的二氧化硅也会与铝液发生反应，使铝液中的硅含量增加。使用液态原铝直接生产压力加工用坯锭或铸件时，可以减少增硅的现象。

使用液态原铝直接生产压力加工用坯锭或铸件，可以使铝电解和铝加工生产实行优化组合。其意义不仅仅在于经济效益，而且还在于对环境的保护[6]。如使用重油熔化铝锭时，熔化1t铝重油完全燃烧后所产生的二氧化碳量为279kg，所产生的热量为37.01834×10^{5}kJ。当使用煤气熔化时，产生的二氧化碳和热量就更多了；以发生炉煤气为例，熔化1t铝锭所产生的二氧化碳量为982kg，所产生的热量为7.84875×10^{6}kJ。损耗1kg铝所产生的渣量约为1.3kg；使用液态原铝直接生产压力加工用坯锭或铸件时，可以节省金属铝1%，即每吨铝可节省10kg金属铝，减少铝渣量为13kg。由此可知，使用液态原铝直接生产压力加工用坯锭或铸件，可以大量减少二氧化碳和热量以及废渣的排放量，对于保护环境是很有意义的。

27. 使用液态原铝直接生产铝合金压力加工用坯锭或铸件有什么好处？

答：使用液态原铝直接生产铝合金压力加工用坯锭或铸件，除了有上述优点之外，还可以提高整个铝工业生产水平。在电解铝厂的生产过程中，铝电解槽内液态原铝的杂质含量各不相同。特别是在停槽前和刚启动槽时，液态原铝的杂质含量比较高。为了提高企业的经济效益，通常将低品位的液态原铝与高品位的液态原铝混合来提高低品位原铝的品级。同时也就降低了一部分高品位铝的质量水平。使用液态原铝直接生产压力加工用铝合金坯锭或铸件，可以直接使用低品位液态原铝来生产某些铝合金坯锭或铸件。这样合理利用资源，既提高了企业的经济效益，又提高了铝的使用价值。而且还可以减少部分配制成品用的中间合金的用量。

使用铝锭熔化后生产铝合金时，铝等金属的烧损量比上述纯铝的烧损量大得多，一般在3%左右。因此，使用液态原铝直接生产铝合金压力加工用坯锭或铸件，其经济效益也就更好些。

28. 企业的生产规模如何确定?

答：为了充分合理地发挥企业的技术经济效益，国家对企业的生产规模作了适当的规定。根据中国有色金属工业总公司标准《铝电解厂工艺设计规范》（YS J010—91）规定，铝电解厂三个生产规模等级：年产铝锭20万吨以上；年产铝锭10～20万吨以下；年产铝锭5～10万吨以下。

按照原国家计划委员会计《1978》234号文附件三的规定大、中、小型铝加工厂生产规模的划分标准为：年产加工材2万吨以上为大型；年产加工材3000～20000t为中型；年产加工材3000t以下为小型。

按照上述规定，在铝电解厂，将液态原铝全部直接生产铝材，均为大型企业。

三、熔炼工艺的选择

29. 熔炼方法有哪些?

答：目前，在铝加工厂中大都是使用固态铝锭重熔后生产压力加工用坯锭。熔炼方法大都有四种[7]：分批熔炼法，半分批熔炼法，半连续熔炼法和连续熔炼法。

分批熔炼法是从装炉开始经过熔化、扒渣、精炼等工序后一次出炉，炉内不剩金属。这种方法多用于生产质量要求较高的成品铝合金，可以更好地保证铸锭化学成分的均匀性。

半分批熔炼法与分批熔炼法基本上相同，其区别在于炉内液态金属的保存量。在半分批熔炼法中，出炉后炉内留下 1/5 ~ 1/4 的液态金属，再装入下一熔次的炉料进行熔炼。此法的优点是可以使再装入的炉料浸于液态金属中，可减少金属的烧损量；出炉时可使一些沉降下来的夹杂物集于炉底，不致于混入浇铸的液态金属中；可使夹杂物沉于炉底，不致混入浇铸过程中；炉内温度波动不大，可以延长炉子的使用寿命。此法适用于纯铝的熔炼。

半连续熔炼法与半分批熔炼法相似，每次出炉量为 1/3 ~ 1/4 后，即可加入下一熔次的炉料。与半分批熔炼法的不同点，在半连续熔炼法中，每次出炉量不多，将大部分熔炼好的液态金属留在炉内，可以使每次出炉和续料相互连续。此法适用于双膛炉熔炼碎屑。由于续加的炉料浸入液态金属之中，不仅烧损少，而且可以加快熔化速度。

连续熔炼法是连续加入炉料，而出炉则间歇进行。此法灵活性差，应用范围小，仅适用于纯铝的熔炼，也用于熔炼废铝、铝屑等。

在铝加工厂中，熔炼好的铝合金熔体从熔炼炉内放入保温炉内进行精炼和静置。保温炉内的铝合金熔体，一个铸次处理完。

30. 电解铝厂中熔炼方法的特点是什么?

答：在电解铝厂中，熔铸生产与铝加工厂中的熔铸生产基本上相同，只是在熔炼过程中有所差异。在电解铝厂中，由于主要原材料是高温液态原铝，固态炉料很少，可以省去主体原材料的熔化工序。高温液态原铝是直接从铝电解槽内取出来的，或多或少地带有一些电解质。通常出炉后，炉内总是存留一定量的铝液，以便电解质等非金属夹杂物沉降于炉底，定期放出存留的铝液，将炉膛清理干净；这种情况类似于半分批熔炼法。也可以采用分批熔炼法，由于主要原材料是高温液态原铝，可以获得半分批、半连续和连续熔炼法的优点。这是电解铝厂中熔铸生产无可比拟的长处。

在电解铝厂中，可以全部使用高温液态原铝来处理各种生产废料。

31. 在电解铝厂中采用什么熔炼工艺较为合适?

答：在电解铝厂中直接使用高温液态原铝采用分批熔炼法较为合适，可以兼有上述各种方法的优点。

根据抚顺铝厂和东北轻合金加工厂等工厂的试验和生产实践结果，直接使用高温液态原铝熔铸压力加工用坯锭，应采取两次精炼和有效的晶粒细化措施，还应在高温液态原铝中加入相当数量的固态铝，才能满足产品的质量要求。

在电解铝厂中，根据液态原铝温度很高的特点，应首先使用回炉固态料将铝液的温度降低到熔炼温度的上限值，然后再投入合金组元炉料。料装齐以后，首先应测定铝液温度，不低于750℃，进行第一次精炼。当炉温降到730℃时，进行扒渣。装炉的顺序为：可先将易烧损的原材料（如小片、板、管等废料）铺于炉底层；然后将大块废料和中间合金装于炉子中层压住易烧损的原材料，熔点高的中间合金铺在最上层；最后注入高温液态原铝。在这种情况下，炉温上升会平缓些，有利于延长炉子的使用寿命。也可以先注满高温液态原铝，然后加入全部固态废料；在这种情况下，注入高温液态原铝时炉温上升会剧烈些。当加入的固态炉料较多时，先将部分大块废料和中间合金装于炉子中层压住易烧损的原材料，待注满高温液态原铝后，再将剩余的大块废料和中间合金投入铝液中。待全部固态炉料熔化后，缓慢地搅拌铝液，使其成分均匀。

第一次精炼可以在熔炼炉内进行，也可以在保温炉内进行。第一次精炼后，扒净熔体表面的浮渣，再静置一定时间。在铝加工厂，熔炼炉内熔体表面积与其深度的比值大于保温炉；从精炼效果考虑，第一次精炼在保温炉内进行比在熔炼炉内要好一些。在电解铝厂，由于使用高温液态原铝作为主要原材料，熔炼炉内熔体表面积与其深度的比值可以小一些。

晶粒细化工序可以在保温炉内进行，也可以在保温炉外进行。目前，炉外晶粒细化的效果比炉内处理的效果好一些。炉外晶粒细化是在线式晶粒细化工艺，目前大都采用这种晶粒细化措施，有利于保证产品质量。

二次精炼应在晶粒细化之后进行。二次精炼应采用在线式精炼装置在炉外处理，也可以在保温炉内进行。从提高产品质量考虑，采用在线式精炼装置在炉外处理的效果要好一些。

32. 铝合金熔炼过程中需要哪些主要生产设备？

答：在铝加工厂，铝合金熔炼过程中需要熔炼炉、保温炉、精炼装置、晶粒细化装置和运输等设备。在大型铝加工厂，有时还设立专门的熔铝炉，将熔化的铝液供给各个熔炼炉；特别是使用重达500kg以上的大块重熔用铝锭时，没有机械装料设备是不行的。

为了保证熔剂和所有操作工具的干燥，需要设置熔剂干燥炉和工具加热炉。

在电解铝厂，除了上述设备之外，还需要出铝设备和铝液转注装置等设备。使用大型炉子时，还需要搅拌和扒渣等设备。

33. 熔炼炉有哪些基本要求?

答：对熔炼炉的基本要求是：

熔化速度快，可提高生产率和减少金属损失。在电解铝厂，熔铸生产过程中直接使用高温液态铝作为主要原材料，熔化速度是能够满足要求的。

熔体表面积与熔体深度之比应尽可能小。比值过大，熔体的烧损量增多，熔体容易受污染；比值过小，熔化速度会减慢，而且熔体上层与其下层的温差增大。

熔体的温度均匀，而且还要易于控制。

热效率高。炉子的热效率高，可以减少能源的消耗，降低生产成本。

工艺操作方便，装料及熔炼的所有工序尽可能采用机械化、自动化，以便减轻劳动强度。

熔池内衬材料应有较好的热稳定性和化学稳定性，与铝合金熔体的化学反应尽可能小，以便保证熔体的纯度及其纯洁度。

34. 怎样合理选择炉用能源?

答：在工业生产中，常用炉用能源有电能和燃料。固体燃料有煤和焦炭，液体燃料有重油，气体燃料有天然气、石油液化气和发生炉煤气。

不同的能源决定不同类型的炉子。电能用于电磁感应炉和电阻炉，天然气、重油、煤气和焦炭等燃料用于火焰炉。

电磁感应炉以感应线圈通电流后形成的电磁场使炉料中产生感应电流加热物料，电阻炉以电热元件通电后产生的热能辐射加热物料，统称为电炉。电炉以热能直接加热炉料，除了产生热量之外，不产生其他产物。电炉的炉气成分一般与空气的成分相同。电炉的炉气成分列于表 3－1 中。

表 3－1 电炉的炉气成分[1]

炉气成分	N_2	O_2	H_2O	CO_2	H_2
体积分数/%	78	21	0~4	0.03	3×10^{-5}

空气中的氢含量是很小的，只有 $3\times10^{-5}\%$。空气中的水分含量随气候条件而变化。空气的绝对湿度大，其中的水分含量则多；夏季的铸锭废品多就是这个原因。

无论使用何种燃料，均以燃料燃烧后形成的火焰提供热源。采用燃料作为热源的炉子统称为火焰炉。燃料的主要成分是碳氢化合物，其燃烧产物中除了空气中带入的大量氮气之外，主要是 CO_2 和 H_2O。火焰炉的传热过程主要是依靠燃烧产物的气体对流和高温气体辐射传热。如煤气的理论燃烧温度为 2000℃，由于热辐射等原因，热量传递给了周围的受热面，实际在空气中最高达到 1200~1300℃；若是四周用保温材料保温，能达到 1500℃，在炉内即属这种情况。也就是说，在火焰炉内火焰的温度是很高的。因此，火炬流经之处，受热面的温度会高一些，容易造成炉膛温度的不均匀性，使金属的烧损量大大增加。而且火焰炉炉气成分波动很大，通常的变化范围列于表 3－2 中。

表 3－2 火焰炉炉气成分的变化范围[1]

炉气成分	N_2	O_2	CO_2	CO	H_2O
熔炼炉中的体积分数/%	62~83	8~15	3~9	2	30~100g/m^3
静置炉中的体积分数/%	80~85	6~7	4~5	—	40~60g/m^3

在天然气中，含有大量的甲烷等碳氢化合物，燃烧后会产生大量的水汽。如含有 88.4% 甲烷（CH_4）和 3.8% 乙烷（C_2H_6）的天然气，燃烧生产物中含有 1.88m^3/m^3 的水汽（标态）和 0.96m^3/m^3 的二氧化碳（标态）。这对于铝合金生产是绝对不利的。

在电炉内，由于炉气成分一般与空气的成分相同，炉气中的水分含量大大小于火焰炉炉气成分含量。水分少，液态铝的氧化量小。在电炉内氧化量较小，在火焰炉内氧化量最大。在电磁感应炉内，由于同体积液态铝的敞露表面积所占的比例大大小于电阻炉内的数值，因此铝的氧化量最小。低频电磁感应炉内铝的烧损率为0.4% ~0.6%，电阻反射炉内铝的烧损率为1.0% ~1.5%，火焰炉内铝的烧损率为1.5% ~3.0%[7]。

综合以上所述，采用电能作为铝熔炼炉特别是保温炉的热源比采用天然气等燃料更为优越。在电解铝厂使用电能有着极为方便的条件。由于铝电解槽产出的高温液态原铝中含氢量比较高，铝液中含氢的起始浓度高，增加了除氢的困难。无论是从产品质量、工艺制度，还是经济效益的角度来考虑，在电解铝厂均应首选电能作为炉用能源[8]。

35. 火焰炉有哪些优缺点？

答：火焰炉的最大优点是：熔化速度快，产量高。在严格遵守熔炼、精炼及转注工艺制度的情况下，可得到满意的铸锭质量。其缺点是：金属烧损大，熔体吸气量多，热效率低，能耗大；使用天然气、重油和煤气作燃料时，噪声较大；同时，燃料燃烧产生大量的废气，如果排烟及通风设备不齐全，有可能污染车间空气，恶化作业环境。为了提高火焰炉的热效率，通常设置废热利用装置，使热效率可提高到60%左右。

36. 感应电炉有哪些优缺点？

答：感应电炉的优点是：热效率高；在电磁力的搅拌作用下，熔体的成分和温度均匀；熔化速度快；熔体表面积与熔体体积之比最小，合金烧损和吸气都少；炉子温度易于控制；设备周围温度低，烟尘少，噪声小，作业环境好。其主要缺点是：熔沟内（有芯感应炉）的熔体易于过热，铸锭晶粒粗大；设备投资大，特别是坩埚式感应炉的造价更高；当主体原材料全部为固态铝时，在装料机械化方面存在一些困难。对于熔沟式感应炉，在使用过程中熔沟容易堵塞，熔沟寿命短。从对于铝合金熔炼炉的基本要求来评价，感应炉是一种有发展前途的炉子，它可以将熔炼炉与电磁搅拌装置的功能结合在一起。

感应电炉在德国使用比较多，炉容量可达50t。

37. 电阻炉有哪些优缺点？

答：电阻炉的优点是：熔炼的金属质量高，工作环境好；热效率比火焰炉高。其缺点是：电热元件只能安装在炉顶，单位功率不大，通常为30～35kW/m²，在这种负荷条件下可发热到1100℃的温度，使炉子熔池深度受到限制，炉容量小，生产率比较低；因此，当熔池深度小时，若要增加炉容量，需使熔池面积增大，使整个炉子的占地面积增大，同时增加了生产操作的困难。生产过程中，由于熔剂挥发物对于电热元件的腐蚀作用，电热元件容易损坏，不仅给操作带来困难，而且还需要经常更换电热元件。电阻炉的单位电能消耗比感应炉高30%～35%。所以，容量较大的熔炼炉一般不采用电阻炉。电阻炉多用作保温炉。

电阻保温炉的容量可达到数十吨。如瑞士Goutschi公司生产的60t容量的电阻保温炉，电功率为640kW。为了避免熔剂挥发物对于电热元件的腐蚀作用，可采用辐射加热管作为电热元件，使用寿命很长。

38. 在电解铝厂采用什么样的熔炼炉较为合适？

答：在电解铝厂的熔铸车间，生产铝合金的主要原材料是高温液态原铝，无需熔化炉。配制铝合金用的混合炉就是保温炉。根据长期的生产实践，生产铝合金用的保温炉或混合炉采用电能作为热源，其综合效果比较好，如电磁感应炉和电阻炉。电磁感应炉的设备投资比较大。目前，生产铝合金的保温炉或混合炉大都使用电阻炉。电阻混合炉有如下优点：

（1）控制较为平稳准确，容易实现自动化控制。一次仪表的控制范围为±5℃。

（2）铝液的吸气量和氧化量都比火焰炉小得多，有利于提高产品质量。

(3) 没有二氧化碳等废气的产生，产生的热量比较少，有利于保护环境。

(4) 电能的热效率比较高。总的能源消耗比较低。

各种炉气中的水蒸气含量与热效率列于表 3 – 3 中。

表 3 – 3　各种炉气中的水蒸气含量与热效率[1]

炉子类型	低频感应炉	电阻炉	重油反射炉
水蒸气含量/%	0.25 ~ 0.8	0.25 ~ 0.8	0.25 ~ 0.8
热效率/%	60 ~ 75	55 ~ 60	25 ~ 35

各种熔炼炉和保温炉中熔体的氢饱和量列于表 3 – 4 中。

表 3 – 4　各种熔炼炉和保温炉中熔体的氢饱和量[1]

炉子类型		低频感应炉	火焰（燃气）熔炼炉	燃气保温炉	电阻保温炉
熔体中氢的饱和量 /$cm^3 \cdot [100g(Al)]^{-1}$	精炼前	0.13	0.3	0.27	0.12
	精炼后	0.11	0.27	0.25	0.12

从保证产品质量和保护环境的以及降低生产成本角度考虑，生产铝合金用的保温炉或混合炉应使用电阻炉或电磁感应炉，而不宜使用火焰炉。

保温炉或混合炉有固定式和倾动式两种结构形式。固定式保温炉或混合炉的放流口在熔池的底部，常因温度降低而堵塞，为了打开放流口往往损伤周围的炉衬；因此，引起小修的工作次数增多，不仅增加了工作量，而且影响炉子的使用寿命。倾动式保温炉或混合炉的放流口在熔体液面上方，不会被堵塞，修炉工作量减少，对延长炉子的使用寿命有利。现代化的铸造机要求流槽内铝液流量恒定和铝液分配盘内的金属液位稳定，所允许调节的公差范围为 2 ~ 5mm。由于可倾式浇注，放流口在金属液面以上，容易使金属液流保持恒定和金属液位稳定。由于炉内金属表面优先受热，倾动式保温炉可以将铝液温度控制在小范围内波动。现代化的熔铸厂很少再安装固定式保温炉了。电磁感应炉均附有倾动机构。

39. 在电解铝厂熔炼炉与保温炉怎样合理配合？

答：在电解铝厂中，熔炼炉与保温炉的配合可以采用如下方式：

（1）熔炼和保温静置分开。熔炼过程在熔炼炉内进行，熔炼好的熔体转注到保温炉内，保温静置在保温炉内进行；在这种情况下，一次精炼可以在熔炼炉内进行，二次精炼可以在保温炉内进行。

（2）熔炼和保温静置合二为一。熔炼过程和保温静置在同一炉内进行，没有熔体的转注过程；在这种情况下，第一次精炼可以在炉内进行，第二次精炼应在炉外进行，采用炉外在线式精炼。目前，炉外在线式精炼的效果比炉内精炼好些。在这种情况下，增加一套炉外在线式精炼装置，可以省却一台炉子，对于保证产品质量有利。

（3）熔炼和保温静置分开，增加一套炉外在线式精炼装置。在这种情况下，第一次精炼可以在保温炉内进行，炉外在线式精炼装置作为第二次精炼设备，对于保证产品质量有利，同时可提高炉组的利用率。

（4）熔炼和保温静置合二为一，设两台炉配一套炉外在线式精炼装置。在这种情况下，增加一台炉子，使一套炉外在线式精炼装置配两台炉子，在炉内进行第一次精炼，炉外进行第二次精炼，既可以提高炉组的利用率，又可以免去熔体的倒炉过程，有利于保证熔体的质量。

上述每一种炉组与一台铸造机相配。

40. 在电解铝厂的熔炼过程中为什么要采取两次精炼处理？

答：在电解铝厂中直接使用高温液态原铝作为主要炉料，由于铝电解槽产出的液态原铝温度高、气体含量高、非金属夹杂物多和钠含量高。重熔用铝锭经重熔时，在熔融状态停留时间为 2~4h。有研究表明，将液态原铝静置 2~4h，所进行的自然净化过程，使氢和钠的含量分别降低 25%~45% 和 17%~39%。根据东北轻合金加工厂与抚顺铝厂联合研究的结果[9]，液态原铝不进行上述的自然净化过程，又不作适当的精炼处理，直接铸造加工用锭坯，经低倍试片检查，有氧化夹杂、成层和底部裂纹的试片数分别占总试片数的 91%、40% 和 27.3%。因此，在熔炼过程中对工艺制度的要求比重熔铝锭时更要严格一些。

根据东北轻合金加工厂与抚顺铝厂联合研究的结果[7]，对电解液态原铝的精炼试验按预处理和终处理两阶段进行。预处理即第一次精炼，在敞口抬包内进行；终处理即第二次精炼，在混合炉内进行。试验进行 27 次，处理电解液态原铝 36.7t，采用普通熔剂（40%~50% KCl + 25%~35% NaCl + 18%~26% Na_3AlF_6）进行第一次精炼，平均每吨熔体用熔剂量为 11kg；精炼效果列于表 3-5 中。

表 3-5 在抬包中用熔剂精炼的除气率[9]

炉包次	铝液重量/kg	含气量/mL·[100g(Al)]$^{-1}$		除气率/%
		精炼前	精炼后	
1-1	1358	0.368	0.245	33.4
1-2	1406	—	0.240	—
2-1	1450	0.396	—	—
3-1	1394	—	0.230	—
3-3	1364	0.335	0.240	28.3
3-4	1242	0.338	0.244	27.8
4-3	1400	0.341	0.234	31.4
4-4	1386	—	0.212	—
5-1	1454	0.266	—	—
5-3	1394	—	0.198	—
6-4	1418	0.413	—	—
平均		0.354	0.230	35.0

电解铝液从出槽到转注的过程中，含气量忽高忽低，各槽液态原铝中的含气量各不相同，从表3－5中可以看出，在抬包中未精炼前，最低0.266mL/100g(Al)，最高0.413mL/100g(Al)，稳定在0.3～0.4mL/100g(Al)；当铝液温度为700℃时，流动性不好，这不仅因为从950℃降到700℃时铝液动黏度增加40%，达到1.36Pa·s，还因为有细微分散的夹杂物（主要是Al_2O_3）的缘故。电解铝液在抬包中用熔剂精炼后，含气量为0.20～0.23mL/100g(Al)，除气率平均达35%。精炼后，由于熔剂破坏了铝液表面的氧化膜，改善了气体向熔体外的扩散条件；同时搅拌使熔剂与熔体接触面积增加、机械冲刷及熔剂吸附溶解Al_2O_3的作用加强，使铝液中的夹杂物含量降低，因而铝液黏度下降，流动性明显增加。采用熔剂进行预处理，有初步的净化效果，同时为下一步在炉内进行第二次精炼准备了必要的条件。

在混合炉（静置炉）内进行第二次精炼是提高金属纯洁度的关键工序之一。试验过程中，采用如下6种不同的方法在炉内进行第二次精炼对比：（1）低压（3.5×10^5Pa）氮气；（2）高压（$(95\sim105)\times10^5$Pa）氮气；（3）20%氯+80%氮混合气体（3.2×10^5Pa）；（4）熔剂（成分与第一次精炼相同）；（5）四氯化碳（试剂级）；（6）纯氯。为了证实除气效果，把经上述精炼处理的铸锭轧成2.0mm板材，在H15电炉中加热到560～650℃范围内保温12h，在此温度范围内每隔10℃为一种试验制度，检查板材出现气泡的最低温度。第二次精炼对比试验效果列于表3－6中。

从表3－6中可以看出，除气率和板材出现气泡的最低加热温度均表明四氯化碳的除气效果最好。氮气和氮氯混合气体精炼出现负效果；试验中曾用低压氮气再次精炼10min，含气量又上升17.7%，高达0.318mL/100g(Al)；用纯氯再次精炼30min，含气量降到0.132mL/100g(Al)，总除气率达35.06%。氮气和氮氯混合气体精炼出现的反常结果是由于氮气纯度低，水分含量

表 3-6　不同精炼方法的除气效果[9]

炉次	熔体重 /kg	精炼剂	精炼时间 /min	精炼剂用量 /kg · t^{-1} (Al)	含气量 /mL · [100g(Al)]$^{-1}$		除气率/%	板材出现气泡的最低温度/℃
					精炼前	精炼后		
1	8152	低压氮气	20	—	0.242	0.270	-10.0	610
2	6576	高压氮气	20	—	仪器坏未测	仪器坏未测	—	620
3	5358	氮氯混合气体	15	—	0.174	0.184	-5.4	620
4	5640	熔　剂	—	14	0.229	0.192	16.1	620
5	5616	四氯化碳	—	1.2	0.198	0.156	21.2	630
6	5326	纯　氯	30	—	0.205	0.174	15.1	620

多所致。从上述试验中再一次看出，采用氮气或氮氯混合气体精炼时，氮气纯度的重要性。生产实践表明，采用 99.99% 纯氮精炼时，除气率可达 20% 以上。因此，要求氮气纯度为 99.99%，氮气中的水分含量不得超过 0.3g/m^3；当氮气中的水分含量达 1.1g/m^3 时，除气能力下降 75% 以上。

为了提高铝液的纯洁度，在经过上述第二次精炼之后，再进行过滤处理是很重要的工艺措施。过滤是第二次精炼的重要组成部分。试验中，用液态原铝配制成 1050A ~ 1200 （L3 ~ L5） 工业纯铝，按上述两次精炼处理以及添加 Al + 3.2% Ti 进行晶粒细化处理后，在铸造之前使用玻璃丝布过滤铝熔体，铸造成 275mm × 1040mm × 1780mm 的铸锭，轧制成厚 0.8mm、2.0mm 和 6.0mm 板材及 0.007 ~ 0.008mm 箔材。为了对比，将重熔铝液铸锭同时轧成同样规格的制品。用这两种铸锭轧成的 2.0mm 厚板材的深冲性能相同，制耳高度均小于 2.5mm；但是，电解铝液铸锭轧制的 0.8mm 厚板材制耳高度平均高 0.3mm。箔材针孔检查结果列于表 3-7 中。

过滤能有效地除去夹杂物，计数箔材针孔数是评定过滤效果的较好方法之一。从表 3-7 中可以看出，对于单个针孔数，用玻璃丝布过滤的电解铝液铸锭和经陶瓷过滤的重熔铝液铸锭生产

表3-7 箔材针孔检查结果[9]

箔厚/μm	8.0		7.5		7.0	
铸坯类型	电解铝液	重熔铝液	电解铝液	重熔铝液	电解铝液	重熔铝液
试样数	23	33	18	10	27	3
单个针孔(平均)/个·m^{-2}	331	509	474	631	731	733
链状针孔(平均)/条·m^{-2}	10.4	0	7.8	0	7.0	0

的箔材，数量差不多，厚度越薄越接近。用玻璃丝布过滤的电解铝液铸锭轧制的箔材，链状针孔一般长达30~35mm。在日常生产中，针孔数达2000个/m^2的情况是常有的；但是，链状针孔则不多见。由于链状针孔在以后的使用、再加工、剪切和缠绕中有害，故技术条件中规定不允许存在链状针孔。因此，生产箔材、高表面质量和高纯度板材时，铝熔体应经玻璃丝布和陶瓷过滤器双重过滤或采用更好的精炼除气技术。

41. 影响铝熔体中氢气溶解度的因素有哪些?

答：铝熔体或固态铝合金中氢气溶解度是指在一定温度和压力条件下铝熔体所吸收的氢气最大含量（饱和浓度）。气体在金属中的溶解度随金属的性质、温度和气体的分压力不同而变化。反映双原子气体在金属中的溶解度与金属温度及金属上方该气体分压之间关系的函数表达式叫做气体溶解方程式。氢气属于双原子气体，其溶解度方程式可用下式表达：

$$\lg S = (-A/T) + B + (1/2)\lg p_{H_2} \quad (3-1)$$

式中 S——氢在金属中的溶解度，mL/100g；

T——金属温度，℃；

A——常数（取决于氢在金属中的溶解热）；

B——常数（取决于S和p_{H_2}的单位）；

p_{H_2}——金属上方氢气的分压力，mmHg，1mmHg=133Pa。

在正常熔炼温度范围内，氢在不同变形铝合金中的A、B常数值列于表3-8中。

表 3-8 氢在不同变形铝合金中的 *A*、*B* 常数[10]

合金	组别	平均含镁量/%	常数	
			A	*B*①
1A99 等高纯铝、1070 等工业纯铝、2A16、2B16、2A20、2011、2219、3A21、3003	1		2760	1.356
2A11、2B11、2A14、2A50、2B50、2A90、2004、2011、2014、2017、2117、3005、6A02、6B02、6061、6063、6005、6060、6082、6351、7003	2	0.4~1.0	2750	1.296
2A12、2B12、2A70、2A80、2024、3004、5005、5A43、5050、7A03、7A05、7005、7020	3	1.1~1.7	2730	1.454
2A49、5A02、5052、7A04、7A09、7050、7075、7475	4	1.8~2.8	2714	1.484
5A03、5154、5454、7A10、7022	5	2.9~4.0	2682	1.521
5A05、5B05、5A30、5019、5056、5082、5182、5083	6	4.1~5.5	2640	1.549
5A06、5B06、5A41	7	6.5	2606	1.590

①压力单位为 mmHg 时的值。

从式 3-1 中可以看出，当金属的温度和金属上方氢气的分压力一定时，对于不同的合金，由于合金元素对氢的溶解热影响不同，使常数 *A* 值发生变化，因而氢的溶解度不同。合金元素对氢在铝合金中的溶解度的影响，目前尚不统一，多数研究者认为，在工业变形铝合金的成分范围内，铜、硅、锰、锡可以降低铝中氢的溶解度；镁、钛含量小于0.9%、锌小于20%、铁小于0.59%、镍小于0.7%、铬在0.3%~1.0%范围内时，可以提高铝中氢的溶解度。容易形成氢化物的元素，如锂、锆和钛可明显提高铝中氢的溶解度。稀土含量低于5%时，对氢在铝合金中的溶解度几乎没有影响。氢在铝合金中经常出现的金属间化合物中的溶解度列于表 3-9 中。由表 3-9 中可以看出，在 Mg_2Al_3（有的研究者认为是 Mg_5Al_8）化合物中氢的溶解度最大。

表3-9 氢在铝金属间化合物中的溶解度[10]（$cm^3/100g$）

温度/℃	$ZrAl_3$	$TiAl_3$	$CuAl_2$	$MnAl_6$	Mg_2Al_3
600	1.0~1.2	1.4~1.6		0.25	
500	1.0~1.2	1.4~1.6	0.20	0.22	
400			0.14		5.9（液）、1.45（固）

从式3-1中可以看出，当合金成分和金属上方氢气的分压力一定时，氢在铝中的溶解度随金属温度升高而呈指数增大。因此，在铝合金的熔炼过程中，应严格控制熔体的温度，熔炼温度不宜过高。但是，气体溶解方程式不是在任何温度下都适用，当金属温度接近其沸点时，气体溶解度逐渐降低，至沸点时为零；因为气体溶解度与温度的关系，还受到金属蒸气压力的影响，随着金属温度升高，金属表面的蒸气压力增大。

从式3-1中还可以看出，当合金成分和金属的温度一定时，氢在铝中的溶解度与金属上方氢气分压力的平方根成正比；随着氢气分压力增大，氢在铝中的溶解度增加。在大气中氢气的含量很低，不超过0.00005%（体积分数），其分压仅为5Pa。但是，空气中的水汽能与固态铝和液态铝按式1-1直接反应生成氧化铝和原子氢，原子氢的一部分直接被铝所吸收，其余部分化合成分子氢进入大气中，从而大大增加了金属与大气界面处氢气的分压力，增加了氢在铝中的溶解度。空气中水蒸气分压的平均值约为1300Pa，比氢气在大气中的分压大得多。在电炉中水蒸气的分压为1750~2000Pa；特别在火焰炉中，碳氢化合物燃烧后会产生大量的水汽，如在煤气炉中水蒸气的分压则达到8000~16000Pa，甚至高达27000Pa。因此，在铝合金的熔炼过程中，应严格控制炉气的成分，减少铝中的氢气含量。

铝熔体中气体溶解度是指在一定温度和压力条件下铝熔体所吸收的气体饱和浓度。由于各种因素的影响，铝熔体中气体含量不一定达到其饱和浓度。在一定条件下，铝熔体或固态铝合金中所吸收的气体总量称为铝熔体或固态铝合金中的气体含量。金属中气体溶解度和气体含量的表示方式有两种：一种是体积表示法，即每100g金属中所含气体在标准状态下的体积数量，其单位是mL/100g（金属）或$cm^3/100g$（金属）；铝熔体中气体溶解度和气体含量，通常用这种表示方法。另一种是重量表示法，即金属中所含气体的重量比，单位是ppm(10^{-6})；固态金属中气体溶解度和气体含量，通常用这种表示方法。两种表示方法的单位换算关系因气体种类而不同：

对于氢气，1mL/100g（金属）=0.00009% $=0.9\times10^{-6}$；

对于氮气，1mL/100g（金属）=0.00125% $=12.5\times10^{-6}$；

对于氧气，1mL/100g（金属）=0.00143% $=14.3\times10^{-6}$。

42. 怎样合理控制熔炼炉的温度？

答：配好的炉料入炉之后，应严格控制熔炼炉的温度。严格控制熔炼炉温度的作用主要有三点：一是满足各种铝合金适宜的第一次精炼温度要求；二是满足各种铝合金的适宜浇铸温度要求；三是保持合理的静置温度，以便减少铝液表面的氧化损失。

在装料之前，炉膛温度不得低于700℃。根据生产实践，通常变形铝合金的熔炼温度都控制在合金液相线温度以上50～100℃的范围内。对于3A21、2A70、2A80等铝合金，由于形成化合物一次晶的倾向性比较大，为保证合金元素充分溶解，熔炼温度一般控制在720～760℃。对于共晶型4×××系铝合金，当采用中间合金或结晶硅形式加入硅元素时，其熔炼温度应控制在750～780℃为宜。对于其他铝合金，一般控制在700～750℃。在电解铝厂，由于液态原铝的温度很高，应首先使用回炉固态料将铝液的温度降低到熔炼温度的上限值，然后再投入合金组元炉料。料装齐以后，首先应测定铝液温度，不低于750℃，进行第一次精炼。当炉温降到730℃时，进行扒渣。进行第二次精炼时，精炼温度不低于铸造温度上限5℃。铸造温度依产品不同而易，对于纯铝的铸造温度为690～710℃。铝合金的熔炼温度列于表3－10中[7]。

表 3-10 各种铝合金的熔炼温度[7]

合　金	LF_{21}、LD_7、LD_8、LD_9	其他合金
熔炼温度/℃	720 ~ 760	700 ~ 750

大清炉时，最高炉温为850℃。加热一定时间后，待炉渣软化再进行清理。

烘炉时，控制温度范围更宽，从100℃直到980℃，在不同的温度点还要保温一定时间。

在电阻加热的混合炉中，由于电热元件一般均设在铝液表面上方，主要靠辐射传热。炉子控制温度通常为炉膛温度，测量的炉膛温度因热电偶设置的位置不同而有所差异。在电阻加热的混合炉中，通常将热电偶设置在炉顶。测量的炉膛温度通常要高于铝液的温度。在生产实践中，应根据具体情况进行确定。

在电阻加热的混合炉中，加热的功率通常采取可变的方式。当需要高温或快速加热时，使用大功率。保温时，使用小功率，切不可使用大功率加热；否则，通断电开关的切换频率太快，容易损坏电器设备。

43. 熔炼时间控制多长较为合适?

答：熔炼时间是指从炉料装炉升温开始到熔体出炉为止，炉料以固态和液态形式停留在熔炼炉中的总时间。熔炼时间愈长，炉料，特别是液态铝熔体被氧化和吸气的程度愈严重，铸锭形成粗晶组织和裂纹的倾向性愈大；同时熔炼炉的生产率愈低。精炼后的熔体，在炉内停留的时间愈长，熔体重新污染、成分发生变化和晶粒细化处理失效的可能性愈大。因此，在保证完成一系列工艺操作所必需的时间的前提下，应尽可能缩短熔炼时间。根据铝加工厂的生产实践，在不同的炉内允许停留的时间不同，通常要求是：

（1）火焰炉。每熔次总熔炼时间不得超过12h，液态金属停留时间不得超过5h。

(2) 电阻熔炼炉。从取样到出炉开始的时间，对于特殊制品和高镁铝合金不能超过5h；对于其他铝合金制品，不能超过7h。在电解铝厂，以液态原铝为主要炉料，应以此熔炼时间为限。

(3) 静置炉。从铝熔体转注终了到最后一铸次铸造开始的时间，对于特殊制品和方铸锭不得超过8h；对于一般圆铸锭，不得超过12h。

当熔炼时间超过上述规定之后，一般应采取如下补救措施：补充精炼；重新搅拌、取样分析，调整化学成分（对于含锌、含镁较多的铝合金）；在允许的情况下，加入0.01% ~0.03%的钛。

四、出　铝

44. 出铝的工作任务是什么？

答：电解铝生产是常年连续的过程。随着电解过程的连续进行，电解槽内的铝液逐渐增多。出铝就是定期地从电解槽内取出适当数量的铝液，以确保连续的电解铝生产过程。出铝量根据单台电解槽的生产能力及出铝周期而定。每次出铝量多少要根据电解槽的具体情况而定。对于中小型容量的电解槽，出铝周期一般为三昼夜。对于大容量的电解槽，都采取一昼夜出铝一次，使电解槽的生产过程更趋平稳。

出铝工作是联系电解生产与铸造生产的工序，起到承上启下的作用。出铝直接提供铸造生产的主体材料，对铸造生产的质量和生产进度都有一定的影响。

45. 出铝抬包的容量如何选择？

答：在60kA左右容量的电解槽生产系列中，出铝周期通常为三昼夜，一般都采用1.6t容量的出铝抬包。一包装一台槽的铝液。在这种情况下，出铝抬包内铝液的化学成分与电解槽内铝液成分的预分析结果基本上一致，有利于铸造生产过程中准确配料。

在160kA以上容量的电解槽生产系列中，通常采用5t容量的出铝抬包。采用5t容量的出铝抬包，当出铝周期为一昼夜时，通常实行多台电解槽的铝液混装。在这种情况下，应选择预分析化学成分一致或很相近的电解槽混装出铝，但是，由于出铝过程中铝液吸出量不容易准确控制，出铝抬包内铝液的化学成分与电解槽内铝液成分的预分析结果不尽相同。

为了准确配料，最好实行单台电解槽单包出铝，不宜多台槽混装。

46. 出铝抬包的工作原理是什么？

答：出铝抬包是利用包内形成的负压将铝液吸入包内。出铝抬包的结构形式，目前有两种。一种是不带负压发生装置，称为真空抬包，包内的负压为27～33kPa。另一种是带负压发生装置，利用压缩空气在负压发生装置中高速流动时产生的抽气作用使包内形成负压；压缩空气的工作压力为0.6～0.7MPa，耗气量为$4m^3/min$，造成的负压可达到34kPa。使用真空抬包时，需另设真空泵及其管路系统。

47. 出铝任务的根据是什么？

答：铝电解生产的特点是常年连续的生产过程，而熔铸生产的产品必须满足国家标准要求。出铝工作必须协调统一这两个不同的生产过程。出铝任务的根据是生产管理部门下达的出铝任务单和企业中心化验室对相应电解槽中液态原铝所作的预分析报告单。出铝任务单是生产管理部门根据铝电解生产系列中的具体情况确定的，包括出铝槽的槽号和相应槽号的出铝量。当班出铝槽的顺序，由铸造车间的配料工事先编排好，然后提交给电解车间。

48. 出铝前应做些什么准备工作？

答：出铝前，首先要领取出铝任务单和预分析报告单，仔细阅读两单的内容。同时要预热好出铝抬包。在8h内出过铝的热包，可以不用再预热；但是久置未用的冷包必须按要求进行预热。

开始工作前要认真检查出铝抬包，减速机是否失灵，大梁螺丝及各连接处是否严密，吸铝管不准有裂纹和空洞，并严禁任何东西堵塞管腔。

出铝前，电解工应将出铝洞口打好，并扒好沉淀。

49. 出铝之前为什么要预热出铝抬包？

答：出铝抬包久置于大气中，其内衬材料会从空气中吸收水分。当高温液态铝吸入出铝抬包时，内衬材料中的水分会急剧膨胀汽化，致使铝液飞溅，甚至引起爆炸，容易发生人身和设备事故。同时液态铝还会与水分反应，产生的氢很容易被铝液吸收，所产生的氧化铝也很容易混入铝液中，降低铝的纯洁度，增加精炼工序的困难。所以在吸铝之前，出铝抬包必须预热干燥，预热温度要达到150～200℃。

新砌内衬的出铝抬包，所含水分就更高了，必须在自然条件下干燥后，再用木材或电加热，除去水分。加热温度保持在150～300℃，加热时间不少于16h。

50. 出铝过程中出铝抬包的聚散点选在什么位置最合适？

答：工程设计中，一般将电解厂房与铸造厂房平行配置，并使两厂房的中门相对。在这种情况下，根据线性规划原理，出铝抬包的聚散点选在电解厂房的中点最为合适。此时，出铝抬包的运输任务量（t·km）最小，可以大大地缩短总的运输时间，降低天车的工作负荷。如果将出铝抬包的聚散点选在电解厂房端头，出铝抬包的运输任务量会增加一倍。

51. 出铝时怎样平稳操作？

答：出铝工作既要完成出铝量又要保证铝电解的连续平稳过程。因此，出铝工与电解工要密切配合好。

出铝时，出铝工将吸铝管缓慢地从出铝洞口插入电解槽内铝液层，并且接通吸出系统；用5mm厚的玻璃板盖住出铝抬包上的倒铝口（观察孔），即行出铝。电解槽的阳极下降速度要均匀，并与铝液水平下降的速度协调一致。当出铝量接近目标值时，抽开（切忌掰撬）盖住倒铝口的玻璃板，同时关闭气源。至此，出铝过程结束。出铝过程中，如发现槽电压波动太大时，必须停止出铝工作，并检查其原因。当电解槽发生阳极效应时，应停止出铝，将吸铝管立即拔出，然后根据具体情况对电解槽进行处理。在沉淀较多的电解槽内出铝时，出铝速度不能太快，以免铝液流动过急将沉淀带动起来。出铝抬包内的铝液面高度应低于抬包倒铝口下沿10cm，以免在运输过程中铝液从倒铝口晃出。

52. 为什么要控制出铝量?

答：在一定的条件下，电解槽的产铝量是一定的。为了保证电解槽连续平稳的生产过程，必须严格控制一定时间内的出铝量。在出铝过程中无计量装置的条件下，单包单槽出铝时，通常要求每包误差不得超过±100kg。在出铝过程中有计量装置的条件下，单包多槽混装出铝时，单槽出铝量的误差值可控制得很小；只有在这种条件下，实施多槽混装才有现实意义。

53. 出铝工作中应注意哪些安全问题?

答：在出铝工作中，除了出铝前必须按要求预热出铝抬包之外，还应注意如下安全事项：

出铝时，不准站在电解质壳面上，以防塌壳烫伤。

出铝抬包的吸铝管插入电解槽内时，出铝抬包不许同时与阳极、地沟盖板接触，严防造成电流短路。

停槽出铝和吸电解质时，出铝抬包的吸铝管下部口不应离开液面，以免空气进入包内，引起爆炸；应随液面降低逐渐下降吸铝管。

吸出工作完成后，吸铝管上不许有杂物和铝液下滴，以免烫伤。

清理出铝抬包时，既要清理干净，又要避免烫伤和碰伤。

当出铝抬包内的铝液转注到敞口抬包内时，敞口抬包内铝液面的高度应低于抬包口15cm以上，以免在运输过程中铝液晃出包外、造成烫伤。转注时，出铝抬包的倒铝口离敞口抬包口应尽可能小一些，避免铝液溅出包外、造成烫伤；同时可以减少注流暴露在大气中的面积，减少铝液的氧化和吸气。

五、化学成分的调整与配料

54. 重熔用铝锭产品代号是怎样表示的?

答：重熔用铝锭产品代号通常称为牌号。根据 GB/T 1196—2008 标准规定，将普通重熔用铝锭和重熔用电工铝锭统一归于一个标准中，自 2008 年 12 月起实施。普通重熔用铝锭的牌号用国际上通用的铝的化学元素符号 Al 加上其纯度的四位数字表示铝锭的级别，分为六个等级。重熔用电工铝锭的牌号用国际上通用的铝的化学元素符号 Al 加上其纯度的三位数字表示铝锭的级别，数字后加上英文字母 E 表示电工用铝，分为两个等级。普通重熔用铝锭和重熔用电工铝锭合称为重熔用铝锭，共分八个等级。重熔用铝锭的牌号及其对应的化学成分列于表 5-1 中。

高纯铝通常称为精铝锭。根据 GB/T 8644—2000 标准规定，重熔用精铝锭的牌号用铝的化学元素符号 Al 并加上其纯度五位数字表示铝锭的级别，共分四个等级。重熔用精铝锭的锭重为 10kg ± 1kg。重熔用精铝锭对应牌号关系列于表 5-2 中，其对应的颜色标志列于表 5-3 中。

表 5-1 重熔用铝锭的牌号及其对应的化学成分（GB/T 1196—2008）

牌号	化学成分（质量分数）/%									
	Al（不小于）	杂质（不大于）								
		Si	Fe	Cu	Ga	Mg	Zn[①]	Mn	其他每种	总和
Al99.90[②]	99.90	0.05	0.07	0.005	0.020	0.01	0.025	—	0.010	0.10
Al99.85[②]	99.85	0.08	0.12	0.005	0.030	0.02	0.030	—	0.015	0.15
Al99.70[②]	99.70	0.10	0.20	0.01	0.03	0.02	0.03	—	0.03	0.30
Al99.60[②]	99.60	0.16	0.25	0.01	0.03	0.03	0.03	—	0.03	0.40
Al99.50[②]	99.50	0.22	0.30	0.02	0.03	0.05	0.05	—	0.03	0.50

续表 5 - 1

牌 号	化学成分（质量分数）/%									
	Al（不小于）	杂质（不大于）								
		Si	Fe	Cu	Ga	Mg	Zn①	Mn	其他每种	总和
Al99.00②	99.00	0.42	0.50	0.02	0.05	0.05	0.05	—	0.05	1.00
Al99.7E②③	99.70	0.07	0.20	0.01	—	0.02	0.04	0.005	0.03	0.30
Al99.6E②④	99.60	0.10	0.30	0.01	—	0.02	0.04	0.007	0.03	0.40

注：1. 铝含量为100%与表中所列有数值要求的杂质元素含量实测值及等于或大于0.010%的其他杂质总和的差值，求和前数值修约至与表中所列极限数位一致，求和后将数值修约至0.0×%再与100%求差。

2. 对于表中未规定的其他杂质元素含量，如需方有特殊要求时，可由供需双方另行协议。

3. 分析数值的判定采用修约比较法，数值修约规则按 GB/T 8170 的有关规定进行。修约数位与表中所列极限值数位一致。

①若铝锭中杂质锌含量不小于0.010%时，供方应将其作为常规分析元素，并纳入杂质总和；若铝锭中杂质锌含量小于0.010%时，供方可不作常规分析，但应监控其含量。

②Cd、Hg、Pb、As 元素，供方可不作常规分析，但应监控其含量。要求 $w(Cd+Hg+Pb)\leqslant 0.0095\%$；$w(As)\leqslant 0.009\%$。

③$w(B)\leqslant 0.04\%$；$w(Cr)\leqslant 0.004\%$；$w(Mn+Ti+Cr+V)\leqslant 0.020\%$。

④$w(B)\leqslant 0.04\%$；$w(Cr)\leqslant 0.005\%$；$w(Mn+Ti+Cr+V)\leqslant 0.030\%$。

表 5 - 2　重熔用精铝锭的牌号及其对应的化学成分（GB/T 8644—2000）

牌 号	化学成分（质量分数）/%							
	Al（不小于）	杂质（不大于）						
		Fe	Si	Cu	Zn	Ti	其他每种	总和
Al99.996	99.996	0.0010	0.0010	0.0015	0.001	0.001	0.001	0.004
Al99.993	99.993	0.0015	0.0013	0.0030	0.001	0.001	0.001	0.007
Al99.99	99.99	0.0030	0.0030	0.0050	0.002	0.002	0.001	0.04
Al99.95	99.95	0.02	0.02	0.01	0.005	0.002	0.005	0.05

注：1. 铝含量按100%与杂质 Fe、Si、Cu、Ti、Zn 含量的总和（百分数）之差来计算。

2. 表中未列其他杂质元素，如需方有特殊要求，可由供需双方协商。

表 5-3 重熔用精铝锭的牌号及其对应的颜色标志（GB/T 8644—2000）

牌 号	Al99.996	Al99.993	Al99.99	Al99.95
铸锭上的颜色标志	一道蓝色横线	二道蓝色横线	一道蓝色竖线	一道蓝色竖线

55. 变形铝合金产品代号是怎样表示的?

答：根据 GB 3190—82 标准规定，在变形铝合金中，工业纯铝加工产品的牌号用铝字汉语拼音的第一个字母 L 加顺序号表示。如一号纯铝加工产品表示为 L1。

在 GB 3190—82 标准中，高纯铝加工产品的牌号用 L 加表示高纯的汉语拼音的第一个字母 G 及顺序号表示，如五号高纯铝加工产品表示为 LG5。铝合金加工产品的牌号用铝字汉语拼音的第一个字母 L 加表示合金组别的汉语拼音的第一个字母及顺序号表示，字体大写。产品名称与代号对应关系列于表 5-4 中。

表 5-4 铝合金产品名称与代号对应关系

产品名称	防锈铝	锻铝	硬铝	超硬铝	特殊铝	硬钎焊铝
采用的汉字	铝、防	铝、锻	铝、硬	铝、超	铝、特	铝、钎
汉语拼音	lü fang	lü duan	lü ying	lü chao	lü te	lü qian
采用代号	LF	LD	LY	LC	LT	LQ

根据 GB/T 16474—1996 标准《变形铝及铝合金牌号表示方法》规定，我国目前使用的变形铝合金牌号采用四位字符体系牌号和国际上通用的四位数字体系牌号混合编号的方法命名。根据 GB/T 3190—2008 标准规定，将混合编号的变形铝合金牌号分为两个表系，即四位字符表系和四位数字表系；每个表系包括八个系列。变形铝及铝合金的组别分类列于表 5-5 中。GB/T 3190—2008 标准规定的牌号和化学成分见附录 I 。

四位字符体系牌号为我国特有牌号，未与国际四位数字体系牌号的变形铝合金接轨，共收录牌号 114 个。四位字符体系牌号的第一、三、四位为阿拉伯数字，第二位为英文大写字母（C、

表 5-5 变形铝及铝合金的组别分类

组 别	牌号系列	组 别	牌号系列
纯铝（铝含量不小于99.00%）	1×××	以镁和硅为主要合金元素，并以 Mg_2Si 相为强化相的铝合金	6×××
以铜为主要合金元素的铝合金	2×××		
以锰为主要合金元素的铝合金	3×××	以锌为主要合金元素的铝合金	7×××
以硅为主要合金元素的铝合金	4×××	以其他合金元素为主要合金元素的铝合金	8×××
以镁为主要合金元素的铝合金	5×××	备用合金组	9×××

I、L、N、O、P、Q、Z 字母除外）。牌号的第一数字表示铝合金的组别。除改型合金外，铝合金组别按主要合金元素（6×××系按 Mg_2Si）来确定；主要合金元素是指极限含量算术平均值最大的合金元素。当有一个以上的合金元素极限含量算术平均值同为最大时，应按 Cu、Mn、Si、Mg、Mg_2Si、Zn、其他元素的顺序来确定合金组别。牌号的第二位字母表示原始纯铝和原始铝合金的改型情况，A 表示原始纯铝和原始铝合金；如果是 B～Y 的其他字母，则表示为原始纯铝或原始铝合金的改型。牌号的最后两位数字用以标识同一组中不同的铝合金或表示铝的纯度。四位字符体系牌号的铝合金按要求注册化学成分。试验铝合金应在四位字符牌号前加 X。

四位数字体系牌号适用于国际牌号，共收录牌号 159 个。凡是化学成分与《变形铝及铝合金国际牌号注册组织》命名的合金相同的所有合金，其牌号直接采用国际四位数字体系牌号。

变形铝合金的分类方式通常有三种：（1）按合金的性能和用途分类；（2）按合金的热处理特性分类；（3）按合金中所含主要合金元素分类。

按合金的性能和用途，变形铝合金可分为工业纯铝、包覆铝

(包覆以铜和锌为主要合金元素的热处理可强化的铝合金，以提高其抗腐蚀性)、防锈铝、硬铝（含中强度和高强度铝合金)、锻铝（含耐热铝合金)、超硬铝（超高强度铝合金)、特殊铝、钎焊铝和切削铝等。我国在 GB 3190—82 标准中，即采用这种分类方式。

根据合金的热处理特性，变形铝合金可分为热处理不强化铝合金和热处理可强化铝合金两大类，如图 5－1 所示。化学成分位于Ⅰ区的合金，不论温度如何变化，合金的组织不发生变化，属于热处理不强化铝合金。化学成分位于Ⅱ区的合金，随着温度降低，合金元素在铝中的溶解度相应减少，因而有热处理强化的可能，属于热处理可强化铝合金。在 GB 3190—82 标准中，工业高纯铝、工业纯铝、包覆铝、铝－镁系防锈铝和铝－锰系防锈铝属于热处理不强化铝合金；硬铝、锻铝和超硬铝，属于热处理可强化铝合金。在 GB/T 3190—2008 标准中，1×××、3×××、5×××和部分4×××系列合金属于热处理不强化铝合金；2×××、6×××、7×××和部分4×××系列合金属于热处理可强化铝合金。

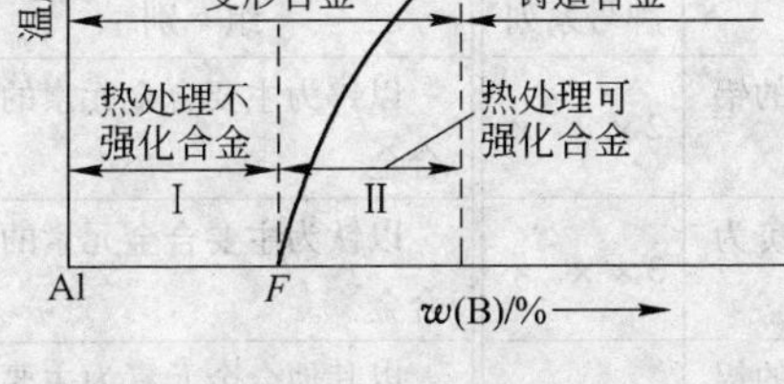

图 5－1　铝合金分类示意图

根据合金中所含主要合金元素不同，如表 5－5 所示，可将常用变形铝合金可分为纯铝（1×××系），Al－Cu、Al－Cu－Mg、Al－Cu－Mn、Al－Cu－Mg－Fe－Ni合金（2×××系），Al－Mn合金（3×××系），Al－Si合金（4×××系），Al－Mg合金（5×××系），Al－Mg－Si合金（6×××系），Al－Zn、Al－Zn－Mg、Al－Zn－Mg－Cu合金（7×××）、Al－其他元素合金（8×××）和备用合金组（9×××系）等合金系。在GB/T 3190—2008标准中，即按合金中所含主要合金元素不同进行分类。

56. 铸造铝合金产品代号是怎样表示的？

答：根据GB/T 8733—2000《铸造铝合金锭》标准规定，铸造铝合金牌号以铸和铝两个字汉语拼音的第一个字母ZL和三位数字来表示。压力铸造铝合金锭以压和铝两个字汉语拼音的第一个字母YL和三位数字来表示。字母后的第一位数字表示合金系：1表示Al－Si系，2表示Al－Cu系，3表示Al－Mg系，4表示Al－Zn系。

根据GB/T 8733—2007《铸造铝合金锭》标准规定，铸造铝合金牌号采用三位数字（或三位数字加一位英文字母）加小数点再加数字的形式表示。牌号第一位数字表示合金组别，合金组别按主要合金元素来确定，与变形铝合金组别相类似，如表5－6所示。牌号第二、三位数字为合金顺序号，用以标识同一合金组

表5－6　铸造铝合金的组别分类

组　别	牌号系列	组　别	牌号系列
以铜为主要合金元素的铝合金	2××.×	以锌为主要合金元素的铝合金	7××.×
以硅、铜和（或）镁为主要合金元素的铝合金	3××.×	以钛为主要合金元素的铝合金	8××.×
以硅为主要合金元素的铝合金	4××.×	以其他合金元素为主要合金元素的铝合金	9××.×
以镁为主要合金元素的铝合金	5××.×	备用合金组	6××.×

中不同的铸造铝合金锭。小数点后的数字为改型序号，用来标识化学成分近似相同的同种铝合金中个别组成元素（如细化晶粒用合金元素）相异或元素含量有微小差别的不同改型合金。位于牌号最前面或小数点前面的英文字母为类型标识代号，用来标识化学成分近似相同的同种铝合金锭的不同类型。铸造铝合金锭牌号和化学成分以及新牌号与曾用牌号对照表见附录Ⅲ。

57. 配料工上班后首先应做哪些工作?

答：配料工接班后首先应根据当班的生产任务编排好当班出铝槽的顺序，并与电解副班长、出铝工及时联系，及时处理好电解厂房临时发生的问题。

在掌握液态原铝的出铝情况之后，还应了解各种原材料的库存情况及其化学成分，以便根据待生产的成品合金的化学成分合理选择配料。

铝液温度对于产品质量至关重要。应严格控制混合炉的温度，配料后的液态铝温度应符合操作规程的规定，谨防过烧。混合炉不工作时，必须关好炉门，以免散热太多。即使在炉内操作时，也不要同时打开所有的炉门，以免炉温波动太大。

58. 配料的依据是什么?

答：配料的任务是保证产品的化学成分符合规定要求。配料的根据是铸造产品的标准化学成分要求和企业中心化验室对当班待出铝电解槽中液态原铝所作的预分析报告单以及各种原材料的库存情况及其化学成分。出铝槽中液态原铝的预分析报告单是出铝前一天所取试样的分析结果；由于电解过程的条件波动，有时出铝结果与预分析报告会出现误差。

对于具体的一个熔铸机组来说，应先根据铸锭规格尺寸和炉子容量以及金属烧损情况来确定装炉量。然后进行配料计算。

配料要根据预分析报告单经过仔细计算，配制出合乎质量要求的铝液。产品的标准化学成分要求，包括国家标准和企业标准。企业标准是为了保证产品的质量符合国家标准要求。

在变形铝合金中，可分为两大类：热处理不可强化的铝合金和热处理可强化的铝合金。在热处理不可强化的变形铝合金中，有如下几种铝合金系列：工业高纯铝和工业纯铝、包覆铝、Al-Mg系防锈铝、Al-Mn系防锈铝。在热处理可强化的变形铝合金中，有如下几种铝合金系列：硬铝（Al-Cu-Mg系、Al-Cu-Mn系）、锻铝（Al-Mg-Si系、Al-Mg-Si-Cu系、Al-Cu-Mg-Fi-Ni系）和超硬铝（Al-Zn-Mg-Cu系）等。变形铝及铝合金都需要进行合理的配料，而且对杂质含量也要进行合理的控制。在目前广泛采用高铝砖作为熔炼炉内衬的条件下，即使生产工业纯铝铸锭时，可以使用同一品位的液态原铝，但是为了避免熔炼过程中杂质含量增加而降低质量，应使用占炉料总重20%～30%的高一级品位的液态原铝；特别是生产工业高纯铝铸锭时，更应使用高一级品位的液态原铝。在熔炼过程中通常会降低一个品级。

Al-Mg合金包括5A02(LF2)、5A03(LF3)、5A05(LF5、LF11)、5A06(LF6)、5B05(LF10)、5A12(LF12)等合金牌号。其中含镁量大于4%的通称为高镁铝合金。高镁铝合金铸锭的热裂倾向主要取决于熔体被污染的程度。导致裂纹产生的钠含量，其最低临界值为10^{-3}%。工业生产的统计资料表明：5A12(LF12)合金300mm×1200mm的扁铸锭，当钠含量在3.5×10^{-4}%以上时，不含锑时很容易产生铸锭表面裂纹；当钠含量增加时，需相应提高锑含量才能防止产生裂纹。为了提高这种规格铸锭的铸造工艺稳定性，锑含量宜不低于0.013%[7]。高镁铝合金具有高的氧化性，在铸锭表面形成疏松多孔的氧化膜，往往成为裂纹的起因。为了消除铸锭的热裂纹倾向性，提高铸锭表面质量（除了规定含铍的合金以外），建议在熔体中，特别是在大扁锭中，加入0.001%～0.002%的铍[7]。

软合金3A21(LF21)、5A02(LF2)、6A02(LD2)，没有形成冷裂纹的倾向性。但是，在规定的化学成分范围内，如成分和杂质含量控制不当，将会由于产生较大的热脆性而形成热裂纹。3A21(LF21) 合金的热脆性随铁含量降低而增大，特别是当铁含量小于0.2%时，更为明显。但是，当合金中铁和锰的总含量大于1.8%时，很容易产生 $FeMnAl_6$ 金属间化合物（一次晶的偏析聚集物)，而降低铸锭内部质量；此外，它们通常在敞露液面，特别是靠近结晶器壁附近生成硬壳，使金属充型能力降低，导致冷隔等表面缺陷。因此，在实际生产中，为了减少热裂纹，一般最好将铁含量维持在 0.25% 以上，并使 Fe + Mn 含量不大于1.8%。

6A02(LD2) 合金中铜的含量对扁铸锭表面热裂纹的形成有重要影响，当铜含量由0.2%提高到0.6%时，热脆性急剧增大。而硅的作用却完全相反。因此，宜将铜的含量控制在0.2% ~ 0.35%；硅的含量，对于所有形状和规格的铸锭，一律控制在0.9% ~1.15%。

对于硬铝合金铸锭裂纹倾向性，影响最大的是杂质硅、铁和锌的含量，其次才是主要成分铜和镁。2A11(LY11) 合金的热裂纹倾向性较大，当合金中铁含量较低时，提高硅含量，有利于减少和消除热裂纹废品。当硅含量达到0.6%时，合金将得到和2A14(LD10) 合金一样好的铸造性能。当铸造速度为72mm/min时，生产的2A11 合金 200mm ×1400mm 扁铸锭裂纹倾向性与硅含量的关系列于表5－7。在生产中发现，2A11 合金的热裂纹倾向性也与铁含量有关，提高合金中的铁含量，也可以防止铸锭的热裂纹产生。在2A11 合金扁铸锭中，当铜含量小于4.5%以下时，热裂纹倾向性也较大；将铜含量控制在4.5%以上时，抑制热裂纹倾向性有明显效果。

表5－7 2A11 (LY11) 合金 200mm ×1400mm 扁铸锭裂纹倾向性与硅含量的关系[7]

硅含量/%	0.45 ~0.50	0.51 ~0.55	0.56 ~0.60	>0.60
裂纹废品率/%	62.5	35.3	5.0	0

2A12(LY12) 合金具有较大的冷裂纹倾向性。虽然该合金允许的杂质铁、硅含量较高，但是铸锭的塑性随铁、硅含量的增加而下降。在生产中，如能将铁、硅含量降低到最低水平，并使铁大于硅，对于减少圆铸锭裂纹废品、提高半制品的最终性能是有利的。通常将硅控制在小于0.35%，并使铁大于硅0.03%~0.05%。对于重要用途及大截面的圆铸锭，希望限制硅小于0.25%（可减少热裂倾向），并使铁和硅的总含量不超过0.5%（可减少冷脆性）。铸锭直径在200mm以下时，可不控制。生产实践证明，Fe/Si对2A12合金200mm×1400mm扁铸锭热裂纹没有明显影响。因此，配料时仍然要求使用较高品位的液态原铝。

2A11和2A12合金的热裂纹倾向性随锌含量的提高而增加，一般控制锌含量大于0.2%。从减小和消除裂纹废品的角度考虑，2A12合金中镁和锰的含量控制在标准范围的中、下限是合理的。并建议在这两种合金中加入0.01%~0.04%的钛。

在5A06(LY6) 合金中，钛、硅含量与裂纹倾向性的关系，应使铁含量大于硅含量。

在2A01(LY1) 合金中，应使硅大于铁。直径360mm 2A01(LY1) 合金铸锭裂纹废品与铁、硅含量的关系列于表5-8。

表5-8 直径360mm 2A01（LY1）合金铸锭裂纹废品与铁、硅含量的关系[7]

$w(Fe)-w(Si)$/%	0.115~0.21	0	-0.02	-(0.03~0.06)
中心裂纹废品率/%	100	21	8	0

在2A02(LY2)、2A10(LY10)、2A16(LY16)、2A17(LY17)合金中，化学成分标准范围内所规定的铁、硅允许含量较低，实际上对裂纹废品率没有影响，可不控制。

锻造铝合金2A50(LD5)、2A70(LD7)、2A80(LD8)、2A14(LD10)，除了2A70合金以外，由于其成分中含有0.5%~1.2%的硅，合金共晶量较多，铸造性能较好。2A70合金允许的硅含量少（不大于0.35%），使合金的结晶温度间隔变窄，裂纹倾向性非常大；合金中加入0.02%~0.1%钛，可使铸锭组织细化，则铸锭裂纹倾向性很小。2A70(LD7) 和2A80(LD8) 合金中含有较多的铁和镍，随着其含量的增加，铸造过程中形成 $FeNiAl_9$ 金属间化合物一次晶的倾向性增大；建议在这两种合金中，铁、镍含量尽可能控制在标准范围的下限，并使铁含量和镍含量相等。通常，铁和镍的含量，在2A70合金中控制在1.05%~1.25%、2A80合金中控制在1.05%~1.2%的范围内是比较适宜的。锰是2A70和2A80合金中的有害杂质，它的存在将促使FeMnAl先期结晶物的形成，锰含量应限制在0.15%以下。2A50和2A14合金中的硅含量控制在标准范围的上限，并使铁小于0.5%，对提高铸造性能及半制品的最终性能都有好处。

与上述几组变形铝合金相比，7A04(LC4) 超硬铝合金的铸造性能最差。因为7A04合金具有很大的结晶温度范围，固液区塑性低，具有极大的形成热裂纹和疏松的倾向性。虽然该合金允许的杂质铁、硅含量较高，均可达0.50%；但是实际生产中，硅含量对热裂纹倾向性的影响较为明显；铸造截面愈大，铸造速度愈快，则允许的硅含量愈低。因此，配料时仍然要求使用较高品位的液态原铝。生产实践证明，为了提高铸造工艺过程的稳定性，对于直径小于500mm的圆铸锭，应控制硅含量小于0.3%；直径大于500mm的圆铸锭，则希望控制硅含量小于0.20%；对于扁锭应将硅控制在0.25%以下。增加合金中铁的含量，热裂纹倾向性下降。这可能是由于加入铁生成AlMnFeSi化合物从而减少了共晶量，缩小了脆性区间，减少和消除了硅和锰的不利影响的结果；合金中的铁含量，建议控制在0.30%~0.45%的范围内。镁含量对扁锭的裂纹形成有重要影响；在硅含量不大于0.25%的条件下，如果镁含量小于2.4%，则铸锭仍然具有很大的裂纹倾向性。当硅含量在0.19%~0.22%时，镁含量对300mm×1200mm扁铸锭裂纹倾向性的影响列于表5-9。从表5-9中可以看出，将7A04合金扁铸锭的镁含量控制在2.6%~2.75%的范围是合理的。合金中铜的含量明显地影响扁锭的热脆性，尤其是当铜含量超过1.5%时，影响更大；建议把铜和锰的含量控制在中下限。

表5-9 镁含量对300mm×1200mm扁铸锭裂纹倾向性的影响[7]

镁含量/%	2.7~2.8	2.68	2.64~2.66	2.62~2.63	2.59~2.61	2.55~2.58	2.43~2.46	2.38~2.41	2.32
铸锭裂纹废品率/%	0	0	7.4	16.4	17.43	11.5	41.5	37.5	76.5

59. 为什么要进行化学成分的调整?

答：液态原铝化学成分的调整主要是针对重熔用铝锭(Al99.90 ~ Al99.00、Al99.7E、Al99.6E) 和重熔用精铝锭(Al99.996 ~ Al99.95) 以及压力加工用工业纯铝锭 (1×××) 生产而言。1×××工业纯铝锭中铝的含量相当于重熔用精铝锭至重熔用铝锭中化学成分的纯度（Al99.996 ~ Al99.00)。这些铝锭都可以直接用液态原铝来生产。

电解槽内的液态原铝，其化学成分不一定完全相等；但是，铸造的成品品位各异，而且各有严格的要求，特别是工业纯铝锭的化学成分要求更严格些，以便保证加工出来的铝材符合产品的性能要求。所以，必须对液态原铝的化学成分进行适当的调整。

工业纯铝，没有形成冷裂纹的倾向性。但是，在规定的化学成分范围内，如成分和杂质含量控制不当，将会由于产生较大的热脆性而形成热裂纹。对于工业纯铝，克服热脆性的主要手段是控制杂质铁和硅的含量。采用正常铸造制度，合金中的钛含量为0.01% ~0.02%时，铁、硅关系对工业纯铝扁铸锭表面热裂纹的影响列于表5-10。生产实践表明，当硅含量小于0.3%时，控制铁大于硅0.02% ~0.05%，足以消除铸锭的热裂倾向；当硅含量大于0.3%时，铁、硅关系对热裂纹的影响表现不明显。这可能是随着铁、硅总量的增加，结晶时不平衡共晶量增加的缘故。对铁硅比影响问题的普遍解释是：当合金中铁含量大于硅含量时，结晶过程是在不大的温度区间内以包晶转变的形式（大约于611～615℃）结束的；随着硅含量的增加，形成三元共晶体 Al + α(Fe·Si) + Si，其结晶温度区间向下急剧延伸至575～577℃，这时则出现明显的热裂纹倾向性。在此，由于选择结晶引起的枝晶偏析起着重要的作用。根据生产实践经验，工业纯铝铸锭中铁、硅含量与铸锭规格的关系列于表5－11。

表5－10 铁、硅关系对工业纯铝扁锭表面热裂纹的影响[7]

合金	铸锭规格 /mm×mm	铁、硅含量关系	熔次数 /次	铸锭数 /块	裂纹块数 /块	废品率 /%
L1	275×1040	$w(Fe) > w(Si)$	77	524	—	—
	275×1240	$w(Fe) < w(Si)$	73	496	16	3.2
L2	275×1040	$w(Fe) > w(Si)$	274	1870	—	—
	275×1240	$w(Fe) < w(Si)$	29	198	3	1.5

表5－11 工业纯铝铸锭中铁、硅含量与铸锭规格的关系[7]

硅含量/%	铁含量/%			
	直径小于190mm圆铸锭	直径大于215mm的圆铸锭及空心锭	275mm×1040mm扁铸锭	275mm×1240mm、300mm×1040mm、300mm×1240mm扁铸锭
<0.20	0.23	0.25	0.24	0.26
0.20～0.25	0.22～0.27	0.24～0.29	0.23～0.28	0.25～0.30
0.26～0.30	0.27～0.31	0.29～0.33	0.28～0.32	0.29～0.33
0.31～0.35	0.31～0.35	0.32～0.36	0.31～0.35	0.32～0.36
0.36～0.40	0.34～0.38	0.36～0.40	0.35～0.39	0.36～0.40
0.41～0.45	不控制	0.39～0.43	0.38～0.42	0.39～0.43
>0.45	不控制	不控制	不控制	不控制

即使液态原铝的化学成分符合成品的品位要求，由于液态原铝的温度很高，进入熔铸车间一般在840～860℃，有时高达900℃，特别是当铝液用出铝抬包直接运到熔铸车间时其温度通常在900℃左右，大大超过了铸锭的浇注温度，在这种情况下，

通常加入固态铝进行降温处理。

60. 生产重熔用铝锭时怎样调整液态原铝的化学成分?

答：生产重熔用铝锭时，为了调整液态原铝的化学成分符合重熔用铝锭的品位要求，首先要计算入炉液态原铝的平均纯度。在液态原铝中，主要杂质是硅和铁；其余元素含量很小，通常忽略不计。所以，只要计算硅和铁的平均纯度即可。计算方法如下：

$$C = (\Sigma W_i \cdot F_i)/W \tag{5-1}$$

式中 C——平均纯度,%；

W_i——第 i 台槽的出铝量，kg；

F_i——第 i 台槽出铝前一天铁或硅含量的分析值,%；

W——装炉的总铝量，kg。

当每一台电解槽的出铝量大致相等时，硅、铁的平均纯度可按下式计算：

$$C = (\Sigma F_i)/Z \tag{5-2}$$

式中，Z 为出铝槽数量或包数；其他量与式 5 -1 同。

根据装炉液态原铝的平均纯度计算配料量。配料通常以铝的中间合金形式加入。各种牌号产品中硅或铁等元素含量，其规定值的控制范围广，一般以规定的中心值为基准进行计算。每炉单项元素配料量可按下式计算：设装炉原铝量为 a，标准值为 b，原铝平均纯度为 c，中间合金添加量为 d，中间合金中合金元素含量为 e，则得下列方程式：

$$ac + de = ab + db \tag{5-3}$$

整理式 5 -3 得下列公式：

$$d = [a(b-c)]/(e-b) \tag{5-4}$$

按式 5 -4 可计算单项元素的加入量。配料计算原则是：液态原铝中铁、硅含量相差较大时，按大者进行计算，再核算另一个及总和；铁、硅含量相近时，可以总和为计算标准，再核定大者。

配料时，若要提高产品的品位，则加入高品位的铝锭；降低品位时，则加入低品位的铝锭。

配料后，当中间分析值不能满足规定值时，须进行追加配料。计算方法同上述一样，按通常规定的中心值为计算标准，进行修正。设装炉原铝量为a，标准值为b，中间分析值为c，修正用中间合金添加量为d，修正用中间合金中合金元素含量为e，则修正用中间合金添加量d的计算公式为：

$$d=[a(b-c)]/(e-b) \tag{5-5}$$

61. 影响配料准确度的因素有哪些？

答：影响配料准确度的因素主要有如下几方面：

（1）电解槽中液态原铝的品位是根据出铝前一天的预分析结果确定的，当电解槽内液态原铝的纯度发生急剧波动时，容易使配料后的铝液纯度超过规定值。

（2）多槽混包出铝时，各单槽出铝量的误差较大会影响配料的准确度。

（3）中间合金的添加量或其纯度发生差错会使配料后的铝液纯度超过规定值。

（4）回炉废料的化学成分波动也会影响配料的准确性。

62. 生产重熔用铝锭时当配料后的铝液纯度超标怎样纠正？

答：生产重熔用铝锭时，当配料后的铝液纯度超标，若混合炉内尚未装满，可根据装炉铝液量和化学成分的中间分析值追加液态原铝量，进行合理调整。追加的液态原铝中该元素的含量应低于标准值。追加的液态原铝量可按下式计算：设装炉原铝量为a，标准值为b，中间分析值为c，追加原铝量为d，追加原铝纯度为e，则得下列方程式：

$$ac+de=ab+db \tag{5-6}$$

整理式5-6得下列公式：

$$d=[a(c-b)]/(b-e) \tag{5-7}$$

按式5-7可计算追加原铝量。当混合炉内已装满时，可以更换液态原铝。若更换量大，使用铸造机铸成铝锭从炉内取出。若更换量小，则放入渣箱。放出超标的铝液后，再加入调整化学成分用的液态原铝。加入的液态原铝量可按下式计算：

设装炉原铝量为 a，标准值为 b，化学成分中间分析值为 c，需要换掉的原铝量为 x，加入的原铝纯度为 e，加入的原铝量为 y，则得下列方程式：

$$(a-x)c+ey=(a-x+y)b \tag{5-8}$$

整理式5-8得加入原铝量 y 公式为：

$$y=[a(c-b)+x(b-c)]/(b-e) \tag{5-9}$$

按式5-9可计算更换液态原铝时所需加入的液态原铝量。当更换液态原铝量与加入液态原铝量相等，即 $x=y$ 时，整理式5-8得加入液态原铝量 y 公式为：

$$y=[a(c-b)]/(c-e) \tag{5-10}$$

63. 生产电工用铝时硼化处理怎样配料？

答：在生产电工用铝的过程中，为了除去液态原铝中的钛和钒，可添加Al-B中间合金进行硼化处理。Al-B中间合金的添加量，根据液态原铝中钛和钒的含量不同而有所差别。当铝电解生产过程中的原材料质量稳定时，钛和钒的含量没有太大的变化。因此，可按液态原铝中钛和钒的平均含量进行计算。加入的硼与钛、钒生成 TiB_2 和 VB_2 不溶性化合物沉降于炉底，从而降低了铝液中的钛、钒含量。

钛、钒和硼的相对原子质量分别为47.9、50.95和10.82。由此，生成 TiB_2 和 VB_2 化合物的元素质量比分别为47.9/21.64和50.95/21.64。设Al-B中间合金的硼含量为 b（%），液态原铝中钛含量为 t（%），液态原铝中钒含量为 v（%），Al-B中间合金的添加量为 W（kg），装炉液态原铝量为 A（kg），硼添加安全系数为1.5；处理后的标准组成按如下数值考虑时，即 $w(\mathrm{Ti})=0.001\%$，$w(\mathrm{V})=0.002\%$，则可得到Al-B中间合金

的添加量 W 公式为：

$$W = A \times \{[(t-0.001)/100] \times (21.64/47.90) + [(v-0.002)/100] \times (21.64/50.95)\} \times [1.5 + (b/100)]$$

整理上式得：

$$W = [1.5 \times (A/b)] \times [(t-0.001) \times (21.64/47.90) + (v-0.002) \times (21.64/50.95)] \quad (5-11)$$

64. 铝合金炉料有哪些？

答：配制铝合金的炉料分为三大类：纯金属，称为新料或新金属；回炉的废料或复化料；中间合金。

生产铝合金的纯金属，主要是纯铝和以纯金属形式入炉的合金组元。纯铝装炉有固体料和液体料两种。在电解铝厂或使用液态原铝的铝加工厂以液体料为主；铝合金组元，直接装炉的纯金属有镁、锌等低熔点易熔金属，在装炉之前多切成碎块，以便于配料和加速其在铝液中的熔化。

废料来源包括本厂的和厂外的两部分。本厂的废料来源于熔铸车间和加工车间各工序的工艺废品及几何废料。铝加工厂的成品率一般在60%～75%，也就是说有25%～40%的原材料变为废料[8]，这部分废料是原材料的重要来源之一。厂外废料来源于用料工厂。

一些熔点高或在铝液中熔化速度慢的合金组元，通常预先熔制成中间合金，然后根据成品合金成分的要求定量加入，如铜、锰、镍、铁、硅、铬、钛、锆、钒等组元的中间合金。

在铝加工厂，欲获得良好的制品质量，使用原铝愈多愈好；为了减低生产成本，多使用大量的废铝；为了保证产品的质量，原铝的用量，通常以不低于50%为宜。在电解铝厂，原材料的价差不是最主要的问题，应以充分利用高温液态原铝的余热为原则，尽可能多地使用液态原铝，保证产品的质量。

65. 如何管理回炉废料？

答：在独立生产的电解铝厂中，本厂的生产废料是很少的。

当铝电解生产与铝加工生产进行优化组合时，生产废料会大量存在。废料可分为本厂废料和厂外废料。根据 GB/T 13586—1992《铝及铝合金废料、废件分类和技术条件》标准规定，按废料的物理形态可分为三类：块状废料为一类；屑状废料为二类；渣、灰废料为三类。每类废料又按化学成分的不同可分为四个大组：纯铝、变形铝合金、铸造铝合金和混合铝及铝合金；每个大组又根据化学成分的差别细分为若干个小组。各组废料再按牌号、夹杂和表面腐蚀状况分为六个级别。混合料按铝含量分为三个级别。渣、灰按铝含量分为五个级别。GB/T 13586—1992《铝及铝合金废料、废件分类和技术条件》标准见附录Ⅱ。各企业应根据本厂废料来源的实际情况制定合理的废料分类分级标准。一般按如下原则分级：化学成分明确、尺寸较大、干净致密、可直接入炉熔炼成品合金用的废料为一级废料；化学成分明确、尺寸较小、稍有污染、可直接入炉熔炼成品合金用的废料为二级废料；化学成分明确、但致密度很差、污染严重、只有经复化后才能供熔炼成品合金用的废料为三级废料；混合料为四级废料；炉渣、炉灰为五级废料。生产过程中，应尽可能减少五级废料量，尽可能避免四级废料的产生。

为了确保成品合金的质量，准确配料至关重要。为了准确配制成品合金的化学成分，对于本厂废料必须根据本厂的实际情况分类、分级堆放和使用。即使是同一牌号的铝合金，不同制品对其中的杂质含量要求不同当废料量较大时，也应按制品分类存放和使用。例如，3A21 铝合金，生产软态板材时，其中铁含量控制在 0.45% ~0.60%，硅含量控制小于 0.40%；生产半硬态板材时，其中铁含量控制小于 0.25%，硅含量控制小于 0.20%。质量好的大块废料，可直接回炉配制同类成品合金；对于质量较差的碎屑（三级废料），需经复化处理后才准许限量使用制成品合金。对口用料工厂的厂外废料，也可以依此处理。堆放处必须分类、分级隔开，切不可混杂。

一般的厂外废料，成分混杂，质量较差，不宜直接使用，须经复化处理并确定其成分后才能使用。

66. 为什么要使用中间合金进行配料?

答：根据长期的生产实践，为了准确配制成品铝合金，对于有些合金组元通常使用相应的中间合金进行配料。根据成品铝合金的成分范围和合金元素的物理性能，确定哪些合金组元需以中间合金形式加入。选择中间合金的原则如下：

（1）成品铝合金中含量范围较窄的合金组元。为了使成品铝合金获得较准确的化学成分，对于含量范围较窄的合金组元应以铝基中间合金形式加入，而不适于加入纯金属。如6A02（LD2）合金中的铜含量为0.2%～0.6%，采用Al－Cu中间合金较为合适。

（2）熔点比成品铝合金高得多的合金组元。为了使成品铝合金在熔炼过程中不至于过烧，以保证产品质量，不宜直接加入熔点很高的合金组元纯金属，而应将这些难熔的合金组元预先熔制成铝基中间合金，以降低其熔点。如镍的熔点为1445℃，熔制成含镍20%的中间合金时，其熔点降低到780℃。锰的熔点为1245℃，熔制成含锰10%的中间合金时，其熔点降低到780℃。

（3）密度与成品铝合金熔体的密度相差很大的合金组元。为了提高成品铝合金的质量和这些合金组元的实收率，应将这些合金组元熔制成铝基中间合金方可加入成品铝合金熔体。如铁、镍、锰等合金元素的密度比铝大得多，而且在铝中的溶解速度较慢；如果以纯金属形式加入，容易造成偏析。

（4）容易氧化燃烧或易挥发的合金组元。为了减少熔炼损耗，提高合金组元的实收率，也应将这些合金组元预制成铝基中间合金，如Al－Si中间合金。

（5）有些合金元素，在大气中储存容易锈蚀，不宜直接加入成品合金中。为了使成品合金净化、减少烧损、保证产品质量，也应制成中间合金，如Al－Fe中间合金。

配制铝合金用的中间合金是铝基合金，其化学成分均匀而准确，其熔点接近于成品铝合金的熔炼温度。目前，生产中所用的中间合金多为二元合金。也有使用三元中间合金乃至四元中间合金的情况，如 Al－Fe－Cu（Fe 10%，Cu 25%），Al－Cu－Ni（Cu 25%，Ni 20%），Al－Cu－Mn（Cu 5%，Mn 10%）等。

67. 对中间合金有什么要求？

答：为了生产出优质的铝合金成品，根据中间合金的选择原则，对于中间合金的要求如下：

（1）化学成分应当均匀，以便保证成品合金得到准确的化学成分；密度与铝相差不多。

（2）熔点应比较低，最好与铝熔点接近；这样既可减少金属烧损，又可加快熔炼速度。

（3）中间合金中的元素含量应尽可能高一些。这样既可减少中间合金的用量，又可减少中间合金的制造量。如果在铝电解槽内生产中间合金，其元素含量可以低一些，可接近成品铝合金元素的含量；在这种情况下，可以使用液态中间合金进行配料，如 Al－Si、Al－Ti 等。

（4）中间合金锭应有足够的脆性，易于破碎，便于配料。

（5）中间合金在铝中有良好的溶解度，以便加速熔炼速度。

（6）制成的中间合金不易挥发、不易腐蚀、无毒，以便于保管。

68. 为什么要对废料进行复化？

答：复化的含义是将固态废料先进行熔化，使其化学成分均匀，清除油污杂质，再作炉料使用。一般来说，厂外废料的成分混杂，质量较差，附着的油污、杂质多。化学成分不确定，无法准确配料。油污、杂质多，容易降低成品铝合金的纯洁度，从而降低成品铝合金的质量。本厂的三级废料也是如此，而且这样的废料在熔化过程中其烧损量很大，影响成品合金化学成分的准确性。

将质量较差的废料进行复化后，其化学成分均匀了，经取样分析后即可明确其准确的化学成分。同时废料中的油污、杂质也得以清除。为了保证成品合金的质量，对于质量较差的废料必须进行复化。

69. 元素添加剂和元素速溶剂有什么特点？

答：在铝合金生产过程中，使用铝基中间合金进行配料，能够比较准确地控制成品合金的化学成分；但是，由于大多数中间合金中合金元素的含量不是很高，铝基中间合金的使用量比较大。为了减少合金化炉料的添加量，降低生产费用，开发了元素添加剂。

元素添加剂是非烧结性粉末冶金制品，将适当粒度的纯金属粉末与不含钠的熔剂粉末机械混合压制成饼状。目前，市面上的元素添加剂大致由合金元素粉、铝粉和熔剂粉三种组分配制而成。元素添加剂的化学成分及其使用性能列于表 5－12 中。在 YS/T 492—2005《铝及铝合金成分添加剂》标准中只规定了五种添加剂的牌号及其化学成分：铁剂、锰剂、铜剂、铬剂和钛剂；其中的纯金属含量均为 75%±3%；其他牌号、规格及化学成分可由供需双方协商在合同中注明。

表 5－12 元素添加剂的化学成分及其使用性能[10]（YS/T 492—2005）

产品名称	牌号	化学组成	外观	用途	使用温度/℃	块重/g	水分/%
铁添加剂	75Fe	75%～80% Fe＋熔剂	灰褐色	调整合金中铁含量	750±5	500±5	<0.2
锰添加剂	75Mn	70%～80% Mn＋熔剂	灰黑色	调整合金中锰含量	750±5	500±5	<0.2
铜添加剂	75Cu	70%～80% Cu＋熔剂	红棕色	调整合金中铜含量	750±5	500±5	<0.5
铬添加剂	75Cr	70%～80% Cr＋熔剂	灰色	调整合金中铬含量	750±5	500±5	<0.5

续表 5-12

产品名称	牌号	化学组成	外观	用途	使用温度/℃	块重/g	水分/%
镍添加剂		75% Ni + 熔剂	灰褐色	调整合金中镍含量	750 ±5	500 ±5	
硅添加剂		75% ~90% Si + 熔剂	灰色	调整合金中硅含量	750 ±5	500 ±5	
锆添加剂		20% Zr + 熔剂	灰色	调整合金中锆含量	750 ±5	500 ±5	
钛添加剂	75Ti	75% ±3%					<0.5

元素添加剂中含有一定量的熔剂，会吸收潮气；因此，应严格控制水分含量，谨防吸潮。元素添加剂成品用塑料袋包装，每袋内装 4 ~5 块，然后再装入纸板箱内，每箱 6 ~10 袋。根据 YS/T 492—2005《铝及铝合金成分添加剂》标准要求，塑料袋的颜色按添加剂种类区分：铁剂为绿色，锰剂为紫红色，铬剂为蓝色，铜剂为黄色，钛剂为红色；应贮存于通风、干燥的库房内，贮存期内不得有潮解现象，贮存期不得超过 6 个月；贮存期超过 6 个月的产品，经检验合格后仍可使用。

元素添加剂的特点是：

（1）合金化元素含量比中间合金高，可减少添加剂的使用量，可降低运输、储存和保管的费用。

（2）合金化元素以粉末形态引入，一般粒度为 50 ~200μm，比表面积大，同时使用量少，因而加入添加剂后熔体的温度降落小，熔化速度快，省时节能。根据 YS/T 492—2005《铝及铝合金成分添加剂》标准要求，压块敲碎后，其断口中的铁、锰、铜、铬、钛粉聚集物颗粒尺寸不大于 1mm。

（3）元素添加剂的密度比较大（铁、锰、铜、铬添加剂的密度为 3.4 ~4.0g/cm^3，钛添加剂的密度为 2.9 ~4.0g/cm^3），容易沉入铝熔体中，又有熔剂保护，熔化速度快，因而合金元素的实收率比较高，根据 YS/T 492—2005《铝及铝合金成分添加剂》

标准要求，锰、铜、铬添加剂的实收率应不小于95%，铁、钛添加剂的实收率应不小于90%。例如，含75%铬、锰、铁、铜的添加剂，在720℃时达到95%实收率的时间分别为23min、14min、9min和2.5min。

（4）合金化元素含量准确，块重恒定量小，便于配料。根据YS/T 492—2005《铝及铝合金成分添加剂》标准要求，添加剂的圆饼直径为80～90mm、厚度为20～40mm。

元素速溶剂是在元素添加剂的基础上发展起来的新品种，其溶化速度比普通的元素添加剂快一些。与普通的元素添加剂相比，元素速溶剂有如下特点：

（1）熔化速度快，约比普通元素添加剂提高一倍。

（2）使用温度低，一般690～720℃即可。

（3）添加合金元素的实收率高，一般平均实收率可达95%（硅剂）～98%（铁剂、锰剂）。

（4）不含钠盐和氯盐，不吸潮，适用于所有合金，易于储运。

目前，生产元素速溶剂有两种方法：一种是在适宜粒度的金属块表面上黏附一层能与铝熔体反应而发热的熔剂，以加速金属块的溶解；如速溶结晶硅。另一种是用氟盐代替氯盐，并与金属粉末、催化剂、助熔剂、微量铝粉一起混匀后压制成饼状通过铝热反应而产生局部高温，加速金属粉末的溶解，如速溶硅剂、速溶铁剂和速溶锰剂等。

70. 生产铝合金时怎样配料？

答：铝合金中的组元成分多种多样。即使组元成分相同，其含量也会有差别。正确选择配制铝合金的原料，对于控制成品铝合金的化学成分，保证铸锭质量以及节约原材料，提高企业的经济效益，都有重要意义。炉料的选择及其配比原则如下：

（1）在保证产品质量和性能要求的前提下，选择适当品位的液态原铝。品位用高了，未能利用好原料的使用价值，同时也影响了企业的经济效益。品位用低了，产品质量难以达到要求。

（2）铝合金中的硅、铁含量可以在液态原铝的基础上进行调整。在这种情况下，可以直接使用低品位的液态原铝作为配料的主要成分。

（3）在保证产品质量的前提下，根据制品用途和工艺要求，应充分利用废料，减少新料的用量，提高企业的经济效益；但是，要注意废料循环使用带来的杂质含量升高的问题。因此，废料量应有适当的比例。

（4）在配料过程中，尽量避免完全使用新料或完全使用废料。由于液态原铝的温度很高，应加入20%以上的冷却料；这些冷却料可以使用废料。

（5）在保证产品质量的前提下，根据工艺要求，应调整好炉料的杂质含量比例，如铁、硅比例。

含有镁、锌等低熔点易熔组元的铝合金，可以直接使用镁、锌等纯金属作为炉料进行配料。镁、锌等低熔点金属的烧损量较大，最好使用其中间合金。

含有熔点高或在铝液中熔化速度慢的合金组元的铝合金，应使用这些合金组元的中间合金作为炉料进行配料。

当计算烧损量大的合金组元配料量时，应考虑其实收率。

在配料过程中，首先要计算理论配料量。理论配料量是指每一熔次所铸造的实际铸锭量，通常根据当次所铸造的铸锭规格、熔炼炉的容量、铸造机的最大负荷（铸锭同铸根数）和最大行程（铸锭长度）确定。理论配料量 $Q_{理论}$ 可按下式计算：

$$Q_{理论} = m \cdot n \cdot S \cdot L \cdot \rho \qquad (5-12)$$

式中 $Q_{理论}$——理论配料量，kg；

m——同一熔次的铸次数；

n——每铸次同铸根数；

S——铸锭横断面面积，m^2；

L——铸锭长度，m；

ρ——铝合金的密度，kg/m^3。

第一熔次的实际配料量 $Q_{实际}$ 按下式计算：

$$Q_{实际} = (Q_{理论} + Q_{压头})/(1-\eta) \quad (5-13)$$

式中 $Q_{实际}$——实际配料量，kg；

$Q_{压头}$——在固定式静置炉（或熔炼炉）内为保持铸造过程中稳定的金属流量所需最低金属液面高度的金属量，kg，一般为 200 ~ 500kg；

η——在熔炼铸造过程中合金的熔损率，%。

在倾动式静炉（或熔炼炉）内，式 5 – 13 中 $Q_{压头}$ 项不需计算。在固定静置炉（或熔炼炉）内批量生产时，第二熔次以后，式 5 – 13 中 $Q_{压头}$ 项也不需计算。但是，应计算炉内的剩料量。

变形铝合金熔炼时合金的熔损率 η 列于表 5 – 13 中。

表 5 – 13 变形铝合金熔炼时的熔损率[10]

炉型	火焰炉				电阻炉			
炉料类型	纯铝锭	一级废料	二级废料	三级废料	软合金液体料	硬合金液体料	软合金固体料	硬合金固体料
熔损率/%	1.0 ~ 1.5	1.5 ~ 2.0	2.0 ~ 3.0	4 ~ 6	0.5 ~ 0.8	0.7 ~ 1.0	2.0 ~ 2.5	2.5 ~ 3.0

71. 在电解铝厂怎样使用细晶铝生产变形铝及铝合金铸锭?

答：细晶铝锭，又称为低钛铝合金锭。低钛铝合金是在铝电解槽内添加 TiO_2 生产出来的，钛含量在 0.05% ~ 0.2% 范围内。2005 年正式颁布了《细晶铝锭》标准（YS/T 489—2005），当年 12 月 1 日起实施。2006 年，在《铸锭生产过程的质量控制要求》（YS/T 590—2006）中，又明确地提出“选用细晶铝锭，有利于获得晶粒细小、组织优良、力学性能高的铸锭”。细晶铝锭的化学成分列于表 5 – 14 中。

表 5-14 细晶铝锭的化学成分（YS/T 489—2005）

牌 号	化学成分（质量分数）/%									
	Ti	Fe	Si	Cu	Ga	Mg	Zn	其他每种	其他合计	Al
XAl99.70A-1	0.01~0.05	0.20	0.10	0.01	0.03	0.02	0.03	0.03	0.3	余量
XAl99.70A-2	>0.05~0.10	0.20	0.10	0.01	0.03	0.02	0.03	0.03	0.3	余量
XAl99.70A-3	>0.10~0.15	0.20	0.10	0.01	0.03	0.02	0.03	0.03	0.3	余量
XAl99.70A-4	>0.15~0.20	0.20	0.10	0.01	0.03	0.02	0.03	0.03	0.3	余量

据资料报道，在钛含量为0.05%~0.2%的范围内，细晶铝锭的晶粒尺寸随钛含量增加而减小，如图5-2所示。当细晶铝锭中钛含量为0.2%时，其平均晶粒尺寸为122μm。1070合金，采用细晶铝锭重熔后直接浇铸的铸锭，晶粒细化效果比采用普通的重熔用铝锭重熔后添加Al-Ti中间合金浇铸的铸锭好，与添加Al-Ti-B中间合金浇铸的铸锭接近，如图5-3所示。用细晶铝锭配制的1070、3003、6063、A356等铝合金铸锭具有良好的综合性能。

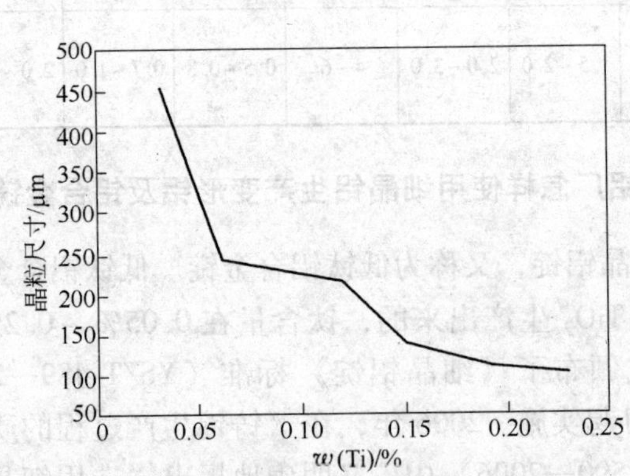

图5-2 细晶铝锭的晶粒度与含钛量的关系[10]

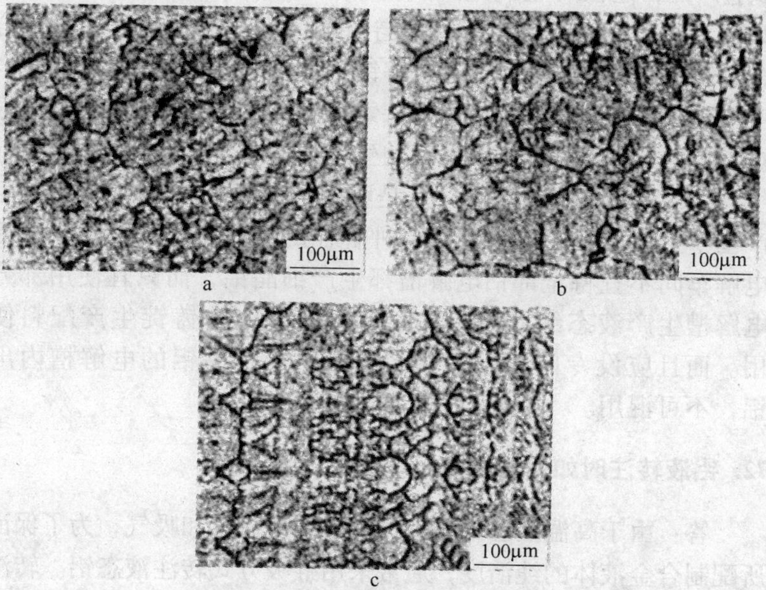

图5－3　钛含量为0.2%时不同细化处理方法对
1070合金微观组织的影响[10]

a—细晶铝锭（电解加钛）；b—加 Al－Ti－B 中间合金；c—加 Al－Ti 中间合金

细晶铝锭具有如下特点：

（1）生产工艺简单，生产成本低廉。

（2）化学成分均匀，组织均匀细小，晶粒细化能力强。

（3）钛的回收率高，熔制细晶铝锭时大于95%，用细晶铝锭熔体配制合金时为80%～90%。

（4）高温稳定性好。在高温条件下，熔炼变形铝合金时，其晶粒未明显粗化。

（5）长效性好。在740℃保温12h以内，其晶粒未明显粗化。

（6）遗传性好。4次重熔后，其晶粒平均尺寸变化不大。

从表5－12中所列细晶铝锭牌号可以看出，这些细晶铝锭尚属试验产品，还没有正式纳入《重熔用铝锭》标准（GB/T 1196—2008）中。正如使用液态原铝与重熔用铝锭生产变形铝及铝合金铸锭有一定差异一样，在电解铝厂直接使用液态细晶原铝生产变形铝及铝合金铸锭，应深入探索其生产规律。在电解铝厂应根据各自的具体条件探索细晶铝的生产及其在变形铝及铝合金铸锭生产中的应用。但是，有一点是明确的，铝电解车间主要是生产基本金属原料的，以满足各种各样的产品需要；因此，在铝电解车间不宜将全部铝电解槽都生产细晶铝，而只宜使用部分电解槽生产液态细晶原铝供变形铝及铝合金铸锭生产配料使用。而且应设专门的出铝抬包，从生产细晶铝的电解槽内出铝，不可混用。

72. 铝液转注时如何操作？

答：由于高温液态铝在空气中很容易氧化和吸气，为了保证所配制合金液体的纯洁度，通常采用虹吸方式转注液态铝。转注前，应仔细检查虹吸管是否通畅；用胶管将负压装置与压缩空气管路连接起来，检查负压装置是否灵活，将胶管弯折用手拿着，慢慢打开微调阀门，应使真空表的指针指向 53.32kPa（400mmHg）以上。转注时，盛铝抬包的底面应高于混合炉的注铝口，将虹吸管的短管插入盛铝抬包的底面上，其长管放入混合炉的注铝口内，再提升 5cm 左右，使短管离开抬包底面；然后慢慢启动负压装置，同时查看真空表，使真空表的指针上升到 39.99kPa（300mmHg）。真空表由 0 升到 26.66kPa（200mmHg）时，可以稍快一点；在 26.66～39.99kPa（200～300mmHg）之间，应缓慢上升。如果很快打开微调整阀门，铝液就会往顶部上冲。当抬包中的铝液转注完时真空表的指针就下降，将微调整阀门关闭，然后慢慢提起虹吸管，并卸去虹吸管。转注结束后，清理干净管壁上的残余铝液，避免烫伤。

为了防止因虹吸管堵塞而发生的事故，要使虹吸管经常保持良好的状态。当虹吸管的内径小于100mm 时，应更换下来进行清扫。

73. 为什么要对液态铝合金进行搅拌?

答：在铝合金生产过程中，化学成分的均匀性非常重要，否则难以保证产品性能的均匀性，甚至会出现废品。在电解铝厂，配料过程中，采用液态炉料和中间合金虽然可以为化学成分的均匀性创造有利条件，但还不能完全达到目的。固态金属的溶解是在与铝液接触的界面处开始的，在局部形成高浓度聚集区，远离固液界面处为浓度贫乏区。化学成分的均匀化过程也就是高浓度区的合金元素向浓度贫乏区扩散的过程；搅拌熔体可以加速合金元素的扩散过程。在熔炼过程中，处于外部热源的条件下，铝熔体近热源处的温度比较高，远热源处的温度比较低；例如，使用火焰炉熔炼时，热量从金属液表面自上而下传递，热金属处于金属液上层，低温金属处于炉底层，在静态条件下这种温差常达100～200℃，并且随熔池深度和热源高度增大而增加；增大熔体的对流速度，可以加速热能的传递过程，使这种熔体温差迅速缩小。因此，对铝熔体进行搅拌的目的主要有二：一是加快溶解速度，使熔体的化学成分均匀。二是使铝熔体的温度均匀，避免局部铝合金熔体过热。此外，搅拌还可以加快固态金属的熔化速度，有利于非金属夹杂物和气泡的上浮。

在熔体中加入合金化元素之后，在混合炉内必须对液态铝合金进行充分的搅拌。在小型混合炉内或抬包内可以进行人工搅拌；但是，在大型炉内，人工搅拌很困难，也难以搅拌均匀。近些年来，广泛使用电磁搅拌器，通常将电磁搅拌器置于混合炉底部下方。使用电磁搅拌器的搅拌效果比人工搅拌时好得多，而且大大地降低了工人的劳动强度。

无论采用哪种搅拌方式，必须使铝液的化学成分均匀。搅拌过程中铝液的波动应尽可能地小。由于高温液态铝在空气中很容易氧化和吸气，铝液的波动大会降低铝液的纯洁度；同时增加了渣量，增加了金属的损耗量，降低企业的经济效益。

搅拌铝液之后，应立即扒尽液面的浮渣。

在铝加工厂，采用固态铝锭熔化的熔炼工艺，由低温逐渐加热到高温；搅拌时的炉温保持在700℃左右。在电解铝厂，采用液态原铝作为主要原材料的熔炼工艺，由高温逐渐降到低温；搅拌时的炉温保持在熔炼温度或精炼温度。

74. 为什么要进行扒渣?

答：当炉料全部熔化后，在铝熔体表面会形成一层由熔剂、金属氧化物和其他非金属夹杂物组成的熔渣。铝液表面的浮渣多为氧化铝等夹杂物。在熔炼温度下，氧化铝为 $\gamma-Al_2O_3$。这种氧化铝很容易吸附水分和其他物质，是产生气体吸附作用的根源之一。所以，搅拌铝液之后，应立即扒尽液面的浮渣，以便进行下一步的熔炼作业。

扒渣温度一般可在700~720℃上下。扒渣操作之前，在熔体表面撒上一层粉状除渣熔剂（又称打渣剂），利用熔剂的造渣作用将熔渣与金属分离，以减少渣中的金属损失。扒渣操作要平稳，不起波浪。扒渣操作的时间应愈短愈好。

所扒浮渣内含有不少的金属铝，应集中送至渣处理间将金属铝回收，或送至重熔炉加以提炼，回收金属铝。渣量少时，待冷却后可人工手选。炉渣的温度很高，应集中在渣箱内，使其自然冷却，切忌翻动渣堆。因为，高温铝液在空气中容易氧化而燃烧，放出大量热，发出耀眼的白光，从而增加了渣中金属铝的烧损。同时不要把高温铝渣直接放在车间地坪上，以免烧损地坪。

75. 熔炼时合金组元的熔损率有多少?

答：在表5－13中所列的熔损率数据为总体合金的熔损率。在熔炼过程中，同一合金各组元的熔损率是不同的。铝合金熔炼时合金组元的熔损率列于表5－15中。

铝合金的熔损率是配料过程中的计算依据之一。在实际生产中，对于成品铝合金的熔炼，按表5－11中所列数据，熔损率应取下限。

表5－15 合金组元的熔损率

合金组元	Al	Cu	Zn	Si	Mg	Mn	Ni	Ti
熔损率/%	1.0～5.0	0.5～1.5	1～3	1～10	2～4	0.5～2	0.5～1	10～20

铝合金的熔损率的大小除了与合金组元的本身性质有关之外，还与熔炼时的炉型、炉料状态、生产工艺和操作技术有关。用低频感应电炉熔炼铝合金时，其熔损率为0.4%～0.6%。用电阻反射炉熔炼铝合金时，其熔损率为1.0%～1.5%。用火焰反射炉熔炼铝合金时，其熔损率为1.5%～3.0%。而对于火焰炉熔炼铝合金，当炉料为原铝锭时，熔损率为0.8%～2.0%；当炉料为打捆薄片废料时，熔损率为3%～10%；当炉料为大块废料时，熔损率为1.5%；当炉料为碎屑时，熔损率可大至13%～30%。

在铝合金的熔炼和铸造过程中，熔损的合金统称为铝渣。在铝渣中，包括不可回收的金属损失量和可回收的金属量。即熔损量中包括金属的烧损量和可回收的金属量。在熔炼过程中，烧损量最大，少部分液态金属伴随炉渣扒出炉外。在铸造过程中，烧损量比较小，铝渣中可回收的金属量比较多。

76. 熔铸过程中铝合金的烧损率有多少?

答：在熔铸过程中，由于金属氧化、挥发、与精炼剂相互作用以及与炉衬材料相互作用，造成不可回收的金属损失统称为烧损。金属的烧损量随炉料组成、熔炼炉的类型、合金组元的加入方式和操作方式不同而变化，波动范围较大。金属的烧损率变化与金属的熔损率基本上相对应，在感应炉内烧损率最小，在火焰炉内烧损率最大。在火焰炉内熔炼成品合金和重熔低品位废料时金属的烧损率列于表 5 – 16 中。

表 5 – 16 在火焰炉内熔炼成品合金和重熔低品位废料时金属的不可回收损失[10]

合金组别	成品合金			低品位废料
	烧损率/%	渣中金属 + 溅渣 + 浮渣		烧损率/%
		总熔损/%	其中的烧损率/%	
所有牌号工业纯铝、3A21、6061、6063	0.7	1.4	0.85	5.0
2×××及其他	0.9	2.1	1.3	7.0
5×××及7×××	1.1	2.4	1.4	8.0

在实际生产中，工厂的总烧损量由四部分组成：熔制成品合金时的烧损量、熔制中间合金时的烧损量、废料复化时的烧损量和提炼铝渣中所含金属时的烧损量。

77. 在配料过程中怎样正确使用计量设备?

答：在熔铸车间使用的计量设备为地中衡和地上衡。地中衡的负荷大，用于液态原铝的计量。地上衡的负荷小一些，用于配料用固态料计量。通常这种计量设备在额定负荷的 1/3 ~ 2/3 之间的精确度比较高一些，在此范围之外的计量误差比较大一点。

为了保证计量的精确度，液态原铝的计量应使用同一台地中衡。中间合金固态料，由于其用量较少，不许使用大负荷的地中衡计量，应使用负荷小的地上衡计量。

78. 何时采取化学成分的分析试样?

答：在重熔用铝锭和铝合金铸锭的生产过程中，配料计算时，虽然对其化学成分进行了严格控制，在熔炼过程中可能由于各种原因而发生合金成分的变化。造成合金成分变化的原因是多方面的：生产规程允许称量误差为 1%，当不正确使用计量设备时，会造成较大的炉料称量误差；使用的中间合金成分不均匀；烧损量超出预计值；熔体偏析等。因此，当合金化元素加完、熔化并搅拌均匀之后，必须从熔体中取样进行快速分析，然后根据分析结果是否需要进行合金成分的调整。

生产重熔用铝锭时，当配好的炉料全部装炉并搅拌均匀之后，应立即采取化学成分的分析试样，送中心化验室快速进行中间分析。当中间分析值不能满足规定范围要求时，必须按式5－7、式5－9和式5－10进行追加配料，确保成品铝锭的化学成分符合国家标准要求。

取样温度不应低于熔体熔炼温度的下限值。

取样应具有代表性。一般每炉应取两组试样，取样部位沿每个炉门的中心线离炉门口50cm以上、熔体深度的1/2处舀取铝液。

生产铝合金时，第一次取样分析后，如果分析结果与配料值的偏差或者两个炉门处的试样分析值的偏差、或者来料炉与受料炉的试样分析值的偏差超过表5－17中的规定值时，必须对分析结果进行仔细的审查，从多方面查找原因，并进行第二次取样分析。根据第二次的分析结果再进行补料或冲淡，即对熔体中低于标准要求的合金成分要进行补充，对高于标准要求的合金成分要进行冲淡，以确保熔体的化学成分符合厂内标准。

表5－17　关于炉前二次取样分析成分偏差的规定[10]

合金元素	不同铝合金允许偏差值/%										
	2A12	2A11	2A90	2A80	2A50	2A14	7A04	6A02	3A21	5A02	2A01
Cu	0.3	0.3	0.3	0.2	0.2	0.3	0.2	0.1	—	—	0.25
Mg	0.2	0.15	0.2	0.2	0.15	0.15	0.2	0.15	—	0.2	0.1
Mn	0.2	0.2	—	—	0.2	0.2	0.2	0.05	0.15	0.05	—
Fe	—	—	0.2	0.2	—	—	—	—	—	—	—
Si	—	—	0.2	0.2	0.2	0.2	—	0.2	—	—	—
Zn	—	—	—	—	—	—	0.4	—	—	—	—
Ni	—	—	0.3	0.2	—	—	—	—	—	—	—
Cr	—	—	—	—	—	—	0.03	—	—	—	—

补料或冲淡后，在下列情况下，为了确保化学成分准确，应再次取样分析：

（1）2A11、2A12 型合金：补料或冲淡量大于炉料总量的 3%；补铜量大于 1%；补镁量大于 0.5%。

（2）7A04 型合金：补料或冲淡量大于炉料总量的 2.5%；补镁量大于 0.3%。

（3）其他合金根据实际情况确定。

为了安全起见，取样工具必须预热干燥，以免烫伤。

79. 生产铝合金时怎样计算补料量？

答：生产重熔用铝锭时，只是严格控制杂质含量的上限值，杂质的下限值不控制；一般不进行补料操作。生产铝合金时，合金元素必须严格控制在一定的数值之内；当其含量低于该元素的标准值时，必须补充该元素的含量达到标准要求。补料时对原材料的要求与配料时相同。补料量通常按以下步骤进行计算：

（1）先调整杂质含量，然后计算合金元素含量。

（2）先算量少者，后算量多者。

（3）先算低成分的中间合金，后算高成分的中间合金，最后算新金属量。

在铝加工厂实际生产中，通常按下式计算补料量[10]：

$$X = [(a-b)Q + (c_1 + c_2 + c_3 + \cdots)a]/(d-a) \quad (5-14)$$

式中 X——补料量，kg；

a——当前计算待补元素的要求含量，%；

b——当前计算待补元素的炉前分析值，%；

Q——熔体总量，kg；

c_1、c_2、c_3…——当前计算元素之前各种新补充炉料的加入量，kg；

d——当前计算补料用中间合金或新金属中该元素的含量，%。

比较式5-7和式5-14可知，两者的计算原则相同。当式5-14中的c_1、c_2、c_3等于零时，即为式5-7。它们的不同点在于，生产重熔用铝锭时，当某杂质元素高于标准值，追加的液态原铝中该元素含量低于标准值；生产铝合金时，补料中合金元素含量高于成品合金的标准值。补料计算实例如下：

例：设熔炼炉内有5A06铝合金熔体10000kg，其快速分析结果、计算成分和各种炉料成分如下：

元素名称	Mg	Mn	Fe	Si	Ti
计算成分/%	6.40	0.60	0.30	0.25	0.08
快速分析结果/%	2.4	0.60	0.25	0.25	0.06
Al-Mn中间合金/%	—	10	0.50	0.40	—
Al-Fe中间合金/%	—	—	10	0.50	—
Al-Ti中间合金/%	—	—	0.60	0.40	4
镁锭Mg99.80/%	100	—	—	—	—

由上述可知，Mg、Fe、Ti含量不足，需要补料。根据上述补料原则分别计算如下：

（1）先使用Al-Fe中间合金计算杂质铁的补料量：

$$X_{Al-Fe} = [(0.30-0.25)\times 10000]/(10-0.30) = 52\ (kg)$$

（2）使用Al-Ti中间合金计算补钛量：

$$X_{Al-Ti} = [(0.08-0.06)\times 10000 + 52\times 0.08]/(4-0.08) = 52\ (kg)$$

（3）使用Mg99.80的镁锭计算补镁量：

$$X_{Mg} = [(6.4-2.4)\times 10000 + (52+52)\times 6.4]/(100-6.4) = 434\ (kg)$$

（4）使用Al-Mn中间合金计算补锰量：锰、硅本来不需要补料，但因补加其他炉料后而失去平衡，故需补料。硅系杂质，暂不考虑。

$$X_{Al-Mn} = [(0.6-0.6)\times 10000 + (52+52+434)\times 0.6]/(10-0.6) = 34\ (kg)$$

(5) 核算:

补料后熔体总重量 = 10000 + 52 + 52 + 434 + 34 = 10572 (kg)

各成分含量为:

$w(\mathrm{Mg}) = [(10000 \times 2.4\% + 434)/10572] \times 100\% = 6.4\%$

$w(\mathrm{Mn}) = [(10000 \times 0.6\% + 34 \times 10\%)/10572] \times 100\% = 0.6\%$

$w(\mathrm{Fe}) = [(10000 \times 0.25\% + 52 \times 10\% + 52 \times 0.6\% + 34 \times 0.5\%)/10572] \times 100\% = 0.29\%$

$w(\mathrm{Si}) = [(10000 \times 0.25\% + 52 \times 0.5\% + 52 \times 0.4\% + 340.4\%)/10572] \times 100\% = 0.24\%$

$w(\mathrm{Ti}) = [(10000 \times 0.06\% + 52 \times 4\%)/10572] \times 100\% = 0.076\%$

核算结果表明，计算基本正确，可以按计算补料量进行投料。

80. 生产铝合金时怎样计算冲淡量?

答：生产铝合金时，合金元素必须严格控制在一定的数值之内；当其含量高于该元素的标准值时，必须冲淡该元素的含量达到标准要求。冲淡时对原材料的要求与配料时相同。在电解铝厂，冲淡料可以直接使用液态原铝；重熔用铝锭可以按式 5 - 7 计算冲淡量。在铝加工厂生产中，主要使用原铝锭作为冲淡炉料，变形铝及铝合金通常按下式计算冲淡量[10]:

$$X = (b - a)Q/a \qquad (5-15)$$

式中 X——冲淡量，kg;

b——超量元素的炉前分析值，%;

a——超量元素的标准含量，%;

Q——熔体总量，kg。

比较式 5 - 7 和式 5 - 15 可知，按式 5 - 7 计算冲淡量更精确一点。冲淡后，将会引起其他合金元素含量降低，然后按式 5 - 14计算补料量。冲淡计算实例如下:

例：设炉内有 2A12 铝合金熔体 9000kg，其快速分析结果、计算成分和各种炉料成分如下：

元素名称	Cu	Mg	Mn	Ti	Fe	Si
计算成分/%	4.50	1.50	0.70	0.05	≤0.45	≤0.35
快速分析结果/%	4.95	1.50	0.60	0.05	0.30	0.25
Al - Ti 中间合金/%	—	—	—	4	0.60	0.40
Al - Mn 中间合金/%	—	—	10	—	0.50	0.40
镁锭 Mg99.80/%	—	100	—	—	—	—
铝锭 99.60/%	—	—	—	—	0.25	0.18

由上述可知，铜高，需冲淡；锰低，需补料。计算程序如下：

（1）先计算全炉的总冲淡量：

$$X = [(4.95 - 4.50) \times 9000]/4.50 = 900\ (\text{kg})$$

（2）再计算冲淡料的各种炉料用量：

由于冲淡的结果，镁、锰、钛含量均降低，应该补料，其补料量分别为：

$X_{Al-Ti} = 900 \times 0.05/4 = 11$（kg）（因为 900kg 冲淡料中已经包括 Al - Ti 中间合金，故分母中不用减去 0.05%）

$X_{Al-Mn} = [9000 \times (0.70 - 0.60) + 900 \times 0.7]/10 = 153$（kg）（因为 900kg 冲淡料中已经包括 Al - Mn 中间合金，故分母中不用减去 0.7%）

$X_{Mg} = 900 \times 1.5/100 = 13.5$（kg）（因为 900kg 冲淡料中已经包括 Al - Ti 中间合金，故分母中不用减去 1.5%）

冲淡所需的铝锭量为：$X_{Al-O} = 900 - 11 - 153 - 13.5 = 722.5$（kg）

（3）核算杂质铁、硅含量：

$$w(\text{Fe}) = (9000 \times 0.30\% + 11 \times 0.60\% + 153 \times 0.50\% + 722.5 \times 0.25\%)/9000 = 0.30\% < 0.45\%$$

$$w(\text{Si}) = (9000 \times 0.25\% + 11 \times 0.40\% + 153 \times 0.40\% +$$

722.5 ×0.18%)/9000 = 0.25% < 0.35%

铁的含量大于硅的含量。核算结果表明，计算正确，可以按计算冲淡量和补料量进行投料。

81. 不同铝合金的熔炼特点有什么不一样吗？

答：不同铝合金的熔炼过程基本上相同，但细节各有其特点。根据铝加工厂采用固态铝重熔时几种铝合金的熔炼特点[7]，介绍如下：

（1）工业纯铝。熔炼工业纯铝应保持其纯度。一般应根据制品的纯度要求和工艺性能选择、使用原铝锭。熔炼纯铝时的熔炼温度和熔体停留时间，对铸锭晶粒度影响非常明显。熔炼温度一般不应超过745℃。熔体停留时间不超过2h，尤其是在火焰炉中更应严格控制。

在化学成分上应注意铁硅比以及晶粒细化剂的含量。

生产99.90%以上的高纯铝制品时，对于炉衬材料应有严格的要求，炉衬材料中的SiO_2应尽可能地低一些；否则，会增加铝中的硅含量，使纯度降低。最好使用镁砖。

（2）Al-Mn系合金。在这类铝合金中，含有较多的锰。由于锰在铝中的溶解度很低，在正常熔炼温度下含10% Mn的中间合金其溶解速度是很慢的。为此，Al-Mn中间合金应均匀分布于炉内的最上层。当熔体温度达到720℃时，应适当缓慢地搅拌熔体，以加速锰的熔化。也有将熔炼温度提高50℃（约780℃），再加以缓慢地搅拌熔体，以加速锰的熔化。在电解铝厂，使用高温液态原铝来熔炼Al-Mn系合金是有利的。

3A21（LF21）合金板材在退火时，容易产生粗大的晶粒组织。为此，熔炼时可适当提高杂质Fe的含量和加入适量的Ti。但是，Fe含量过高时，则易出现（MnFe）Al_6一次晶化合物，降低合金的力学性能。一般把Fe含量控制在0.4%~0.6%范围内，并使$w(Fe+Mn)\leq 1.8\%$。为了减少热裂的倾向性，一般要使Fe含量大于0.2%以上，并加少量的Ti为好。

（3）Al－Mg 系合金。在这类合金中，含有较多的镁。随镁含量的增加，其氧化膜的致密度越差，抗氧化能力越低，特别是在熔化以后更为突出。主要表现在以下几个方面：氧化膜失去保护作用，合金烧损严重，镁更易烧损；氧化膜致密性差，使合金吸气性增加；易形成氧化夹杂，降低铸锭质量，在铸锭表面存在氧化夹杂物易引起应力集中，导致铸锭裂纹倾向性增加。采用高温液态原铝生产这类合金时，在熔炼过程中自始至终会存在这一问题，应特别注意。

镁含量增加给熔铸工艺带来一定的困难。为此，对高镁铝合金（5A03 合金除外）应加入 0.002% 铍（Be），对 5A06（LF6）合金应加入 0.004% 的铍，借以改变氧化膜的性质，提高抗氧化能力。

在高镁合金中，随钠含量的增加，钠脆性愈显著。这是因为钠的熔点低，在铝和镁中不溶解；钠在合金凝固过程中，在晶界上形成低熔点的吸附层，降低晶界强度。不过，只有当钠呈游离状态时，才出现钠脆性。在高镁铝合金中，Mg 与 Si 先形成 Mg_2Si 相，析出游离钠。反应过程如下：

$$NaAlSi + 2Mg \longrightarrow Mg_2Si + Na\ （游离） + Al$$

当镁含量超过 2% 时，就有钠析出。只是当镁含量较低时，所析出的游离钠影响不显著而已。

在熔炼过程中，杂质钠的主要来源是熔剂，如 Na_3AlF_6、NaCl、NaF 等。为此，对于高镁铝合金禁止使用含钠的熔剂作为精炼剂或覆盖剂，应一律使用不含钠的熔剂（如用光卤石精炼和覆盖）。使用酸性电解质铝电解槽产出的液态原铝。

（4）Al－Cu－Mg 系合金。这类铝合金的力学性能较高，用途很广。在这类铝合金中含铜量较高，为了节省中间合金、降低生产成本，直接使用纯铜板加入合金中。在这种情况下，铜板应均匀加入炉内，不能露出液面，而且要均匀搅拌熔体，以保证化学成分均匀。然后再取样分析化学成分。

Fe、Si 含量对这类铝合金的铸造性能影响较大。为了防止裂纹的产生，对于2A12（LY12）合金圆锭，控制Fe含量稍高于Si含量为好。但是，多年的生产经验证明，铁硅比对于2A12合金扁锭的影响不明显。为了减少冷脆性，应控制 $w(Fe+Si)\leq 0.5\%$。2A11（LY11）合金与此不同，将Si控制在0.485%~0.6%的范围内，可减少热裂的倾向性；直径小于190mm以下的铸锭可以不控制。

2A12合金比2A11合金中含Mg量高一些，在液态时氧化膜的致密性较差，增大了合金的含气量；同时2A12合金的结晶间隔较宽。因此，2A12合金产生疏松的倾向性比2A11合金要大一些。为此，在熔炼过程中应注意防止2A12合金吸气，适时进行覆盖和加强对这一合金的精炼除气。在工艺上，熔炼温度和熔炼时间的影响也很大；因此，要严格控制熔炼温度，不许超过745℃。

（5）Al-Cu-Mg-Si系及Al-Cu-Mg-Fe-Ni系合金。这类合金制品大都用于制造重要部件。在熔炼过程中，应注意保持金属的纯洁度；同时应加强对熔体的精炼。在操作过程中，应注意防止气体和金属夹杂物卷入熔体中。

2A70（LD7）、2A80（LD8）、2A90（LD9）合金中的Fe、Ni多从熔体中析出而偏聚，形成金属间化合物。为此，Fe、Ni含量不宜过高，应控制在中、下限。

（6）Al-Cu-Mg-Zn系合金。这一系列的合金，成分复杂，而且合金元素含量总和较高，元素间的密度相差较大。为了使其成分均匀，应加强对熔体的搅拌，以防止Zn的沉淀。在熔炼过程中，应适当地使用覆盖剂，防止金属吸气和产生氧化夹杂物。对所使用的原材料应力求清洁。

配料时，Si含量应控制在下限，而Mg及Zn保持在上限。因为，如果Si含量超过太多，容易生成较多的 Mg_2Si，而限制Mg及Zn进入固溶体。

7A04（LC4）合金的裂纹倾向性较大。对于扁锭，一般将镁控制在上限，铜、锰控制在下限，铁控制在0.4%左右。杂质硅含量越低越好。

82. 铝熔体转炉的方法有哪些?

答：在铝合金熔炼过程中，当采用熔炼炉与保温炉组合的熔炼工艺时，在熔炼炉内调整好化学成分之后，熔体温度符合要求，扒净熔体表面浮渣，即可将熔炼炉内的铝熔体转注到保温炉内。如果第一次精炼在熔炼炉内进行，待精炼后扒净熔体表面浮渣，再进行转炉。在这种情况下，通常将熔炼炉的位置高于保温炉。熔炼炉内熔体的出炉温度最好控制在高于铸造温度上限5～10℃；这样既能保证液态金属具有足够的流动性，防止转炉时“凝流管”的现象，同时使转炉终了后静置炉内的熔体温度能控制在铸造温度的中上限，不致于使熔体过热。转炉的方法有如下几种：

（1）虹吸转炉法。此法的原理与第72问中所述相同，其操作方法相似。

虹吸转炉法是利用压缩空气将虹吸管内形成负压，使金属液面升到一定高度，利用虹吸原理，从高液面的熔炼炉出铝口流向低液面的保温炉注铝口，如图5－4所示。这种方法使转注的金属液流与空气隔绝，对金属质量有一定保证。

（2）流管转炉法。此法是在熔炼炉出铝口与保温炉注铝口之间设置一个漏斗状流管，流管插入保温炉注铝口内。转炉时，铝熔体靠两炉间的熔体落差，在熔体静压力的作用下，使其通过流管，从高液面的熔炼炉出铝口流向低液面的保温炉注铝口，流入保温炉内，如图5－5所示。

流管转炉法操作方便。但是，在转炉时，气体和氧化夹杂物容易卷入铝熔体中。为此，在操作时，应使熔体充满流管，使熔体平稳流动，并对已形成的氧化夹杂物用粉状熔剂及时处理和清除。

对于特殊制品，在流管与保温炉注入口之间用块状熔剂填充叠坝，保温炉注铝口内的熔体经熔剂叠坝流入保温炉内。目前，此法应用较广。

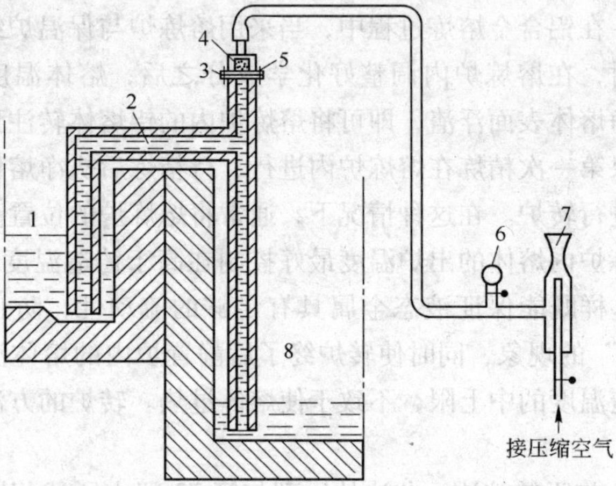

图 5-4 虹吸管转炉示意图[7]

1—熔炼炉；2—虹吸管；3—石棉板；4—矿渣棉；5—连接法兰；6—真空管；7—抽真空装置；8—保温炉（静置炉）

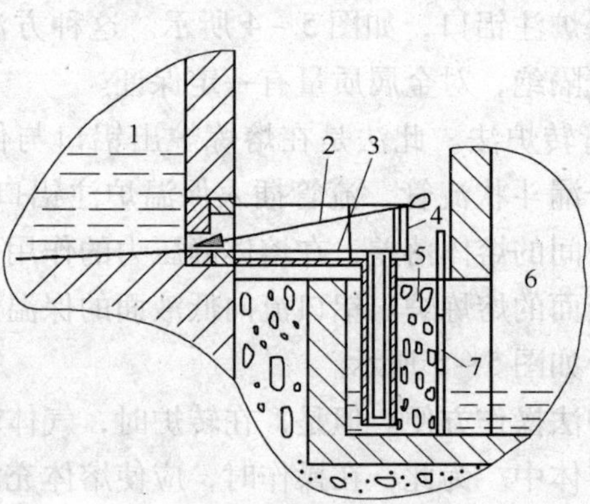

图 5-5 流管转炉示意图[7]

1—熔炼炉；2—钎子；3—流槽；4—流管；5—块状熔剂；6—保温炉；7—挡坝

(3) 磁力泵转炉法。此法是通过电磁场产生的电磁推力使液态金属从一个容器转入另一个容器；改变磁场强度就可以改变液态金属的流速。此法操作简便，可保证熔体质量。

83. 怎样提高铝合金熔炼中的金属实收率?

答：在铝合金熔炼过程中，影响金属烧损率的因素是多方面的，主要有如下几个方面：熔炼设备类型、炉料的结构、废料的加入方式和熔炼方法。

前面已经谈到过，在火焰炉中金属烧损率最大，通常为1.5%~3.0%；在电阻反射炉中较小，通常为1.0%~1.5%；在电磁感应炉中由于同体积熔体的敞露液面面积所占的比例较小，金属烧损率最小，通常为0.4%~0.6%[7]。因此，从提高金属的实收率考虑，尽可能不使用火焰炉熔炼铝合金。

在铝材的生产过程中产生的几何废料和加工碎屑，必须随时处理消化掉。为了降低生产成本、提高企业的经济效益，往往购入厂外废料，加大废料的配料比，由10%增加到30%，甚至50%以上，某些合金全部使用废料直接生产成品。在火焰炉内，火焰直接接触金属，炉温不均匀，局部温度过高，炉内没有保护气氛，金属烧损严重。使用废料时铝合金熔炼时金属的烧损率更大，尤其是大量使用三级废料，有时金属的烧损率甚至高达15%~20%（煤气炉内）[11]。在煤气炉内熔炼铝合金时，为了减少金属烧损，在装炉和熔炼过程中适时减少煤气流量，将炉膛温度控制在允许的合金熔炼温度范围内，避免火焰过大，炉膛温度过高；同时控制好炉内气氛，保持炉内处于微正压状态，使炉内形成微氧化气氛。

当废料重熔时，若废料加入方法不当，会导致金属的烧损量增大。例如，高镁合金屑或其他合金加工碎屑，如果直接加入炉内，会随加随时烧掉。在熔炼过程中，应避免炉料、特别是碎料直接与火焰接触。在火焰炉内，使用三级废料生产成品合金或三级屑料复化时，一律采用半连续熔炼工艺。首先把好料加入炉内进行熔化，炉内有一定的液态料之后再向液态金属中加入三级料或三级屑。使碎屑浸没于熔体中，不直接接触火焰。当达到一定温度后，三级料或三级屑熔化到熔体中，再进行充分搅拌；当三级料或三级屑较多时，可分批加入，每批熔化后即行搅拌。或者首先将碎料铺于炉底，在碎料上面用足够数量的铝板覆盖，避免碎料直接接触火焰，然后升温熔化，也可达到减少烧损的目的；因此，这种操作称为板片覆盖法。实践表明，这两种方法对减少金属烧损的效果都很好。在电解铝厂，处理废料最为方便，首先向炉内注入一定量的液态原铝即可投入废料，对减少金属烧损的效果比上述两种方法更好一些。

熔炼时如果不采取有效的保护措施，同样会导致金属的烧损量增大。例如，覆盖剂的使用量不足或覆盖不好，会使金属烧损加剧。在火焰炉内，使用固体炉料，特别是三级废料生产成品合金或三级屑料复化时，为了减少金属烧损的机会，当炉料软化下塌时必须用覆盖剂覆盖好，并保证覆盖剂的用量，可适当加大覆盖剂用量。例如，在10t容量的煤气炉内熔炼铝合金时覆盖剂用量：对于纯铝锭炉料每炉为100~200kg，一、二级炉料每炉为300~500kg，三级料每炉为800~1000kg。覆盖剂应适时加入，如果加入过早，覆盖剂会落入金属缝隙中，不起覆盖作用；加入过晚，炉料长时间与火焰直接接触已造成烧损。生产实践表明，把块状覆盖剂加工成粉状，并且烘干脱水后再使用，对防止金属烧损的效果很好。在电解铝厂，可直接使用部分液态炉料，再投入固态炉料，炉料与炉内热气的接触面积小、接触时间短，可以大大地减少金属的烧损量，有效提高金属的实收率；而且，使用的覆盖剂也可以大大地减少。

在熔炼过程中，搅拌时液态金属翻腾厉害，不及时扒渣，都会使金属烧损加剧。搅拌和扒渣时，动作应缓慢，保持炉内液面平稳。使用三级料较多时，产生的炉渣也很多，应及时扒渣；同时使渣中金属当时直接回炉，提高金属的实收率。集中处理炉渣时，使渣中的金属变成混合铝合金。

根据东北轻合金加工厂的生产实践[11]，在10t容量的煤气炉内熔炼铝合金时，采取上述技术措施之后，收到满意的效果，试验结果列于表5－18中。

表5－18　铝合金熔炼中的金属实收率[11]

合金牌号	三级料量比/%	试验前实收率/%	试验后实收率/%
2017	30	90	94
4A91（491）	50	85	90

综上所述，在电解铝厂，使用电炉熔炼铝合金，利用液态原铝的高温余热处理固态炉料，铝液表面铺以足量的干燥的覆盖剂很好地保护，可以大大地减少金属烧损，对于提高熔炼过程中的金属实收率最为有效，并且可以大大地减少覆盖剂的用量。这是提高铝加工企业经济效益最为有效的途径。

84. 交班时应做哪些工作?

答：在电解铝厂，由于铝电解过程的连续性，通常熔铸生产也是三班连续的。为了保证生产过程的连续性和稳定性，当班结束时，应向下一班交代清楚炉内铝液中铁、硅和铜以及合金元素的含量，混合炉的供电情况和抬包以及溜槽的使用情况。

交班时应填写好交接班记录。

85. 配料过程中应注意哪些安全问题?

答：在电解铝厂的熔铸车间，生产原料主要为高温液态铝。配料过程中应注意如下安全问题：

（1）工作前必须穿戴好劳动保护用品。

（2）新砌筑的抬包，使用前应待干燥后再加热6～8h，加热温度应保持在150～300℃。渣耙、搅拌及精炼器等操作工具，在浸入铝液之前均须刷上钛白粉涂料，待干燥后再加热至150～

200℃方可使用。

（3）液态原铝在运输过程中，应缓慢平稳，谨防铝液晃出包外，以免烫伤。

（4）向抬包内或炉内加入固体料时，必须干燥，除去水分和潮气。切不可将固态铝扔入铝液中，谨防铝液飞溅烫伤人。

（5）抬包用完后，要卡好抬包大梁，并固定好抬包，以防发生事故。

（6）清炉、扒渣和铝液转注等工作前，必须断开炉内电源，然后再进行操作。

六、第一次精炼

86. 为什么要进行第一次精炼?

答：对铝液进行第一次精炼是根据液态原铝的特点所采取的技术措施。因为液态原铝中的氢等气体含量和氧化铝等非金属夹杂物的含量都比较多。也就是说，以液态原铝作主要原料的起始纯洁度比较低，仅按以重熔用铝锭熔化后的精炼措施不能完全满足产品的质量要求。第一次精炼的目的是除去液态铝中部分氧化夹杂物、气体和金属钠。实际上，第一次精炼是对液态原铝进行预处理。为铸造前所进行的精炼处理创造有利条件，以满足产品的质量要求。

根据东北轻合金加工厂与抚顺铝厂联合研究的结果[9]，为了保证最终精炼效果，对电解液态原铝的精炼必须先用熔剂进行预处理，即第一次精炼。并且对第一次精炼的效果提出了数值要求，处理后的含气量不得超过 0.24mL/ 100g（Al）。

在生产重熔用铝锭时，只进行第一次精炼即可，不必再进行第二次精炼。从提高整个铝工业生产技术水平考虑，对生产重熔用铝锭的液态原铝进行第一次精炼，是很有必要的，可以提高重熔用铝锭的纯洁度，为后续生产工序提高产品质量创造有利的条件。

87. 第一次精炼在何处进行?

答：早期采用氯气作为精炼剂，将敞口抬包送入专门设置的氯化室内，在敞口抬包内进行精炼处理。然后将精炼后的铝液从抬包内转注到混合炉内。在这种情况下，精炼时熔体的温度不容易准确掌握，转注过程中铝液又增加了氧化和吸气的可能性，精炼效果会受到一定的影响。

目前，第一次精炼，通常在保温炉（混合炉）内进行。生产重熔用铝锭时，当配料工作完成之后，即可进行第一次精炼操作。在这种情况下，避免了精炼后的铝液再转注的情况，铝液比较平稳，而且可以比较准确地控制精炼时的温度，有利于保持良好的精炼效果。

在铝合金生产中，采用熔炼炉与保温炉组合的熔炼工艺，而不采用炉外精炼时，第一次精炼在熔炼炉内进行，第二次精炼在保温炉内进行。采取熔炼与静置合二为一的熔炼工艺时，在炉内进行第一次精炼。

也有人主张在混合炉（静置炉）的注铝口设置大孔径过滤板，对液态原铝进行预处理，用以清除液态原铝中的大片状氧化夹杂物。

88. 第一次精炼前应做好哪些准备工作？

答：配料和熔化过程中，结束时扒净熔体表面浮渣，关好所有炉门。然后通电保温，将炉温定在规定的精炼温度值。

在第一次精炼前，首先应检查炉温是否符合规定的精炼温度值。同时应检查熔剂干燥炉内的熔剂量是否够用，干燥炉的温度是否符合规定要求，炉温应保持在150℃左右；操作工具应烘烤干燥，预热温度应保持在120℃以上。

当要进行精炼操作时，断开炉子的电源，并在操作开关处悬挂停电工作指示牌。然后打开待操作处的炉门，不操作处的炉门一律关闭。

89. 第一次精炼温度怎样确定？

答：在选择精炼温度时，应综合考虑温度对精炼效果的影响、熔体与精炼气体作用的热效应、温度对熔炼时物理化学过程的影响等三个因素。铝合金熔体的黏度愈低，除气除渣的效果愈好。反之，铝合金熔体的黏度愈高，除气除渣愈困难。铝合金的黏度决定于其化学成分和熔体的温度，铝合金熔体的黏度随其温度升高而降低。从精炼角度考虑，熔体温度应尽可能高一些；但是，熔体的吸气量随温度升高而增加。因此，精炼温度不宜太高。

精炼温度与合金的化学成分有关系。例如，413Z.1（ZL－102）铝硅合金中不含 Mg，精炼温度采用 700～720℃。356Z.1（ZL－101）合金中含有 0.2%～0.4% Mg，试验结果表明，精炼温度显著影响六氯乙烷（C_2Cl_6）对这种合金的除气效果；当其他条件相同时，在 710～750℃范围内，随着精炼温度的增高，合金中含氢量降低，在 740～750℃精炼时，含氢量达到最低；在 700～710℃精炼时，铸件表面上容易产生气孔。这可能是由于在精炼温度下 C_2Cl_6 与合金熔体发生化学反应生成的 $MgCl_2$ 熔点为 718℃，在 700～710℃时 $MgCl_2$ 呈固体状态，固体 $MgCl_2$ 不能参加除气反应，而固体 $MgCl_2$ 包围在气泡的表面，妨碍氢气向气泡中扩散，对除气不利。试验结果列于表 6－1。所以，有的工厂根据生产实践，对含镁的铝硅合金，如 356Z.1（ZL－101）、360Z.6（ZL－104）、355Z.1（ZL－105）合金，使用 C_2Cl_6 的精炼温度为 730～750℃。

表 6－1 铝合金中含氢量与精炼温度间的关系[12]

精炼温度/℃		710	730	740
含氢量/cm^3·[100g（金属）]$^{-1}$	精炼前	0.99	1.0	1.0
	精炼后	0.12	0.09	0.06

在熔炼炉内，精炼温度保持在熔炼温度范围即可。采用吹氯精炼时，由于氯气能与气泡中的氢相互作用，在气泡－熔体界面上始终保持着最低浓度的氢，提高温度既能大大提高精炼气体与气泡中氢的化学反应速度，又能提高熔体中的氢向气泡内扩散的质量迁移系数，有利于提高精炼效果，因此精炼温度适当高一些为好；但是，由于生成 $AlCl_3$ 和 HCl 的反应都是放热反应，会促使熔体温度升高，通氯气量为 $1m^3/t$（金属）时大约提高 10℃，

一般控制在730~740℃。采用吹氮精炼时，氮气吸热而使熔体温度降低的趋势很小，在不考虑其他条件的情况下，用气量为$1m^3/t$(金属）时，熔体温度降低不到1℃，降低温度虽然降低了熔体中原子氢的扩散速度，但是增大了熔体的黏度，气泡在熔体中的停留时间得以延长，熔体中溶解的氢分压增大，有利于提高扩散除氢的效果，因此精炼温度适当低一点为好，一般控制在710~720℃。对于吹氮－氯混合气体精炼，一般以720~730℃为好。

在混合炉（静置炉）内，可以铸造温度的上限作为精炼温度的下限；以高于铸造温度的上限15℃作为精炼温度的上限[7]。实践证明，在此温度范围内进行精炼较为合适。采用固态铝锭作为主要原材料的熔炼工艺时，也有的主张精炼温度最好保持在690℃上下，熔剂加入以后将温度迅速提高到720~730℃之间，以待浇铸[2]。

90. 第一次精炼过程中采用什么精炼剂较为合适？

答：在第一次精炼过程中可以采用固态熔剂或氮氯混合气体作为精炼剂。这些都是铝合金生产过程中传统的精炼方法所采用的精炼剂。

熔剂和氯气，特别是氯气对于清除铝液中的非金属夹杂物较为有效。但是，氯气有毒，对环境污染严重，必须有限制地使用；采用氮氯混合气体作为精炼剂的目的即是出于这种原因，大大减少氯气的使用量。

近些年来，采用氮气喷吹粉状熔剂精炼铝液，兼有固态熔剂和氮氯混合气体精炼的优点。这种方法是值得推广使用的。

91. 熔剂是什么？

答：熔剂是指在铝及铝合金熔炼过程中使用的盐类精炼剂；多为固态复合盐类。用作铝液精炼的熔剂，一般由碱金属或碱土金属卤素盐类的混合物构成。用作铝合金的熔剂，种类很多，按其作用可分为：覆盖剂、除气剂、精炼剂（又称复合净化剂）、打渣剂（又称铝渣分离剂）、清炉剂、除镁剂、除钠剂和除钙剂等。熔剂的组分根据使用目的而确定。一般用于覆盖的熔剂要求小的表面张力和低熔点；用于除渣的熔剂要求对铝液有较大的表面张力，而对氧化渣又要有较小的表面张力，为了提高除渣效果，还希望熔剂能有发热作用；用于精炼的熔剂要求对氧化铝有良好的吸附能力和一定的溶解能力，还希望熔剂有适当的气体生成率，以期获得良好的除气效果。变形铝及铝合金常用的熔剂成分列于表6－2。铸造铝合金生产中常用的熔剂成分列于表6－3。

表6－2　变形铝及铝合金常用复合熔剂的组成[10]

熔剂	熔剂成分（质量分数）/%									
	KCl	NaCl	$MgCl_2$	$CaCl_2$	$BaCl_2$	Na_3AlF_6	CaF_2	NaF	$MgCl_2\cdot KCl$	C_2Cl_6
1号	47	30	—	—	—	23	—	—	—	—
2号	40	—	46	≤8	8	—	—	—	—	—
3号	50	50	—	—	—	—	—	—	—	—
4号	—	—	—	—	—	—	40	—	60	—
5号	—	—	—	—	—	—	20	—	80	—
6号	—	—	—	—	—	50	—	—	—	50
7号	11.5	56.5	—	—	—	7	—	25	—	—
8号	10	50	—	—	—	10	—	30	—	—
9号	—	45	—	—	—	15	—	40	—	—
10号	—	25	—	—	—	15	—	60	—	—
11号	12.5	62.5	—	—	—	Na_3SiF_6 25		—	—	—
12号	45	LiCl 55		—	—	—	—	—	—	—
13号	18	LiCl 25～35		—	—	AlF_3 4～10		—	30～50	—
14号	40～50	LiCl 40～50		—	—	AlF_3 4～10		—	—	—
15号	—	LiCl 45～50		—	—	—	—	—	45～55	—

注：1号和6号熔剂用于1系、2系、3系、7系铝合金；2号熔剂用于高镁合金；3号熔剂用于废料复化时覆盖；4号和5号熔剂用于低镁及6系铝合金；7～11号熔剂用于4系铝合金；12～15号熔剂分别用于含锂铝合金覆盖、电熔剂精炼和结晶器保护。

表 6－3 铸造铝合金常用的熔剂成分[12]

熔剂成分/%							用 途
NaCl	KCl	Na_3AlF_6	CaF_2	NaF	$MgCl_2$	其他加入物	
50	50	—	—	—	—	—	一般铝合金用覆盖熔剂
47	47	6	—	—	—	—	
20	50	—	—	—	—	$30CaCl_2$	
75	—	—	—	—	—	$25CaCl_2$	
45	45	—	10	—	—	—	精炼熔剂
—	—	75	—	—	—	$25ZnCl_2$	
45	—	15	—	40	—	—	铝硅合金精炼变质兼用之通用熔剂
—	36～38	—	15～20	—	44～47	—	Al－Mg 合金用覆盖及精炼熔剂①
30	50	6.6	4.4	—	—	—	重熔切屑用
50	35	15	—	—	—	少量 $CaCl_2$	重熔废料用
40	50	—	—	10	—	—	重熔废料用
60	—	—	20	20	—	—	用于搅拌法熔切屑
60～70	—	6～10	—	5～10	—	$14～25BaCl_2$	重熔小而氧化严重切屑用

①成分中的 $MgCl_2$ 和 KCl 常以无水光卤石（成分为60% $MgCl_2$，40% KCl，其余为 $CaCl_2$＋NaCl）形式加入；此时，熔剂成分为 80%～85% 无水光卤石和 15%～20% CaF_2。

在变形铝合金生产中，工业纯铝和大多数铝合金熔炼时，通常使用一号熔剂，或称为普通熔剂。普通熔剂的化学成分列于表 6－4。

表 6－4 普通熔剂的化学成分

组成物	KCl	NaCl	Na_3AlF_6	含水量
含量/%	40～50	25～35	18～26	＜1.5

普通熔剂中含有氯化钠（NaCl）和冰晶石（Na_3AlF_6），其中含有钠元素。当生产 Al－Mg 系和 Al－Mg－Si 系镁含量高的变形铝合金时，不能使用普通熔剂（一号熔剂），而应使用不含钠盐的二号熔剂。熔炼高镁含量铝合金的熔剂组成列于表 6－5。

表 6－5　熔炼高镁含量铝合金的熔剂组成

熔剂种类	化学成分/%				
	KCl	NaCl + $CaCl_2$	$MgCl_2$	$BaCl_2$	水分
二号精炼剂	32～40	≤8	38～46	5～8	<2.0
覆盖剂（光卤石）	43～47	≤8	38～46	—	<2.0

镁含量高的铝合金中存在钠时，凝固过程中钠被吸附在枝晶表面或晶界上；热加工时会产生钠脆性。因此，有的企业要求二号熔剂中的杂质 NaCl + $CaCl_2$ 应小于 6%。

用于精炼的熔剂，其化学成分应混合均匀，并破碎成 50～80mm 的块状，以便于在精炼过程中熔剂缓慢而均匀地溶解于铝液，取得良好的精炼效果。喷粉精炼和覆盖用的普通熔剂，应粉碎成小于 1.5mm 的粒度；二号熔剂应粉碎成小于 1mm 的粒度。

从普通熔剂的化学成分和高镁含量铝合金的熔剂组成中可以清楚地看出，对水分含量的要求是很严格的，因为高温铝液很容易与熔剂中的水分起反应，生成氧化铝和氢混入铝液中，降低铝液的纯洁度。

采用熔剂精炼铝液时，会产生含有氯化物（如 HCl）或氟化物的气体，对人体和设备以及厂房有很大的危害，所以寻求无毒精炼剂的工作得到发展。如 JDN－Ⅰ熔剂中不含冰晶石等氟化物成分，而是在氯盐的基础上加入了碳酸钙和稀土成分。JDN－Ⅰ熔剂的组成成分列于表 6－6[13]。

表 6－6　JDN－Ⅰ熔剂的组成成分[13]

组　成	NaCl	KCl	ReF_3	$CaCO_3$	其他
质量分数/%	35	35	10	10	10

无毒（或低毒）精炼熔剂中一般含有碳和氧化剂。氧化剂是硝酸钠或硝酸钾。碳和氧化剂在铝液中会发生如下化学反应：

$$4NaNO_3 + 5C \longrightarrow 2Na_2CO_3 + 2N_2\uparrow + 3CO_2\uparrow$$

由于反应产生的 N_2 和 CO_2 的沸腾作用和气泡上浮时把氢和非金属夹杂物带到铝液表面，所以，这种混合气体除气效果良好。通常采用除气和覆盖熔剂相结合，以便更好地去除熔渣。几种无毒（或低毒）精炼熔剂的成分列于表 6－7。

表 6－7 几种无毒（或低毒）精炼熔剂的成分[12]

序号	精炼熔剂的成分/%							
	硝酸钠	硝酸钾	石墨粉	六氯乙烷	冰晶石粉	食盐	耐火砖屑	用量/%
1	36	—	6	3～5	—	23～25	30	0.3
2	36	—	6	—	—	28	30	0.5
3	40～42	—	7～8	—	—	—	余量	0.4～0.6
4	34	—	6	4	—	24	32	0.3
5	—	40	6	4	—	24	26	0.3
6	34	—	6	—	20	10	30	0.3

硝酸钠和硝酸钾是熔剂中的含氧化合物，是强发热剂，能和铝反应生成氧化铝，并放出大量的热，可以局部提高熔体的流动性；因此，清炉时使用的清炉剂中含有这种成分时，这种放热反应能加快熔剂向炉壁夹杂物中渗透，有利于炉渣的清理。铝与硝酸钾的反应式如下：

$$2Al + KNO_3 = Al_2O_3 + 1/2N_2 + K$$

92. 熔剂各成分的作用是什么？

答：熔剂是固态物质，为了便于精炼铝液，其熔点必须低于精炼温度，其熔体要有良好的润湿性，其密度应小于铝熔体的密度。具有分子型的氯盐，如 CCl_4、$SiCl_4$、$AlCl_3$ 等可单独作为精炼剂；具有离子晶型的氯盐，如 LiCl、NaCl、KCl、$MgCl_2$ 等适于做混合盐熔剂。为了使熔剂具有较好的综合性能，常用的熔剂多为混合盐类。NaCl、KCl 是混合盐熔剂的基础成分，对于铝熔体它们是惰性盐类，可以降低混合盐熔剂的熔点，浮在铝熔体的表面上可以起到保护作用。混合盐熔剂以氯化物为基础，加入氟化物，如 NaF、Na_3AlF_6（冰晶石）、CaF_2 等；氟化物在混合盐熔剂中主要起精炼作用，如吸附、溶解 Al_2O_3，同时可适当提高熔剂的熔点，以便增大净化效果。CaF_2 还能增大混合盐熔剂的表面张力，使已吸附氧化物的熔剂球状化，使其与铝熔体易于分离。在精炼过程中，由于熔剂的密度小于铝熔体，分散的熔剂液滴上浮，将吸附的氧化物带到铝熔体表面；液态熔剂浮在铝熔体表面上，可以保护铝熔体免受氧化和吸气。

氯化钠、氯化钾，特别是它们的混合物在液态时对固态的 Al_2O_3 夹杂物有很好的润湿能力，有利于熔剂吸附夹杂物；氯化钠和氯化钾的共晶混合物（45% NaCl + 55% KCl）具有较低的熔点（650℃），在熔炼温度下能保持液态；在熔炼温度下，氯化钠、氯化钾的密度分别为 1.55g/cm^3 和 1.50g/cm^3，大大低于铝液的密度（2.3 ~ 2.4 g/cm^3），能浮于铝液表面；在熔炼温度下，氯化钠、氯化钾有较好的流动性，并且对铝有良好的润湿能力，能很好地覆盖在铝液表面上；氯化钠、氯化钾等碱金属或碱土金属氯盐均不会与铝液发生化学反应。所以，氯化钠和氯化钾的共晶混合物是铝合金各种熔剂中最常用的基本成分。在氯化钠和氯化钾的共晶混合物中加入少量的氟盐（3% ~ 5% Na_3AlF_6 或 1.5% CaF_2），能提高熔剂吸附氧化物的能力，因而能显著提高熔剂的精炼能力，特别是显著提高了除气效果；还能提高熔剂与铝液界面的表面张力，从而减少了熔剂与铝液相互混杂的可能性，有利于在浇铸前除去熔渣。

在熔炼高镁合金的二号熔剂中，起主要净化作用的成分是 $MgCl_2$。

混合盐熔剂中氯化物的表面张力较小，润湿性好，适于作覆盖剂。通常用 NaCl 和 KCl 作覆盖剂。

93. 氮氯混合气体是怎样起到精炼作用的?

答：铝合金常用的气体精炼剂分为惰性气体和活性气体两大类。惰性气体是指在铝合金熔炼温度下不与铝熔体反应的气体，如氩气、氮气等。活性气体是指在铝合金熔炼温度下与铝熔体能起反应的气体，如氯气、氟利昂、六氟化硫等。几种气体精炼剂的主要性质列于表6－8中。

表6－8　几种气体精炼剂的主要性质

气体名称	氩气	氮气	氯气	氟利昂－12	六氟化硫
分子式	Ar	N_2	Cl_2	CCl_2F_2	SF_6
相对分子质量	39.94	28.01	70.91	120.91	146.05
熔点/℃	－189	－210	－101	－155	－50.7
沸点/℃	－185.9	－195.8	－34.05	－29.8	－63.8 升华
密度/$kg \cdot m^{-3}$	1.78	1.25	3.214	1.442	6.50
质量体积/$m^3 \cdot kg^{-1}$	0.56	0.80	0.31	0.67	0.15
黏度/Pa·s	2.22×10^{-5}	1.75×10^{-5}	1.33×10^{-5}	—	—
质量热容/$J \cdot (kg \cdot K)^{-1}$	523.35	1096.94	471.0	854.0	—

氮气对于铝是惰性气体。在铝液中形成气泡上浮。氮气泡中氢的压力为零，在上浮的过程中铝熔体中的氢等气体会扩散到氮气泡中。随着上浮的氮气泡将氢等气体带到铝熔体表面，散放到大气中。

氯是活性气体，在100℃即能与铝起反应生成$AlCl_3$。$AlCl_3$在183℃即升华而成气泡。也能起到与氮气泡一样的作用，而且其效果比氮气泡更好。$AlCl_3$气泡与Al_2O_3有良好的湿润性，能将Al_2O_3等夹杂物吸附在$AlCl_3$气泡的表面上；$AlCl_3$气泡在上浮的过程中，将这些Al_2O_3等夹杂物带到铝熔体表面上。氯气除钠的效果也是很好的。

采用氯气精炼铝合金熔体时，除气效果比较好，反应平稳，渣呈粉状不为熔体润湿，渣量少（约0.60%），渣中金属含量少（约36.0%），兼有除渣和除钠的效果；但是，氯气及其反应产物有毒，污染环境，腐蚀设备，烟尘的收集和处理设备较为复杂，铝的损失量较大（0.10% ~ 0.20%），镁的损失可达 0.20%，生产成本高，采用氯气处理后还有使生产的铸锭产生粗大晶粒的倾向。采用氮气精炼，有利于保护环境，金属的损失量少，镁的损失量仅为 0.01%；但是，氮气的精炼效果比较差，渣呈糊状，不仅渣量大（约 2.0%），而且渣中的金属含量也比较多（约 60.0%）。采用氮－氯混合气体精炼，可取长补短，综合精炼效果好一些。据报道，采用 20% Cl_2 和 80% N_2 的混合气体能达到纯氯一样的精炼效果，渣呈粉状，渣量少（约 0.55%），渣中的金属含量也大为减少（约 38.0%）。

在氮氯混合气体精炼的过程中，气泡越细小、分散越均匀，精炼效果越好。

94. 对于氮氯混合气体组成有什么要求？

答：氮氯混合气体精炼法，是在氯化法的基础上派生出来的，使用氮气的目的是为了减少氯化物及氯气对环境的污染。氯是活性元素，对铝液除气时除去非金属夹杂物的效果很好，因此将其与氮气混合使用，以提高精炼效果。氮氯含量的比例可根据需要进行调整，通常氮气占 82% ~ 90%，氯气占 10% ~ 18%。为了保护环境，将氯气含量降低到 5%，甚至 3%。

为了确保氮氯混合气体的精炼效果，要求氮气的纯度不小于 99.99%，其中氧的含量不大于 0.01%，水分含量不大于 0.3g/m^3。要求氯气的纯度不小于 99.9%，其中氧的含量不大于 0.03%，水分含量不大于 0.03%。组成氮氯混合气体的质量达不到上述要求，切不可使用；否则反而会污染铝液，因为铝液很容易同气体中的氧和水分起反应，生成氧化铝和氢混入铝液中，降低铝液的纯洁度。

95. 氮气喷吹粉状熔剂的组成是什么？

答：氮气喷吹粉状熔剂精炼时，氮气和熔剂都是精炼剂。同时氮气还作为粉状熔剂的载体，将粉状熔剂吹入铝液中。氮氯混合气体中对气体质量的要求和熔剂中对质量的要求，在这里同样要严格执行。熔剂的成分要根据铝合金的具体情况选择。

在氮气喷吹粉状熔剂精炼的过程中，兼有氮气和熔剂精炼的效果。

采用氮气喷吹粉状熔剂精炼时，虽然会排出氯化物或氟化物气体，但是没有氯气直接参与，所以对于保护环境是有益的。

96. 采用熔剂精炼时怎样操作？

答：在实施精炼操作之前，根据不同牌号的铝合金选取合适的熔剂。当生产镁含量高的铝合金时，不能使用普通熔剂而应使用不含钠盐的二号熔剂。

在固态熔剂中含有较多的氯盐，很容易吸收空气中的水分。潮解的熔剂不许使用。在精炼之前，必须将熔剂烘干方可使用，否则会带入水分而污染铝液，甚至会发生爆炸而使铝液飞溅，烫伤人体。同时应烘干精炼用的工具。熔剂的干燥温度应保持在250～300℃范围内，干燥时间不少于4h。

在铝加工厂，一般情况下，在熔炼炉和静置炉内各种合金的熔剂用量列于表6－9。

表6－9 熔剂的用量[7]

合金类别	熔炼炉	静置炉
高镁合金	2号熔剂5～6kg/t(Al)	2号熔剂5～6kg/t(Al)
特殊制品（除高镁合金外）	普通熔剂5～6kg/t(Al)，或用 N_2-Cl_2 气体吹5～10min	普通熔剂6～7kg/t(Al)或普通熔剂与 N_2-Cl_2 气体（吹8～15min）同时使用
5A66（LT66）、1A90（LG2）、1A85（LG1）、1A93（LG3）、1A97（LG4）	—	出炉时用普通熔剂，叠熔剂坝
其他合金	—	普通熔剂5～6kg/t(Al)

在潮湿地区和潮湿季节，熔剂的用量应有所增加；对大规格的圆锭，熔剂的用量也应适当增加。

在电解铝厂，熔剂的用量可按10～12kg/t(Al)考虑。熔剂的块度为50～80mm即可。将块状精炼剂从干燥炉内取出装入干燥的精炼器内。精炼器是一个带有活动盖的笼形钢制容器，装满熔剂后，将笼盖扣紧。

使用C_2Cl_6作为精炼剂时，C_2Cl_6的用量与合金的成分有关。例如，对于不含镁的413Z.1（ZL－102）铝硅合金，C_2Cl_6用量为0.2%～0.4%。对于含镁（0.2%～0.4%）的356Z.1（ZL－101）铝硅合金，C_2Cl_6用量为0.5%～0.75%；因为C_2Cl_6会与镁发生化学反应生成$MgCl_2$，$MgCl_2$虽然有除气能力，但其除气能力大大低于$AlCl_3$。

为了保证良好的精炼效果，应选择适当的精炼温度，一般高于合金熔点30～50℃。精炼操作之前，必须切断混合炉的电源，并在电器操作盘处挂上正在工作的告示牌。为了使精炼操作过程中避免炉温降低太多，只打开操作处的炉门，其余的炉门应全部关闭。

精炼时，将装有熔剂的精炼器慢慢地送入炉内底部的铝液中，并使精炼器沿着炉底在铝液中缓慢地移动，搅拌均匀；使熔剂块慢慢地熔化，均匀地扩散到整个铝液中。切不可将精炼器浮在上层铝液中，必须将全部熔剂均匀地熔化到整个铝液中，避免精炼死区。特别是对于大型混合炉，这是块状熔剂精炼的操作难点，也是这种精炼方法的弱点。在生产实践中，仔细摸索规律，积累操作经验，以便减少操作误差。

在炉内操作时，动作应平稳，避免铝液溅到电热元件上，也要避免带铝液的工具碰到电热元件上，以免电热元件通电时短路。

精炼操作完毕，将精炼器从炉内取出，扒尽整个铝液表面上的浮渣，关好所有的炉门。

取出精炼器和渣耙时，要沥尽精炼器和渣耙上残留的铝液，并将它们放在规定的地方，不可随意乱放，避免烫伤。

精炼工作结束，应立即给混合炉送上电源，并将电源开关置于小功率的保温档。炉温控制仪表的控制温度指标定在静置炉温规定值。取下电器操作盘处的告示牌。

97. 采用氮氯混合气体精炼时怎样操作?

答：采用氮氯混合气体精炼时，操作比采用熔剂精炼时简单一些。氮氯混合气体由氮氯气体混合室经专门的管路系统供给。精炼器的结构很简单，使用钢管焊成丁字形，在一根长管的一端焊上一根短管。长管兼作导气管和操作手把。短管上钻有许多小孔，以便气体喷出，形成许多较小的气泡。为了得到较好的精炼效果，通常使用15孔气体精炼器。

氮氯混合气体的质量必须符合规定要求。达不到质量要求的气体，切不可使用。

实施精炼操作前，精炼器必须烘烤干燥。一是避免精炼器进入铝液时因水汽剧烈膨胀使铝液飞溅伤人；二是避免水分带入铝液中而降低铝液的纯洁度。为了保证良好的精炼效果，应选择适当的精炼温度，一般高于合金熔点30~50℃，严格控制好炉温。精炼操作之前，必须切断混合炉的电源，并在电器操作盘处挂上正在工作的告示牌。

精炼操作时，打开操作处的炉门，非操作处的炉门应关闭好。先将精炼器与供气管路连接好。打开供气阀门。精炼器充气后，将精炼器慢慢插入炉内铝液深处。用气量以铝液表面稍微沸腾为宜；但不宜太小，气量太小即管内气压较低，铝液会挤入精炼器内。过大的通气压力及速度，不但会形成较大的气泡，很快上浮，起不到应有的精炼效果，而且还会引起铝液飞溅。精炼过程中，精炼器的短管部分应沿着炉底面缓慢移动，应触及到每一个部分，避免精炼死区，以便熔池各处均有气泡通过，使气泡在上升的过程中能去除较多的夹杂物和气体。根据试验结果，定点式精炼和均匀活动式精炼的时间均为15min时的除气效果列于表

6－10 和表 6－11。

表 6－10 定点式精炼的除气效果[7]

精炼前熔体含氢量/cm³·[100g（Al）]⁻¹	精炼后熔体含氢量/cm³·[100g（Al）]⁻¹	除气率/%	精炼后熔体含氢量/cm³·[100g（Al）]⁻¹	除气率/%
	定点精炼部位		未精炼部位	
0.146	0.107	26	0.138	5
0.168	0.126	25	0.136	19
0.153	0.120	21	0.132	13.7
0.138	0.105	23	0.126	8.6
0.137	0.112	18	0.135	1.4
平均除气率/%		22.6		9.4

表 6－11 均匀活动式精炼的除气效果[7]

精炼前熔体含氢量/cm³·[100g（Al）]⁻¹	精炼后熔体含氢量/cm³·[100g（Al）]⁻¹	除气率/%	精炼后熔体含氢量/cm³·[100g（Al）]⁻¹	除气率/%
	中心部位		边 部	
0.152	0.114	25	0.114	25
0.131	0.108	17.5	0.110	16
0.162	0.123	24	0.124	23.4
0.141	0.110	21	0.120	14.8
0.144	0.111	22	0.121	15.9
平均除气率/%		22.08		19

从表 6－10 和表 6－11 中可以看出，在炉内应采用均匀活动式精炼，不能采用定点式精炼。

在铝加工厂，用 N_2-Cl_2 气体精炼时每吨金属用气量不少于 0.75m^3，在潮湿地区和潮湿季节用气量应有所增加，对大规格的圆锭吹气时间也应适当增加；根据生产实践，一般情况下，在熔炼炉和静置炉内各种合金的适宜吹气时间列于表 6－12。

表 6－12 N_2-Cl_2 气体精炼时吹气时间[7]

合金类别	熔炼炉	静置炉
特殊制品（除高镁合金外）	用 N_2-Cl_2 气体吹 5～10min	N_2-Cl_2 气体吹 8～15min
其他合金	—	N_2-Cl_2 气体吹 8～15min

在电解铝厂使用液态原铝作为主体生产原材料时，用于加工用铸锭生产的精炼时间为 15～20min；用于重熔用铝锭生产的精炼时间为 10min。对大规格的圆锭，吹气的时间应适当增加。

精炼操作完毕，将精炼器从炉内取出，关闭供气阀门。注意：先取出精炼器，然后再关供气阀门。扒净整个铝液表面上的浮渣，关好所有的炉门。

取出精炼器和渣耙时，要沥净精炼器和渣耙上残留的铝液，并将它们放在规定的地方，不可随意乱放，避免烫伤。

精炼工作结束，应立即给混合炉送上电源，并将电源开关置于小功率的保温档。炉温控制仪表的控制温度指标定在静置炉温规定值。取下电器操作盘处的断电告示牌。

98. 氮气精炼与氩气精炼哪个效果好？

答：在铝合金生产中，根据国内外生产实践结果，采用氩气（Ar）精炼时的效果要比使用氮气（N_2）精炼时好一些。

东北轻合金有限责任公司用 N_2、Ar 精炼对铝熔体质量的影响进行过工业性试验，所用 N_2 为自产高纯氮，纯度为 99.99%，其中含氧量小于 0.01%，含水量小于 0.3g/m^3，是由液氮经充压机输送到氮气罐后再经管路输送提供的。所用 Ar 为外购液氩，纯度为 99.999%，其中甲烷（CH_4）质量分数小于 10^{-6}，O_2、H_2O、H_2 和 CO_2 质量分数各小于 2×10^{-6}，是经汽化罐汽化后提供的。所用 Cl_2 亦为外购，使用前经 P_2O_5 脱水。精炼用气体分别为 N_2-Cl_2 和 $Ar-Cl_2$ 混合气体，其中含 Cl_2 量为10%左右，混合罐中的压力控制在0.4~0.6MPa。在静置炉内取测氢试样，使用国产SQH-1型液态测氢仪测定铝液中的氢含量，测氢温度为700℃，循环时间为2min。试验时间选在每年的雨季7、8、9三个月，相对湿度较高，为70%~80%。用工业纯铝和铝镁系合金进行试验，两种合金用 N_2-Cl_2 试验1563炉，用 $Ar-Cl_2$ 试验2027炉，共试验3590炉。铸锭中的气体缺陷是薄板生产中产生贯穿气孔的本质原因。根据试验结果，精炼对薄板贯穿气孔废品量的影响为：N_2-Cl_2 精炼的铸锭废品量为6467kg，$Ar-Cl_2$ 精炼的铸锭废品量为1153kg，前者为后者的5.6倍；实际观察表明：N_2-Cl_2 混合气体精炼所产生的贯穿气孔常分布于整卷板带，而 $Ar-Cl_2$ 混合气体精炼所产生的贯穿气孔只存在于板带卷的头部和尾部。板带卷的头部和尾部的贯穿气孔，可能与铸造开始时工具干燥不彻底和使用潮湿石棉绳以及铸造收尾时操作不当有关。N_2-Cl_2 和 $Ar-Cl_2$ 混合气体按规范工艺精炼后，铝熔体中的氢含量，测定结果列于表6-13。

表6-13 N_2-Cl_2 和 $Ar-Cl_2$ 混合气体精炼效果对比[14]

合金	工业纯铝，平均含氢量 /mL·[100g (Al)]$^{-1}$				铝-镁系，平均含氢量 /mL·[100g(Al)]$^{-1}$			
试验日期	1999年				2000年			
	7月	8月	9月	平均	7月	8月	9月	平均
N_2-Cl_2	0.168	0.194	0.162	0.171	0.209	0.224	0.205	0.212
$Ar-Cl_2$	0.147	0.148	0.140	0.144	0.182	0.186	0.176	0.181

氮气和氩气都是惰性气体。氮气一般由液态空气分步蒸馏而得。氮气是空气中的主体成分，约占空气中总体积的五分之四。比较容易得到大量的氮气，生产成本低，销售价格比较低。氩气是稀有气体元素之一，虽然是稀有气体在空气中含量最多的一个，但是其含量还是很少的，100L空气中约含氩0.934L。所以，

氩气的生产成本比氮气高得多，销售价格比较高。实际生产中，多使用氮气；当铝合金产品质量要求很严格时才使用氩气。

99. 氮气喷吹粉状熔剂精炼时怎样操作？

答：使用单一的惰性气体精炼时，虽然对精炼气体的纯度要求很严格，但是总会含有一定量的水分和氧气。这种精炼气体吹入铝熔体之后，其中的水分和氧气在吹入的气泡表面会形成薄而致密的氧化膜，从而阻碍熔体中的氢向气泡内扩散，降低除气效率。在吹入精炼气体的同时引入一定量的粉状熔剂，熔化的熔剂将在气泡表面上形成一层薄膜。这层熔剂薄膜不仅隔断了气泡内的水分和氧气与铝熔体的直接接触，使之不能形成氧化膜，而且即使有氧化膜生成，也会被熔剂膜所吸附，从而有效地提高精炼的效果。有人对纯氮精炼和氮－粉状熔剂混吹精炼的效果进行过对比试验，精炼前铝熔体中含氢量为0.41mL/（100g）（金属）；精炼时间同为12min，使用纯氮精炼后铝熔体含氢量为0.29mL/（100g）（金属），除氢效率为29%；使用氮－粉状熔剂混吹精炼后铝熔体含氢量为0.06mL/（100g）（金属），除氢效率为85%。

采用氮气喷吹粉状熔剂精炼时的操作与采用氮氯混合气体精炼时基本相似。对氮气质量的要求与采用氮氯混合气体精炼时相同。氮气的供应，可以设立专门的氮气室，也可以将高压氮气瓶置于铸造车间适当的地方。从安全的角度考虑，由于氮气瓶内的气压很高，而铸造车间又是高温工作场所，应在远离生产场地设立专门的氮气室为好。

在实施精炼操作之前，根据不同牌号的铝合金选取合适的熔剂粉料。当生产镁含量高的铝合金时，不能使用普通熔剂而应使用不含钠盐的熔剂粉料。使用前，熔剂粉料应放在干燥炉内烘烤脱水，保持干燥。

精炼时，喷枪插入铝液之前，先通气；喷枪插入铝液之后再送入熔剂粉料。精炼结束之前，先终止供给熔剂粉料，然后将喷枪从铝液中抽出，再停止供气。这样可以避免熔剂粉料飞散到空气里。例如，青海铝厂生产 ϕ120mm 6063 铝合金圆铸锭，采取单一的熔剂精炼时，15PPI 陶瓷过滤板垂直安放，铸锭横断面上的夹渣缺陷达 5 处或更多处；采用氮气喷吹粉状 IF10 精炼剂进行净化处理后，25PPI 陶瓷过滤板水平安放，并且在分流盘与中间流槽之间增加使用网孔为 0.5mm×（0.5～1）mm×1mm 的玻璃丝布过滤等措施，铸锭横断面上的夹渣缺陷减少到 1～2 处，而且夹渣单个面积都小于 0.5mm^2。氮气喷吹粉状 IF10 精炼剂的精炼工艺参数列于表 6－14 中。

表 6－14 6063 合金铝液精炼工艺参数

熔剂名称	精炼剂用量 /kg·[t(Al)]$^{-1}$	精炼温度/℃	氮气压力/MPa	精炼时间/min
IF10 精炼剂	1～2	730～760	0.10～0.15	20～30

100. 氮氯混合气体是怎样制备的?

答：氮氯混合气体是用专门的氮氯混合装置制备的。氮氯混合装置主要包括三大部分：氯气发生室、氮气发生室和氮氯气体混合装置。氯气是有毒气体，瓶装氮气的压力 14.7MPa（150kg/cm^2），都是危险物品；而炉子周围又是高温区。为了安全起见，氮氯混合装置设在远离炉子的专用房间内，通过专门的管路系统将混合好的气体输送到炉子旁边。也可以仅供纯氮气。

瓶装氯气的压力不超过 0.686MPa（7kgf/cm^2）。为了防止泄氯的危害事故，将氯气瓶放在盛有硫代硫酸钠溶液的中和槽上方。当发生紧急事故时，可将氯气瓶迅速落入中和槽内。室内还设有排风设备。

高压氮气进入室内后，经过高压截止阀和降压阀把压力降到 0.784MPa（8kgf/cm^2），然后充入储气罐内。当储气罐内的压力降至 0.343MPa（3.5kgf/cm^2）时，应重新充气。储气罐内的氮气须经干燥器脱水后方可使用。干燥器即为氮气纯化装置，将 99.9% 的氮气经纯化处理后，使其纯度达到 99.99% 以上。储气罐顶部设有安全阀，当氮气压力超过上限值时，安全阀自动打开，氮气放入大气中。

储气罐内经干燥器脱水后的氮气，将其压力调至0.343MPa（3.5kgf/cm²）；并把氯气压力调整到0.137MPa（1.4kgf/cm²）。经管道把这两种气体送至气体流量计，在此处调节两种气体的流量，配合成所需要的气体比例。混合后的气体进入氮氯气体混合罐内。气体混合罐内的最高工作压力为0.392MPa（4kgf/cm²），最低工作压力为0.137MPa（1.4kgf/cm²）；工作压力降到下限时，必须充气。氮氯气体混合罐经管路与炉旁的精炼器相连。

101. 对液态原铝进行预处理能起到什么作用？

答：在液态原铝中的非金属夹杂物含量比较多。而氢与氧化铝有着孪生关系。除去氧化夹杂物，也就能除去部分氢气。对液态原铝进行预处理，就是采用陶瓷过滤板经过过滤把大片状的非金属夹杂物除去一部分，以达到部分净化的目的。

对液态原铝进行预处理时，过滤板的孔径要大一些，可采用15孔/25.4mm的陶瓷过滤板。陶瓷过滤板可水平安装在混合炉（静置炉）的注铝槽内；定期更换过滤效果差的陶瓷过滤板即可。在这种情况下，生产操作比其他的精炼操作简便得多。但是，陶瓷过滤板上的孔隙很容易被堵塞。

102. 不同精炼剂的使用效果有什么不同？

答：根据生产实践结果，不同精炼剂的使用效果是不同的。西北铝加工厂曾使用过三种精炼剂：固态盐类的普通熔剂（14%～50% KCl，25%～35% NaCl，18%～20% Na_3AlF_6）、液态的 CCl_4 和气态的 N_2-Cl_2 混合气体（80%～90% N_2+10%～20% Cl_2）。试验中除精炼剂变化外，其他工艺参数不变。炉料均采用LY12-1合金一级废料，在石墨坩埚炉内熔炼，每次20kg，炉膛温度750℃装炉，熔体温度700℃覆盖，735～740℃扒渣搅拌，然后精炼。精炼后静置20min取样，每熔次取3～

5kg 作第一气泡法分析氢含量。每熔次取 3 ~ 5 个试样，分析后取平均值。分析结束后，将温度控制在 710 ~ 720℃，浇注 ϕ92mm × 300mm 的圆锭，其余金属随炉冷却作纵剖面气泡比较。生产实践证明，精炼效果不但取决于精炼剂的除气机理，而且受精炼剂用量的影响。在试验中，为了消除不同精炼剂用量造成的误差，创造不同精炼剂的可比条件，三种精炼剂的用量都超过正常生产的使用量，以求达到其精炼效果的极限值。CCl_4 和普通熔剂均比正常生产中的用量高 3 ~ 4 倍，N_2-Cl_2 混合气体的用量也超过生产用量。精炼剂用量及精炼方法列于表 6 – 15 中。

表 6 – 15　各种精炼剂用量及精炼方法[15]

精炼剂类型	用量	操作方法
普通固态熔剂	500g	装入精炼框，压入熔体底部搅动直至熔化后
CCl_4 液态	50g	用泡沫保温砖块吸收后压入熔体，搅动至反应停止
N_2-Cl_2 混合气体	2min	用 12.7mm 钢管，顶端有 10 个 ϕ3mm 小孔，通气后插入熔体底部移动 2min

从纵剖面的结果可以看出，气泡的分布规律和第一气泡法分析结果有一致性；采用 N_2-Cl_2 混合气体和 CCl_4 精炼的铝熔体试样剖面仅有轻微气孔；采用普通熔剂精炼的铝熔体试样剖面出现的气孔比较严重。三种精炼剂的除气效果列于表 6 – 16 中。

表 6 – 16　三种精炼剂除气效果的比较（mL/［100g(Al)］）[15]

序　号	普通精炼剂	CCl_4	N_2-Cl_2
1	0.143	0.060	0.068
2	0.145	0.043	0.049
3	0.134	0.091	0.054
4	0.115	0.073	0.060
5	0.139	0.091	0.058
6	0.126	0.079	0.057

续表 6－16

序　号	普通精炼剂	CCl_4	N_2-Cl_2
7	0.133	0.064	0.062
8	0.119	0.075	0.088
9	0.128	0.061	0.096
10	0.118	0.053	0.094
平　均	0.130	0.069	0.0686

除渣效果（弄脏度指标）以 CCl_4 和普通熔剂精炼为最好，而用 N_2-Cl_2 混合气体精炼为最差，后者的弄脏度高达前者的6倍。三种精炼剂的除渣效果列于表6－17中。

表6－17　三种精炼剂精炼后铸锭中氧化物的比较[15]

精炼剂类型	CCl_4	普通精炼剂	N_2-Cl_2
试样断口总面积/cm^2	414	395	388
试样氧化膜总面积/cm^2	17.5	19.0	109
弄脏度指标/$mm^2 \cdot cm^{-2}$	0.0423	0.0481	0.283

根据上述试验结果，普通熔剂的除渣效果比 N_2-Cl_2 好，除气效果比较差；N_2-Cl_2 的除气效果比较好，除渣效果比较差；CCl_4 的除气和除渣综合效果比较好，但是容易排出有害气体 Cl_2。采用 CCl_4 精炼时，在排烟罩中测得气氛中含 Cl_2 量为0.4%；在盛 CCl_4 桶的敞口处测得含气体的 CCl_4 浓度为30%。因此，在使用 CCl_4 时，必须采取和 N_2-Cl_2 相似的安全排烟措施。CCl_4 容器务必密盖，降低温度，隔离热源，专门贮存。

103. 在第一次精炼过程中精炼操作结束后还应做哪些工作？

答：在第一次精炼过程中精炼操作结束后，应立即扒净熔体表面的浮渣，并在铝液表面撒上一层覆盖剂。然后关闭好所有的炉门。随即调整炉温指标值达到静置要求的温度值，接通炉用电源，取下停电工作指示牌，使工作向静置工序过渡。

精炼操作结束后，精炼器和渣耙等操作工具应放置在工具加热炉内。将下一班所需用的熔剂放入干燥箱内，最后填写好工作日志。

104. 在精炼操作过程中应注意哪些安全事项?

答：在接班前，必须穿戴好符合规定要求的劳动保护服装。精炼操作时，要戴好防护眼镜和防护手套。

在精炼操作前，首先要断开炉子的电源，并在开关处悬挂停电工作的告示牌。熔剂必须脱水干燥，精炼器和渣耙必须烘烤干燥。

在精炼操作过程中，动作要平稳，避免精炼器和渣耙碰着电热元件，避免铝液溅到电热元件上，以防通电时发生短路。发现电热元件坠落时，应及时更换。

在精炼操作结束时，应沥净操作工具上的铝液，然后放在规定的地方，避免高温工具烫伤或碰伤。

七、静　　置

105. 为什么要进行静置？

答：在铝及铝合金熔炼过程中，精炼处理在炉内进行时，由于铝液较深，精炼后的铝液必须在炉内静置一定时间。静置的目的有两个：

一是为精炼剂上浮提供足够的时间，充分发挥精炼剂的作用，有利于将铝液中的气体和细小的非金属夹杂物带出铝液表面，便于清除。

二是为大块的非金属夹杂物下沉提供足够的时间，使其沉降于炉底，避免带入铸锭中。

当生产电工用铝、采用铝硼中间合金（Al－B）进行处理时，在静置过程中让硼与钛充分反应而生成硼化钛（TiB_2）颗粒沉降于炉底。

综上所述，静置是铝液精炼的延续工序，或者说熔体的静置也是一种净化的方法。

106. 熔体静置的净化原理是什么？

答：熔体的静置是利用熔体与非金属夹杂物之间的密度差，使夹杂物沉降或上浮而达到净化的目的。夹杂物的颗粒愈细，下沉或上浮的速度愈慢；颗粒呈球状，下沉速度较大；夹杂物呈片状，容易上浮。

氧化铝夹杂物，随着颗粒增大，其下降速度也加快。除了微质悬浮体之外，大部分非金属夹杂物一般在7～12min内皆可沉到炉底。熔体通过精炼后，可加速这一过程的进行。熔体的静置时间，根据合金和制品的不同有所区别，一般为20～45min。当铝熔体的密度为2.29g/cm³、Al_2O_3 的密度为3.9 g/cm³、熔体的黏度为0.0015Pa·s时，Al_2O_3 夹杂物的下沉速度随颗粒直径的变化情况列于表7-1中。

表7-1 Al_2O_3 夹杂物的下沉速度随颗粒直径的变化情况[7]

Al_2O_3 颗粒的直径/μm	20	40	60	80	100
下沉速度/cm·min^{-1}	1.4	5.6	12.60	22.40	33.50

107. 静置在何处进行较为合适?

答：在铝及铝合金熔炼过程中，凡是采用炉内精炼处理时，铝液精炼后必须在炉内进行静置。当采取熔炼炉与保温炉组合熔炼工艺时，由于铝液在转炉过程中容易卷进氧化膜等夹杂物，应实施两次静置；一次精炼和一次静置均在熔炼炉内进行，二次精炼和二次静置均在保温炉内进行。

当采用炉外在线式精炼装置作为二次精炼时，无论是采取熔炼炉与保温炉组合熔炼工艺，还是采取熔炼炉与保温炉合二为一的熔炼工艺，都只实施一次静置。在保温炉内进行静置即可。特别是采取两台熔炼与保温兼容的炉子组合配一套在线式精炼装置时，没有铝液转炉的过程，对生产更为有益。

无论在什么情况下，在保温炉内必须进行精炼和静置。

108. 静置多长时间较为合适?

答：静置时间是指精炼终了至铸造（或转注）开始的时间。静置的时间依产品要求和炉子熔池深度经试验确定。静置时间过短，难以满足产品质量要求；静置时间过长，反而会增加精炼后铝液中的含气量；特别是在火焰炉中，这种现象更为严重。根据铝加工厂生产实践，对于特殊制品和高镁铝合金不能超过8h；对于一般圆铸锭，不得超过12h[10]。

需要的静置时间与熔体的黏度、密度及夹杂物的形状等因素有关。铝熔体经过精炼后，熔体的黏度得以降低，可加速 Al_2O_3 等非金属夹杂物下沉过程的进行。在铝加工厂，熔体的静置时间，根据合金、制品的不同有所区别，一般为20～45min。

在电解铝厂，混合炉的铝液深度通常是按800mm设计的。早期采用氯气在敞口抬包内精炼，然后将铝液转注到混合炉内进行静置。生产重熔用铝锭时，静置时间一般为30min。生产铝线锭时，静置时间为1h。

根据东北轻合金加工厂和抚顺铝厂的试验结果，制定了《电解铝液直接生产纯铝方锭工艺规范》，不采用炉外在线式精炼装置作为第二次精炼时，第一次精炼和第二次精炼后各静置20min。当第二次精炼采用炉外连续处理时，只在第一次精炼后静置。

铝液在炉内停留的时间很长时，铸造出来的铝锭会带有色泽。生产实践中发现，当铝液在0.5t的炉子内静置时，经过15h，铝锭开始呈显色泽；24h后，色泽极为显著。二次重熔会加速色泽的出现。

109. 为什么静置时间过长会增加精炼后铝液中的含气量?

答：熔炼好的铝液，在静置过程中会与炉气中的水分接触而起反应，其反应式如下：

$$2Al + 3H_2O \xlongequal{\quad} Al_2O_3 + 3H_2 \uparrow$$

产生的氢再度被铝液吸收。随着静置时间延长，吸收的氢气量增多。炉气中的水分越多，这种现象越严重。因此，要求精炼后的铝液在炉内的停留时间不允许超过3h。有的铝铸件厂根据空气中的湿度来决定熔化后到浇注完毕的时间列于表7-2中。

表7-2 根据空气中的湿度决定熔化后到浇注完毕的时间[13]

空气绝对湿度/$g \cdot m^{-3}$	0.5～5	5～10	10～12	>12
精炼后保持时间/h	2.0	1.5	1.0	0.5

110. 在抬包内精炼后再转注到保温炉内静置有什么不利之处?

答：在抬包内精炼后再转注到保温炉内静置的不利之处，主要在于转注过程。在转注过程中，高温铝熔体与空气接触的比表面积增大，增加了高温铝熔体与空气中所含水分和氧气的反应机会，从而带来两个不利的后果：一是产生氧化铝；二是产生氢。在快速液流的作用下很容易将这些氧化铝膜卷入熔体中，高温铝熔体也很容易吸收这些氢气。在电解铝厂，早期采用氯气在敞口抬包内精炼，然后将铝液转注到混合炉内进行静置。生产重熔用铝锭时，静置时间一般为30min。生产铝线锭时，静置时间为1h。虽然氯气的精炼效果很好，由于在精炼与静置之间多了转注过程，静置时间相对于铝加工厂的静置时间长一些，大概就是这种原因。

为了提高产品的质量，在保温炉内必须进行精炼和静置处理。

111. 在静置过程中怎样减少铝液的吸气量？

答：为了防止铝液氧化和吸气，通常在精炼结束时在铝液表面上撒一层粉状熔剂覆盖着。

试验数据表明，铝液表面氧化膜的密实性不被破坏时，它能够阻碍铝与水反应时生产的氢的吸收过程，在静置过程中氢气吸收非常缓慢。液态铝与水汽反应时的平衡含量随熔体温度和炉气中水蒸气分压的提高而增大。不被破坏铝液表面氧化膜时，铝熔体中含氢量与炉气中水蒸气含量及静置时间的关系如图7－1所示。当铝液表面氧化膜的密实性经常被破坏时，随着炉气中水分含量的增加使吸氢量急剧增大，铝的密度降低。因此，在静置过程中，应关好炉门，减少冷空气进入炉内，尽可能减少炉气中的水分含量；避免搅动铝液表面。

为了保证产品的质量，铝液精炼后在炉内停留的时间不允许超过3h。超过此时限必须重新进行精炼。

112. 静置时保持多高温度较为合适？

答：根据合金结晶的特性，静置炉中的金属温度通常应比合

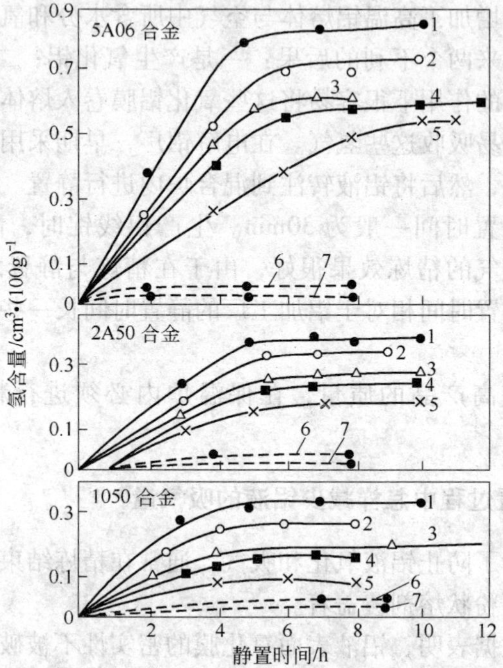

图 7－1 静置炉中几种合金熔体不除氧化膜时铝熔体中含氢量与炉气中水蒸气含量及静置时间的关系[10]

炉气中水蒸气含量：1—110～120g/m³；2—70～80g/m³；3—15～18g/m³；4—5.2～6.4g/m³；5—1g/m²；6—0.3g/m³；7—0.016～0.22g/m³

金液相线温度高 50～110℃[7]。对于形成金属间化合物一次晶倾向较大的合金，铸造温度应适当提高。对裂纹倾向性很大的 7A04（LC4）型合金的扁铸锭，温度可适当降低。

在 500～900℃ 范围内，纯铝的表面形成一层致密的 γ－Al_2O_3 薄膜。氧化膜的熔点高，不溶解，密度为 3470kg/m³。此膜能阻止铝液的继续氧化。

根据对氧化膜的保护性能研究结果[16]，99.99% 纯铝上的氧化膜，在 660～670℃ 以内为非晶体结构；在 670～680℃ 时，完全从非晶体状态变成晶体状态的 $\gamma-Al_2O_3$。在纯铝中 $\gamma-Al_2O_3$ 薄膜在700~720℃以下具有非常良好的保护性能；随着温度升高，Al_2O_3 薄膜的保护性能显著下降，这是同它的厚度增长和塑性的损失有关。铝合金与纯铝不同之点是非晶体氧化铝在较低温度下变为晶体氧化铝。例如，对于铝锰合金来说，氧化膜在660℃下已具有晶体结构，而纯铝在这样的温度下不能显现出任何结晶特征。在铝镁合金中，镁含量在0.6%以下时，薄膜的组成是由 $\gamma-Al_2O_3$ 与氧化镁在 $\gamma-Al_2O_3$ 中所形成的尖晶石（$MgO\cdot Al_2O_3$）的固溶体组织的混合物。在铝镁合金上形成的氧化膜具有较低的保护性能。含镁量增加到1%~1.5%时，氧化膜是由含有氧化镁的尖晶石的混合物组成的。含镁量在1%~1.5%以上的铝合金中，氧化膜是由纯氧化镁组成的，并具有显著的疏松度及气孔率，它容易透进煤气，这就使这些合金氧化的速度比纯铝增快得多。

加入合金元素对铝合金的氧化膜有一定影响。在铝中加入Si、Cu、Zn、Mn、Ni等元素，对铝的氧化膜影响极小，合金的氧化膜仍然是致密的，能阻碍铝液的继续氧化。铝中加入碱土及碱金属这类表面活性元素时，这类物质与氧的亲和力又很大，会富集于表面优先氧化，铝液表面的氧化受这类元素的氧化物控制，从而改变了氧化膜的性质。如上述铝镁合金中含镁量大于1.5%时，表面氧化膜已全为氧化镁组成，多孔疏松，使铝合金液的氧化无抑制地进行。为了减少铝镁合金在熔铸过程中的氧化损失，通常在这类合金中加入少量（0.03%~0.07%）的铍，铍也是表面活性物质，而且原子体积小，扩散速度快，铍原子可渗入MgO膜的孔隙中，形成致密的BeO膜，从而提高液面氧化膜的保护性能。在Al-Mg合金中加入钙、锂也有同样的作用。铍是有毒金属，使用时应注意安全保护。

非晶体 $\gamma-Al_2O_3$ 对水和其他物质具有很高的吸附特性。$\gamma-Al_2O_3$ 外表是疏松的，存在 $\phi(50\sim100)\times10^{-10}$m 的小孔，容易吸附水汽。试验表明，在熔炼温度下其表面的 $\gamma-Al_2O_3$ 膜含有 1% ~2% H_2O；随着温度升高，吸附的水汽减少，但在 900℃时仍吸附 0.34% H_2O。只有在温度高于 900℃、γ - Al_2O_3 完全转变成 α - Al_2O_3 时，才能完全脱去水汽。氢氧化铝加热脱水所得的 γ - Al_2O_3 粉末，吸附的水分与其焙烧温度的关系如图 7 - 2 所示[13]。如果在熔炼和浇铸时将表面破坏的 γ - Al_2O_3 膜搅入铝液中，吸附的水汽与铝液反应造成吸氢。这种现象表明，γ - Al_2O_3 与氢气有着孪生的关系。铝液中 γ - Al_2O_3 增加，含氢量也会随之增加。因此，在熔炼和铸造过程中，不要轻易破坏铝液表面的氧化膜。

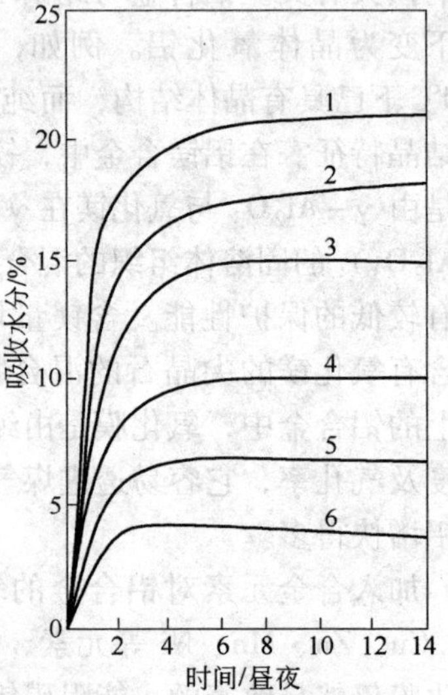

图 7 - 2 γ - Al_2O_3 吸附水分的速度与制备 γ - Al_2O_3 的温度的关系[17]

1—500℃；2—600℃；3—700℃；4—800℃；5—900℃；6—1000℃

温度超过 900℃时，γ - Al_2O_3 开始转变成 α - Al_2O_3。虽然脱掉了水分，但是其密度增加到 3970kg/m³。γ - Al_2O_3 转变为α - Al_2O_3时，体积收缩约为 14.3%[17]。此时，铝液表面的氧化铝膜不再是连续的，氧化反应又将剧烈进行，使铝液中的氧化物含量显著增加。所以，大多数铝合金的熔炼温度应控制在 750℃以下。

铝在熔融状态时，最容易吸收气体。其吸气的程度，与温度大有关系。氢在纯铝中的溶解度与温度的关系如图 7 - 3 所示[1]。根据生产实践，在 700℃以下时，气体在铝液中的溶解度很小；高过此温度时，吸收的气体量逐渐增加，到 730℃时吸收的气体量大为增加。超过 760℃以上时，吸收的气体量越发增加。这是使用铝锭熔化时的情况，因为固态铝中的含气量很低。

使用液态原铝时的情况正好相反，液态原铝中的含气量比较高，液态原铝的温度又大大高于熔炼温度；在这种情况下，熔炼时和静置时的温度更应严格控制。

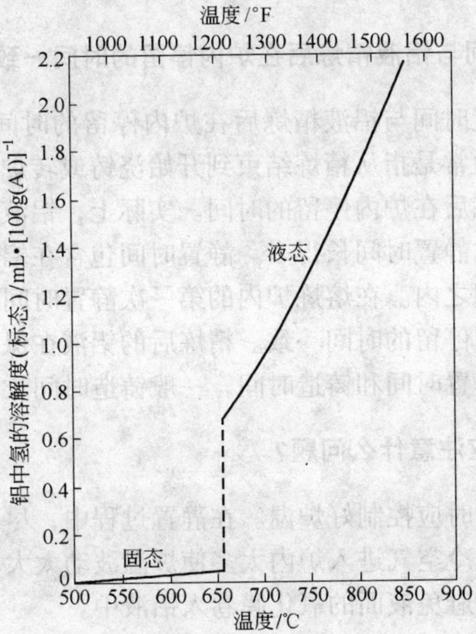

图 7－3　纯铝中氢的溶解度与温度的关系

综合以上所述，静置时的温度应控制在 720℃左右为宜。对于工业纯铝，静置时铝液面的温度以 700～720℃为最佳选择。

113. 静置在什么炉内实施较为合适？

答：静置工艺要求为：炉气中的水分含量尽可能低，炉温能平稳而准确地控制，炉内铝液面无扰动。特别是对于浇铸前的静置更应严格控制这些工艺条件。

根据上述要求，目前，火焰炉难以满足这些条件，特别是炉气中的水分含量和液面扰动不能满足要求，不适宜作静置用的保温炉。工频感应炉，在炉气和炉温控制方面能满足要求，但是液面扰动比较厉害。中频感应炉比工频感应炉好一些，液面扰动差一些，但是设备费用高。静置最适合于在电阻保温炉内进行，对于保证产品质量很有利。

114. 静置时间与铝液精炼后在炉内停留的时间一致吗？

答：静置时间与铝液精炼后在炉内停留的时间不完全一致。静置时间，通常是指从精炼结束到开始浇铸或转炉的时间；而不是指铝液精炼后在炉内停留的时间。实际上，铝液精炼后在炉内停留的时间比静置时间长得多。静置时间包含在铝液精炼后在炉内停留的时间之内。在熔炼炉内的第一次静置时间，一般与铝液精炼后在炉内停留的时间一致。精炼后的铝液在保温炉内的停留的时间包括静置时间和铸造时间，一般铸造时间长于静置时间。

115. 静置时应注意什么问题？

答：静置时应控制好炉温。在静置过程中，尽可能不要打开炉门，以避免冷空气进入炉内太多使炉温波动太大；更不要搅动铝液表面，以避免液面的氧化膜卷入铝液中。

八、晶粒细化处理

116. 为什么要进行晶粒细化处理？

答：纯铝的力学性能比较低，配制成合金能大大地提高其力学性能。但是，往往还不能达到材料的使用要求。

目前，晶粒细化是提高铝及铝合金力学性能的另一个途径。铝及铝合金铸锭的晶粒细化后，不仅可以提高材料的抗拉强度，还可以提高其塑性，而且韧性也好；有利于改善压力加工的工艺性能。

铝及铝合金在连续铸造时，即在铸造过程中有着快速结晶和产生很大内应力的条件下，粗大晶粒会使铸锭的热裂纹倾向性显著增加。在方铸锭中，粗大晶粒组织使纵向表面裂纹增加。在圆铸锭中，晶粒增大能促使产生中心裂纹；晶粒粗大也能促使圆铸锭及空心铸锭环状裂纹的发展。总的来说，细化晶粒，对于产生裂纹的倾向表现得很弱或中等程度的合金，将起明显的良好作用。

在铝铸件生产中，晶粒细化处理常称为变质处理。

117. 晶粒细化有哪几种方式？

答：晶粒细化有如下几种方式：基体的细化、过剩相的细化和少量有害相的细化。

（1）基体的细化。铝中加入微量钛、锆、硼，均能使基体晶粒细化。在变形铝合金生产中，通常在铝合金中加入钛或同时加入钛硼；目前，使用钛硼居多。

（2）过剩相的细化。在 Al－Si 合金中加入微量钠之后，能使共晶体中的硅相由粗大片状变为细点状，有利于提高合金的性能，尤其是提高其塑性。

（3）少量有害相的细化。在 Al - Si 合金中的粗大针状 β（$Al_9Fe_2Si_2$）相，加入锰之后，即能变为团块状的 AlSiMnFe 相；特别是在加入铍之后，会变为细小球状的 $Al_5BeSiFe$ 相；这些都有利于减轻含铁相对力学性能的有害影响。

在铝工业生产中，多采用基体的细化处理。在铝及铝合金中，基体组织是 α 相。基体晶粒的细化，也会使过剩相更均匀细散地分布，有利于提高铝合金的力学性能。

118. 晶粒细化处理有哪几种方法？

答：目前，在铝工业生产中，晶粒细化处理的方法多种多样，如液态金属在冷却面上的冷却、液态金属在液体介质下的冷却、向熔体中加入晶粒细化剂、熔体温度的处理、动力学细化处理和快速凝固的方法。常用的晶粒细化处理方法主要有：在铝及铝合金中加入晶粒细化剂、动力学细化处理和快速凝固的方法。

在铝及铝合金中加入晶粒细化剂的方法，最初始于铝铸件生产，在 Al - Si 合金中加入微量的钠，细化铝硅共晶体中的过剩相硅晶体。目前，在变形铝合金和铸造铝合金生产中，广泛使用晶粒细化剂的方法。在变形铝合金中通常加入 Al - Ti 或 Al - Ti - B 作为细化剂。这种方法在铝及铝合金中添加了非合金组成物。近些年来，世界上在变形铝合金薄板和挤压型材方面，对产品质量和金属清洁度的要求越来越高。Al - Ti - B 是细化效果较好的细化剂；但是，在 Al - Ti - B 细化剂中的 TiB_2 颗粒能聚集成团，进入熔体中时不能散开，非常有害。

动力学细化方法包括电磁搅拌细化处理和超声波振动细化处理。电磁搅拌细化处理是在铸造过程中仅使用电磁场搅拌熔体。超声波振动细化处理是熔体在超声波的作用下进行结晶。这种方法可以避免上述缺点，不添加非合金组成物，能保证金属的清洁度。

液态金属在冷却面上的冷却，是使熔体在沿着冷却表面流动的过程中受到冷却；如水冷平底流槽。液态金属在液体介质下的冷却，是铝熔体在水槽中的水层下流动。熔体温度的处理，是在使用固态炉料熔化后将熔体加热到大致均匀时，然后将其迅速冷却。这些方法实际生产中不常使用。

快速凝固的方法，在铝薄带坯连续铸轧过程中应用的效果最为显著。在普通双辊连续铸轧机中熔体的冷却速度为 100 ~ 1000K/s，而在薄带坯高速连续铸轧过程中的冷却速度可高达 10000 ~ 100000K/s[18]。当凝固冷却速度为 10^2 ~ 10^5℃/s 时，可以获得微晶结构。

119. 晶粒细化剂有哪几种？

答：在铝工业生产中，晶粒细化剂有如下几种：纯金属、铝基中间合金细化剂和盐类细化剂。

在铝铸件生产中，最先使用盐类晶粒细化剂。在实验室里也是使用这种盐类晶粒细化剂。

在变形铝合金生产中，最先使用金属钛作为晶粒细化剂；目前，使用渐少。在铝铸件生产中，使用锑等金属作为晶粒细化剂；我国锑的资源丰富，来源广，成本低，便于推广使用。

晶粒细化剂加入到成品铝合金中的量是很小的。在铝合金生产中，为了准确地控制细化剂的加入量，先将细化剂配制成铝基中间合金，然后根据产品需要将中间合金细化剂加入到成品合金熔体中去。

目前，在变形铝合金生产中，多使用铝基中间合金细化剂。在铝铸件生产中，使用铝基中间合金细化剂也多起来了。铝基中间合金细化剂适于大规模生产。

120. 中间合金细化剂有哪些？

答：中间合金细化剂多种多样。按使用要求，大致可分为两类：一类以细化基体相为主要作用，目前，在变形铝合金生产中，多使用这类中间合金细化剂；另一类以细化过剩相和有害相为主要作用，目前，在铝铸件生产中，多使用这类中间合金细化剂。

在变形铝合金生产中，使用较为有效的细化剂是 Al - Ti 和 Al - Ti - B。常用中间合金细化剂中，Al - Ti 中间合金中 Ti 的含量为 3% ~6%；Al - Ti - B 中间合金细化剂中有两个系列，即 5AlTiB 系列和 3AlTiB 系列。目前，Al - Ti - B 中间合金细化剂的化学成分列于表 8 - 1。

表 8 - 1　Al - Ti - B 中间合金细化剂的化学成分（%）

组元	5AlTiB 系列				3AlTiB 系列			
Ti	5				3			
B	1	0.5	0.2	0.1	1	0.5	0.2	0.1
Al	余量				余量			
颜色标志	绿	绿/黄	绿/黑	绿/红	绿/蓝	绿/橙	绿/褐	绿/紫

目前，Al - 5Ti - 1B 中间合金使用较多。影响 Al - Ti - B 晶粒细化剂质量的重要因素是硼化物或硼化物与氧化物的结合，使成品合金的清洁度降低。5/1 和 3/1 两种合金中，容易形成 TiB_2 大的颗粒，还会形成密集团块，它们是由牢固相连的硼化物构成。生产实践中发现，当 Ti/B 比值较高时，即含硼量较低的合金中，TiB_2 颗粒更细小而分散；例如 Ti/B 比值为 5/0.6 和 5/0.2 型合金与 5/1 型合金的 TiB_2 相比颗粒聚集情况减少了，而 5/0.6 合金的细化效果与 5/1 相同，5/0.2 型合金添加量稍高时可达到同样的细化效果。

近些年来，在 Al - Ti - B 中间合金细化剂的基础上加入稀土元素，形成 Al - Ti - B - RE 中间合金。据报道，20 世纪 90 年代初，南方冶金学院与江西赣州铝厂，将相应的氧化物加入到铝电解槽中，同步电解出中间合金，并经后续处理的复合法工艺制成 Al - Ti - B - RE 中间合金。其中大多数铝化物的最长轴尺寸为 75μm，最大绝对值为 120μm；TiB_2 颗粒，一般控制在 2μm 内，最大（极少量）不许超过 5μm；硼化物和铝化物应形成“多重”

颗粒。将 Al－Ti－B－RE 中间合金加入炉内搅拌均匀后，在中间不搅拌的情况下，经 16h 保温，细化效果仍然显著。Al－5Ti－1B－1RE 中间合金细化剂成分列于表 8－2。

表 8－2　Al－5Ti－1B－1RE 中间合金细化剂成分

主要成分/%			杂质（不大于）/%			Al
Ti	B	RE	Fe	Si	杂质总和	
4.5～6.5	0.7～1.3	0.8～1.4	0.45	0.30	1.00	余量

在铸造铝合金生产中，使用较为有效的细化剂是 Al－Sr、Al－Ba、Al－Te 和 Al－Sb 中间合金。锶（Sr）、钡（Ba）、碲（Te）和锑（Sb）都是 Al－Si 合金的长效变质剂，使用效果比钠还要好些。Al－Sr 中间合金中 Sr 的含量为 5%。Al－Sb 中间合金中 Sb 的含量为 5%～8%。这些金属以铝基中间合金形式加入成品合金中，操作比使用钠盐方便，对坩埚不侵蚀，形成针孔、夹渣的倾向比加钠变质时小；加锶时仍有形成针孔的倾向。使用氯气或氯盐精炼时，会使锶、钡等元素损耗。

在选择晶粒细化剂时，应慎重考虑对终端产品的质量影响。

121. 盐类细化剂有哪些？

答：盐类细化剂是最早使用的细化剂，多用于铸造铝合金生产中。在铝铸件生产中，晶粒细化剂又称为变质剂。对于亚共晶和共晶型铝硅合金，应用最广的变质剂是由钠和钾的卤素盐类组成的。几种变质剂的成分及其变质温度列于表 8－3 中。

表 8－3　铝硅合金用变质剂的成分及其变质温度[12]

变质剂名称	成分/%				熔点/℃	变质温度/℃	应用范围（浇铸温度）/℃	备注
	NaF	NaCl	KCl	Na_3AlF_6				
二元变质剂	67	33	—	—	810～850	800～820	780～800	
三元变质剂（甲）	45～47.5	40	15～12.5	—	730	740～760	750 左右	

续表 8－3

<table>
<tr><th rowspan="2">变质剂名称</th><th colspan="4">成分/%</th><th rowspan="2">熔点/℃</th><th rowspan="2">变质温度/℃</th><th rowspan="2">应用范围（浇铸温度）/℃</th><th rowspan="2">备注</th></tr>
<tr><th>NaF</th><th>NaCl</th><th>KCl</th><th>Na_3AlF_6</th></tr>
<tr><td>三元变质剂（乙）</td><td>25</td><td>62.5</td><td>12.5</td><td>—</td><td>605</td><td>725～740</td><td>700 左右</td><td></td></tr>
<tr><td>通用变质剂（甲）</td><td>60</td><td>25</td><td>—</td><td>15</td><td>750</td><td>800～820</td><td>770～790</td><td rowspan="3">兼有变质及精炼效果</td></tr>
<tr><td>通用变质剂（乙）</td><td>40</td><td>45</td><td>—</td><td>15</td><td>700</td><td>760～780</td><td>740～760</td></tr>
<tr><td>通用变质剂（丙）</td><td>30</td><td>50</td><td>10</td><td>10</td><td>650</td><td>720～750</td><td>700～730</td></tr>
</table>

在上述变质剂组成中，NaF 能起变质作用，故为主要成分。NaF 的变质反应如下：

$$3NaF + Al \longrightarrow AlF_3 + 3Na \qquad (8-1)$$

反应生成的 Na 起到变质作用。NaF 的熔点（992℃）大大高于铸造铝合金的熔炼温度。为了降低变质处理的温度，以减少高温下铝液的氧化和吸气，在变质剂中加入 NaCl、KCl。NaCl、KCl 本身不能起变质作用，但与 NaF 组成混合盐以后，可以降低混合盐的熔点，有利于变质反应的进行。从表 8－3 中可以看出，加入一定量的 NaCl、KCl 组成的三元变质剂，其熔点在 800℃以下。此外，熔融状态的变质剂容易在铝液表面上形成一层连续的覆盖层，提高了变质剂的覆盖作用。为此有人把 NaCl、KCl 称为助熔剂。

钛、硼等元素，也可以采用混合盐类细化剂的形式加入到铝熔体中去。与中间合金细化剂相比，使用盐类细化剂的主要优点是，不易带入非金属夹杂物，保持了铝熔体的纯洁度；用盐对铝合金进行细化处理时发现细化剂的作用随铸造时间的延长而减小。大致原因是，用这种方式向熔体中加入钛和硼时，形成了粗大的 TiB_2 粒子在铸造过程中逐渐沉降于炉底。钛、硼混合盐类细化剂的组成列于表8－4[19]。

表8－4 钛、硼混合盐类细化剂的组成[19]

组成物名称	NaCl	KCl	NaF	K_2TiF_6	KBF_4	K_2SiF_6	$NaBF_4$	Na_2TiF_6	C_2Cl_6
组成物含量/%	42	42	6	6	4	—	—	—	—
	—	—	—	25	—	—	75	—	—
	26	—	14	—	—	—	30	30	—
	—	—	—	55	27	3	—	—	15

在铝合金中加入K_2TiF_6和KBF_4时，它们会与铝发生化学反应，反应式如下：

$$3K_2TiF_6 + 6KBF_4 + 10Al = 3TiB_2 + 10AlF_3 + 12KF \quad (8-2)$$

从式8－2中可以看出，K_2TiF_6、KBF_4和Al反应的结果产生了TiB_2。TiB_2成为铝熔体中的外来晶核。Al－Ti－B中间合金的生产就是根据式8－2进行的，并严格控制TiB_2粒子的粒度。生产0.006mm的箔材时，要求TiB_2颗粒不能大于10μm。

变质剂的熔点最好介于变质温度和浇铸温度之间。这样使变质剂在变质处理时处于液态，并且变质后即可进行浇铸，免得停放时间长，造成变质失效。此外，在变质处理完毕之后，变质后的熔渣已变为很稠的固态，便于扒去，不致把残留的熔剂浇入铸型中，形成熔剂夹渣。变质温度高些，对变质反应进行有利，钠的回收率高，变质速度快，效果好。但温度不能过高，否则会急剧增加铝液的氧化和吸气；使用铁坩埚熔炼时，还会使铝液中的铁杂质增多，同时降低坩埚的使用寿命。在高温下，钠容易挥发（沸点883℃）、氧化，使变质效果变坏。因此，变质温度稍高于浇铸温度为宜。

122. 铝及铝合金中加入晶粒细化剂的细化原理是什么？

答：固态金属是晶体物质，是由许多细小的晶粒组成的。每一颗晶粒就是一个完整的小晶体，它是由许多金属原子严格地按一定的规律堆积而成的。液态金属在凝固过程中，每一颗晶粒的产生首先要有一个核心，许多金属原子围绕着这个核心有规律地堆积起来。这个晶粒的核心称为晶核。液态金属中的晶核越多，凝固时的晶粒越细小；晶核越少，凝固时的晶粒越粗大。这是基体细化处理的基本原理。

晶核在液态金属凝固过程中由于能量起伏而能自发形成，这种晶核称为自发晶核。自发晶核的形成比较缓慢，形成的数量相对比较少；在这种情况下，凝固后金属中的晶粒相对比较粗。

经生产实践和试验研究发现，晶核也可以从外部加入到液态金属中去，这种晶核称为非自发晶核。把晶粒细化剂加入到铝及铝合金中去，就是在铝熔体中添加非自发晶核。人工添加晶核，使铝熔体中的晶核数量增加，以达到晶粒细化的目的。

Al－Ti 中间合金加入到铝及铝合金中时，Ti 起着晶核的作用。Al－Ti－B 中间合金加入到铝及铝合金中时，Ti 和 TiB_2 起着晶核的作用，由于有 TiB_2 颗粒的存在，使晶粒细化的效果更好些。

晶体在成长的过程中，当生长的晶体表面上吸附了一些其他元素而阻碍其生长时，晶粒也会细化。例如，在 Al－Si 合金中加入钠（Na）时，钠一方面被吸附在生长着的硅晶体表面上，尤其是在硅晶体孪晶凹谷的生长台阶上，阻碍硅晶体长成板片状；另一方面被吸附在生长着的硅晶体表面上的钠，在随后晶体的生长过程中嵌入硅的晶格内，促使它长成细小分支的水草状或珊瑚状。在这里，钠不是起到晶核的作用，而是改变了硅晶体的形状。所以，在铸造铝合金生产中，晶粒细化通常称为变质处理。锶（Sr）、钡（Ba）、碲（Te）和锑（Sb）加入到铝硅合金中时，都能起到如钠同样的效果。

123. 动力学细化处理的原理是什么？

答：动力学细化方法包括电磁搅拌细化处理和超声波振动细化处理。它们的共同特点是，使熔体产生运动。熔体运动的结果会产生两种作用：一是促使熔体流动，使液相穴中熔体的温度降低并趋于均匀；二是破碎和熔断生长过程中的树枝晶，使凝固过程中熔体中的晶体数量急剧增多。从而使晶粒得以细化。

动力学细化处理都是在结晶器内进行。避免了在熔体中添加晶粒细化剂带来的污染问题，能保证产品的纯洁度。近些年来，逐渐得到冶金工作者的重视。

电磁搅拌细化处理有着不同的形式，如低频电磁场作用、组合磁场作用等。都是在结晶器外周缠绕电磁线圈。线圈中通以交变电流时，在合金熔体内激发变化的磁场，产生感生电流；感生电流和变化的磁场交互作用产生 Lorentz 力。Lorentz 力作用于熔体，使合金熔体产生运动。组合磁场的效果优于低频电磁场。在立式连铸 ϕ100mm 二元 Al－14% Si 合金铸锭的过程中，无搅拌时液相穴中心部位的温度比液相线低 8℃，电磁线圈通以 300A 电流进行电磁搅拌时低 28℃，实际是 580℃，仅比共晶温度高 3℃[18]；搅拌或不搅拌 Al－14% Si 合金时，铸锭中心沿液相穴深度的温度分布如图 8－1 所示。在水平连铸新型超高强铝合金试验中采用低频电磁场时，使用单线圈，施加电流为 200A，磁场频率为 30Hz[20]。在水平连续铸造 ϕ100mm 5182 铝合金铸锭的试验中采用组合磁场时，使用两个线圈，两个线圈的相位差 90°，线圈 1 接 A、B 相，线圈 2 接 C 相、零相，通交流电，电流强度 200A，频率 50Hz；异相位电磁水平连铸装置图 8－2 所示[21]。不加磁场时，结晶器入口处熔体上下的温差较大，上部最高、平均为

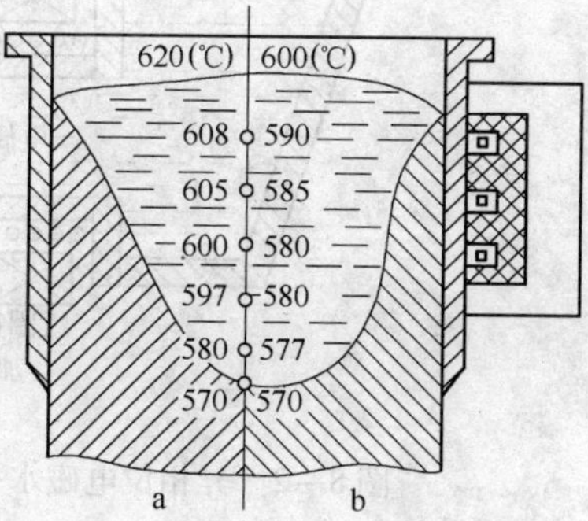

图 8－1 Al－14% Si 合金 ϕ100mm 铸锭液相穴的温度分布[19]
a—铸造温度 700℃，无电磁搅拌；
b—电磁搅拌，电流 300A

658℃，中部平均为644℃，下部最低、平均为638℃，晶粒平均尺寸为1.3mm；施加组合磁场后，结晶器入口处熔体上下的温差大为减小，总体温度有所降低，上部为640.5℃，中部为637.9℃，下部为637.2℃，晶粒平均尺寸为0.2mm。在水平连续铸造 ϕ100mm 5182 铝合金铸锭的试验中，铸锭磁场条件变化段的纵截面宏观组织如图8－3所示；图中的白色曲线表示组合磁场施加前后明显的铸态组织突变带，白色曲线的形状基本上与液相穴形状相吻合。

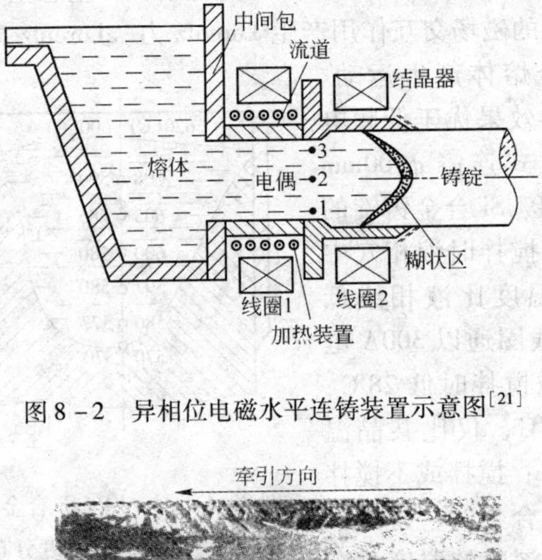

图8－2 异相位电磁水平连铸装置示意图[21]

图8－3 磁场条件变化段铸锭纵截面宏观组织[21]

电磁搅拌细化处理，还可以采用磁场与直流电相互作用来实现。在连续铸轧过程中，薄板坯的冷却速度很高，可达 100℃/s 以上，可以使铝的晶粒得到细化；如果将供料嘴置于电磁感应器的上、下铁芯空隙中，当电磁感应器线圈中通入交流电、而铝液中通入直流电时，铸轧区中的流动场除了受分流块和上、下轧辊形成的两个冷却面的影响之外，同时还要受到电磁力的影响，可以使铝的晶粒进一步得到细化。例如，向电磁感应器中输入 6～8A 的 a、b 两相交流电，其频率为 12～14Hz；铝熔体中通入 60～80A 的直流电；铸轧区中的磁感应强度保持在 0.05T。试验结果表明[22]，1060（L2）工业纯铝薄板坯的纵切面宏观组织，在无磁场的条件下，晶粒粗大，柱状晶发达，平均晶粒数为 82 个/cm^2，纤维组织夹角为 20°～22°；而在有磁场的条件下，晶粒显著细化，平均晶粒数为 480 个/cm^2，纤维组织夹角为 30°～38°。1035（L4）工业纯铝薄板坯的试验得到同样的结果。

在立式连续铸锭过程中对熔体进行电磁搅拌，目的是使液相穴中的熔体产生垂直运动和水平运动；而且在某种程度上应使液态金属在水平方向的运动强于垂直方向的运动，使液态金属对结晶器壁产生一定的波动性压力，有利于凝固过程的传热。

超声波振动细化处理，是将超声换能器的变幅杆插入结晶器内的熔体中，将电能转换为声能，使液相穴中的熔体产生振荡，达到细化晶粒的目的。在水平连铸 ϕ10mm Al－Si 合金杆的试验中，超声波换能器的频率为 22.3kHz，功率在 0～1kW 之间连续可调，波导杆由保温炉顶部导入金属液中。不加超声波时，铸坯晶粒组织粗大，尺寸不均匀；施加功率超声后，晶粒得到了显著细化，尺寸均匀。普通水平连铸与使用 1kW 功率超声水平连铸所得到的铸坯凝固组织如图 8－4 所示[23]。这种方法，将超声换能器的变幅杆插入熔体中，容易受到熔体的腐蚀，不仅使用寿命短，而且在使用过程中降低了超声系统的工作效率。

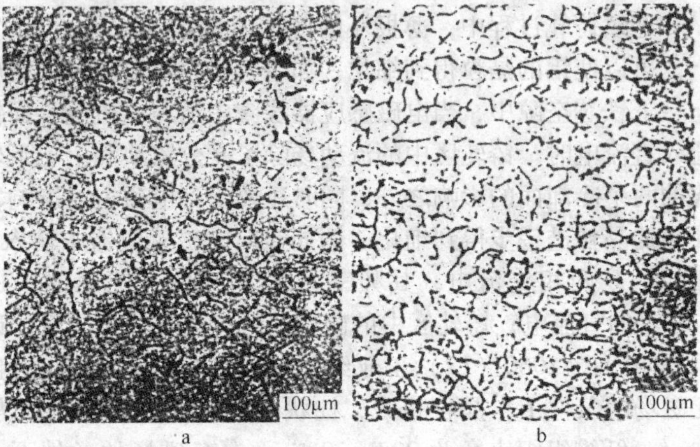

图 8－4 Al－Si 合金水平连铸凝固组织的比较[23]
a—普通水平连铸；b—功率超声水平连铸

124. 晶粒细化剂形状有哪几种？

答：目前，使用的晶粒细化剂主要有三种形状：粉状、锭（块）状和杆状。盐类晶粒细化剂，多作成粉状，也有压制成块状。中间合金晶粒细化剂多作成锭（块）状。锭（块）状 Al－Ti－B 中间合金晶粒细化剂，国内生产的产品为锭状，每锭 22kg，可破碎为 20 块；英国 LSM 公司的产品有 7kg 重的锭块和 0.4kg 重的块片。Al－（3%～6%）Ti 中间合金晶粒细化剂为 10kg 重的块锭。国产 Al－Ti－B－RE 中间合金细化剂形状有大锭和小锭两种，大锭（5±0.5）kg，由 9 小块组成；小锭 0.4kg 左右。

目前，使用的晶粒细化剂，只有 Al－Ti－B 中间合金做成 ϕ9.0～10mm 的杆料。杆料缠绕成规整的卷状，国内生产的 ϕ9.5mm 杆料细化剂，有的每卷重 80～100kg。英国 LSM 公司的产品，杆料标准卷重为180～450kg。

125. 晶粒细化处理时熔体温度控制在什么范围较为合适?

答：Al－Ti－B 中间合金的加入温度一般在 720～730℃。Al－Ti－B－RE 中间合金细化剂的加入温度在 720～760℃。

铝硅合金的变质温度见表 8－3。变质温度高些，对变质反应进行有利，钠的回收率高，变质速度快，效果好。但是，变质温度不能过高，否则会急剧增加铝液的氧化和吸气；采用铁坩埚熔炼时还会使铝液中铁杂质含量增加，并且降低坩埚的使用寿命。变质温度过高，还会由于在高温下钠容易挥发、氧化，使变质效果变坏。所以，变质温度稍高于浇铸温度为宜。长效变质剂的变质温度，锑为 720～740℃，锶为 720℃，钡为 760～780℃，碲为 700～720℃。

126. 晶粒细化剂的加入量控制在什么范围较为合适?

答：目前，在基体晶粒细化处理时，晶粒细化剂的加入量通常是以钛的加入量为标准；钛的加入量为 0.01%～0.02%[23]；Al－Ti 和 Al－Ti－B 中间合金块料的添加量以此为标准范围。使用Al－(3%～6%) Ti 中间合金时，一般加入的 Ti 量为0.005%～0.01%。

在工业纯铝和软合金中加入少量钛，对于消除铸锭的热裂纹，提高工艺稳定性是有益的。添加量[7]为：工业纯铝为 0.01%～0.02%；3A21 (LF21) 合金为 0.03%～0.06%；6A02 (LD2) 合金为 0.02%～0.04%。添加量过多将会导致偏析聚集物的生成。

根据东北大学的研究结果[24]，使用 Al－5Ti－1B 中间合金，在 99.7% Al 的工业纯铝中添加 0.005% Ti 就起细化作用，随着 Ti 含量增加细化效果提高，添加 0.02% Ti 时的细化效果最好，添加 0.03% Ti 时细化效果提高不大。据资料报道，国内生产的 Al－Ti－B 中间合金，成品合金中含 Ti 量为 0.01%～0.015%；锭状细化剂的添加量一般为 2～4kg/t(金属)，ϕ9.5mm 杆料细化剂的添加量一般为 1～2kg/t(金属)。根据英国 LSM 公司的资料，在纯铝和含 Mg、Si、Mn 等铝合金的直接水冷铸造中，Al - Ti - B 中间合金杆料的典型添加量为 0.0025% ~0.005% Ti。有些产品对铸锭的晶粒尺寸有特殊要求，如对金属板的印刷质量来说，添加钛量可能会高至 0.015%。含锆的 Al - Mg - Zn 合金可需钛量高至 0.02%，以防止羽毛状晶和热脆性发生；同样，含铬的合金所需添加的钛量也要高于一般情况的添加量，只是比含锆的合金所需添加的钛量少一些。

国产 Al - Ti - B - RE 中间合金细化剂的加入量为：纯铝 1.0 ~1.5kg/t(金属)，3A21（LF21）为 0.8 ~1.0kg/t(金属)，6063（LD31）0.6 ~0.8kg/t(金属)。

以上所述钛的添加量，都是指成品合金中总的含钛量。在计算加入 Ti 的含量时，应考虑生产原材料中所含的 Ti 量。钛在各种牌号工业纯铝中的含量波动于 0.0018% ~0.011% 之间，即波动于能够影响晶粒大小的范围内[23]。铝的总纯度愈高，钛的含量愈低。在加工废料中所含的钛量通常都高于各种牌号工业纯铝中的含量，当炉料中有废料时，应计入这部分的钛含量。锭块状 Al - Ti - B 中间合金的添加量，一般要比杆状 Al - Ti - B 中间合金多三分之一。

在铸造铝合金生产中，一般变质剂为盐类块料，使用时应考虑变质剂反应进行不完全的情况，变质剂用量不能太少，否则变质效果不好。但用量也不宜过多，否则会产生过变质现象。铝硅合金用变质剂的用量，一般规定为占炉料重量的 1% ~3%。通常加入 2% 就可以保证良好的变质效果。对于金属型铸件，变质剂用量可适当减少。当采用通用变质剂时，除了考虑变质效果外，还要考虑这种变质剂的覆盖及精炼能力的要求，通常变质剂用量为铝液重量的 2% ~3%。长效变质剂，在铝硅合金中，锑的加入量以 0.2% ~0.3% 为宜；锶的加入量以 0.02% ~0.06%，对于 413Z.1（ZL - 102）合金以 0.05% ~0.06% 为最好；钡的加入量以 0.05% ~0.08% 为宜；碲的最佳加入量对共晶合金为 0.1% 左右、对亚共晶合金为 0.05% ~0.1%，视硅量而定。碲的加入量若超过规定，也不会发生“过变质”现象。

127. 晶粒细化剂的保持时间有多长?

答：晶粒细化剂的保持时间，在变形铝合金生产中，也称为接触时间，是指细化剂加入熔体中后至最佳细化效果的时间。根据东北大学的研究结果[25]，使用 Al-5Ti-1B 中间合金，在 99.7% Al 的工业纯铝中添加 0.01% Ti，随保持时间增加细化效果增强，保持时间达 2~30min 时达到最好效果，超过 30min 细化效果衰减。据资料报道，国内生产的 Al-Ti-B 中间合金，ϕ9.5mm 杆料细化剂，30s 即可熔化发挥作用；锭状细化剂 6h 内有较强的细化效果，加入时间超过 6h 应重新搅拌。据报道，国产 Al-Ti-B-RE 中间合金，块状细化剂加入炉内搅拌均匀后，静置 15min 以上便可浇铸，经 16h 保温，细化效果仍然显著。根据英国 LSM 公司的资料，Al-Ti-B 中间合金杆料产品的接触时间，一般为 10~15min；超过这一时间，晶粒细化的效果将衰减。Al-Ti-B 中间合金块料产品的接触时间长一些，加入后 10~20min 开始铸造。Al-Ti-B 中间合金块料加入铝合金熔体后，必须彻底搅拌，以便全部细化剂熔化并均匀分布于熔体中。铸造时间超过 3h，要重新搅拌，使沉淀或聚集的 TiB_2 颗粒重新分散、发挥作用。

在铸造铝合金生产中，变质时间是变质工艺的重要因素。在变质剂的组成物中，NaF 能起变质作用，实为主要成分。NaF 与铝发生变质反应，生成 Na 和 AlF_3，Na 起到变质作用。变质时间的长短按照具体情况，在实验的基础上确定。变质温度愈高以及铝液和变质剂接触的情况愈好，所需的变质时间愈短。变质时间太短，变质反应进行得不完全，使变质效果降低；变质时间过长，会增加钠的烧损，使变质效果降低，还会增加合金的氧化和吸气。变质时间由两部分组成：变质剂覆盖时间，一般为 10~15min；压入时间，一般采用 2~3min。如果事先把固态变质剂熔化成液态，可省去覆盖时间，又改善了变质剂和铝液接触情况，从而使变质时间可缩短为 5 ~ 8min。在含有 Na_2CO_3 和 Mg 粉的无毒变质剂中，在铝液温度 750℃左右时，Na_2CO_3 和 Mg 能起化学反应而析出 Na、MgO 和 C，对亚共晶、共晶铝硅合金能获得良好的变质效果，反应产物完全不含有害物质；变质时间为 20 ~ 30s。长效变质剂的变质效果持续时间都比较长，锑的变质时间约 20min，有的资料介绍锑的变质效果持续时间可达 100h；锶的变质效果可保持 6 ~ 8h、经重熔后仍有稳定的变质效果；钡经过 10h 仍能保持满意的变质效果，但是用氯化锌精炼后变质处理、变质效果持续时间则为 3h；碲变质后能保持 8h 或经复熔后效果不变。

128. 晶粒细化剂在什么地方加入较为合适？

答：根据晶粒细化剂的不同形式选择在不同地方加入，目的是为了在整个铸造过程中获得良好的晶粒细化效果。晶粒细化剂的形式有块状、杆状和粉状，从上述已知，它们的细化作用保持时间（接触时间）是不同的。保持时间长的晶粒细化剂，从加入熔体中到铸造之间的时间可以长一些；保持时间短的晶粒细化剂，从加入熔体中到铸造之间的时间则应短一些。晶粒细化剂的不同形式，既有不同的功能作用，又有醒目的识别作用。块状料便于集中入炉，杆状料便于连续供料，粉状料便于快速覆盖铝液表面。

在变形铝合金生产中，目前大都使用 Al - Ti - B 中间合金晶粒细化剂。在这种中间合金中，形核相主要是 $TiAl_3$ 和 TiB_2，中间合金的细化行为主要取决于这两种化合物的形态、尺寸和分布状态。$TiAl_3$ 化合物有片状、块状和花瓣状三种形态。含有块状 $TiAl_3$ 的中间合金细化作用见效快，但是衰退也快；含有片状 $TiAl_3$ 的中间合金细化作用见效慢，但是可持续较长时间。在块状中间合金晶粒细化剂中，含有片状 $TiAl_3$，其中 TiB_2 粒子的典型直径尺寸大约是 0.5 ~ 2μm，而针状和片状 $TiAl_3$ 相的典型长度达 100μm。国产锭状 Al - Ti - B - RE 中间合金晶粒细化剂，大多数铝化物的最长轴尺寸为75μm，最大绝对值为120μm；TiB_2粒子一般控制在2μm内，最大（极少数）不允许超过5μm；硼化物和铝化物应形成“多重”颗粒。为此，锭状中间合金晶粒细化剂，在保温炉内加入铝合金熔体中。在杆状中间合金晶粒细化剂中，含有块状$TiAl_3$，较大的$TiAl_3$相均匀地分布于铝基体中，细小的TiB_2粒子均匀地分布着；TiB_2粒子的平均尺寸为0.8μm，90%在1μm以下；而$TiAl_3$粒子的长度，在AlTi5B系列中一般达80μm，在AlTi3B系列中一般达60μm；为此，杆状中间合金晶粒细化剂，在保温炉外加入铝合金熔体中，一般在保温炉出铝口的溜槽中连续加入铝合金熔体中。通常称块状中间合金晶粒细化剂在保温炉内加入铝合金熔体中的过程为炉内晶粒细化处理，称杆状中间合金晶粒细化剂在保温炉外加入铝合金熔体中的过程为炉外晶粒细化处理。炉外晶粒细化处理，杆状中间合金晶粒细化剂是在铸造过程连续加入铝合金熔体中的，因此又称为在线式晶粒细化处理。

在线式晶粒细化处理过程中，要注意从细化剂加入点到铸造机之间铝液流经的时间；应使这个时间保持在接触时间之内。这个时间过长，会影响细化效果。例如，在装有在线式精炼装置的连续铸轧机生产系列中，铝熔体经过精炼装置到达铸轧辊冷却区的时间较长，约25~30min。华北铝加工厂[26]，在3C连续铸轧机列生产线上，使用Al-Ti-B中间合金晶粒细化剂，加入点在ALPUR在线式精炼装置入口侧与静置炉之间的流槽中，铸轧板上面的晶粒度为5级的晶粒，其下面为1级晶粒；此时将细化剂的加入点移至ALPUR在线式精炼装置的出口侧，约经20min铸轧板上面变成1级晶粒，其接触时间约5min。在亨特式连续铸轧机上的生产实践也表明，接触时间少于10min，几乎未出现过5级晶粒。

在铸造铝合金生产中，由于铝铸件的浇铸过程不是连续的，不适于使用杆状晶粒细化剂。目前，使用的变质剂多为盐类，通常为粉状或块状料。均在炉内加入铝熔体中。

129. 晶粒细化剂怎样加入到成品铝合金中去?

答：在变形铝合金生产中，使用锭块状中间合金晶粒细化剂时，在保温炉内进行精炼前，将小块料均匀地投入保温炉内的铝液中，通过精炼搅拌熔体，使晶粒细化剂均匀地分布于熔体中，然后扒净熔体表面的浮渣，进行静置。晶粒细化剂加入 10～20min 后方可开始放流浇铸，以便全部晶粒细化剂熔化并均匀分布于熔体中。铸造时间超过 3h，要重新搅拌，使沉淀或聚集的 TiB_2 颗粒重新分散，发挥作用。铸造时间最好不要超过 3h。在保温炉容量大、铸造时间长的情况下，最好使用杆状中间合金晶粒细化剂在炉外加入。在采用熔炼炉与保温炉组合的工艺条件下，可以将锭块状中间合金晶粒细化剂加在炉组之间的转注流槽中，由金属液流将锭块熔化，送入保温炉内。

使用杆状中间合金晶粒细化剂时，通常在保温炉顶部设置辊式喂料机。辊式喂料机可以无级调速，可以同时并列传送两根杆料。杆料通过辊式喂料机插入流槽的铝液中，与铝液流逆向加入，使晶粒细化剂充分溶解并均匀分布于整个熔体中。根据流槽中铝液的流量大小和所需添加的钛量，灵活地调节辊式喂料机的传送速度。操作时要注意，必须将杆状中间合金晶粒细化剂始终平稳地浸入流槽中的铝液面以下，切不可飘忽不定，以免晶粒细化剂的添加量波动过大。

在使用 Al－Ti－B 合金细化剂时，避免与氧化物接触也是保证 Al－Ti－B 起细化作用的因素。因为，TiB_2 和氧化物的亲和力很强，阻碍其发挥细化作用。因此，杆状中间合金晶粒细化剂必须插入液面没有氧化物的干净铝液中；锭块状中间合金晶粒细化剂在炉内不能露出铝液表面。

在铸造铝合金生产中，目前使用的变质剂多为盐类，通常为粉状或块状料。在变质处理操作前，必须将变质剂的组分混匀，必须对变质剂进行充分烘干，在 500℃ 烘烤 5h 以上，粉碎、过筛并保存在干燥器内。在 740～760℃ 的铝合金熔体表面上均匀地撒上一层粉状变质剂，块状变质剂压入铝液中。在这种温度下保持 12 ~ 15min，然后将铝液表面的变质剂压入距铝液面 100 ~ 150mm 深处搅拌 1 ~ 2min，随即扒去液面上的变质剂熔渣，不要再搅动铝液或转注，尽快进行浇铸。为了防止变质失效，处理好的铝液应在 30 ~ 40min 内浇铸完毕。

130. 使用晶粒细化剂时应注意什么问题？

答：在 Al – Ti – B 中间合金晶粒细化剂中，形核相主要是 $TiAl_3$ 和 TiB_2。从晶粒细化效果来看，TiB_2 的作用最好。但是，TiB_2 的缺点是当铝液过热后，TiB_2 会发生熔解，当再冷却时，又不能重新生成原有的晶核，因而就失去了细化作用。所以，使用 Al – Ti – B 中间合金晶粒细化剂时应避免铝液过热。在电解铝厂，使用高温液态原铝生产铝合金时，不应将 Al – Ti – B 中间合金晶粒细化剂与其他炉料同时加入高温铝液中；而应在保温炉内精炼时加入低温段铝液中。

前面所提的晶粒细化剂添加量，是指达到一定的晶粒细化效果所需要的 Ti 量。TiB_2 颗粒的密度大于铝，在保温炉内静置时会缓慢地沉降于炉底。Ti 对铝的导电性能影响很大，使铝的电导率降低；生产电线电缆用铝杆时，在保温炉（混合炉）内添加 Al – B 中间合金，使 B 与铝液中的 Ti 反应生成 TiB_2 颗粒沉降于炉底，消除 Ti 的有害影响，就是利用这个原理。根据这个特点，使用锭状 Al – Ti – B 中间合金晶粒细化剂时，为了保证在整个铸造过程中有着良好的晶粒细化效果，在保温炉内添加 Al – Ti – B 中间合金锭的量，一般比 Al – Ti – B 中间合金杆料的添加量要多三分之一。

TiB_2 与氧化物的亲和力很强，它们的结合物阻碍 TiB_2 发挥细化作用；同时也会降低成品合金的纯洁度。因此，在使用Al – Ti – B 中间合金晶粒细化剂的过程中，特别是使用含 B 量高的 Al – Ti – B 中间合金晶粒细化剂时，应始终要避免与氧化物接触。生产实践表明，在含硼量较低的 Al – Ti – B 中间合金晶粒细化剂中，硼化物颗粒更细小和分散。当含有晶粒细化剂的回炉料较多时，使用含硼量较低的 Al - Ti - B 中间合金晶粒细化剂更为有利。

在铸造铝合金生产中，目前使用的变质剂多为盐类。其中含有工业用氯化钠、氯化钾，它们很容易吸潮。使用变质剂前，必须进行严格脱水，在500℃烘 5h 以上。

131. 在铝合金生产中采用哪种晶粒细化处理较为合适?

答：在铝合金生产中，自 1950 年开始采用钛进行晶粒细化处理以来，在铝及铝合金中添加细化剂的晶粒细化处理方法得到广泛的应用，晶粒细化处理的方法多样。生产实践表明，在铝合金生产中，应根据不同合金的产品性能要求采用合理的晶粒细化处理方法。

从使用效果来看，采用 Al - Ti - B 中间合金晶粒细化剂比单独采用 Al - Ti 中间合金晶粒细化剂要好一些。研究结果表明，使用 Al - 5. 35Ti 二元中间合金时，只有 0. 8% $TiAl_3$ 对铝起成核作用；而在相同的条件下，加入 $100 \times 10^{-4}\%$ 的硼时，即变成了 Al - 5Ti - 1B 三元中间合金，则成核作用的 $TiAl_3$ 数量增加 3 倍，为 2. 4%。根据研究结果，提出了“二重”粒子的概念；对铝起成核作用来说，“二重”粒子才是最有效的。所谓“二重”粒子，就是 $TiAl_3$ 表面上覆盖有 TiB_2 颗粒。在这些颗粒中，“二重”粒子数小于 3%，效果不明显；如果达到 15%，则细化效果可提高 1 倍。还指出，具有光滑表面，呈现类似切削几何形状的晶体，不具有好的细化效果；没有尖角而近似圆角如马铃薯状的 $TiAl_3$，细化效果佳。

生产电线电缆用铝杆等电工产品时，目前一般不采用添加细化剂的晶粒细化处理方法，特别是不允许使用含有 Ti 等金属的晶粒细化剂，因为 Ti 能显著地降低铝的电导率。不仅如此，通常还在铝液中加入硼进行脱钛处理。

近些年来，在工业纯铝中添加少量的混合稀土元素，减少硅等杂质元素在铝中的固溶度，使其形成第二相弥散分布于晶粒间界上，既能提高铝的力学性能，又能稍微改善铝的导电性能。

生产铝薄板和箔材时，采用电磁搅拌的晶粒细化处理方法，优于添加细化剂的处理方法，有利于保证产品的纯洁度，降低箔材产生针孔的可能性；还有利于铸轧区上下部熔体温度均匀，从而减少板坯上下部晶粒度的差别。采用添加细化剂的晶粒细化处理方法时，应使用含硼量低的 Al－Ti－B 中间合金，其中 TiB_2 颗粒不能大于 10μm。生产实践表明，$TiAl_3$ 颗粒大于 420～600μm 和 TiB_2 颗粒大于 10～15μm 时，不但不起细化作用，反而会引起种种危害；$TiAl_3$ 颗粒为 20～70μm 、TiB_2 颗粒为0.5～3μm 时综合效果最好。使用低硼含量的 Al－Ti－B 中间合金，能减少 TiB_2 颗粒的聚集，满足薄板或箔材的要求。

铝及铝合金材料是易于回收再生产的。在重复使用的过程中，钛含量会富集。使用低钛含量的 Al－Ti－B 中间合金，可减少回收废料中的钛量。从保证产品的纯洁度考虑，熔体快速冷却和电磁搅拌的晶粒细化处理方法是最适宜的。

132. 液态原铝直接用于生产加工坯锭时的晶粒细化有什么特点？

答：铝及铝合金铸锭的晶粒细化程度，不仅与晶粒细化工艺有关，而且还与铸造工艺条件有关。根据抚顺铝厂与东北轻合金加工厂联合试验研究的结果[9]，275mm×1040mm×1780mm 的 1050A～1200（L3～L5）工业纯铝锭，在 8t 容量的重油混合炉内，采用 Al－3.2% Ti 中间合金作为晶粒细化剂，加入 0.019%～0.026% Ti 量进行晶粒细化处理。使用钢丝绳传动的立式半连续铸造机进行浇铸；铜结晶器的高度为 200mm，上沿糊有 3mm 厚、40～50mm 高的硅酸铝纤维隔热层；使用非循环冷却水。整个工艺流程如下：在电解铝厂，电解槽铝液（960℃）→吸入真空抬包→转入敞口抬包→在敞口抬包中用熔剂精炼并测氢→注入静置炉→晶粒细化处理→在静置炉中精炼并测氢→扒渣

→静置 30min→用玻璃丝布过滤→铸造机。使用 SQH－1 型测氢仪测氢，常数取用 $A=2760$，$B=1.556$。为了比较，在东北轻合金加工厂，以重熔用铝锭重熔铝液使用循环水冷却铸造铸锭。铸造工艺参数列于表 8－5 中。

表 8－5 铸造工艺参数[9]

工 艺	铸造温度/℃	铸造速度 /mm·min^{-1}	铸造水压/MPa	铸造水温/℃
电解铝液铸造铸锭	705～715	70～73	0.02～0.1	17
重熔铝液铸造铸锭	690～710	55～60	0.08～0.15	20～23

试验结果，第一次精炼的结果列于表 3－5 中，第二次精炼的结果列于表 3－6 中；铸锭的化学成分列于表 8－6 中。在铸锭上距浇口 50mm 处取样进行低倍组织检查，没有发现夹渣、气孔和疏松，晶粒度为一级，边部有花边组织；在低倍组织试片上取样，进行高倍组织检查，铸锭的高倍组织检测结果列于表 8－7 中。

表 8－6 铸锭的化学成分[9]

生产工艺	精炼工艺	元素含量/%							相应牌号
		Fe	Si	Ti	Na	Mg	Zn	Al	
电解铝液铸造铸锭	低压氮气	0.28	0.13	0.019	0.0017	0.014	0.02	余量	1035（L4）
	高压氮气	0.28	0.12	0.019	0.0016	0.014	0.02	余量	1035（L4）
	N_2-Cl_2 混合气体	0.35	0.11	0.024	0.0014	0.014	0.019	余量	1200（L5）
	熔 剂	0.31	0.11	0.025	0.0018	0.014	0.018	余量	1035（L4）
	四氯化碳	0.31	0.11	0.026	0.0012	0.012	0.017	余量	1035（L4）
	氯 气	0.30	0.10	0.024	0.0013	0.014	0.017	余量	1050A（L3）
重熔铝液铸造铸锭		0.27	0.14	<0.01	<0.001	<0.01	0.013	余量	1050A（L3）

表 8-7 铸锭的高倍组织检测结果[9]

生产工艺	精炼方法	晶粒尺寸/μm			枝晶间距/μm		
		取样部位			取样部位		
		1/2 厚	1/4 厚	边部	1/2 厚	1/4 厚	边部
电解铝液铸造铸锭	低压氮气	365.3	431.3	花边	60.0	64.4	49.2
	高压氮气	409.9	377.0	花边	61.3	62.7	45.5
	N_2-Cl_2 混合气体	374.9	384.8	305.6	47.7	42.1	44.3
	熔剂	448.5	406.5	315.9	40.3	50.1	44.1
	四氯化碳	400.1	492.3	311.0	46.7	50.6	39.7
	氯气	325.6	370.5	花边	42.6	58.3	33.4
	平均	387.4	408.7	310.8	49.8	54.7	42.7
重熔铝液铸造铸锭	N_2-Cl_2 混合气体	355.6	311.7	298.6	54.1	61.2	62.3

从表 8-6 中可以看出，在电解铝液铸造的铸锭中，Ti 含量比重熔铝液铸造的铸锭高 1~2 倍，发现有较多的 $TiAl_3$ 一次晶。从表 8-7 中可以看出，在电解铝液铸造的铸锭中，晶粒尺寸比重熔铝液铸造的铸锭中约大 13%，枝晶间距约小 17%。从表 8-5中可以看出，在电解铝液铸造铸锭时，铸造温度比重熔铝液铸造铸锭时高 10℃左右，冷却水温度比重熔铝液铸造铸锭时低 3~5℃，铸造速度比重熔铝液铸造铸锭时高 25%左右。铸造温度高会促使晶粒粗化。冷却水温度低，冷却强度大，促使枝晶间距减小。由此可知，晶粒细化措施要综合考虑，晶粒细化剂应适量，同时应选配合理的铸造工艺制度。

133. 4×××系列铝合金的晶粒细化处理有什么特点?

答：在 4×××系列以外的其他铝合金中，采用的晶粒细化措施是以细化基体相（α-Al）为主要作用。

4×××系列铝合金为铝硅合金，包括亚共晶型和共晶型两类合金。亚共晶型铝合金的基本组织，组成是 α-Al 初晶和

(α－Al＋Si)共晶。共晶型铝合金的基本组织为（α－Al＋Si）共晶体，在实际生产中还往往会出现孤立的多角形大块状的初晶硅。因此，在4×××系列铝合金中采用的晶粒细化措施，既要考虑细化α－Al初晶，又要考虑变质处理（α－Al＋Si）共晶体；或者同时变质处理初晶硅和（α－Al＋Si）共晶体，如同铸造铝合金变质处理那样。例如，生产4032铝合金 ϕ630mm 圆铸锭时，采用Al－Ti－B中间合金和Al－Sr中间合金处理后，最大初晶硅的线性尺寸小于30μm。

134. 晶粒细化处理过程中应注意哪些安全事项?

答：晶粒细化处理属于高温作业，操作前应穿戴好劳动保护用品。

晶粒细化剂和操作工具必须干燥、清洁，以免水分遇到高温铝液急剧膨胀而引起爆炸。使用锭状细化剂时，应放在炉门口慢慢推入铝液中，切不可抛入炉内，以免铝液飞溅烫伤。使用杆状晶粒细化剂时，杆料进入流槽处应有护卫设施，以免杆料离位引起烫伤。

九、第二次精炼

135. 为什么要进行第二次精炼？

答：在电解铝厂，直接使用液态原铝作为铝及铝合金产品的主要生产原料。液态原铝中的氢含量和非金属夹杂物的含量都高于采用铝锭重熔时的含量。例如，在敞口抬包内采用熔剂对液态原铝进行一次精炼后，取样测试液态原铝中的含氢量，试测的结果列于表 9－1。

表 9－1　采用熔剂一次精炼后液态原铝中含氢量

炉次	包次	原铝重量/kg	精炼前			精炼后			熔剂用量/kg
			包温/℃	测氢温度/℃	氢含量/mL·[100g(Al)]$^{-1}$	包温/℃	测氢温度/℃	氢含量/mL·[100g(Al)]$^{-1}$	
第一炉	第一包	1358	810	760	0.368		700	0.245	8
第二炉	第一包	1450		720	0.396				10
	第二包	1358	810	700	0.207	780	700	0.213	12
第三炉	第三包	1364	835	740	0.335	811	700	0.240	12
	第四包	1242	830	760	0.338	796	720	0.244	12
第四炉	第一包	1372	810	760	0.377	773	700	0.172	12
	第三包	1400		785	0.341		700	0.234	12
第五炉	第一包	1454	730	740	0.266				
第六炉	第四包	1418	852	800	0.413	821			12

从表 9－1 中可以看出，仅仅进行第一次精炼后铝液中的

氢含量有所降低，但仍然是比较高的；显然，这样高的含氢量是不能满足铝及铝合金产品质量的要求的。采用熔剂进行第一次精炼后，再使用 N_2 –10% ~20% Cl_2 混合气体进行第二次精炼，在混合炉内取样测试铝液中的含氢量，试测的结果列于表 9 –2。

表 9 –2　采用熔剂和 N_2 –10% ~20% Cl_2 混合气体进行两次精炼后铝液中含氢量

批　号		7 –11 –12	7 –13 –14	7 –15 –18
温度/℃		720	720	720
含氢量/mL · [100g(Al)] $^{-1}$	精炼前	0.15 ~0.22	0.15 ~0.22	0.15 ~0.22
	精炼后	0.125	0.110	0.148

从表 9 –2 中可以看出，经过两次精炼后，铝液中的含氢量进一步降低了。根据试验结果，直接使用液态原铝生产压力加工用坯锭和铸件时，为了保证产品质量，必须对液态原铝进行第二次精炼。

136. 第二次精炼与第一次精炼有什么不同吗？

答：从精炼原理来说，第二次精炼与第一次精炼是相同的。精炼的目的也是一样的，都是为了提高金属的纯洁度。但是，在实际操作上的侧重点应该有所不同，第一次精炼宜侧重于清除非金属夹杂物、特别是大颗粒的非金属夹杂物，第二次精炼宜侧重于清除氢等气体和小颗粒的非金属夹杂物。第一次精炼为第二次精炼创造有利的条件，降低了第二次精炼的起始浓度。

熔剂对于除去铝液中的非金属夹杂物有良好的效果。因此，在第一次精炼过程中应以熔剂作为主要精炼剂成分，将熔剂和气体精炼剂组合起来可以获得更好的精炼效果。

气体精炼剂对于除去铝液中的氢等气体有良好的效果。第二次精炼过程中应以气体精炼剂作为主要精炼剂成分，将气体精炼剂和熔体过滤组合起来可以获得更好的精炼效果。熔体过滤对于除去细小的非金属夹杂物有良好的效果。

137. 哪些精炼方法适合于第二次精炼使用？

答：适合于第二次精炼的方法很多。目前，通常使用的方法有：气体喷吹粉状炼剂法、N_2-Cl_2 混合气体精炼法、$Ar-Cl_2$ 混合气体精炼法、SNIF 法、ALPUR 法、MINT 法、LARS 法和陶瓷过滤法等。

上述方法中，SNIF 法、ALPUR 法、MINT 法和 LARS 法，都是采用 $Ar-Cl_2$ 混合气体或 N_2-Cl_2 混合气体作为精炼剂，适合于在线式精炼处理。MINT 法和 LARS 法将气体精炼法和陶瓷过滤法组合在一起。这些方法都需要有专用的精炼设备，精炼效果比较好，但是，设备投资比较大。

气体喷吹粉状炼剂法、N_2-Cl_2 混合气体精炼法、$Ar-Cl_2$ 混合气体精炼法，适合于在炉内进行精炼处理。这些方法不需要专用的精炼设备，设备投资小，但是，精炼效果不如在线式精炼处理得好。

138. 在线式精炼处理的原理是什么？

答：在线式精炼装置均设在保温炉与铸造机之间，其精炼处理是在铸造过程中连续进行的，所以称其为在线式精炼，意即在生产线上连续精炼处理。在线式精炼方法都设有独立的专用精炼设备，不在保温炉内进行，所以又称为炉外精炼处理。

在线式精炼处理的基本原理与上述的气体精炼原理相同。在炉内采用气体精炼时，铝液不流动，气体精炼剂形成分散的小气泡从炉底部均匀分布上浮到铝液表面。在线式精炼处理的主要特点是，在精炼室内，铝液从在线式精炼装置的上部向下部流动，气体精炼剂形成分散的小气泡从在线式精炼装置的底部均匀分布上浮到铝液表面，气体精炼剂在上浮的过程中与铝液逆向流动。在 SNIF、ALPUR 和 LARS 精炼装置中，设有旋转的喷头。气体精炼剂从喷头中喷射出来时，被旋转着的喷头打碎成细小的气泡，使气泡能更好地均匀分布于铝液中。在流量较小的在线式精炼装置中，精炼室为单膛单喷头。在流量较大的在线式精炼装置中，为了保证精炼的效果，设有双膛精炼室或两个旋转喷头。

139. 第二次精炼在什么时候进行较为合适？

答：第二次精炼必须在经过第一次精炼及其随后的静置之后方可进行。

在第一次精炼过程中，通常采用熔剂或气体喷吹粉状熔剂进行精炼。经熔剂处理后，铝液的黏度下降，为静置净化和气体精炼准备了必要的条件。经过第一次精炼后的静置净化，铝中所含的氧化铝等夹杂物得以减少。这些处理都为第二次精炼创造了有利条件，降低了铝液中氢含量和非金属夹杂物含量的起始浓度。

140. 第二次精炼在什么地方进行较为合适？

答：第二次精炼在什么地方进行较为合适，首先要根据熔炼工艺制度来决定。如果采用熔炼炉与保温炉组合的熔炼工艺制度，而资金有限的情况下，可全部采取炉内精炼，第一次精炼在熔炼炉内进行，第二次精炼在保温炉内进行，可采用气体喷吹粉状炼剂法、N_2-Cl_2 混合气体精炼法、$Ar-Cl_2$ 混合气体精炼法中任何一种精炼方法；如果资金充裕，第一次精炼在保温炉内进行，第二次精炼采取炉外精炼，可采用 SNIF 法、ALPUR 法、MINT 法和 LARS 法中任何一种在线式精炼方法。

如果采用熔炼与保温（静置）合于一炉的熔炼工艺制度，第一次精炼在炉内进行，第二次精炼必须采取炉外精炼，可采用 SNIF 法、ALPUR 法、MINT 法和 LARS 法中任何一种精炼方法。

在线式精炼方法都是使用独立的专用精炼设备。无论熔炼炉与保温炉采取哪一种组合形式，在线式精炼装置均应设在保温炉与铸造机之间，铝液的入口端与保温炉的出铝口相联，铝液的出口端与铸造机的铝液供流槽相联。一台在线式精炼装置，可以配两台保温炉，两台保温炉交替供给在线式精炼装置的铝液，以便提高铸造机和在线式精炼装置的使用效率。

为了保证产品的质量，第二次精炼应采用在线式精炼方法。

141. 在炉内进行第二次精炼时怎样操作？

答：在炉内进行第二次精炼时，必须在保温炉内进行。第二次精炼的操作与第一次精炼时采用气体精炼的操作相同；对精炼剂和操作的要求，在这里同样适用。对铝液进行晶粒细化处理也是在这个时候实施。

在炉内进行第二次精炼后，必须进行静置处理。因此，要求铝液精炼后在炉内停留的时间不允许超过 3h。超过此时限即须重新精炼；并重新搅拌，使沉淀或聚集的 TiB_2 颗粒重新分散，发挥作用。

在炉内进行第二次精炼时，如采用 N_2-Cl_2 混合气体精炼剂，精炼时间为 15～20min。静置时间 20min。

142. 在线式精炼方法有哪些优越性？

答：在线式精炼方法有利于保持良好的精炼效果。从表 9－2 中可以看出，经过两次精炼后，铝液中的含氢量比表 9－1 中的数量进一步降低了，但是，还不能满足产品质量的高标准要求。例如，对于航空材料 7075、2024 合金要求含氢量不大于 $0.10cm^3/(100g)$（金属）。7075 合金铸锭的含氢量超过 $0.12cm^3/(100g)$（金属）时[24]，其锻件在探伤中很容易出现一种超过 A 级标准的气体缺陷——亮片。

表 9－2 中的结果是在如下条件下取得的：第一次精炼时采用熔剂，第二次精炼时采用 N_2-Cl_2 混合气体精炼剂在混合炉内进行。虽然经过了两次精炼，含氢量均大于 $0.10cm^3/(100g)$（金属）。

在线式精炼方法是在生产线上连续处理，精炼后的熔体从处理点到铸造机之间停留的时间很短，从而大大缩短了铝液敞露在大气中吸气的过程，保持了处理时良好的精炼效果。西南铝加工厂对 7075、2024 合金的除气效果进行过试验研究[27]，采用炉内精炼与炉外在线处理相结合的方式。炉内精炼与炉外在线处理都使用气体精炼剂。炉内精炼使用传统的 T 型精炼管，精炼剂为 N_2-Cl_2 或 $Ar-F_2$ 混合气体，精炼气体的流量控制在 $20m^3/h$ 左右，精炼时间约 20min。炉外在线处理采用 MINT 装置和预除气相结合的双级除气方式。MINT 使用 $Ar-Cl_2$ 混合气体或 Ar 气进行除气，气体流量与金属流量之比为 $1000\sim2000cm^3/kg$。预除气装置使用 Ar 作为精炼气体，其流量与金属流量之比为 $500\sim1000cm^3/kg$。气体精炼剂的质量状况列于表 9－3。按上述不同的除气方式组合成如下 5 种工艺：

（1）炉内精炼（$N_2-10\%Cl_2$）+ MINT－Ⅱ(Ar)；

（2）炉内精炼（$N_2-10\%Cl_2$）+ MINT－Ⅱ($Ar-3\%Cl_2$)；

（3）炉内精炼（$N_2-10\%Cl_2$）+ MINT－Ⅱ($Ar-3\%Cl_2$❶)；

（4）炉内精炼（$N_2-5\%F_2$）+ 预除气(Ar) + MINT－Ⅱ($Ar-3\%Cl_2$)；

（5）炉内精炼（$N_2-5\%F_2$）+ 预除气(Ar) + MINT－Ⅱ($Ar-3\%Cl_2$❶)。

表 9－3 精炼气体的 H_2O、O_2 含量[27]

气 体	Ar(液态)	N_2	F_2	Cl_2(液态)	Cl_2
$\varphi(H_2O+O_2)/\%$	$\leqslant10\times10^{-4}$	$\leqslant10\times10^{-4}$			
$\varphi(H_2O)/\%$			$\leqslant20\times10^{-4}$	$\leqslant500\times10^{-4}$	$<500\times10^{-4}\%$ 的 Cl_2 经干燥脱水后使用

按上述不同的除气方式组合的 5 种工艺进行试验，测试结果列于表 9－4。

❶ 此处使用的 Cl_2 是经脱水干燥。

表 9 - 4 不同除气工艺的氢含量测试结果[27]

工艺编号	熔次	合金牌号	铸锭规格/mm(×mm)	Telegas 测氢值/cm^3·[100g(金属)]$^{-1}$					RH - 402 测氢值/cm^3·[100g(金属)]$^{-1}$	
				1，静置炉口	2，预除气后	除氢率/%	3，MINT后	除氢率/%	3，MINT后	铸锭试样
a	2 - 1658	2024	340×1540	0.189			0.109	42.3		
a	2 - 1659	2024	340×1540	0.210			0.100	52.4		
a	2 - 1660	2024	340×1540	0.169			0.105	37.9		
a	2 - 1661	2024	340×1540	0.166			0.100	39.8		
b	5 - 43	2024	ϕ550	0.275			0.105	61.8		
b	5 - 93	7075	ϕ550	0.20			0.154	23.0		
b	5 - 110	7075	ϕ550	0.175			0.118	32.6		
c	5 - 111	7075	ϕ550	0.172			0.098	43.0		0.113
c	5 - 113	7075	ϕ550	0.210			0.118	43.8		
d	5 - 290	7075	ϕ550	0.222	0.120	45.9	0.110	8.3		
d	5 - 291	7075	ϕ550	0.232	0.142	3808	0.111	21.8		
e	5 - 287	7075	ϕ550	0.204	0.121	40.7	0.072	40.5	0.069	0.127
e	5 - 288	7075	ϕ550	0.223	0.140	37.2	0.090	35.7	0.094	0.111
e	5 - 289	7075	ϕ550	0.197	0.131	33.5	0.090	31.3		
e	5 - 292	7075	ϕ550	0.204	0.116	43.1	0.085	26.7	0.082	0.108

从表 9 - 2 和表 9 - 4 中可以看出，在两种情况下都采取两次精炼，第二次精炼采用在线式精炼时的最终含氢量比炉内精炼时低。从表 9 - 4 中对精炼工艺 b 与 c、d 与 e 进行比较还可以看出，氯气中含水量对除氢率有较大影响，特别是要保证熔体中含氢量小于 0.10cm^3/(100g)(金属)，严格控制氯气中的含水量是非常重要的，必须严格控制氯气中的含水量小于 $50\times10^{-4}\%$。从表 9 - 4 中可以看出，对于含镁量较高的 7075 合金（含镁约 2.5%），比 2024 合金除氢更困难；而且熔体经除气后进入铸模前会再吸气，这一点从 RH - 402 分析仪的分析结果可以清楚地

看出来。从表 9 - 4 中还可以看出，在线式精炼前对熔体进行预处理，能进一步提高在线式精炼的效果。

143. 过滤熔体能起到怎样的净化效果？

答：气体精炼对除气的效果比较好。但是，对于细小的非金属夹杂物的清除还是有一定困难的。过滤熔体的主要目的是清除氧化膜等非金属夹杂物。过滤是让熔体通过由中性或活性材料制成的过滤器，使熔体中处于悬浮状态的夹杂物，受到过滤器机械地阻隔或与过滤介质起化学作用，从而达到分离排除的目的。

生产实践表明，对熔体进行过滤能很好地清除一些细小的非金属夹杂物。根据西南铝加工厂的试验结果，采用 0.991mm（16 目）刚玉微孔管装配的过滤器，在正常操作和“破坏性”操作条件下进行对比试验。所谓破坏性操作是人为地加大金属熔体的污染程度，如不精炼、不扒渣，铸造时向流槽里吹压缩空气和搅入铝渣等。每次铸造两根 ϕ192mm 的 2A50（LD5）铸锭，熔体过滤与不过滤各一根；试验铸锭每隔 200mm 长度切取一块低倍试片和氧化膜试片经试验；三次对比试验，铸成 30 根铸锭，检验了 500 多块试片。氧化膜试片的检查的结果列于表 9 - 5，低倍试片的检查结果列于表 9 - 6。低倍试片和氧化膜试片都是紧挨着切取的，低倍试片中包括“破坏性”操作的铸锭试片在内。

表 9 - 5　对比工艺试验氧化膜试片检验结果[28]

操作条件		检查试片数/块	有氧化膜试片数/块	氧化膜点数/点	最大氧化膜面积/mm^2	无氧化膜试片/%	1 级氧化膜合格率/%
正常操作	过滤	87	7	0.65 ~ 1.2mm^2 6 点、5.2mm^2 1 点、5.4mm^2 1 点，共 8 点	5.4	91.9	97.7
	不过滤	83	40	339	27.0	51.8	
破坏性操作	过滤	48	8	85	15.0	83.3	
	不过滤	46	33	818	46.7	28.3	

表9－6　对比工艺试验低倍试片检验结果[28]

操作条件	检查试片数/块	有夹渣试片数/块	无夹渣试片百分比/%
过　滤	135	4	97.0
不过滤	132	2	98.4

从表9－5中可以看出，除去氧化膜的过滤效果是非常显著的，不过滤铸锭试片的氧化膜点数和单点面积都比过滤铸锭时大几倍。尤其是在金属液污染比较严重的情况下如“破坏性”操作时，不过滤的铸锭从头到尾的试片几乎每片都有氧化膜，而且氧化膜的尺寸特别大；经过刚玉微孔管过滤后，氧化膜夹杂基本上得到控制，即使在“破坏性”操作时严重的污染条件下，没有氧化膜的试片率也能达到83%以上。

从表9－6中可以看出，低倍试片检验结果和氧化膜试片检验结果完全不同。“破坏性”操作时，过滤的铸锭几乎每块试片上都有氧化膜，却是几乎没有一点夹渣。这反映出铸锭的夹渣和氧化膜的生成机理和本质是不同的。氧化膜缺陷主要是由于金属熔体内太脏，含氧化夹杂质点和氢太多所引起的。低倍夹渣缺陷主要是由于铸造操作不当、结晶器里金属液面波动和翻滚，使表面浮渣卷入铸锭所产生的；过滤介质的强度不好也会影响熔体的纯洁度，在使用过程中会有细小的颗粒脱落而混入熔体中。

据资料报道，采用泡沫陶瓷过滤片后，在轧制1145合金（L3）电容器铝箔时，净成品率提高了一个百分点；使5056合金（LF21）和5356合金（LF10）热轧线棒的废品率分别降低了40%和70%；在拉制5356合金线材时，拉线机的生产率提高了23%。根据西南铝加工厂的生产实践结果[28]，采用0.991mm（16目）刚玉微孔管装配的过滤器，铝合金锻件铸锭的氧化膜废品率由以前历年来的20%以上减少到5%左右，统计结果列于表9－7。

表 9-7 西南铝加工厂 1971～1977 年锻件铸锭的氧化膜废品统计[28]

年 份	1971	1972	1973	1974	1975	1976	1977
氧化膜报废率/%	28.8	20.1	19.7	20.1	22.6	5.4	4.2
连续整炉报废的炉数/炉	试生产阶段	20	20	30	50	0（正式采用过滤工艺）	0

144. 过滤熔体有哪些方法？

答：过滤熔体也是在线式处理方法。过滤熔体的方法多种多样，目前通常使用的主要有：筛网过滤、床式过滤器、泡沫陶瓷过滤器等。

筛网过滤是最早采用的过滤方法，成本低廉，使用最方便。这种方法大多是用玻璃丝布、不锈钢丝网和打孔的钢板或钛板等作为过滤介质，主要靠机械的栅栏作用阻挡滤除大于网孔尺寸的夹杂物颗粒。这种方法的缺点是滤除氧化膜夹杂物的效果欠佳，不耐铝液浸蚀，使用寿命短。采用钛板过滤还可以达到细化晶粒的作用；不过在这种情况下，细化剂的数量难以控制，故不可取。铝液能熔蚀钢板，使铝液中的铁含量增加，故采用钢板过滤也是不可取的。最常使用的是玻璃丝布。通常是将玻璃丝布滤网安放在铸造作业线上金属液流有落差的地方，以及铸造流盘和结晶器的液相穴里，实行多次拦挡过滤；但是，它仅适于大颗粒夹渣和大片氧化铝膜的过滤，每个玻璃丝布滤网使用一次后便需报废，不宜反复使用。

床式过滤器形似一张床，过滤床由松散过滤介质填充而成；因此，又称为“松软床”型过滤器。过滤介质有氧化铝球、焦炭、耐火材料和活性材料氟化铝等。这种过滤器的过滤效果优于玻璃丝布过滤，过滤介质可经清理后重复使用。这种过滤器的主要缺点是，在运行过程中熔体金属不能均匀地通过，而形成数条沟渠，同时影响净化效果。

泡沫陶瓷过滤器包括陶瓷管过滤器和泡沫陶瓷板过滤器。陶瓷管过滤器的核心件是一端封口的陶瓷管，处理室内的液态金属从每一根陶瓷管的外表面通过管壁上的孔隙穿过管壁，汇集到管内，集中到过滤器的贮存室，然后流向铸造机。泡沫陶瓷板过滤器是由多孔陶瓷板作过滤介质，在过滤器的钢制箱体内衬以耐火材料，多孔陶瓷板平置安设在箱体的中间部位；通常使铝液从过滤板下方流入，通过多孔陶瓷板从其上方流出，使大量的杂质沉积于过滤板下面的容器底部，减少了堵塞过滤板的可能性，从而大大地延长了过滤板的使用寿命。多孔陶瓷板的制作比陶瓷管简便些，目前多使用泡沫陶瓷板过滤器。泡沫陶瓷过滤器可以克服床式过滤器的沟渠现象，可以滤除较为细小的夹杂物颗粒，过滤介质的表面可经清理后重复使用；但是，过滤介质的重复使用率很有限。泡沫陶瓷过滤器的缺点主要是过滤孔容易被堵塞，生产费用相对比较高一些。

145. 玻璃丝布过滤时怎样操作?

答：玻璃丝布过滤结构简单，制作方便；可以安放在静置炉到结晶器之间的任何熔体通过的部位，最适宜安放在金属液流的落差处，如套在流槽的喇叭筒上，不但可以充分消除落差处金属液流的冲击翻滚，减少造渣污染，增加过滤效果，而且此处铝液的静压头较大，过滤流量也大。

过滤器的网格尺寸一般为 0.6mm × 0.6mm ~ 1.7mm × 1.7mm。网状过滤器只能滤掉那些比网格尺寸大的夹杂物。网格尺寸愈小，过滤效果愈好，但是过滤的金属流量也愈小。因此，在连续铸造过程中，玻璃丝布网格的大小必须兼顾过滤效果和过滤流量。网格尺寸的选择，根据夹杂物通过这种网格的可能性确定。一般不能小于 $0.5 \times 0.5mm^2$。玻璃丝布的过滤流量主要由网格尺寸、孔隙率大小及铝液温度和静压头的大小等因素决定。例如，WE－300 玻璃丝布的网格尺寸 1.2mm × 1.5mm，孔目数 30 目/cm^2，孔隙率为 46.8%；通过试验实际测得的结果，在 705℃时，120mm 高的铝液静压头下，过滤流量大约为 0.2kg/(cm^2 ·

min)。

铝液对玻璃丝布的纤维不浸润，表面张力很大，铝液穿过玻璃丝布网孔比较困难。实践证明，玻璃丝布过滤不但能清除铝液中较大尺寸的夹杂颗粒，而且也能除去相当数量的氧化膜夹杂物。根据同铸次对比工艺试验结果，在同一条件下，采用玻璃丝布过滤比不采用玻璃丝布过滤的铸锭，夹渣和氧化膜废品都相应地减少 40% 以上。

使用玻璃丝布过滤时，一般都是把玻璃丝布固定在钢架上。根据西南铝加工厂的生产实践，在制作滤网前，最好用稀释的桃胶水或淀粉浆汤浸渍一下玻璃丝布，晾干或低温烘干后再进行剪裁缝制加工，这样玻璃丝不易滑动窜位，孔眼大小不致变动，不会影响过滤质量，而且玻璃丝比较硬脆，便于剪裁加工。使用过程中，桃胶水或淀粉浆膜一接触高温铝液便立即被烧掉，对使用性能无影响。但是，不能用水玻璃等无机胶水来浆固玻璃丝，因为在高温下它会与玻璃丝起反应，而大大降低玻璃丝的耐铝液腐蚀性。玻璃丝布过滤网的形状和大小必须根据安放的位置条件和铸造流量的大小进行设计。用于流槽喇叭筒上和流盘内的滤网宜作成长袋形。安放在结晶器内的滤网需根据液相穴轮廓尺寸而定，滤网大而太浅，则过滤流量不足，会造成滤网内外金属液面差太大，甚至供不上流；滤网大而过深，又容易使滤网底部接触液相穴轮廓被凝固到铸锭里去。结晶器内的滤网底部距液相穴轮廓的最近点不得小于 25mm。用于 ϕ482mm 以下规格的圆锭，滤网上口直径以约等于铸锭直径的 3/5 为宜，滤网深度不小于 80mm，使用时淹没深度控制在 60mm 左右。用于方锭结晶器内的滤网，适宜作成上口稍宽，下底稍窄的长方梯形口袋状，滤网上口长度为结晶器长度的 2/5 ~ 1/2，上口宽度为漏斗宽度的 1.5 倍或结晶器宽度的 2/3，滤网深度不小于 120mm，使用时淹没深度控制在 100mm 左右。

目前，深圳派瑞科冶金材料有限公司开发了一种涂料，涂在玻璃丝布上，当达到一定热度时织物便变得坚硬，以 TF 热成形过滤袋的产品行销市面。这种产品的技术规格列于表9-8中。

表9-8 TF Combo Bag热成形过滤袋技术规格

型号	标准尺寸，经纬/mm×mm	每英寸标准目数	每平方英寸孔数	单孔面积/mm^2	开孔度/%	编制类型
LC40F	0.69×1.12	10×10	100	2.69	41.6	平纹
LC36F	0.76×1.12	10.5×8.5	90	3.07	42.7	平纹
LC36F4	0.79×1.09	9.5×10.5	99	2.55	39	平纹
LC34F4	0.79×1.09	9.5×8	75	4.04	46.7	平纹
LC33L6	1.30×1.19	8×7	55	4.64	39.8	纱罗织法
LC32L	1.02×1.12	7×7	49	6.61	50.0	纱罗织法
LC32L4	1.07×1.09	7×7	49	6.48	49.4	纱罗织法
LC31L4	1.02×1.12	6×6.5	38	9.14	54.5	纱罗织法
LC30L3	1.02×1.12	5×5	23	17.61	63.6	纱罗织法

每一个玻璃丝布滤网使用一次后便需报废，不宜重复使用。玻璃丝滤网在使用过程中最忌接触熔剂粉或熔剂液，因为它会使玻璃丝网迅速腐蚀损坏。

这种方法过滤不影响铸锭的气体含量和宏观组织。

146. 床式过滤器怎样使用？

答：床式过滤器通常由各种不同尺寸的块状材料组成，有时还设为多层结构。因此，又称为块状过滤。制造过滤器的材料为镁砂、刚玉、焦炭、硅化物、氯化物和氟化物等。这些材料在使用前，应进行粉碎、筛分，然后在700～720℃温度下焙烧去掉湿气。这种过滤方式比筛网过滤时的纯洁度可提高2～4倍。这种过滤器的优点是熔体与过滤介质之间有较大的接触面积，以及具有变化截面的细长孔道；熔体在这种过滤器中以不同的速度运动，在由一个截面向另一个截面通过的地方形成低压涡流，提高了过滤器的过滤效率，同时也为非金属夹杂物与活性过滤介质之间的化学作用创造了有利条件。

床式过滤器的形式多种多样。如英国铝业公司研制的 FILD 型，过滤介质是氧化铝球，并吹入氮气；瑞士铝业公司研制的 DUFT 型，过滤介质是氧化铝球和焦炭，并吹入氩气；美国 Alcoa 公司研制的 Alcoa 469 型，过滤介质是氧化铝球，并吹入氩氯混合气体。气体精炼剂从这些床式过滤器的底部吹入熔体中，同时进行精炼和过滤。

在连续铸造过程中，将过滤材料放于分配漏斗中使用，过滤效果较为显著。如图 9－1 所示。过滤材料放入漏斗之前，应在 700～720℃温度下进行加热。使用过程中，过滤器上面应有10～15mm 厚的熔体覆盖，同时从过滤器中出来的液流应处在覆盖剂之下，以免熔体氧化。

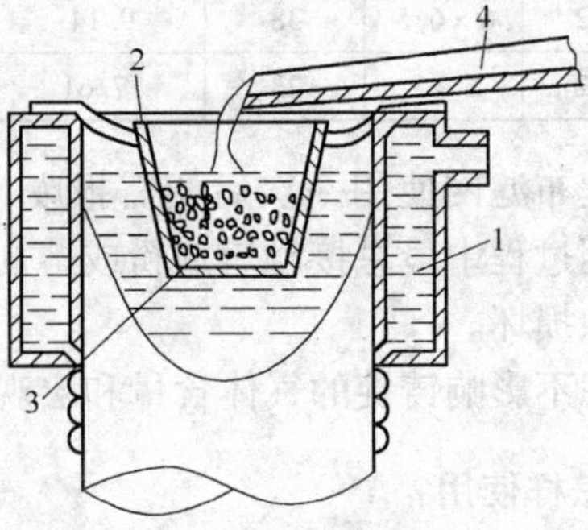

图 9－1　块状材料过滤示意图[7]

1—结晶器；2—漏斗；3—块状材料；4—流槽

非金属夹杂物的清除程度取决于过滤器的厚度及过滤材料的颗粒大小。过滤层愈厚，颗粒愈细，过滤效果愈好。实践证明，颗粒直径以 5～10mm 较为合适，最小不应小于4～6mm，否则金属流速较慢，使金属供应不足。

据资料报道，填充颗粒尺寸为 0.85～2.3mm、滤层厚度为 20～40cm 的床式过滤器，流速为 0.1～0.4cm/s；过滤颗粒直径为 0.6mm、过滤层厚度为 2cm 的刚性过滤器，流速为 0.03～0.06cm/s；含碳材料滤层的过滤器，每 $1m^2$ 过滤层的流速为150～200t/h。

在铸造铝合金生产中，采用氯盐－过滤联合精炼方法时，过滤剂可为镁砖碎块，粒度约为15mm×25mm[12]；精炼前，过滤层应预先加热至700℃。精炼时，先用氯盐精炼，然后把约730℃的铝液倒入熔化坩埚主室的过滤层。

使用床式过滤器在除掉非金属夹杂物的同时，将使气体含量降低，也可使晶粒粗化。在同样的铸造条件下；比使用玻璃丝布过滤时所得的晶粒要大1.5～2倍。这是由于从熔体中不仅除去了那些宏观的夹杂物颗粒，同时也除去了那些可以作为结晶核心的细微夹杂物的缘故。

床式过滤器，在使用一定时间之后，必须彻底清理过滤介质，除净黏附的氧化铝膜和非金属夹杂物，再重新填充，以备使用。

床式过滤器的过滤床是用松散的颗粒填充的，在使用过程中，当过滤床形成沟渠之后，熔体产生沟流现象，过滤效果则失控。这是床式过滤器最主要的缺点。

147. 陶瓷过滤器怎样使用?

答：陶瓷过滤器能克服床式过滤器的沟渠现象。陶瓷过滤器有管式和板式之分，它们的过滤介质都是用耐火材料烧结而成的多孔质材料做成的。它们的结构特点和使用情况分别介绍如下：

(1) 管式陶瓷过滤器。管式陶瓷过滤器的过滤介质是微孔过滤管。有的工厂使用的微孔过滤管，是用87%的一定粒度的刚玉和13%的低硅玻璃粉、加入适量的桃胶水溶液冲压成型，经低温烘干后，再在1300～1350℃温度下进行烧结而成。玻璃粉作为高温黏结剂，桃胶水溶液作为低温黏结剂。有的还掺以适量的面粉作为增塑剂。烧结温度稍高于玻璃的熔点。

管式陶瓷过滤器内安放着多根微孔陶瓷过滤管。过滤管的安装数量根据铸造时的铝液流量而定，与铸造机相匹配。管式陶瓷过滤器在钢制箱体内衬以耐火及保温材料。过滤器分前后两室，两室之间设有隔墙，微孔陶瓷过滤管安放在前室的下部，管口穿过隔墙通向后室。过滤管与隔墙之间必须密实无缝，以免未经处理的熔体短路流入后室。在前室顶部设加热装置，用以加热滤箱和保温。后室用以贮存过滤后的熔体。熔体从前室通过过滤管汇集到后室内，然后流向结晶器。根据实践经验，在过滤管外壁周围填以20mm厚的氧化铝球，氧化铝球层先行过滤，这样，既有利于提高过滤效果，又减少了过滤管被堵塞的几率，便于使用后清理，并可延长过滤管的使用寿命。管式陶瓷过滤器的安放位置如图9－2中2、3所示。

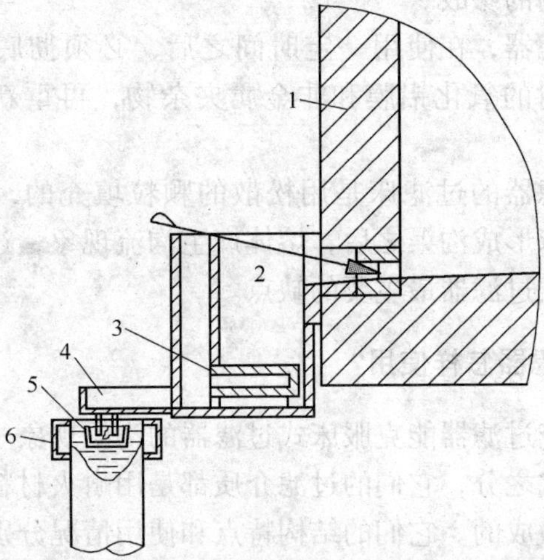

图9－2 微孔管过滤[7]

1—静置炉；2—保温箱；3—微孔管；4—流盘；5—漏斗；6—结晶器

过滤管在安装前应严格检查，不应有裂纹，更不应有冰、雪、水、泥土和油污等脏物；过滤管的性能测定数据应符合生产工艺要求。用压缩空气吹净过滤管内外的粉尘和砂粒。用硅酸铝纤维毡把过滤管口外壁缠紧，然后砌入过滤器隔墙上的孔眼中。过滤管要砌得严密、结实，不许松动，并用耐火砖磨成的楔子，在过滤管底与过滤器壁之间楔紧，以防过滤管漂浮。新砌的过滤器必须自然干燥一周，修补好裂口之后才能使用。过滤器内壁刷上滑石粉。用过的过滤器要清除铝渣，修补好裂口。

过滤器使用前应事先烘干，在700℃时烘烤8h以上。烘干的过滤器安装到铸造台之后，再烘烤到800℃保温1h以上才能使用。烘烤单排过滤管时，测温热电偶放在两管之间；烘烤双排过滤管时，测温热电偶放在上下两排管之间。使用前应检查过滤管是否有裂纹，发现有裂纹时要及时更换。

在操作开始时，过滤器内的熔体要有一定的静压力，以便克服液态铝的表面张力，这个压头一般约为10cm，叫做开始压头。一旦液态铝通过过滤管之后，过滤器逐渐被铝液所浸透和充满，这时过滤器进出口的熔体位差（操作压头）推进熔体过滤，所需压头就很小了。开始阶段的压头比正常工作时大若干倍，据资料[29]报道，开始压头为500mm，而正常工作压头为40~70mm。随着过滤的进行，过滤器的开口孔隙率逐渐下降，因而也必须增加金属液的压头，以保证生产率不致下降。

微孔过滤管的选择取决于过滤精度的要求。根据生产实践，2A50（LD5）、2B50（LD6）、2A70（LD7）、2A11（LY110）、2A12（LY12）圆锭使用1.168mm（14目）的过滤管；6A02（LD2）、2A80（LD8）、7A04（LC4）、5A06（LF6）圆锭使用1.397mm（12目）的过滤管；方锭使用1.397mm（12目）的过滤管；生产箔材的方锭使用1.168mm（14目）的过滤管。生产6A02（LD2）、2A70（LD7）、7A04（LC4）和5A06（LF6）合金圆锭时，最多4炉更换一次过滤器；其他合金超过6炉，特殊情况随时更换。铸造方锭时最多10炉更换一次过滤器。使用过滤器时，锻件合金的熔炼温度无瞬时温度，锻件铸锭的铸造温度上限不能超过750℃，其他按工艺操作规程要求生产，方铸锭铸造温度比不过滤的铸造温度高5℃。

对铝熔体陶瓷过滤管的基本要求是：透过能力强，孔径分布集中，过滤精度能满足产品质量要求，使用寿命长，外形整齐，易于安装。实际生产中多采用多管过滤器，过滤管的数量依铸造机的生产能力而定。目前，工厂使用4~7管的过滤器比较普遍。国产刚玉质陶瓷管，标准规格为ϕ110mm/70mm×325mm，颜色为蓝白色，主要技术性能列于表9-9中。

表9-9　国产刚玉质陶瓷管的主要技术性能

产品代号	骨料颗粒尺寸/mm	最高使用温度/℃	正常工作温度/℃	起始压头/kPa	孔隙度/%	透气性/L·(min·cm²·mmH₂O)⁻¹
LG-20	0.8~1.0	900	700~800	39.9	38~42	0.10
LG-16	1.0~1.25			37.2	39~45	0.14
LG-14	1.25~1.60			33.3	40~45	0.16
LG-12	1.60~2.0			30.6	42~46	0.18

注：$1mmH_2O=9.8Pa$。

（2）陶瓷板过滤器。陶瓷板过滤器的过滤介质是多孔陶瓷板，可安放在浇注系统中的各个部位。多孔陶瓷板又称为泡沫陶瓷过滤板，其中的孔眼不能封闭，而是开放型的。对泡沫陶瓷过滤板的基本要求是：

1）具有足够的通孔率和铝液透过能力，以保证生产中能顺利地进行过滤。

2）具有足够的室温和高温强度，在运输、安装、使用过程中不易于破损和掉渣。

3）具有较高的化学稳定性，在工作温度范围内不与铝熔体发生反应，不对铝液和环境造成危害。

4）具有较高的耐急冷急热性能，为此，过滤板的线膨胀系数应尽可能小，以致受热时不易开裂。

5）具有较小的质量热容和密度，不易吸潮，使用前免于预热，减少起始阶段过滤熔体的温度降落。

在压力加工用坯锭的生产过程中，通常将多孔陶瓷板安装在静置炉与铸造机之间的熔融金属转注系统的滤盆里，靠结晶器愈近愈好。在过滤器的钢制盆体内衬以耐火及保温材料，多孔陶瓷板大多是平设在盆体中间部位。铝液垂直向上或垂直向下通过，如图9－3所示。铝液从静置炉经过滤盆过滤后，流向结晶器。多孔陶瓷板的选择，首先，取决于对过滤精度的要求，对于大多数情况，采用25孔/in（1in＝2.54cm）的多孔陶瓷板即能符合要求。如果金属特别脏，采用15孔/in的多孔陶瓷板预先过滤，可防止细孔滤板过早阻塞。其次，应考虑到铸造速度所要求的铝液在单位时间内的流量大小、熔体的纯洁度、金属夹杂物的最高含量及金属的总通过量。通常使铝液垂直向上通过，如图9－3a所示。这样使铝液均匀上升，碰到过滤板没有湍流，可以保证过滤器均匀启动，减少沟流（由于铝也流速不匀，突然增大速度，将过滤板上所阻截和吸附的夹杂物冲走、随铝液进入铸锭）的危险。但是，清理过滤器内、特别是过滤板表面的夹杂物不方便。使铝液垂直向下通过，如图9－3b所示，清理过滤器内、特别是过滤板表面的夹杂物比较方便；在MINT精炼装置中即采取这种结构形式。铝液在过滤板的孔眼内，由于铝液的表面张力比较大，不润湿过滤材料，引起附加压力，因此，必须有一定的压力才能克服该附加压力，使铝液顺利通过过滤板，该压头形成的压力，称为初始临界压力，也称为起始压头。多孔陶瓷板过滤器的起始压头根据多孔陶瓷板的孔径大小而定，变动在50～150mm之间。过滤介质的毛细孔道愈小、温度愈低，起始压头愈大。过滤器启动后，保持所需金属流量的工作压头。开始大约只有6mm，随着杂质聚集多孔陶瓷板内，金属流动阻力增大，金属压头随之提高，至铸造结束时，压头增加25～50mm。为了

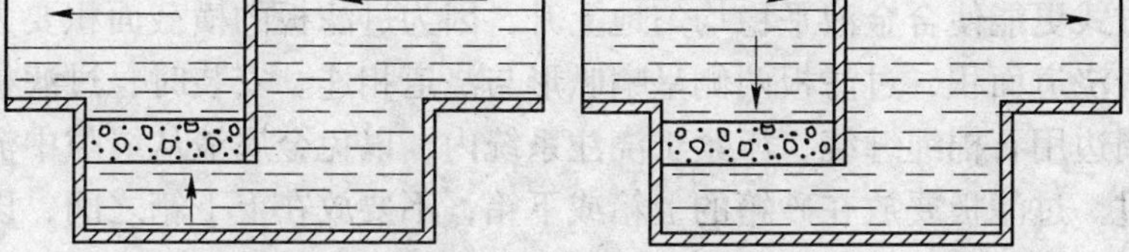

图9－3 多孔陶瓷板过滤器工作示意图

a—铝液垂直向上通过；b—铝液垂直向下通过

克服表面张力而使熔体开始流动所需的力可用下式表示：

$$P = -2\sigma\cos\theta/r \tag{9-1}$$

式中　P——使液态金属在毛细孔道内开始流动所需的力，dyn/cm^2，1dyn = 10^{-5}N，1N/cm^2 = 10kPa；

σ——熔体表面张力，dyn/cm；

θ——熔体与过滤介质的润湿角，(°)；

r——介质毛细孔道半径，cm。

在安装多孔陶瓷板时，多孔陶瓷板与砌体之间应结合严密，必须用耐火纤维（如硅酸铝纤维）密封好，排除任何旁路的可能性；并将多孔陶瓷板固定好，以防注入铝液时多孔陶瓷板上浮。也有将多孔陶瓷板垂直安设在盆体中间部位，使铝液沿水平方向流动；这种结构使安装和更换多孔陶瓷板时操作简便。

在铝合金铸件生产中，多孔陶瓷板过滤器适用于各种铸造方法，如砂型铸造、金属型铸造和低压铸造等。这种过滤器可安装在浇注系统中的各个部位。在条件许可的情况下愈接近型腔愈好，尽量避免过滤后的液态金属有产生二次氧化夹杂的机会。多孔陶瓷板放置在浇注系统内的方式有三种，如图 9 – 4 所示。

多孔陶瓷板放置在浇注系统内的第一种方式为：陶瓷过滤板放在直浇道下部，如图 9 – 4a 所示。这种方式，合金液中的夹杂物容易堵塞孔眼，而且这里相距型腔较远；从试验结果来看，滤渣效果也是最低的。第二种方式，即陶瓷过滤板竖放在浇道处，如图 9 – 4b 所示。第三种方式为陶瓷过滤板平放在浇道处，如图 9 – 4c 所示。第二种和第三种方式可根据具体情况选用。第三种方式更能使合金液平稳均匀地上升，因为过滤板的横截面积要大于浇道面积，过滤板两侧呈喇叭形与浇道相连。安装时，过滤板周边用石棉绳缠绕，压紧于浇注系统内，以免金属液从缝隙中流过。过滤板要放在砂箱的上箱或下箱，不要放在上下箱之间，以免合箱时过滤板碰掉型砂。

多孔陶瓷板放置在浇注系统内，对合金熔体的充型速度有所影响。浇道内放置多孔陶瓷板之后，为了不影响充型速度，应将

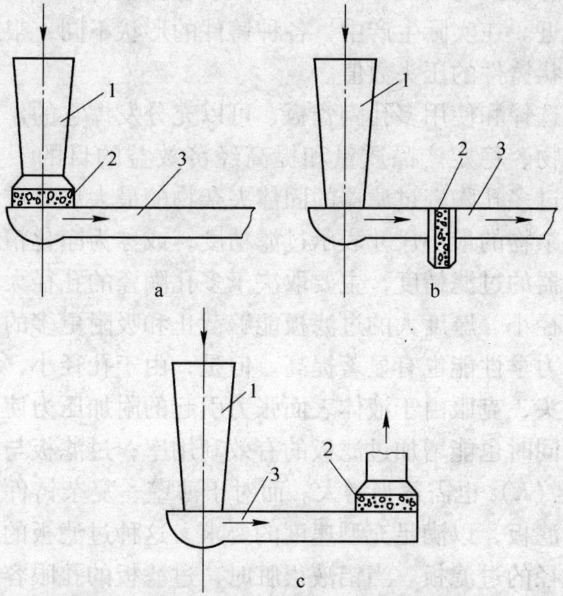

图9-4 多孔陶瓷板放置在浇注系统内的方式
1—垂直浇道；2—多孔陶瓷板；3—水平浇道

过滤板横截面积扩大，即增大过滤板横截面积与浇道横截面积之比 *K* 值。根据试验结果，Al-Cu 系合金（固溶型合金）*K* 值为 9；Al-Si 系合金（共晶型合金）*K* 值为 7 较为合适，根据不同情况，*K* 值一般在 4~13 之间选取。试验表明，无论是共晶型合金还是固溶型合金，浇道内放置多孔陶瓷板之后，浇注温度变化对充型速度影响都不大；采用多孔陶瓷板时，从充型速度来说，可以不提高浇注温度，过高的浇注温度，使铝液更易氧化、吸气。为了更有效地利用过滤板的有效面积，初始压头尽量大一些；一般大型铸件的浇注系统的静压头比较高，无须再提高压头。在浇注系统内安放多孔陶瓷板之后，对铝合金的流动性有比较显著的影响。提高静压头之后，流动性有所改善。试验证明，Al-12%Si 和 Al-5%Cu 两种合金，在浇注系统内安放多孔陶瓷板之后，静压头均增高50mm，结果与无过滤板、未加高压头的流动性相近。在实际生产中，各种铸件的形状不同，很难找到适于各种形状铸件的压头数值。

正确选择和使用多孔陶瓷板，可以充分发挥它的作用，起到消除夹杂物、稳定产品质量和提高经济效益的目的。实际生产中，用透过多孔陶瓷过滤器的固体夹杂物的最大尺寸或所能截留的固体夹杂物的最小尺寸表示过滤精度，或称为净化精度。多孔陶瓷过滤器的过滤精度，主要取决于多孔陶瓷的孔径大小和过滤过程。孔径小、厚度大的过滤板能够截止和吸附更多的、更细的夹杂物，力学性能也有显著提高。但是，由于孔径小，必须有较高的静压头，克服由于液体表面张力引起的附加压力使液体顺利地通过，同时也能增加过滤板的有效利用率；过滤板与浇道截面积的比值（K）也需适当增大。而对于薄壁、复杂铸件，可采用中孔径过滤板，以满足充型速度的要求。这种过滤板的力学性能不及小孔径的过滤板。当铝液很脏时，过滤板的孔眼容易被夹杂物堵塞，应选用大孔径过滤板，如回炉料、金属屑重熔及民用铸锅等要求不严的铸件，可选用大孔眼的过滤板；这种过滤板的丝状体直径和孔眼壁厚都大于小孔眼过滤板，具有更高的强度和耐冲刷能力。对于力学性能低的合金，如HZL401高温耐热铝合金，有大量的过剩相以网状分布在晶界上，伸长率只有1.0%左右，经过滤后，大块夹杂物及部分细小夹杂物可除掉，但是，力学性能没有多大提高。过滤精度越高，铸锭形成羽毛晶的倾向越大。这些都必须在生产实践中不断积累实际经验。国产刚玉质陶瓷过滤器的过滤精度在5～50μm之间。

实际生产中，单位时间内通过过滤介质单位面积上熔体的体积，称为过滤速度，它是设计过滤器生产效率的主要依据。过滤速度主要取决于过滤介质的渗透系数、厚度和过滤介质两边的液面差值（液压差）。渗透系数和压差愈大、介质厚度愈小，过滤速度愈快。介质的渗透系数随介质贯穿孔隙度和孔径的增大、熔体黏度的降低而增大。国产刚玉质陶瓷过滤材料对铝液的相对渗透系数为 0.0005 ~ 0.0015kg/(min · cm^2 · mm) 铝液柱。一根 ϕ110mm/70mm × 325mm 的陶瓷管，在 100mm 的铝液工作压头下，其过滤速度为 50 ~ 150kg/(min · 根)。在层流条件下，过滤速度可用达西公式确定：

$$v = B(\Delta p/\eta\delta) = K\Delta p \quad (9-2)$$

式中　v——过滤速度，mL/(s · cm^2)；

B——介质的渗透系数，cm^2；

Δp——过滤介质两边的熔体压降，dyn/cm^2，1dyn = 10^{-5}N；

η——熔体黏度，Pa · s；

δ——介质厚度，cm；

K——相对渗透系数，mL/(s · dyn)。

生产过程中，部分固体夹杂会滞留于过滤介质中。单位时间内单位体积的过滤介质中所滞留的固体夹杂量，称为阻塞率。阻塞率的大小标志着过滤器的使用寿命。阻塞率与熔体通过量及熔体中夹杂含量成正比，而与过滤介质的总体积及贯穿孔隙率成反比。在生产条件下，国产 0.991 ~ 1.397mm（16 ~ 12 目）的陶瓷管的实际使用寿命在 10 ~ 20t/根之间。阻塞率的测定极其困难，在过滤速度恒定时，穿过过滤器后的压降随阻塞率增大而增加。因此，常用过滤时压降的增加来表示过滤器的阻塞率，其表达式如下：

$$\Delta Q = \Delta h/\Delta W \quad (9-3)$$

式中　ΔQ——每通过 1t 金属液所需增加的工作压头，mm/t；

Δh——有效工作压头，mm；

ΔW——全部有效工作压头用尽时过滤器所通过的金属量，t。

实际生产中，滤除的固体杂质与过滤前熔体中固体杂质浓度的百分比，称为过滤效率。过滤效率可用下式表示：

$$\eta = [(C_1 - C_2)/C_1] \times 100\% \quad (9-4)$$

式中　η——过滤效率；

C_1——过滤前熔体中固体杂质的浓度；

C_2——过滤后熔体中固体杂质的浓度。

过滤效率主要取决于过滤器的孔隙特性（最大孔径、孔径分布等）、熔体中固体杂质的粒度分布和过滤条件。通常，陶瓷过滤器的过滤效率随过滤速度降低和过滤时间延长而提高。国产刚玉质陶瓷过滤器的过滤效率为40%～80%。

目前，国内市场上的多孔陶瓷板由于采用的陶瓷泥浆组成和成形载体——软质氨基甲酸乙酯泡沫塑料的规格、质量及烧成工艺不同，在性能方面存在较大的差别。深圳派瑞科和福州麦特新多孔陶瓷板的主要技术性能分别列于表9－10和表9－11中。

表9－10 深圳派瑞科多孔陶瓷板的主要技术性能

标准尺寸/mm×mm	178×178	228×228	305×305	381×381	430×430	508×508	585×585
板的厚度/mm	50						
孔径范围/个·in^{-1}	10～45						
流量范围/kg·min^{-1}	25～43	35～112	90～162	130～262	210～350	280～462	370～637

注：1in＝2.54cm。

表9－11 福州麦特新多孔陶瓷板的主要技术性能

标准尺寸/mm×mm	178×178	254×254	305×305	381×381	432×432	508×508	584×584
板的厚度/mm	50						
孔径范围/个·in^{-1}	10、20、25、30、35、40、45、50、60、70等10种						
流量范围/kg·min^{-1}	25～50	45～100	90～170	147～280	193～367	274～521	369～700
参考过滤量/t	3	7	15	20	25	30	35
选择参考	1. 浇铸选用10～25ppi（孔/in）；2. 半连续铸造选用30～60ppi；3. 高品质铝型材和连铸连轧选用50～60ppi						

148. 怎样使用 SNIF 法对铝液进行第二次精炼？

答：SNIF（Spinning Nozzle Inert Flotation）法是美国联合碳化物（Union Carbide）公司研究开发出来的。SNIF 在线式精炼装置，仅设气体精炼，不附过滤系统。SNIF 装置有两种型号，即 T 型和 S 型，如图 9－5 和图 9－6 所示。

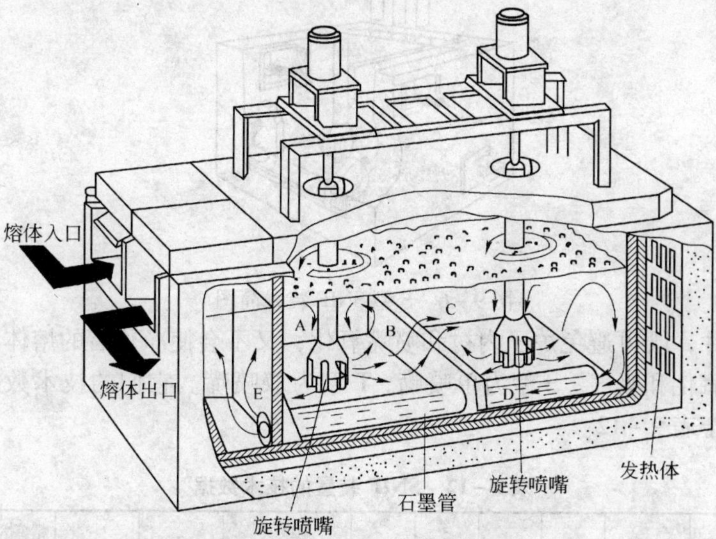

图 9－5　T 型 SNIF 装置简图

SNIF 装置的核心部件是旋转喷嘴。旋转喷嘴的作用，是把惰性气体喷碎成极为微细的气泡，并使其均匀地分布于整个熔体中；强烈地搅拌熔体，并使之形成定向的液流。喷嘴是用石墨制作的，浸在铝熔体中，用高压气流冷却。喷嘴的端头为叶轮状。精炼气体从喷嘴里喷出来时，由于旋转叶轮的碰撞和剪切作用，形成极细的气泡，垂直向下的金属流使气泡均匀分散。旋转喷嘴的优点是不管气体的流量多大，都可以形成极细的气泡。喷嘴旋转的速度为 400～500r/min。净化炉是密封的，内壁衬以石墨；在微正压下工作，使熔体不与空气接触，从而能保持良好的净化

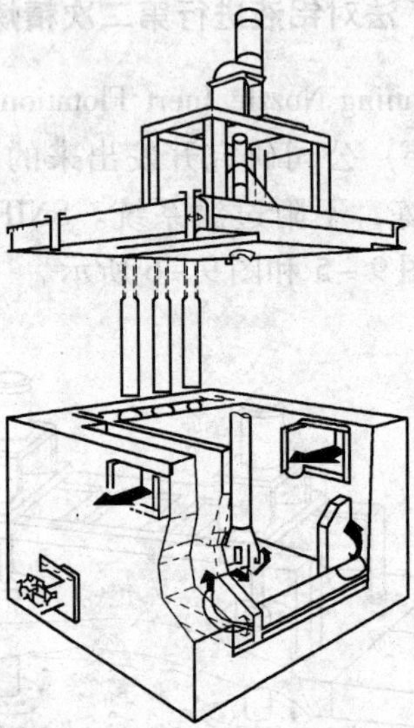

图 9－6　S 型 SNIF 装置简图

条件，既可避免炉子内衬和喷嘴氧化，又不会使净化后的熔体再次氧化和吸气。S 型为单喷嘴，T 型为双喷嘴。它们的技术数据列于表 9－12。

表 9－12　SNIF 装置的技术数据

技术特性	炉子占地尺寸 /mm×mm	喷嘴数 /个	静态金属容量 /kg	金属流量 /t·h^{-1}	加热炉子功率 /kW	氩或氮 /m^3·h^{-1} 铸造时	氩或氮 /m^3·h^{-1} 平时	空气(压力 8.18MPa) /m^3·h^{-1}	氯（在惰性气体中）含量/%	精炼熔剂用量/g·(45.4t)$^{-1}$ (Al)
T 型	1270×2540	2	1453	<36.3	100	17	3.1	34	<5	<567
S 型	2222×2500	1	772	<11.4		8.5	2	17	<5	<567

注：表中的精炼剂用量，根据合金种类确定。

SNIF 装置设有前后两室，两室之间设有密闭的隔墙，其底部设有石墨管连通。前室为净化处理室，旋转喷嘴安设在前室。

后室汇集净化后的熔体。熔体的进口和出口在同一水平面上，进口在处理室侧壁上，出口在后室的侧壁上。进口与保温炉相连，出口与铸造用铝液分配盘相连。精炼过程中，精炼好的熔体经石墨连通管进入后室；排除的氢气和多余的精炼气体，汇集于炉子上部；由于炉内处于微正压状态，汇集的气体可以从进口的上部空间与熔体逆向排出。净化过程中形成的渣浮于液面，旋转喷嘴在液面所产生的循环流向把浮渣不停地推向熔体入口处，使之从入口处液面上排出。

在 SNIF 装置中，采取三种措施清除铝液中的氢、非金属夹杂物和碱金属。这三种措施是微小而均匀分布的惰性气泡、搅拌作用和少量的氯气、熔剂。用惰性气泡和强烈搅拌铝液来除氢与非金属夹杂物。少量熔剂是用来从铝液中分离氧化物。氯气是用来清除钠和锂的，氯气的用量不超过 5%。

SNIF 装置除氢效果比较好。据报道，处理后铝液中含氢量可达 0.04 ~ 0.07mL/100g(Al)，Na、Li 含量在 $2\times10^{-4}\%$ 以下，1 ~ 10μm 的非金属夹杂物也能被除去。但是，旋转喷嘴用高纯石墨制作，制造比较困难，价格比较贵；平均使用寿命 3 个月，最多 6 ~ 9 个月。

149. 怎样使用 ALPUR 法对铝液进行第二次精炼？

答：ALPUR 法的工作原理与 SNIF 法基本相同，只是 ALPUR 法可倾动排放处理室内残存的液态金属。ALPUR 法是法国彼西涅公司在 SNIF 法基础上发展而来的，目前已有多种型号。D3000 型装置如图 9 - 7 所示。

ALPUR 在线式精炼装置，仅设气体精炼，不附过滤系统。在图 9 - 7 中，铝液容器 1 内衬以耐火材料，用钢制框架 2 支撑着。框架 2 可以绕着轴 3 倾动，用两个液压油缸控制倾斜动作，可以将容器 1 内残存的铝液倾倒干净，使生产操作方便。容器 1 上设有盖板 4。盖板 4 可以绕着轴 5 翻转，用两个液压油缸控制翻转动作。盖板上设有一个小门，便于对熔体作业和通过除渣盖

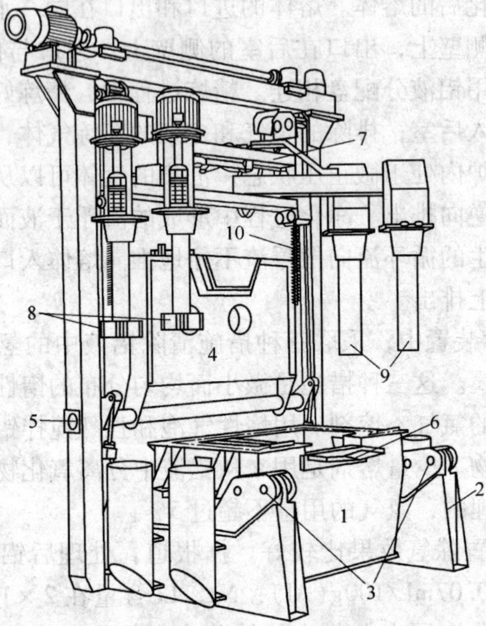

图9-7 ALPUR法D3000型装置
1—铝液容器；2—框架；3，5—轴；4，6—盖板；7—提升机；
8—旋转喷嘴；9—加热器；10—电动螺旋轴

板6排除浮渣。固定在提升机7上的两个悬臂支撑着两个旋转喷嘴8和浸入式加热器9；加热器的电功率，铝液保温时约为10kW，空包或铝液加热时约为25kW。每个悬臂由一个液压油缸操作。提升机构用两个电动螺旋轴10运转升降。容器1内有两个工作室，即处理室和输出室，两室之间设有隔板。D3000型ALPUR装置配有两个旋转喷嘴，C500型配有一个旋转喷嘴。旋转喷嘴又称为混合器，其结构如图9-8所示。

ALPUR装置D3000型的工作原理：铝液从保温炉流出来，经ALPUR装置的金属入口处流入容器的处理室内。升降机构将旋转喷嘴吊到容器上方，并将惰性气体通入旋转喷嘴内。然后将旋转喷嘴徐徐下降到铝液中并进行旋转；精炼气体中需要加入氯气时，当喷嘴进入铝液中的同时按比例将氯气通入惰性气流中。

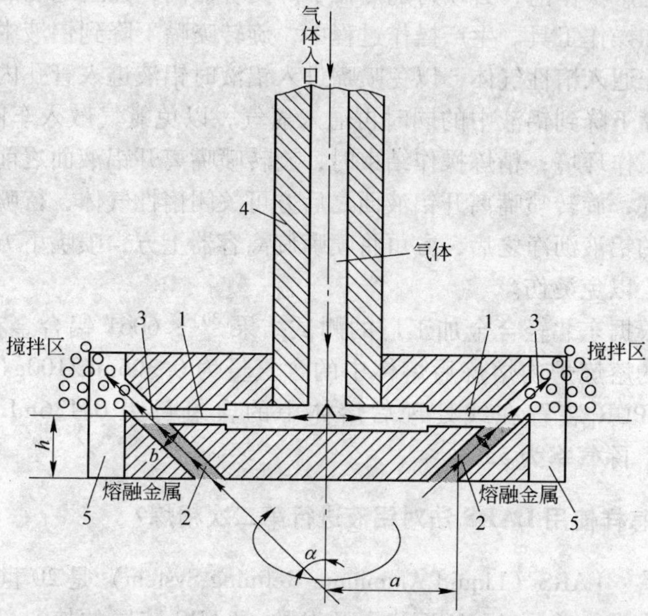

图 9-8 混合器结构示意图

1—管孔；2—斜管孔；3—喷射点；4—空心轴；5—叶片

气体与铝液密切接触，使铝液与微小的气泡在喷头内形成混合体，并强力搅拌熔体。处理好的铝液进入输出室，再由出口流向铸锭机。当容器中的铝液需要保温或升温时，加热器可直接插入铝液中进行加热；铝液的升温速度最大为30℃/h。

ALPUR 装置的主要性能列于表 9-13。

表 9-13 ALPUR 装置的主要性能

型号	标称处理能力 /t·h^{-1}	外形尺寸（长×宽×高） /mm×mm×mm	静态熔液容量 /kg	加热功率 /kW
C500	5	2100×2100×4060	400	15
D1000	12	2100×2100×4060	650	15
D2000	25	3300×2100×4500	1100	30
D3000	35	3300×2100×4500	1500	30
D5000	60	4070×2600×4950	2100	50

生产操作前，必须将加热器下降到容器内，并通电加热容器内衬和操作工具。生产操作过程中，旋转喷嘴下降到铝液中之前必须先通入惰性气体，以免喷嘴进入铝液时铝液进入管孔内；旋转喷嘴下降到铝液中的同时再通入氯气，以免氯气散入车间内，恶化工作环境；精炼操作结束时，旋转喷嘴离开铝液面之前应关闭氯气，旋转喷嘴离开铝液面之后方可关闭惰性气体；待喷嘴上附着的铝液沥净之后，方可将喷嘴旋离容器上方，喷嘴下方不许站人，以免烫伤。

根据东北轻合金加工厂的测试结果[30]，6061 铝合金在 25t 容量的熔炼炉内熔炼后熔体中的含氢量为 0.306mL/100g(Al)，经 ALPUR 装置在线处理后熔体中的含氢量为 0.136mL/100g(Al)，除气率为 55%。

150. 怎样使用 LARS 法对铝液进行第二次精炼？

答：LARS（Liquid Aluminum Refining System）是 20 世纪 90 年代中期由美国 ALMEX 公司开发的。LARS 装置的核心部件同 SNIF 装置和 ALPUR 装置一样也是旋转喷嘴。生产操作也相类同。

LARS 装置同 SNIF 装置和 ALPUR 装置相比，增设了过滤装置，除氢和去杂质的效果更好，除氢率可达 75% 以上，颗粒度大于 20μm 的夹杂物可除去 99%，经过 60PPI 泡沫陶瓷过滤器后钠、钙、锂等碱金属夹杂物从 $12 \times 10^{-4}\%$ 降低到小于 $1 \times 10^{-4}\%$，碱金属盐除去效果能通过 Mil－2154 标准 AA 级检验的要求；SNIF 和 ALPUR 等装置的除氢效率未超过 70%[31]。LARS 装置有四个主要特点：

一是精炼用气体进入铝液中的状态不同。在 SNIF 装置和 ALPUR 装置中，旋转喷嘴的旋转轴为中空的石墨管，即中心是一个直通孔，精炼用气体流经直通孔的时间短，精炼用气体进入铝液中时基本上是冷态的。冷态气体将从铝液中吸收热量并使体积急剧膨胀，从室温到铝液温度氮气或氩气的体积将扩大三倍；

因而气泡的尺寸不够细小，一般达到3～8mm之间。同时旋转喷嘴的旋转速度较高（400～600r/min），容易引起熔体翻腾，产生吸气现象；也会使熔体中心区压力降低，产生合泡现象。气泡体积的扩张使浮力增加，促进了铝熔体中气泡的快速向上移动，将减小净化气体与铝熔体中杂质的接触机会，降低净化气体与杂质聚集的能力，从而降低了净化效果。在LARS装置中，旋转喷嘴的旋转速度有所降低（400～450r/min）；旋转喷嘴的旋转轴由转轴和石墨套组成，转轴的外表面上加工有螺纹凹槽，与石墨外套形成精炼用气体的螺旋形通道，如图9－9所示。该螺旋通道使精炼用气体流过的路径比直线通道增长了20多倍，从而加大了精炼用气体与石墨套管的接触面积和时间，使精炼用气体很快被加热到接近铝熔体的温度（1350℉，相当于732℃），达到1150℉（相当于621℃）。这样，便可以避免精炼用气体进入铝液中时自身的过分膨胀，在与铝熔体中的杂质接触并凝集之前，始终能保持细小并十分分散的状态；这对于改善、强化精炼用气体吸收氢气与吸附夹杂物，净化熔体是特别有意义的，使精炼效果大大提高。

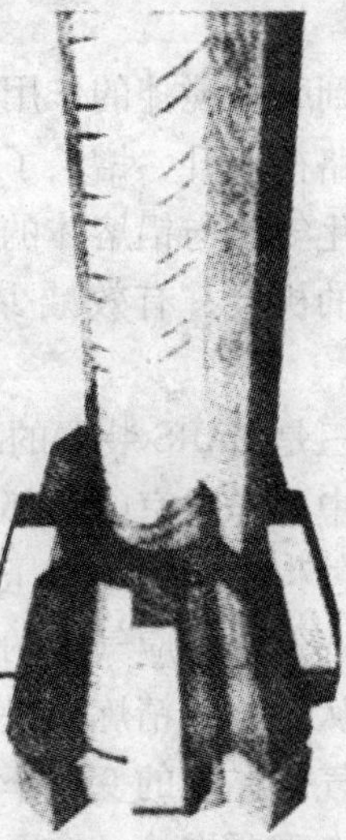

图9－9 旋转石墨喷嘴[31]

二是旋转喷嘴在净化室内的位置不同。LARS装置的旋转喷嘴在净化室内的位置不对称，使p区的面积大于q区，如图9－10所示。当熔体流过p区时，所穿过的横断面积大于流经q区的横断面积，因而铝熔体流经p区的速度比流经q区的速度小得多。随着喷嘴的旋转，熔体的流速出现周期性的涨落。喷嘴的这种布置方式，有助于减少铝熔体出现旋涡现象，而仍

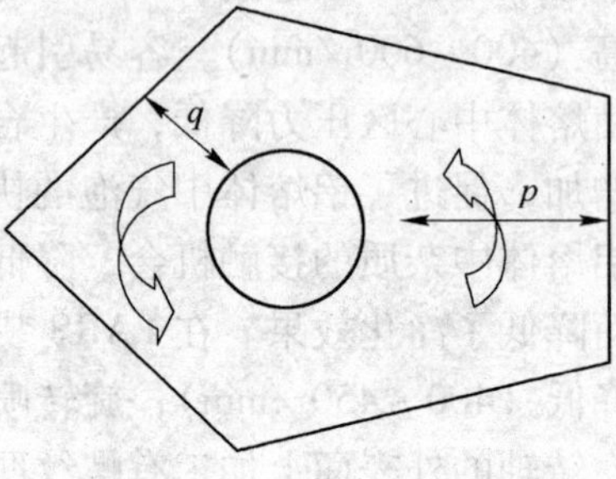

图 9 - 10　净化室气体旋流示意图[31]

能起到摩擦搅拌的作用。同时，净化气泡在净化室内能沿着螺旋形的路径上升，增长了它在熔体中的停留时间。以上这些措施促使净化气体与铝熔体的充分混合，增加净化气泡与杂质的碰撞、聚集的机会，有效减少或消除精炼死区，达到提高净化效果的目的。

三是 LARS 装置的净化室形状不同。在 SNIF 装置和 ALPUR 装置中，净化室的上部和下部是等断面的。净化气泡在熔体内上升的过程中，铝熔体压力的降低使气泡不断膨胀。如果净化室的体积变化不适应气泡的自由长大，将会出现气泡的相互碰撞、聚集，从而导致精炼效果降低。因此，净化室单位体积的变化率必须与气体体积的变化率相等，是避免与减少气泡自身碰撞、聚集的一个重要措施。在 LARS 装置中，净化室设计成盆状，上部断面大于下部断面，确保了净化室自下而上的单位体积变化率达到最佳状态，以防止铝熔体内气泡在上升过程中不会明显聚集长大。

四是在 LARS 装置的后部设有 40ppi 和 50ppi 的泡沫陶瓷过滤器。在 SNIF 装置和 ALPUR 装置中仅为单一的气体精炼。在 LARS 装置中既有气体精炼，又有泡沫陶瓷过滤器；经过气体精炼后的铝熔体，再通过泡沫陶瓷过滤器得到进一步的净化。

目前，LARS 装置的型号及主要技术参数列于表 9 - 14。

表 9-14 LARS 装置的型号及主要技术参数[31]

型号	生产能力 /t·h^{-1}	净化室尺寸 /cm×cm	净化室加热功率/kW	净化用氩气消耗量①/$m^3·h^{-1}$	铝液表面保护用氮气消耗量(标态)②/$m^3·h^{-1}$
RL-3	5	122×138（单室净化）	30	1.92	1.15
RL-12	15	127×204（双室净化）	45	3.84	2.30
RL-16	30	152×229（双室净化）	60	4.23	2.30
RL-36	45	183×259（双室净化）	60	4.94	2.30
RL-42	75	168×366（三室净化）	90	6.35	3.45

①气压为0.281MPa；②气压为0.211MPa。

建筑用6063、6061铝合金和航空航天用7075、7050铝合金熔体，经过LARS装置处理后的净化效果列于表9-15。

表 9-15 LARS 除氢去杂质效果[31]

序号	合金牌号	检验项目	LARS 使用前的值	LARS 使用后的值
1	6063	氢含量	0.45mL/100g(Al)	0.07mL/100g(Al)
2	6063	夹杂物	20ppi-CFF 过滤器堵塞	50ppi-CFF 过滤器顺畅
3	6061	碱金属	0.0009% Na，0.001% Ca，0.0006% Li	均低于0.00015%
4	7075	氢含量	0.39mL/100g(Al)	0.085mL/100g(Al)
5	7050	碱金属盐	超声检验常不合格（报废率高达30%）	超声检验报废率小于3%

151. 怎样使用 MINT 法对铝液进行第二次精炼?

答：MINT（Melt In-Line Treatment System）法是美国联合铝业公司（Conalco）于1982年研制出来的。该装置将气体精炼与泡沫陶瓷过滤结合在一起。MINT装置的实物照片如图9-11所示，其结构及工作原理如图9-12所示。

在MINT装置中，气体精炼在反应器内进行。反应器分为上下两节，上节为圆柱形，下节为锥形。上下两部分用螺栓密封连接。反应器外壳用钢材制作，内壁衬以熔凝二氧化硅耐火材料。

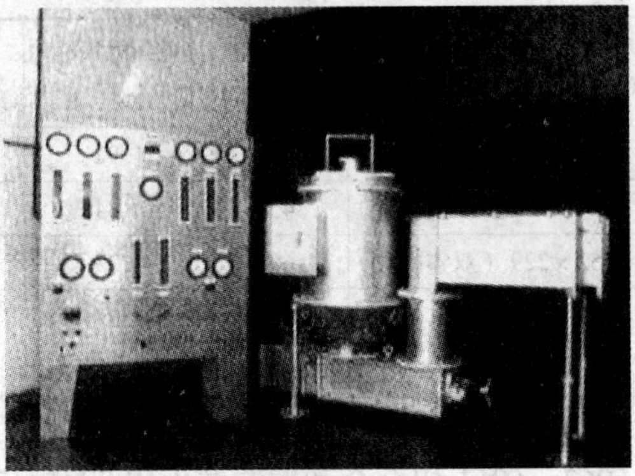

图 9－11　MINT 精炼装置

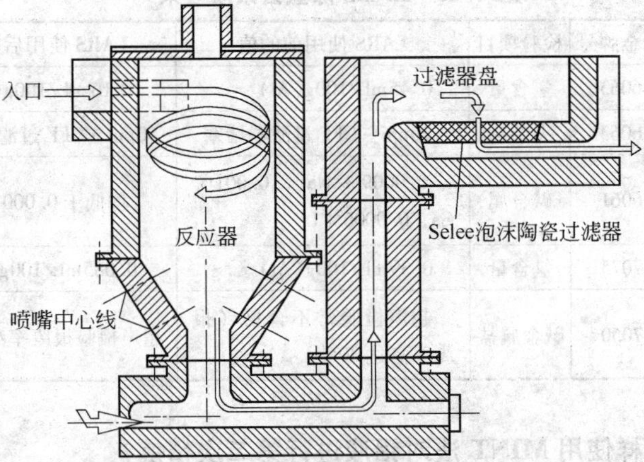

图 9－12　MINT 装置的结构及工作原理示意图

在锥形部分的周壁上设置数个固定的气体精炼用喷嘴。铝液入口设在反应器的上端，铝液流向与反应器内壁相切。过滤器安置在反应器的出口侧。铝液以上注方式通过泡沫陶瓷过滤板，铝液出口在泡沫陶瓷过滤板的下方。铝液进口底面的标高稍高于出口底面的标高，Ⅰ型和Ⅱ型相差 22mm，Ⅲ型相差 19mm，使铝液进出口液面能形成一定的静压头，满足铝液过滤的需要。反应器的底部设有联通管与过滤器相连，使之形成一个整体。过滤器出口可朝液流方向左旋45°，反应器入口可朝液流方向左旋57°或右旋152°，使铝液进出口配置在直线上或呈一定的夹角。在反应器和竖管下端的联通管，两端开口。反应端的管口为放铝口，平时用塞子堵住；工作结束时，拔去塞子，即可放净反应器内残存的铝液。竖管端的管口为清理口，平时也用塞子堵住；工作结束时，拔去塞子，以便清理联通管内的残渣。喷嘴是用高密度氧化铝制造的，用紧固机构压接在反应器的锥体上。如果喷嘴被堵塞，可用专门的工具（类似于针灸用的银针）进行清理，无需从反应器上卸下喷嘴。如果需要更换喷嘴时，可以快速松开紧固机构，将新喷嘴换上去。这种喷嘴的价格大大低于石墨喷嘴；而使用寿命与石墨喷嘴相当，一般为三个月或更长一些。

在熔铸生产线上，铝液从上部侧面切线方向进入反应器内，使铝液在反应器内旋转并向下流动。精炼用气体从下部锥体部分的喷嘴喷入铝液中，使气流与铝液流逆向运动。气体精炼后的铝液，从反应器的底部的联通管进入与过滤器相连竖管内，然后进入泡沫陶瓷过滤器中。铝液以上注方式通过 Selee 牌泡沫陶瓷过滤板流向铸造机。

MINT 装置是采用高气体流速喷嘴的精炼方法。精炼用气体在雷诺准数很高的情况下以高压、高速从细小的喷嘴里喷出来，由于高压下的气体密度比常压下的气体密度大得多，当气体射流进入熔体时，压力突然降低，气体胀裂成很小的气泡。气泡的直径与雷诺准数的关系如图 9－13 所示。气体射流的动能传到喷嘴前的熔体里，喷嘴前的熔体流速可高达 2.5m/s，使气泡很快与熔体混合，气液的混合速度与气体预压力的关系如图 9－14 所示。

在气泡与熔体混合的同时，气泡在切线旋转而下的熔体中逆流上升。由于高速喷嘴在很短的时间内向熔体喷射出大量的气体，可以在很短的时间内达到很好的除气效果。高速喷嘴处理和静态下真空处理及真空下透气砖处理铝熔体的除氢效果如图 9－15 所示。

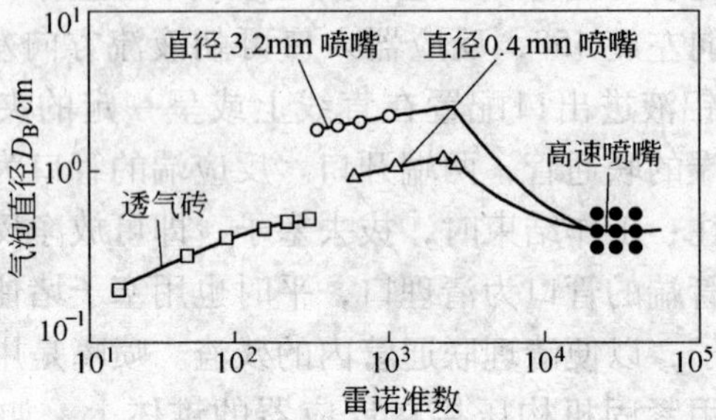

图9-13 透气砖和高速喷嘴在各种雷诺准数下的平均气泡的直径[10]

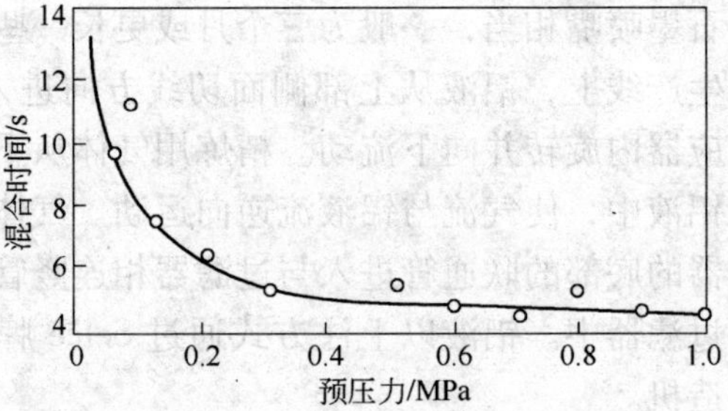

图9-14 用0.5mm高速喷嘴在ϕ300mm×500mm熔池中所产生的混合速度[10]

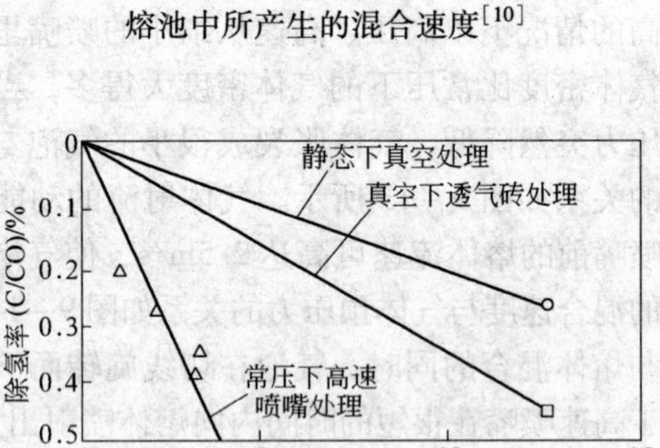

图9-15 几种不同方式的除氢效果比较（铝熔体温度700℃）[10]

据资料报道[31]，联合铝公司 Madison 厂使用 MINT 装置取得的典型除气结果列于表 9 – 16 中。为了检验少量氯的作用，将 5356 合金用纯氩和氩 +3% 氯的混合气体在相同的条件下（金属流量 250kg/min，气体流量 300L/min）进行处理，除气效果列于表 9 – 17 中。

表 9 – 16　MINT 装置的典型除气结果[32]

合　金	金属流量 /kg·h^{-1}	气体流量 /L·kg^{-1}	氢含量/mL·(100g)$^{-1}$	
			入口	出口
2014、2024、5456、5086、5083、7186、7075	5450 ~ 6800	Ar：0.7 ~ 0.9	0.20 ~ 0.40	0.07 ~ 0.16
5052	15000	Ar：0.7 ~ 0.9	0.35 ~ 0.40	0.14 ~ 0.16
5083、6061	16000	Ar：0.4	0.30 ~ 0.60	0.20 ~ 0.25
5083	5450 ~ 6800	Ar + 5% Cl_2，0.7 ~ 0.9	0.25 ~ 0.35	0.05 ~ 0.06
5052	15000	Ar + 2% Cl_2，0.7 ~ 0.9	0.35 ~ 0.40	0.09 ~ 0.11
5086	12300	Ar + 2% Cl_2，0.7 ~ 0.9	0.30 ~ 0.35	0.15 ~ 0.16

表 9 – 17　5356 合金用纯氩和氩 +3% 氯的混合气体除气效果[32]

精炼气体		纯　氩	氩 +3% 氯
氢含量/mL·(100g)$^{-1}$	入　口	0.28	0.28
	出　口	0.17	0.10

从表 9 – 17 中可以看出，在相同的条件下，氩 +3% 氯的混合气体除气效果比纯氩好得多。

目前，MINT 装置有三种型号，相应的主要参数列于表 9 – 18。Selee 牌泡沫陶瓷过滤板的主要技术性能列于表 9 – 19 中。

表 9－18　MINT 装置主要参数

参数名称	型号		
	Ⅰ型	Ⅱ型	Ⅲ型
金属流速/$kg \cdot min^{-1}$	10～90	11～320	320～640
喷嘴个数/个	2～4	8	16
总长度/mm	1738	1070	1245
总宽度/mm	635	876	1029
总高度/mm	1346	1740	1772
金属进口高度/mm	714	978	1010
金属余存量/kg	80	260	470
反应器典型金属压头损失/mm	12～50	25～50	25～50
过滤器典型金属压头损失/mm	6～50	6～50	6～50
反应器内典型温度损失/℃	9.5（45kg/min 时）	10（225kg/min 时）	1.75（450kg/min 时）
惰性气体流速/$L \cdot min^{-1}$	25～160	140～320	280～600
氯气含量（在惰性气体中）/%	0～5	0.5～5	0.5～5

表 9－19　Selee 牌泡沫陶瓷过滤板的主要技术性能

项目	过滤板厚度/mm	孔洞数/$个 \cdot in^{-1}$	比表面积/$in^2 \cdot in^{-3}$	孔隙率/%	体积密度/$g \cdot cm^{-3}$
参数	20～100	10～45	10000	85～90	0.35～0.40

注：1in＝2.54cm。

MINT 装置的反应器和过滤器应保持干燥，在每一次使用之前必须预热。将燃烧器喷嘴置于竖管中，迫使热气流沿竖管下行通过联通管进入反应器内进行加热。铸造之前通常预热 20～30min。反应器和过滤器预热好之后，关闭燃气源，取出燃烧器，即可放入铝液进行工作。同时通入精炼用气体。

MINT 装置使用前，将主要的气体混合参数调整好。使用过程中，只要参照控制盘上的压力和流量表指数进行操作即可。

精炼工作结束时，将反应器和竖管下端的放铝口打开，放净残存的铝液。然后再打开联通管的清理口，将联通管内清理干净。

在 MINT 装置中，由于喷嘴固定不动，精炼气体的细化程度和均匀分布状态不如 SNIF 装置、ALPUR 装置和 LARS 装置好。当除气效果要求较高时，在 MINT 装置的上游还需设置除气装置进行预处理，从表 9－4 中所列的氢含量测试结果可以看出来。

152. 气体精炼与过滤器怎样配合较为合适？

答：气体精炼对于除去铝液中的气体有较好的效果。过滤对于除去铝液中的夹杂物有较好的效果。两者结合起来，能获得更好的净化效果。对于质量要求较高的产品，都采取这种组合方式。在铝及铝合金熔炼生产系统中，这种组合方式可以代替保温静置炉的作用。

铝液的气体精炼与过滤都适于在线式的流水作业。在过滤净化过程中，过滤介质的孔眼容易被堵塞，使铝液的流量降低。气体精炼则不受此影响，而且在除去气体的同时，还可以除去部分夹杂物，这可以为铝液过滤创造有利条件。因此，在流水作业中，通常将气体精炼置于上游，而过滤净化置于下游；即首先通过气体精炼，然后再进行过滤净化。

为了获得较好的净化效果，气体精炼通常采用旋转喷嘴的方式，如 SNIF 装置、ALPUR 装置和 LARS 装置。过滤器采取双级过滤，采用孔径较大和孔隙率较低的过滤介质作为第一级过滤，首先滤除大颗粒的夹杂物，采用孔径较小和孔隙率较高的过滤介质作为第二级过滤，再滤除细小颗粒的夹杂物，以便保证产品质量。例如，国内一些企业在铝箔坯料等产品的生产过程中，采用 30ppi 和 60ppi、规格（mm × mm × mm）为 305 × 305 × 50、381 × 381 × 50、432 × 432 × 50、508 × 508 × 50 的泡沫陶瓷过滤板进行双级过滤，获得良好的净化效果[33]。在 LARS 装置中的后部设有 40ppi 和 50ppi 的泡沫陶瓷过滤器，也属双级过滤。采用旋转喷嘴的气体精炼和双级过滤，使铝熔体能获得最佳的净化效果；同时又能相对延长过滤器的使用寿命。

153. 透气砖在铝熔体净化过程中有什么作用？

答：透气技术在炼钢生产中已应用多年；近些年来，湖北大冶某特钢厂在水平连续铸造 ϕ280mm 无缝钢管坯的设备中采用底部吹氩气的中间包[34]。氩气通过透气砖进入充满钢液的通道内，由于高温作用，氩气泡急剧膨胀带动钢液对流，并净化钢液。

透气砖有着许多细小的贯通的开放性孔隙，这与陶瓷过滤板的结构是相同的，只是孔隙更细小一些。透气砖的作用是只能让气体通过，而不能让液态金属渗入。

生产实践表明，使用多孔透气砖吹气精炼时，除气效果比单管吹气精炼时要好一些。使用普通的丁字型精炼器吹氮精炼时，气泡的直径约为 10mm，氮气的利用率为 1% ~2%，除气率小于 30%；使用多孔陶瓷吹氮精炼时，氮气的利用率可达 10%，除气率可达 50%。在其他工艺条件相同的情况下，使用多孔透气砖吹气精炼时，达到同样的较好除氢效果所需的时间比较短。

影响透气砖除氢效果的主要因素是气泡大小和气体流量。气泡的大小与喷吹气体的流动状态密切相关，气泡的直径与雷诺准数的关系如图 9 –13 所示。根据德国 S. Kastner 等人的研究结果，当雷诺准数 $Re=300$ 时，采用透气砖喷吹气体能得到最好的界面效果；超过这个数值时，不再形成单个的小气泡，反而在透气砖的表面上聚集成较大的气泡，使整个透气砖如同喷嘴的开口。他们认为，气泡脱离透气砖到熔体中去的过度系数要比气泡在气孔口扩大自由表面的速度快得多。这表明，气体流量较大时，对流也加强了，在除气过程中起着决定性作用。他们使用透气砖以各种不同气体流量对 7kg 熔体除气时，吹气流量对发泡效率和除氢效率的影响如图 9 – 16 所示。气体的发泡效率是指单位体积气体表面积与熔体接触时间的乘积。从图 9 – 16a 中可以看出，随着气体流量增大，除氢速率增大。从图 9 – 16b 中可以看出，气体的发泡效率与透气砖的开孔数及孔径的关系极大，开孔数越多、

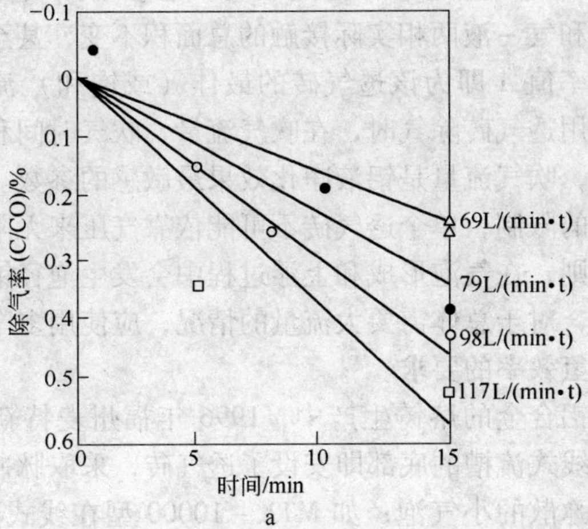

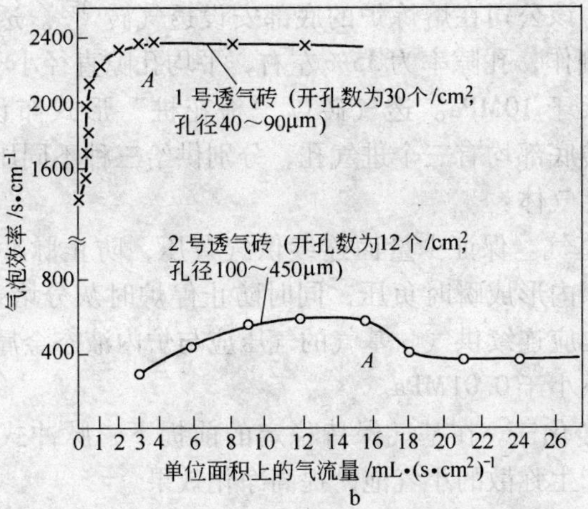

图 9-16 吹气流量对发泡效率和除氢效率的影响[10]

a—不同气流量下透气砖处理700℃铝熔体的除氢速率；

b—透气砖发泡效率与吹气流量间的关系

孔径越小，气体的发泡效率急剧增大，而且很快趋于最大值，继续增大气体流量时气泡数实际上没有变化，甚至减少。因为气泡发生数量和气－液两相实际接触的总面积，开始随吹气流量增加而增大，当吹气流量达到一定值 A 时，继续增大气体流量，气泡发生数量和气 - 液两相实际接触的总面积不变，甚至减少。气体的发泡效率值 A 即为该透气砖的最佳（或饱和）流量值。由此可知，使用透气砖除气时，在吹气流量、吹气时间和铝液温度三个参数中，吹气流量是铝液净化效果最敏感的参数。由于受最佳雷诺准数的限制，单个透气砖不可能依靠气压来无限制地提高吹气量；否则，在气泡形成和上浮过程中会发生泡径铺展与合泡现象。因此，对于总体需要大流量的情况，应使用多个透气砖来满足提高除氢效率的要求。

在铝及铝合金的熔铸生产中，1996 年福州麦特新高温材料有限公司在线式流槽的底部即安设了透气砖，采取脉冲式供给惰性气体产生弥散的小气泡；如 MTX - 10000 型在线式除气系统。近些年来，该公司在熔炼炉的底部安设透气砖[35]。透气砖采用 SiC - SiN 制作，孔隙率为 35% 左右，平均孔隙直径小于 0. 1mm，抗压强度大于 10MPa。透气砖以“梅花桩”形式布设于炉底。每块透气砖底部均有三个进气孔，分别供给三种不同压力和不同流量的惰性气体：

（1）基气。保证少量而连续供气背压，防止脉冲供气时停气瞬间孔隙内形成瞬时负压；同时防止停炉时灰分堵塞透气孔，即停炉时也应连续供气。基气的气压应与炉内液态金属的静压力平衡，应不小于 0. 01MPa。

（2）净化气。在基气保持稳定的前提下，脉冲式供给惰性气体，以产生弥散的小气泡，提高净化效果。

（3）合金化气。采取大流量、大压力分组供气实现造浪搅拌熔体，并分组变换大脉冲造浪位置，实施均匀搅拌的合金化操作。整个操作采用 PJC 并由触摸屏模拟显示监控。在熔炼过程中，首先执行提高熔化率等传质过程的合金化造浪搅拌程序，然后才执行脉冲供气的净化程序。在脉冲供气的净化过程中间隔实施几次造浪搅拌，以消除可能存在的死角。

深圳派瑞科公司的 L 形和 T 形多孔陶瓷管（带螺纹管接

头），主要应用于小型炉和浇包的精炼过程中，建议使用的气体压力为0.05～0.1MPa，气体流量为0.47L/s。

根据生产实践[35]，18t保温炉安装5块透气砖，使用氮气的压力和流量为4.5×10^5Pa，10L/min。转炉后1h，测氢数据（mL/100g（Al））为：0.267、0.264、0.262、0.263、0.262、0.261、0.260、0.258、0.255，除氢效率约为30%。使用透气砖的保温炉，熔体上下层温度差别小，表面与底部温差不大于1℃；使用透气砖的保温炉，采用电磁或永磁搅拌，在相同工艺条件下，底部与表面熔体温差为2～5℃。由于炉膛内始终有氮气充盈，可减少铝液的氧化和吸气，金属铝损耗比其他常用方式降低50%，熔炼过程中的造渣量比其他常用方式降低30%以上。

十、炉子管理

154. 在铝及铝合金熔炼生产中使用哪些炉子？

答：在铝及铝合金熔炼生产中，通常使用的炉子有：熔炼炉、静置炉（保温炉或混合炉）、熔剂干燥炉和工具加热炉。在铝加工厂，以固态铝锭作为炉料；熔炼炉的作用是熔化炉料并熔制成成品合金，静置炉的作用是完成精炼、晶粒细化处理、熔体静置和铸造过程中的保温操作。熔炼炉要求炉温高、熔化速度快；因此，熔炼炉使用的能源多，炉膛内熔体表面积与其体积之比相对大一点，即炉膛深度相对浅一点，使炉料的受热面积增大而传热路径缩短，有利于加快熔化速度。有的大型铝加工厂，设置专门的煤气炉集中熔化铝锭，将熔化好的铝液分别输送到各个电阻熔炼炉内，以便加快电阻熔炼炉的熔炼速度。静置炉要求在完成工艺操作过程中，炉膛内熔体受炉内气氛的污染程度尽可能小，炉温平稳而可控性好；因此，静置炉使用的能源相对少一些，炉膛内熔体表面积与其体积之比相对小一点，即炉膛深度相对深一点。电阻熔炼炉和电阻静置炉的主要技术参数对比列于表10－1。

表10－1　电阻熔炼炉和电阻静置炉的主要技术参数对比

炉容量/t	电源		额定功率/kW		额定温度/℃		熔池尺寸/mm×mm×mm	
	相数	电压/V	熔炼炉	静置炉	熔炼炉	静置炉	熔炼炉	静置炉
6	3	380	525	240	850	900	5060×2500×300	3370×2500×510
9	3	380	680	325	850	900	6500×2500×350	4500×2500×500
12	3	380		375		900		6000×3000×500

在电解铝厂，使用液态原铝作为主要炉料，熔炼炉和静置炉

可以单独使用，也可以合二为一。无论采取何种组合形式，炉用能源可以小于熔化铝锭时的熔炼炉。混合炉的炉膛深度一般为800mm。炉膛过深，炉内操作不方便。

熔剂干燥炉使用箱式电阻炉即可。工具加热炉可使用台车式电阻炉，以便加热铸造用工具。

155. 在铝及铝合金熔炼生产中炉子的作用是什么?

答：在铝及铝合金熔炼生产中，炉子是主要的生产设备。铝及铝合金的熔炼和铝液的保温静置都必须在炉内完成，它是提供热源的容器。在电解铝厂，使用液态原铝生产铝及铝合金坯锭，第一次精炼和静置也必须在炉内完成。为此，对炉子的质量和生产管理必须要有严格的要求。

从以上所述已知，炉内的气氛、炉子的内衬，它们直接与铝液接触，还有炉内铝液表面积与其体积之比，或者说炉膛的深度，这些因素对铝液的质量都有很大的影响，在熔炼过程中是无法改变的。这表明，对炉子的设计方案就必须仔细认真考虑，这是保证熔炼质量的前提。

新砌筑的炉子内衬含有一定量的水分。炉子久置大气中，其内衬会从空气中吸潮，炉子内衬材料中所含的水分是熔炼过程中铝液吸气的来源之一，所以冷炉在使用之前，必须按规定制度进行烘烤干燥。

在熔炼过程中，铝液中的部分夹杂物会沉降于炉底，必须定期彻底清理。

156. 炉子的容量怎样确定?

答：炉子的容量应根据铸造机的生产能力和铝液精炼后在炉内停留的时间而定。铝液精炼后在炉内停留的时间，包括静置时间和铸造的操作时间。在炉内进行晶粒细化处理时，从细化效果考虑，晶粒细化处理后铝液在炉内停留的时间超过3h，必须重新搅拌。在炉外进行晶粒细化处理时，晶粒细化处理后到铸造机的时间很短，可以不考虑细化效果的影响。从精炼效果考虑，铝液精炼后在炉内停留的时间超过3h，应重新精炼。因此，铝液精炼后在炉内停留的时间，可以作为确定炉子容量的参照依据。

157. 在电解铝厂炉子的首选能源是什么？

答：在铝及铝合金熔炼生产中，炉内的气氛决定于炉子能源的合理选择。从以上所述已知，在电解铝厂利用高温液态原铝的余热可以处理很大一部分固态炉料，主要炉料为液态铝，没有铝锭重熔的需求。炉子基本上是处于保温的状态。由于铝电解槽产出的高温液态原铝中的氢含量比较高；铝液中含氢量的起始浓度高，会增加除氢的困难。而使用电能时，炉内的气氛中所含水分最少，有利于减少铝液中的氢和氧化铝夹杂物含量。因此，在电解铝厂炉子的首选能源应该是电能。特别是对于保温炉（混合炉），必须选用电能，这样才有利于保证和提高产品质量，同时可以为生产操作减轻很大的负担。无论从产品质量，还是从经济效益和环境保护的角度考虑，应该首选电能。这是确保和提高产品质量的重要措施，也是确保和提高产品质量的前提。而且，在电解铝厂使用电能是有方便条件的。

在铝加工厂，为了确保和提高产品质量，保温炉（静置炉）的热源也应该首选电能。

158. 炉膛内衬材料对铝熔体的质量有什么影响？

答：炉膛内衬是用耐火材料砌筑的。耐火黏土砖的成分主要是SiO_2，其次是30%～40%Al_2O_3。高铝砖的成分主要是48%～75%Al_2O_3，其次是SiO_2。镁砖的主要成分是87%MgO还有少量的CaO。

黏土耐火砖的主要成分是莫来石（$3Al_2O_3 \cdot 2SiO_2$）和方英石（SiO_2）。液态铝很容易与炉内衬材料中的SiO_2反应，反应式如下：

$$4Al + 3SiO_2 = 2Al_2O_3 + 3Si \qquad (10-1)$$

$$3(3Al_2O_3 \cdot 2SiO_2) + 8Al = 13Al_2O_3 + 6Si \quad (10-2)$$

高铝砖和砌砖用黏土耐火泥的主要成分是高岭土（$Al_2O_3 \cdot 2SiO_2$），它同熔融铝除了发生反应式 10－1 和式 10－2 的反应之外，还可能有下式反应：

$$3(Al_2O_3 \cdot 2SiO_2) + 8Al = 7Al_2O_3 + 6Si \quad (10-3)$$

按照反应式 10－1、式 10－2 和式 10－3 反应后，生成的硅和氧化铝进入铝液中，使铝中的硅含量增加，污染铝熔体；同时炉内衬也受到腐蚀，炉壁上黏附着熔渣，增加了清炉的困难。铝液在炉内停留的时间愈长，铝中的硅含量增加得愈多，污染铝熔体愈严重。炉膛内衬材料中的二氧化硅含量愈多，铝中的硅含量也增加得愈多，污染铝熔体也愈严重。在熔炼高纯铝的过程中，即使采用高铝砖砌筑炉内衬，一般情况下也会降低一个品位；采用镁砖砌筑炉内衬时，可以避免这种现象。采用高铝砖砌筑炉内衬时，也应选用 65%～75% Al_2O_3 的高铝砖。总之，在铝及铝合金熔炼生产中，为了确保和提高产品质量以及提高炉子的使用寿命，炉膛内衬材料中的二氧化硅含量应尽可能低一些，最好不含二氧化硅的成分。

在铝及铝合金熔炼生产中，当使用含有二氧化硅的耐火材料砌筑炉内衬时，使铝液在炉内停留的时间应尽可能缩短，以保证铝液的质量。

159. 烘炉制度有什么要求？

答：炉子内衬材料中所含的水分是熔炼过程中铝液吸气的来源之一。新砌筑的炉子，内衬中含有相当数量的水分。在生产过程中，炉子需要进行大、中、小修理；修炉时需要停炉一定时间。在停炉和修复的砌体中，耐火材料都会从空气中吸收水分。因此，无论是新砌筑的炉子，还是大、中、小修理后的炉子，使用之前，都必须按规定进行烘炉，将砌体耐火材料所含的水分彻底排除掉。

新砌筑和大修后的炉子，内衬砌筑完之后，必须先进行自然干燥。自然干燥时间，夏季不少于半个月，冬季不少于一个月，春秋季时介于两者之间。自然干燥后，方可进行烘炉。内衬刚砌筑完之后，所含水分较多，若立即烘炉，由于受热急剧膨胀的水汽较多，容易造成耐火材料表层剥落，缩短炉子的使用寿命。

电阻炉大修、中修（或长期停炉）和小修（或短期停炉）的烘炉制度可参照表 10－2 规定进行。一个月以内为短期停炉，一个月以上为长期停炉。新砌筑的炉子，按大修后的规定烘炉。在烘炉过程中，炉温在400℃以下时，敞开所有的炉门，以便水汽排去；因为在这一温度段内，从砌体中排出的水汽较多。在这一阶段主要是排除砌体中的水分，是烘炉的重要阶段，150℃左右主要是物理脱水，即排除吸附的水分；350℃左右主要是沙浆耐火材料结晶脱水，即排除耐火材料中的结晶水。在这一阶段内，每一温阶应有足够的保温时间，使砌体中的水分彻底排除。400℃以上时，关闭所有的炉门；这一阶段主要是让砌体慢慢蓄热。在铝及铝合金熔炼生产的温度（700～850℃）范围内，静置炉（保温炉）的保温时间比熔炼炉的保温时间要适当地延长一些，使蓄热更充分一些，以便新开炉时确保铸造温度的稳定性。

表 10－2　电阻炉烘炉制度

序号	加热温度/℃	保温时间/h						炉门情况
		大修后		中修后		小修后		
		熔炼炉	静置炉	熔炼炉	静置炉	熔炼炉	静置炉	
1	100	20	20	10	10	8	8	全开门
2	150	24	24	—	—	—	—	全开门
3	200	30	30	10	10	8	8	全开门
4	250	20	20	8	8	8	8	全开门
5	300	20	20	16	16	10	10	全开门
6	350	15	15	8	8	4	4	全开门
7	400	10	10	—	—	—	—	全开门

续表 10 - 2

序号	加热温度/℃	保温时间/h						炉门情况
		大修后		中修后		小修后		
		熔炼炉	静置炉	熔炼炉	静置炉	熔炼炉	静置炉	
8	450	2	2	8	8	2	2	全关门
9	500	2	2	5	5	—	—	全关门
10	550	2	2	—	—	2	2	全关门
11	600	2	2	5	5	—	—	全关门
12	650	3	3	5	5	2	2	全关门
13	700	4	9	5	5	—	—	全关门
14	750	4	9	—	5	2	6	全关门
15	800	4	4	5	5	—	—	全关门
16	850	2	2	—	5	2	6	全关门
17	900	2	2	5	5	—	—	全关门
18	950	2	2	5	5	2	2	全关门
19	980	2	2	—	—	—	—	全关门
20	合 计	170	180	95	105	50	58	

有些生产厂，使用油炉或煤气炉。对于熔炼炉和静置炉的烘炉制度也应参照表 10 - 2 规定进行。有的大型铝加工厂，采用煤气炉集中熔化固态铝锭，然后再将熔化的铝液分别输送到各个电阻熔炼炉中去按成品合金的要求进行熔炼。在这种情况下，在煤气炉内不进行其他工艺操作，主要的熔炼工艺操作在电阻熔炼炉和静置炉内进行，对成品合金的质量影响要小一些；这种组合形式，可以缩短电阻熔炼炉的熔炼时间。对于这种只是集中熔化固态铝锭用的煤气炉，中修和大修后的烘炉制度可参照表 10 - 3 规定进行；新砌筑的煤气炉按大修炉的烘炉制度进行烘炉，停炉时间在一个月以上的煤气炉重新启动前按中修烘炉制度进行烘炉，小修和停炉时间在一个月以内的煤气炉可直接将炉温升至 1000℃投入生产。在电解铝厂，没有必要设置这种集中熔化固态

铝锭用的煤气炉。

表 10－3 煤气炉大修、中修后烘炉制度

序号	炉膛温度/℃	升温速度/℃·h^{-1}		保温时间/h		烘炉累计时间/h	
		大修	中修	大修	中修	大修	中修
1	室温（20℃）	6	15	—	—	30	12
2	200	—	—	24	8	54	20
3	200	15	25	—	—	87	48
4	700	—	—	8	—	95	—
5	700	20	—	—	—	110	—
6	1000	—	—	10	4	120	52

在烘炉过程中，升温速度不宜太快，因为耐火材料的热导率比较小；保温时间要足够，否则会影响炉子的使用寿命。在电解铝厂，混合炉的设计使用寿命为2.5年。

160. 炉子使用过程中应注意什么事项？

答：炉子的外壳一般是用钢材焊接的，而炉子内衬是用耐火材料砌筑的。耐火材料是脆性材料，而它的热导率又比较小，传热性能比较差。在生产使用过程中，应避免急热急冷。急热急冷很容易损坏炉衬砌体，缩短炉子的使用寿命。在炉内进行工艺操作时，不要同时打开所有的炉门，只打开操作处的炉门即可，避免炉温急剧下降。不在炉内进行工艺操作或者炉子不工作时，必须关闭好所有的炉门。

在炉内进行工艺操作时，应避免操作工具重击炉衬砌体，以免损坏内衬；同时应避免铝液溅到电热元件上，以免造成短路而损坏电热元件。采用固态料装炉时，应轻轻地放入炉内，不可抛掷入炉，避免砸坏炉衬，避免铝液溅到电热元件上。

161. 为什么要洗炉？

答：在实际生产中，一组炉子不可能单一生产某一种产品，而是根据生产需要更换不同的产品。洗炉的主要目的，是为了在

新砌筑、大修和中修的炉子使用之初以及在产品转换过程中确保产品化学成分的准确性，确保产品质量。

新砌筑、大修和中修的炉子，内衬上黏附着很多灰尘，这些灰尘中含有许多二氧化硅和氧化铝等夹杂物；液态铝很容易与二氧化硅反应，生成硅和氧化铝。在新砌筑、大修和中修后的炉子使用初期，这些灰尘既影响铝熔体的纯度，又会降低铝熔体的纯洁度。因此，新砌筑、大修和中修的炉子，在投入生产时必须用铝液清洗炉子内衬。洗炉之前，应先用吸尘器吸净炉内的灰尘，然后再用铝液清洗。这样可以减少洗炉后洗炉料中的夹杂物含量。

在正常生产过程中，合金转组时也需要洗炉。洗炉前，必须将上一熔次的炉料放干净。洗炉后的炉料要彻底放干净。在生产工业纯铝锭的过程中，不必洗炉，由高品位转为低品位时，可不放净上一熔次的炉料；由低品位转为高品位时，应放净上一熔次的炉料。在铝合金生产过程中，向高纯洁度合金转换时，应进行洗炉。合金转换时，当前一炉的合金元素为后一炉合金的杂质，或前一炉合金的杂质含量高于后一炉合金允许的杂质含量时，应进行洗炉；合金转换时的洗炉制度列于表10－4。

表10－4　合金转换时的洗炉制度[7]

上炉生产的合金	下炉生产下列合金前应进行洗炉
5A02（LF2）、5A05（LF5）、5A06（LF6）、（LF7）、5B05（LF10）、5B06（LF14）	纯铝、7A01（LB1）、3A21（LF21）、（LY5）、2A16（LY16）、4A01（LT1）、（LT2）、5A66（LT66）、（LT67）
5A03（LF3）	纯铝、7A01（LB1）、3A21（LF21）、（LY5）、2A16（LY16）、4A01（LT1）、（LT2）、5A66（LT66）、（LT67）、7A03（LC3）
（LY5）、2A16（LY16）	纯铝、7A01（LB1）、5A02（LF2）、5A03（LF3）、5A05（LF5）、5A06（LF6）、（LF7）、5B05（LF10）、5A12（LF12）、5A13（LF13）、5B06（LF14）、3A21（LF21）、4A01（LT1）、LT2、5A66（LT66）、LT67

续表 10－4

上炉生产的合金	下炉生产下列合金前应进行洗炉
6A02（LD2）、2A50（LD5）、2B50（LD6）、2A14（LD10）	纯铝、7A01（LB1）、5A02（LF2）、5A03（LF3）、5A05（LF5）、5A06（LF6）、（LF7）、5B05（LF10）、5A12（LF12）、5A13（LF13）、5B06（LF14）、3A21（LF21）、4A01（LT1）、LT2、5A66（LT66）、（LT67）、7A03（LC3）、7A04（LC4）
2A01（LY1）、2B11（LY8）、2A10（LY10）、2A13（LY13）、2A17（LY17）	纯铝、7A01（LB1）、5A02（LF2）、5A03（LF3）、5A05（LF5）、5A06（LF6）、（LF7）、5B05（LF10）、5A12（LF12）、5A13（LF13）、3A21（LF21）、4A01（LT1）、（LT2）、5A66（LT66）、（LT67）
2A12（LF12）、2A13（LF13）	纯铝、7A01（LB1）、3A21（LF21）、5A05（LF5）、2A16（LY16）、4A01（LT1）、（LT2）、5A66（LT66）、（LT67）
2A02（LY2）、2A04（LY4）、2A06（LY6）、2B12（LY9）、2A12（LY12）	纯铝、7A01（LB1）、5A02（LF2）、5A05（LF5）、5A06（LF6）、（LF7）、5B05（LF10）、5A12（LF12）、5A13（LF13）、5B06（LF14）、3A21（LF21）、（LY5）、2A16（LY16）、4A01（LT1）、（LT2）、5A66（LT66）、（LT67）
2A11（LY11）、（LY7）	纯铝、7A01（LB1）、5A02（LF2）、5A03（LF3）、5A05（LF5）、5A06（LF6）、（LF7）、5B05（LF10）、5A12（LF12）、5A13（LF13）、5B06（LF14）、3A21（LF21）、4A01（LT1）、（LT2）、5A66（LT66）、（LT67）、2A16（LY16）、（LY5）

续表 10-4

上炉生产的合金	下炉生产下列合金前应进行洗炉
2A70（LD7）	除本身及2A80（LD8）、2A90（LD9）以外的所有合金
2A80（LD8）、2A90（LD9）	除本身以外的所有合金
Al-Mg-Zn 系	除本身以外的所有合金
3A21（LF21）	纯铝、4A01（LT1）、（LT2）、5A66（LT66）、(LT67)、7A01（LB1）
4A01（LT1）、（LT2）	除本身及 5A03（LF3）、6A02（LD2）、2A50（LD5）、2B50（LD6）、2A80（LD8）、2A90（LD9）、2A14（LD10）、2A11（LY11）、LY15 以外的所有合金
7A01（LB1）	除含 Zn 以外的所有合金

洗炉料一律使用液态原铝，其用量不少于炉子容量的35%～40%。洗炉时，将熔体温度升至800～850℃，然后每隔半小时彻底搅拌一次，一共搅拌三次。出炉时不允许有剩料，同时要进行大清炉。

为了减少洗炉的工作量，提高生产的经济效益，应该按产品系列归类进行合理的生产。

162. 为什么要清炉?

答：在铝及铝合金熔炼生产中，炉底会沉积一些夹杂物。随着熔次增加，沉积的夹杂物也会增多。液态原铝从电解槽内吸出时，伴随带入少量的电解质；随着铝液温度降低，这些电解质凝聚而沉降于炉底或黏附于熔池四壁上。在生产电工用铝实行硼化处理时，所生成的 TiB_2 颗粒也沉降于炉底。清炉的主要目的，是清除炉内的金属夹杂物和非金属夹杂物，确保铝及铝合金熔体的纯洁度。

为了保证铸锭的质量，按电解铝熔铸生产操作规范通常每隔

7～10 天必须清炉一次。按《电解铝液直接生产纯铝方锭工艺规范》要求，同品位铸锭连续生产 20 炉必须将炉内剩余的铝液放干净，彻底大清炉。通常各生产厂根据本厂的具体情况制定清炉制度。根据铝加工厂的生产实践，关于大清炉的典型规定如下：

（1）合金转组时，应放干净大清炉。

（2）连续生产纯铝时，每生产 10 熔次后大清炉。

（3）对于特殊制品，每熔次都要放干净大清炉，并在下一熔次转炉前进行二次清炉（即在第一次清炉完毕后，在炉内撒入专用的清炉用粉状熔剂，再进一步升温，继续清理一次）。

（4）连续生产其他合金时，每生产 5 熔次后放干净大清炉。

大清炉时，将炉内剩余的铝液从放渣口全部放干净，撒入专用的清炉用粉状熔剂。将炉温慢慢升至 850℃ 并保温一定时间，使黏附于炉底和四壁上的熔渣全部化软，然后用铁铲将炉壁、炉底、炉角和虹吸箱处的沉渣彻底铲除，从炉门扒出炉外，使炉壁和炉底露出耐火砖为止。整个清炉操作，通常在一个班内完成。

在平时生产过程中，为了保证产品质量，每一铸次铸完之后，也要清炉；将炉壁、炉角的渣滓及余料液面上的浮渣扒出炉外。

163. 在炉子管理的过程中应注意什么事项？

答：在铝及铝合金熔炼生产中，所有的炉子在完成各项工艺操作的同时要有良好的保温功能。炉子的内衬材料有：耐火黏土砖、高铝砖和镁砖；保温层材料有：保温砖、保温填料和石棉板等。对于熔炼炉和静置炉，从保证铝熔体的质量考虑，炉膛的熔池部分应采用二氧化硅含量尽可能少的高铝砖或者镁砖，即炉门以下部分的内衬采用优质的高铝砖或者镁砖。高铝砖和镁砖的热导率比耐火黏土砖高，而且价格也比耐火黏土砖贵一些。从保温性能和降低生产成本考虑，炉膛的熔池以上部分应采用二氧化硅含量较多的耐火黏土砖，即炉门下口以上部分的内衬采用耐火黏土砖。其他炉子的内衬都采用耐火黏土砖即可。

在炉子管理和操作过程中，安全等注意事项均与精炼、搅拌时的要求相同。

新砌筑、大修和中修的炉子，在投入生产时虽然用铝液清洗过了炉子内衬，可以减少对熔体的污染，但是，不能杜绝对熔体的污染，因此，在使用的初期，还会有使铝液增硅的可能。在头几炉的熔炼过程中，应选用硅含量较低的液态原铝进行配料。在这方面的条件，电解铝厂优于使用固态炉料的铝加工厂。在铝及铝合金熔炼生产中，应充分发挥电解铝厂的这一优势条件。

十一、铸　造

164. 铸造的作用是什么?

答：目前，已知自然界的物质有四种形态：固态、液态、气态和等离子态。在物态变化的过程中，会发生能量和体积等物理性质的突变，而且随着温度的变化还会发生渐变的现象。在物理化学中，物态也称为物相，由一种物态变为另一种物态的过程称为相变。热是能量的一种表现形式。例如，由固态变为液态、即熔化时，会吸收大量的热；反之，由液态变为固态、即凝固（结晶）时，会放出大量的热。铝的结晶潜热为 393.56kJ/kg。因此，当采用铝锭重熔时，需要消耗大量的热能，同时体积增大；在铸造过程中，铝液凝固成铸坯时，会骤然放出大量的热，同时体积骤然缩小。

铸造是将液态金属按照产品所需要的形状变成固态金属的相变过程。在铸造过程中，特别是生产铸锭时，都是采用连续铸造，结晶器很短，冷却速度很快。在很短的时间内，要完成复杂的物理过程，把释放出来的热量迅速传递出去，还要保证产品的良好质量，必须控制好各种工艺参数。

在电解铝厂，液态原铝的特点之一是高温。虽然在熔炼的过程中已经进行降温和晶粒细化处理，但是还不能完全达到铸锭或铸件质量的要求。为此，还要在铸造过程中根据不同的产品和不同的铸造方法采取相应的工艺制度，以确保产品质量。

165. 铸造的产品有哪些?

答：在电解铝厂，铸造的产品包括各种铝材的压力加工用坯锭和铝铸件。社会消费的铝大体可分为加工材、导体、炼钢脱氧用铝、铝铸件及其他四大类。据统计，消费的铝中，96.5%需要经过铸造生产。

铝材包括管、棒、板、带、箔、线和型材。棒材和型材生产使用实心圆铸锭。管材生产使用空心圆锭，也可以使用实心圆铸锭穿孔成空心管坯。板、带、箔材生产使用方铸锭，也称为扁锭或板锭；也可以使用薄板坯，特别是带材和箔材生产目前多使用薄板坯。线材生产使用 ϕ9.5mm 的铝杆；也可以使用 100mm × 100mm 的方锭经横列式轧机轧制成或使用实心圆铸锭挤压成铝杆，目前这两种方法已不多用。随着国民经济的迅速发展，特别是建筑装修、包装、交通运输和家用电器等工业部门对铝加工材需求的不断增长，我国铝加工业的发展是比较迅速的，2009 年，中国铝材生产量达到 1650.35 万吨，其中板带材产量为 485 万吨（30%），挤压材产量为 830 万吨（51%），铝箔产量为 165 万吨（10%）。挤压材中绝大部分是建筑用铝型材。

为了减少铸造工具规格和更换次数，以提高铸造生产率，在满足加工车间对铸坯合理要求的条件下，铸锭规格应标准化，尺寸规格越少越好。目前，我国在铝加工工业生产中常用的扁铸锭规格是厚度 200～480mm，宽度 1000～2000mm，宽厚比为 4～7；圆铸锭的直径为 80～800mm；空心铸锭的外径为 200～800mm，内径为 90～550mm。也可以根据需要生产直径或宽厚比较大的大型圆锭或扁锭。

铝铸件产品种类很多，绝大部分用作机械零件。目前，铝铸件生产以小型汽车和摩托车用的轮毂为数最多，可以减轻运输设备的重量，降低燃油的消耗量。轮毂是规模最大的铝铸件生产，很适合于电解铝厂集中生产；特别是风沙较大地区的电解铝厂，风沙刮过之后，容易使液态原铝中的硅含量增加，可以直接使用这种液态原铝生产铝铸件，既可提高企业的经济效益，又可以合理地使用资源。

166. 铸造方法有哪些？

答：用于压力加工用坯锭生产的方法很多。目前，用于方铸锭、实心圆铸锭和空心圆铸锭的生产方法主要是立式半连续铸锭法，也可以用水平连续铸造法。用于薄板坯的生产方法多为连续铸轧法。早期生产中曾使用铁模铸造法，生产效率太低，成品率也比较低，机械化、自动化程度难以提高，适用于小规模的片材生产，不适用于大规模生产。生产薄板坯的连续铸造法种类也很多，主要有：双辊连续铸轧法、双带式 Hazelett 法和双履带式连铸法等。用于铝杆的生产方法主要是 Properzi 连铸连轧法。由于连续铸轧工艺可以直接生产出较薄的板坯供冷轧用，去掉了锭坯再加热和热轧开坯等工序，不仅降低了能耗，缩短了生产周期，而且也减少了设备投资。

为了提高产品质量、生产效率、机械化和自动化程度，应选择连续铸造的方法生产压力加工用坯锭。

铝铸件生产的方法也是多种多样的。按照使用的铸型材料分类，有非金属型和金属型；同时又可按照浇注方式进一步分类：

（1）非金属型。1）浇注时铸型静止：砂型铸造（包括湿型铸造、干型铸造和黏土型铸造）；石膏型铸造；精密铸造（失蜡法，壳型等）。2）浇注时铸型运动：失蜡法精密铸造；离心铸造。

（2）金属型。1）浇注时铸型静止：金属型铸造（加压与不加压铸造）。2）浇注时铸型运动：离心铸造。目前，轮毂多用压力铸造。压力铸造的产品质量和机械化程度都比较高，适于电解铝厂大规模生产。

167. 铸锭和铸件的凝固过程是怎样进行的？

答：用连续铸造法或金属模浇铸法生产铝及铝合金铸锭时，铸锭的结晶过程是液态金属首先与激冷的结晶器或金属模壁上接触凝固（结晶）形成激冷层，然后从铸锭表面向中心、由底部向上部逐渐扩展的，形成凹臼状；臼内仍为液态金属，通常称为液相穴。随着热量从铸锭表面不断导出，与液相线温度相一致的等温面便逐渐向熔体深处推移。在结晶器内或铸模内，液态金属因激冷而形成的凝固壳与结晶器壁或铸模壁之间呈波动性接触；

当凝固壳的强度能与液态金属所产生的静压力平衡以后，凝固壳与结晶器壁或铸模壁之间即形成稳定性气隙。对于纯金属和共晶成分的合金，凝固过程中，断面上一般只存在两个区域：固相区和液相区；金属的熔点和合金的共晶点温度为这种两相区的分界线，也就是结晶面。例如，铸造纯铝、硅铝盟和 3A21（LF21）合金等铸锭时，结晶面是坚硬的，以致用探棒都插不进去。对于具有一定结晶温度范围的合金，这个等温面相当于结晶开始面。而相当于不平衡固相线温度的等温面，即为结晶结束面。在结晶开始面与结晶结束面之间，由固相与液相组成，称为两相区，又称为凝固区或过渡区，因为凝固过程就发生在这个区域内。因此，这类合金在凝固过程中，其断面上一般都存在三个区域：固相区、凝固区和液相区。如图 11－1 所示，*BE* 区间为两相区；

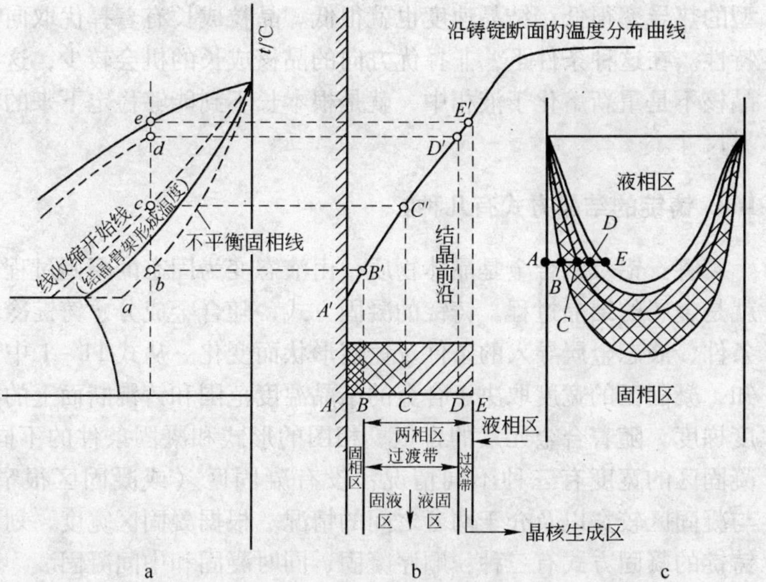

图 11－1 沿铸锭断面的结晶区域与结晶时温度范围的关系示意图[7]

a—合金状态图；b—结晶区域与状态图对应关系；c—液相穴内等温线分布图

两相区内在宏观上还形成一层固相和液相之间的连续分界面，与形成这一固定界面温度相适应的等温面称为结晶前沿。这样的结晶面强度较差，例如铸造硬铝铸锭时，用探棒可以插入5~10mm深。

凝固区的宽度 b 可用下式表示：

$$b = (T_1 - T_s)/G \qquad (11-1)$$

式中 $T_1 - T_s$——合金的平衡结晶温度范围；

G——铸锭断面上的温度梯度。

从式11-1中可知，合金成分一定，即 $T_1 - T_s$ 一定，G 大则凝固区窄；反之，G 一定，$T_1 - T_s$ 大，则凝固区宽。因此，在生产中可以采取调整工艺的方法来改变 G 的大小，从而控制凝固区的宽窄。

在砂型铸造中，铸件的冷却速度很慢，没有激冷层；因为铸型的热导率很低，结晶速度也就很低。晶粒成长有着择优取向的特性。在这种条件下，非择优方向的晶核成长的机会较少，这些晶核不是重新熔化于液相中，就是根本长不到能够稳定下来的临界尺寸。

168. 铸锭的结晶方式有几种？

答：铝及铝合金是晶体物质，由液态变为固态的凝固过程也就是金属的结晶过程。铸锭的凝固方式，随合金成分、铸锭冷却条件、液态金属导入的条件及铸锭形状而变化。从式11-1中可知，凝固区的宽度取决于合金的结晶温度范围和铸锭断面上的温度梯度。随着合金元素的含量、相图的形式和凝固条件的不同，凝固区的宽度有三种不同情况：没有凝固区（或凝固区很窄）与凝固区较宽以及介于两者之间的情况。根据凝固区宽度，划分铸锭的凝固方式有三种：顺序凝固、同时凝固和中间凝固。

没有凝固区的凝固方式形成顺序凝固。在合金的结晶温度范围很小，或铸锭断面上的温度梯度较大的情况下，凝固区的宽度很窄，铸锭也可能以顺序方式凝固。顺序凝固时，固液界面是平滑的，当液态金属凝固发生体积收缩时，可以不断地得到液态金属的补充，因而铸锭产生分散性缩孔的倾向小，在铸锭最后凝固的部位却容易形成集中缩孔。当界面附近出现裂纹时，也因为有液态金属及时填充而得以愈合，因而铸锭的热裂倾向小。顺序凝固时，容易形成柱状晶。

凝固区较宽的凝固方式形成同时凝固，也称为体凝固。同时凝固时，容易得到等轴枝晶，但是晶粒往往粗大；粗大枝晶互相连接后，封闭住的残余液体最后凝固，由于液体凝固发生体积收缩时得不到液体补充，形成分散性缩孔。宽凝固区的合金枝晶发达，流动性差，一旦出现晶间裂纹，难以得到液体的填充使其愈合，因而热裂倾向较大。枝晶又称为树枝状晶，整个晶体结构像树枝的形状。

凝固区的宽度介于顺序凝固与同时凝固的凝固区宽度之间时，铸锭的凝固方式形成中间凝固。中间凝固时，铸锭中既有柱状晶，也有等轴晶；合金的流动性比结晶温度范围窄的合金差，但是优于结晶温度范围宽的合金，铸锭产生热裂和缩孔的倾向性介于两者之间。

169. 铸锭和铸件的凝固组织有什么特点？

答：用连续铸造法或金属模浇铸法生产的铝及铝合金铸锭，由于凝固的特点，横断面典型的宏观组织一般分为三区：周边的激冷层为细小的等轴晶区；中心为粗等轴晶区；两区之间为柱状晶区。纵断面的凝固组织一般呈 V 形；在连续铸锭中，随着铸造速度增大，V 形的夹角变小。在实际生产条件下，获得的铸锭并不是都有上述三个组织区，而可能只有两个甚至只有一个组织区。

在砂型铸造中，冷却速度较慢，浇注超纯铝铸件时在金属与型壁的接触面处，虽然有一定的过冷度，但是较低（1～3℃），由于迅速发生了再炽热，铸件内部就没有什么过冷现象，首先在型壁处生成的结晶可以向内生长而不受铸件内部新的晶核干扰，整个铸件的凝固组织就形成了柱状晶。在金属型铸造中，金属与型壁的接触面处的过冷度较大（2～5℃），再炽热现象受到抑制，铸件的冷却速度较快，铸件各部分的凝固组织都出现了等轴结晶。

170. 不同铸造方法的冷却速度有多大差别？

答：生产实践表明，不同的铸造方法，其冷却速度是不同的。例如，铁模比砂模的冷却能力强，连续铸锭比铁模的冷却能力强。三木功等人研究了 Al－Fe 合金凝固时枝晶晶臂距离与冷却速度的关系[35]。试验结果列于表 11－1。

表 11－1 枝晶晶臂距离与冷却速度的关系[36]

冷却速度/℃·s^{-1}	42	29	18	13	12	7.6	4.4	0.1	0.01
枝晶晶臂距离/μm	7.8～11.5	12～13.5	27～50	15～18	10～17	14.5～18	19～23	70～80	150～200

根据三木功等人的研究结果，推测出各种铸造方法的冷却速度为：Hunter 法的冷却速度为 200～700℃/s；压模铸造法为 20～80℃/s；直接水冷铸造法为 0.5～20℃/s；Properzi 法为 0.5～13℃/s；金属模铸造法约为 0.1℃/s；壳模铸造法约为 0.01℃/s。

171. 铸造机与静置炉之间保持多大距离较为合适？

答：铸造机与静置炉之间的距离，应根据晶粒细化处理方式和生产操作要求而定。当采取炉内晶粒细化处理时，铸造机与静置炉之间的距离，应尽可能地短，只要满足生产操作要求即可，距离过大会增加铝液氧化和吸气的机会。当采取炉外晶粒细化处理时，铸造机与静置炉之间的距离，应根据晶粒细化剂的接触时间确定，以便获得最佳细化效果；杆状晶粒细化剂最佳细化效果的最低接触时间为 2min，铸造机与杆状晶粒细化剂加入点之间的距离，应保持铝液运动的时间不小于 2min，杆状晶粒细化剂加入点与静置炉之间的距离应尽可能地短。

172. 在电解铝厂生产压力加工用坯锭和铝铸件对于铸造过程有什么有利条件?

答：在电解铝厂生产压力加工用坯锭和铝铸件，除了对熔炼过程有着很大的优越性之外，对铸造过程也具有方便条件。在生产硬铝合金扁锭时，在铸造机的锭托上要事先铺纯铝底垫。为此，往往要设置小型专用熔铝炉熔化纯铝锭。在电解铝厂，这种铺垫纯铝可以直接从铝电解槽内取出，而无需专用熔铝炉，简化了生产操作。在生产工业纯铝锭和铸件时，铸造过程中撇去的铝渣可以直接返回铝电解槽，降低生产成本，能够为循环经济铺就道路；这一点在铝加工厂和铝铸件生产厂是无法做到的。

173. 为什么软合金铸锭在电解铝厂生产最为有利?

答：软合金是指1×××系铝合金、3×××系铝合金、镁含量小于3%的5×××系铝合金以及Mg_2Si含量小于1%的6×××系铝合金，如工业纯铝、3A21（LF21）、5A02（LF2）、6A02（LD2）等铝合金。这类铝合金的共同特点是塑性很好，而强度不太高。

软铝合金没有形成冷裂纹的倾向性，铸造过程中不需要铺底垫，铸造结束时不需要回火处理，在生产过程中成品率比较高。软合金形成气态和固态非金属夹杂物的倾向性相对小一点，除了生产特薄铝箔产品等特殊要求之外，在熔铸过程中一般不需要采取特殊的精炼措施。这是软合金铸锭适合于电解铝厂生产最主要的原因。软合金铸锭的生产量很大。软合金扁铸锭是铝合金板带材厂铸造车间生产量最大的品种，其成品率一般在96%~98%，废品率一般为0.3%~0.9%[10]。

在铸造过程中，由于软合金铸锭没有形成冷裂纹的倾向性，成品率比较高，软合金铸锭的生产量又很大。因此，在铝加工厂与电解铝厂相距较远的情况下，在电解铝厂直接使用铝电解槽产出的液态原铝来生产这类产品最为有利。

174. 在电解铝厂生产压力加工用坯锭和铝铸件的同时还需要生产重熔用铝锭吗？

答：为了提高企业的经济效益和社会效益，电解铝厂生产出来的液态原铝，应全部直接生产出铝材和铝铸件。铝材和铝铸件的生产量，往往会受到经济市场的影响而不能完全按设备的生产能力去生产。在电解铝厂，铝电解槽的生产是连续性的，其产出物又是液态，必须定时取出，却不便储存。为了保证铝电解槽生产的稳定性和连续性，避免压槽现象，在电解铝厂生产压力加工用坯锭和铝铸件的同时，还必须要有与电解铝总产能相匹配的重熔用铝锭生产设备。

在生产压力加工用坯锭和铝铸件的电解铝厂，重熔用铝锭生产设备作为备用设备存在。但是，可以不考虑其本身的设备备用量，只要能够完成最大的日生产能力即可。

175. 在铸造生产过程中应注意哪些事项？

答：铸造生产属于高温作业，接班之前，必须穿戴好劳动保护用品，包括按规定要求的工作服、安全帽、防护手套和防护眼镜。工作鞋必须是抗烧的高腰鞋，裤脚必须遮住鞋腰，切不可将裤脚塞入鞋腰内。

生产操作前，必须将生产工具按规定烘烤干燥；清除生产场所周围场地的积水。保持生产场所清洁规整，实行文明生产。观察静置炉的炉温是否符合铸造温度要求。不同的产品对第二次精炼和晶粒细化要求不尽相同，要检查好炉外精炼和晶粒细化装置是否符合生产要求，不符合要求必须及时调整，以便确保铸造产品质量符合要求。目前，在铸造生产中都使用水作为冷却介质，不同的产品对水压的要求不同，使用前应检查水压是否符合要求。

生产操作过程中，必须保持各项工艺参数平稳地符合工艺制度规定要求，包括炉外第二次精炼和晶粒细化的工艺参数。铝液流速要控制平稳，切不可波动过大；液面的氧化膜应保持完整，尽可能少地拨动液面。操作工具要放在安全位置上，避免烫伤。撇取的铝渣轻放于渣箱内，避免高热铝渣弹飞烫伤。

生产操作结束时，清理操作工具；清扫生产场地。将铝渣集中送到堆放处，不要与熔炼炉内扒出的炉渣混放，以便返回铝电解槽。

176. 铝材生产对变形铝及铝合金圆铸锭的质量有什么要求？

答：我国在20世纪80年代以前，变形铝及铝合金铸锭主要由铝材生产厂自行生产；只有电线电缆生产用线锭由铝电解厂生产，铸锭断面为100mm×100mm和110mm×110mm，大都为100mm×100mm，供横列式轧机生产ϕ10mm的铝线坯（又称为铝杆）。20世纪70年代以来，广泛使用Properzi连铸连轧机生产ϕ10mm的铝线坯，100mm×100mm线锭也就终止了生产。20世纪80年代初，在新建的铝电解厂开始正式将工业纯铝和软合金铸锭纳入生产范围。

20世纪80年代以来，建筑铝型材在我国广泛应用，6063铝合金圆铸锭在全国许多铝电解厂生产，大批量供应全国各挤压铝材厂使用。1993年，第一次制定了《LD30（6061）、LD31（6063）铝合金挤压圆锭》统一的标准（YS/T 67—1993）。随着社会生产的发展，降低能耗、减少对人类生存环境的污染、提高社会效益和企业经济效益，越来越受到人们重视。2005年，颁布了《变形铝及铝合金圆铸锭》标准（YS/T 67—2005），除了4×××系列之外所有的变形铝及铝合金圆铸锭，铝电解厂都可以作为出厂产品进行生产；并以此标准代替《LD30（6061）、LD31（6063）铝合金挤压圆锭》统一的标准（YS/T 67—1993）。目前，实际生产中，我国仍然是6063铝合金铸锭的生产量最大。如2006年，铝挤压材生产量达到450万吨，其中有80%是建筑用铝挤压材[33]。建筑用铝挤压材绝大部分是采用6063铝合金生产的。根据《变形铝及铝合金圆铸锭》标准（YS/T 67—2005）规定，铸锭的化学成分应符合《变形铝及铝合金化学成分》国家标准要求。铸锭的牌号、状态和规格应符合表11－2中的规定。

表 11－2 变形铝及铝合金圆铸锭的牌号、状态和规格（YS/T 67—2005）

牌号	状态	公称直径/mm
1×××、2×××、3×××、5×××、6×××、7×××、8×××	铸态或均匀化	80、90、102、112、124、127、142、150、152、162、178、192、203、212、229、250、254、280、300、405、482、500

根据《变形铝及铝合金圆铸锭》标准（YS/T 67—2005）规定，变形铝及铝合金圆铸锭的尺寸允许偏差应符合表 11－3 中的规定。

表 11－3 变形铝及铝合金圆铸锭的尺寸允许偏差（YS/T 67—2005）

铸锭直径/mm		铸锭长度/mm		铸锭的弯曲度（不大于）/mm		端面切斜/mm
公称直径	允许偏差	定尺长度	允许偏差	每米长度上	全 长	不大于
≤124	±2	250～6000	+10	5	15	5
>124～300	±3	250～6000	+10	5	15	5
>300～550	±4	250～6000	+10	5	15	7

注：可供应定尺及倍尺铸锭，如需要其他长度的铸锭，可在合同中注明。

根据《变形铝及铝合金圆铸锭》标准（YS/T 67—2005）规定，变形铝及铝合金圆铸锭的低倍组织应符合表 11－4 中的规定。

表 11－4 变形铝及铝合金圆铸锭的低倍组织（YS/T 67—2005）

缺陷名称	技术要求
裂纹、气孔、羽毛晶	不允许存在
夹渣	允许有不多于两点夹渣，且单个面积不大于 0.5mm^2
光亮晶	2×××、5×××、7×××合金不允许有光亮晶粒。其他合金光亮晶粒不允许多于 10 点，每点平均直径不大于 3mm；或不多于 2 点，每点平均直径不大于 10mm
晶粒度	不允许大于四级
疏松	不超过二级

根据《变形铝及铝合金圆铸锭》标准（YS/T 67—2005）规定，均匀化状态变形铝及铝合金圆铸锭的显微组织不允许有过烧。

根据《变形铝及铝合金圆铸锭》标准（YS/T 67—2005）规定，变形铝及铝合金圆铸锭外观质量要求：

（1）铸锭表面不允许有拉裂、气泡及腐蚀斑点。

（2）直径小于300mm的铸锭，表面允许存在深度不大于1.5mm的拉痕、成层（冷隔）、缩孔等缺陷；直径300～500mm的铸锭，表面允许存在深度不大于2.0mm的拉痕、成层（冷隔）、缩孔等缺陷。

（3）允许有经过铲凿修整过且不大于2.0mm的机械碰伤，但机械碰伤应不多于四处。

（4）铸锭表面不允许有高出基面1.5mm的金属瘤。

（5）铸锭表面应清洁、无油污。

（6）铸锭表面不允许有飞边及毛刺。

根据《铸锭生产过程的质量控制要求》（YS/T 590—2006），熔体中氢含量宜控制在0.2mL/100g（Al）。这个数值的要求是不高的。从提高最终产品的质量要求考虑，熔体中氢含量应严格控制为好。

177. 铝材生产对变形铝及铝合金扁铸锭的质量有什么要求？

答：《变形铝及铝合金扁铸锭》标准的制定和颁布晚于《变形铝及铝合金圆铸锭》标准（YS/T 67—2005），直到2006年才实行统一规定（YS/T 590—2006）。该标准适用于横截面为矩形的、作为轧制或其他变形用坯料使用的所有变形铝及铝合金扁铸锭。

根据《变形铝及铝合金扁铸锭》标准（YS/T 590—2006）规定，铸锭的化学成分应符合《变形铝及铝合金化学成分》国家标准要求。铸锭的牌号、状态和规格应符合表11－5中的规定。

表 11－5 变形铝及铝合金扁铸锭的牌号、状态和规格（YS/T 590—2006）

牌　号	状　态	铸锭规格/mm		
		厚度	宽度	长度
1×××、2×××、3×××、4×××、5×××、6×××、7×××、8×××	铸态或均匀化	200～700	500～2100	2500～7500

注：需方需要其他规格的铸锭时，需方与供方商定后，在合同中注明。

根据《变形铝及铝合金扁铸锭》标准（YS/T 590—2006）规定，变形铝及铝合金扁铸锭厚度、宽度和长度的尺寸允许偏差应符合表 11－6 中的规定。

表 11－6 变形铝及铝合金扁铸锭厚度、宽度和长度的尺寸允许偏差（YS/T 590—2006）

铸锭厚度/mm		铸锭宽度/mm		铸锭长度/mm	
厚　度	允许偏差	宽　度	允许偏差	长　度	允许偏差
200～300	±2	500～1000	±5	2500～4000	±20
>300～400	±3	>1000～1300	±8	>4000～5000	±20
>400～700	±4	>1300～2100	±10	>5000～7500	±20

根据《变形铝及铝合金扁铸锭》标准（YS/T 590—2006）规定，铸锭应切去头尾，切斜度不大于 10mm，锯切痕深度不大于 2mm。

根据《变形铝及铝合金扁铸锭》标准（YS/T 590—2006）规定，锯切铸锭对角线弯曲不大于 10mm，锯切铸锭沿长度方向的弯曲不大于 10mm，锯切铸锭横断面的弯曲不大于 5mm，锯切铸锭侧面的弯曲不大于 15mm。

根据《变形铝及铝合金扁铸锭》标准（YS/T 590—2006）规定，变形铝及铝合金扁铸锭的低倍组织应符合表 11－7 中的规定。

表11-7 变形铝及铝合金扁铸锭的低倍组织（YS/T 590—2006）

缺陷名称	技术要求	
	1×××、3×××、8×××	其他合金
裂纹、气孔、羽毛晶	不允许存在	不允许存在
夹渣	不允许存在	允许有不多于两点夹渣，且单个面积不大于0.5mm^2
晶粒度	不允许大于四级	不允许大于四级
疏松	不超过一级	不超过二级

根据《变形铝及铝合金扁铸锭》标准（YS/T 590—2006）规定，均匀化状态变形铝及铝合金扁铸锭的显微组织不允许有过烧。

根据《变形铝及铝合金扁铸锭》标准（YS/T 590—2006）规定，变形铝及铝合金扁铸锭外观质量要求：

（1）表面不允许有断流冷隔和裂纹；金属瘤可以铲掉；拉裂深度不大于4mm。

（2）1×××、3×××、6×××、8×××系列牌号的铸锭成层（冷隔）不大于3mm，其他系列牌号的铸锭成层（冷隔）不大于5mm。

（3）1×××、3×××、6×××、8×××系列牌号的铸锭表面偏析瘤深度不大于3mm，其他系列牌号的铸锭表面偏析瘤深度不大于5mm。

（4）铸锭表面夹渣面积不大于225mm^2，深度不大于5mm。

（5）铸锭大面机械碰伤深度不大于5mm。

根据《铸锭生产过程的质量控制要求》（YS/T 590—2006），熔体中氢含量宜控制在0.2mL/100g(Al)。这个数值的要求是不高的，从提高最终产品的质量要求考虑，特别是生产箔材的扁铸锭，熔体中氢含量应严格控制为好。

178. 在连续铸锭过程中对冷却水有什么要求？

答：目前，在铝及铝合金铸坯生产过程中，都是使用水作为冷却介质。冷却水同结晶器和铸锭直接接触，液态金属中所含的热量，绝大部分靠冷却水带走。因此，对冷却水的水质有一定要求：

（1）冷却水的硬度不大于55mg（CaO）/L，冷却水中结垢物质的含量不大于100×10^{-6}。水中溶解有一定数量的碳酸钙等矿物质，通常称为结垢物质。在铸造过程中，冷却水一般是在大气压条件下工作的，在100℃沸腾。这些结垢物质在水中的溶解度随着水温升高而降低，析出的结垢物质会附着在结晶器壁上或铸锭表面上，从而降低结晶器的散热效果；铸锭表面上的结垢物质还会影响铝材成品的生产质量。主要结垢物质在水中的溶解度随着水温升高而变化的情况列于表11－8中。

表11－8 结垢物质的可溶性[37]（mg/L）

水温/℃	$CaSO_4$	$CaCO_3$	$Ca(OH)_2$	$Mg(OH)_2$
20	2040	58	1590	9.8
40	2110	39	1360	9.5
50	2080	32	1240	8.8
60	2015	27	1125	8.0
100	1695	14.8	658	4.5

（2）冷却水温度升高的上限，以结晶器的水沟内壁形成结垢的可能性为度。从表11－8中可以看出，在20～60℃温度范围内主要结垢物质的可溶程度变化不大。在这种条件下，据试验证实结垢的可能性不大。为了提高二次冷却强度，通常要求结晶器出口处的水温必须低于35℃。结晶器内冷却水的温度升高通常不超过20℃。因此，要求结晶器入口处的水温越低越好，一般不应高于25℃。这种要求，在北方地区比较容易得到满足；

在南方地区，自然条件下大多数时间内难以满足，特别是地理纬度较低的地区，夏季时入口水温即可能超过35℃。根据表11－8中的数据，从减少结晶器的水沟内壁形成结垢的可能性考虑，结晶器出口处的水温低于60℃是可以满足生产要求的。A. A. Скворцов 等人在连续铸钢中的研究结果表明[37]，在这样的条件下，当水流速度为6m/s和冷却水的总硬度约5mg(CaO)/L时，结晶器水沟壁上不会出现明显的结垢。

（3）冷却水最好保持弱酸性，pH值为7～8，硫酸根含量小于400mg/L，磷酸根不大于2～3mg/L。

（4）为了减少结晶器的喷水孔被堵塞的机会，避免不均匀冷却，冷却水中的悬浮物应尽可能少；通常要求每升水中不应大于100mg，并且单个悬浮物的横断面不大于1.4mm^2，其长度小于3mm。

十二、立式半连续铸造

179. 立式半连续铸造的工作原理是什么？

答：在立式连续铸造中，核心部件是水冷结晶器。金属锭托伸入结晶器下端，形成锭模。铝液注入结晶器之后，接触锭托和结晶器壁的铝液首先结晶形成凝固壳；此时，铸锭在结晶器内受到一次冷却。凝固壳随锭托缓慢下降，出结晶器之后立即受到从结晶器内喷射出来的冷却水直接冷却，铸锭受到二次冷却；铸锭的冷却速度很快，铸锭的凝固过程很快从表面层扩展到铸锭中心。铸锭垂直下降，进入铸井水坑内；因此，立式连续铸造又称为垂直铸造（DC）。随着铸锭下降，铸锭长度增加，锭托的负荷也相应增大。在这种铸造机上，不设切断装置。锭托下降到最低限位置时，停止铸造过程，并将铸锭从铸井内吊运出来，完成一次作业；待到下一次铸造时，锭托再上升，伸入结晶器下端，形成锭模。因此，称为立式半连续铸造。

目前，只有在连续铸造钢锭的过程中，设备为高架结构，附有切断装置，能够实现立式连续铸造。

180. 立式半连续铸造的特点是什么？

答：立式半连续铸造，既是立式铸造，又是半连续铸造，因此有如下特点：

（1）由于浇铸过程是垂直的，从理论上讲，铸锭断面上的组织，与水平连续铸造相比是对称的。

（2）由于浇铸过程是连续地、稳定地进行，允许用较低的铸造温度，并可减少液流的冲击作用，从而减少了夹杂、气孔和缩孔等缺陷，提高了成材率。

(3) 由于受结晶器和二次冷却水的强烈冷却作用，可以获得较高的铸造速度，获得细小的结晶组织，从而提高了铸锭的力学性能。

(4) 生产过程机械化，可以多模同时连续铸造，提高了生产率，改善了劳动条件。

(5) 在连续铸造过程中，结晶器的高度比较矮，在很短的凝固区段内要获得较好的铸锭质量，工艺条件要求严格，技术性强。

(6) 由于铸锭出结晶器之后立即受到强烈的直接水冷，产生的收缩应力较大，铸锭的裂纹倾向性大。

(7) 由于浇铸过程是垂直的，需要深挖铸井或高架设备。

(8) 由于是半连续铸造，铸锭的切头切尾量较多，降低了成品率，造成金属损失量增大。

181. 铸造机的基本要求是什么?

答：对铸造机的基本要求是：结构简单可靠，在保证铸锭质量的前提下上下运行平稳灵活；铸锭有效长度大，能实现多模同时连续铸造，生产效率高；操作方便，控制系统先进。

立式连续铸造机应包括：铸造平台，升降台，传动装置，铸锭底座，水冷系统和控制系统。铸锭底座安装在升降台上。结晶器和锭托作为生产工具根据不同产品而定。结晶器安装在铸造平台上，锭托安装在铸锭底座上，均可随时更换。

182. 立式半连续铸造机有哪些种类?

答：立式半连续铸造机的类别，主要是按传动机构来划分，其他结构基本上是相同的，有如下几种类型：液压式铸造机，钢丝绳传动式铸造机，丝杠式铸造机，链带式铸造机和辊式铸造机。

(1) 液压式铸造机是用液压油缸作为传动装置，液压油缸安设在铸井坑下面，平台安装在油缸活塞的顶端。液压式铸造机，能使铸锭在较宽的速度范围内平稳地下降，并可任意调节铸造速度，可实现多模同时铸造。早期的液压式铸造机，液压缸的活塞行程较短，一般不超过3m；活塞浸在冷却水里，润滑条件不好，而且容易漏油。目前，活塞行程超过7.5m，液压油缸的顶部露在水面上。在铸造过程中，随着铸造时间的延长，铸锭的重量相应增加，活塞的负荷相应增大而促使其下降加快；这个过程是连续渐变的，将促使铸造速度不断加快，对于某些合金来说，铸造速度的这种变化可能超过其工艺许可的速度变化范围，会引起铸锭的裂纹。为了保证液压活塞平稳均匀地降落，必须对液压缸的压力采取相应的调节。因此，液压式铸造机的结构相对复杂一些。液压式铸造机，根据升降台的导向机构不同可分为外导式和内导式两种。外导式液压铸造机，在油缸顶部的铸井坑内垂直对称安装两根导向立柱；平台沿着两根导向立柱上下滑动，以避免平台偏斜或扭转。内导式液压铸造机，不设独立的导向立柱，而是在油缸上部的内壁上开设导槽，活塞外壁上设有与导槽宽度相应的凸棱，凸棱嵌入导槽内可以上下滑动；凸棱在导槽内滑动时，可以得到良好的润滑，有利于避免升降台的爬行现象。因此，内导式液压铸造机的工作性能优于外导式液压铸造机；但是，加工复杂一些，设备费用高得多。外导式液压铸造机，由于导柱与平台之间的润滑难以保证，而且很长的导向立柱难以保证其垂直度，容易出现平台的爬行现象；但是，加工简单一些，设备费用比内导式液压铸造机低得多。早期的液压式铸造机，由于液压缸的活塞行程较短，均未设导向立柱。

（2）钢丝绳传动式铸造机是用卷扬机构作为传动装置，在铸井内设有四根对称的导向立柱；平台和导向立柱之间的间隙通过四个带有轴瓦的轴承来控制。浇铸铸锭时，平台的下降用直流电机带动，以保证平稳地调节铸造速度。空载时采用交流电动机传动，保证平台迅速上升。结晶器安装在两块可以回转的盖板上，盖板的开闭通过液压系统实现。这种铸造机的主要优点是运行平稳，可实现多模同时铸造，设备费用低。其缺点是钢丝绳损坏快，需要经常更换；在铸造过程中，可能由于钢丝绳被拉长而引起铸造机的平台歪斜摆动，影响铸锭质量。工厂广泛使用的钢丝绳传动式铸造机的主要技术性能列于表 12－1。

表 12－1 钢丝绳传动式铸造机的主要技术性能[7]

型号	允许最大负荷 /kg	铸造速度范围 /m·h^{-1}	铸锭最大长度 /m	平台快速提升速度 /m·h^{-1}	圆铸锭直径/mm	扁铸锭尺寸/mm × mm	铸造用直流电机	快速升降用交流电机
LS－0	2400	1.2～8.4	6.25	180	75～350	—	—	—
LS－1	10000	0.5～8	6.70	200	500～800	(200～300) × (1540～2000)	ZO－45	ZO－45
LS－2	23000	0.8～10	6.70	200	500～800	(200～300) × (1540～2000)	JZR－51－8	JZR－51－8

（3）丝杠式铸造机，运行平稳，但是制造、安装和维修都很复杂，而且这种铸造机的丝母螺母易磨损，更换十分麻烦。

（4）链带式铸造机，结构简单，工作可靠，操作简便。

（5）辊式铸造机，利用两个转动的辊子从结晶器内把铸锭拉出来。通过改变辊子的转速来调节铸造速度。这种铸造机结构简单，铸造速度平稳；但是，一次只能浇铸一根铸锭（直径小于 500mm 的圆铸锭），生产效率低，当调整不当时铸锭常有较大的弯曲。因此，在实际生产中，这种铸造机已被其他带底座的铸造机所代替。

183. 铸造工具有哪些？

答：铸造工具按其作用可分为三类：铸锭成型工具，包括结晶器、水冷装置和底座；液流转注和控制工具，包括虹吸管（用于熔炼过程中）、流槽、分配流盘、漏斗及控制阀等；操作工具。其中铸锭成型工具和液流转注工具对铸锭质量的影响较大。

连续铸锭用的铸模，通常称为结晶器（结晶槽），也称冷凝器。它的结构不仅决定了铸锭的形状和尺寸，而且也影响到铸锭的内部组织、表面质量和裂纹等状况。

184. 在铸造过程中对实心圆铸锭结晶器有什么要求？

答：常用的实心圆铸锭结晶器，由内套和外套两部分组成，如图 12－1 所示。内套材料要求具有高的导热性、良好的耐磨性和足够的强度，通常采用2A50（LD5）和2A11（LY11）等铝合金锻造坯料经淬火后加工而成。从提高导热性考虑，不淬火为好。内套壁厚通常为 8 ~ 10mm。为了减少铸造过程中的摩擦阻力，内套的内表面粗糙度 R_a 不大于 0.8μm。外套材料可由具有足够强度和适当塑性的任何材料制造，建议采用铝合金锻造毛料，不用铸铁材料，既可减轻重量，又可避免锈蚀，减少锈蚀物堵塞喷水孔的可能性。

图 12－1　铸造实心圆铸锭用结晶器[7]

直径小于 160mm 的圆铸锭，结晶器内套的孔径为圆柱形，不带锥度。大直径的结晶器，在距离内套内表面上口 20 ~ 50mm 以下的区段，一律加工成高度为 30mm 的锥度区，锥度为 1∶10。在铸造过程中，金属液面保持在锥度区内，当铸锭下降时使铸锭与内套壁之间的空隙优先形成，以降低结晶器中铸锭外层的冷却强度，有利于减少或消除冷隔。内套外表面具有双螺纹旋筋，目的在于提高结晶器的刚度，减少内套翘曲，同时作为冷却水的导槽，并提高水的流速，增加冷却水与结晶外壁的热交换面积，使结晶器内水冷均匀。小直径的结晶器，可不用螺纹旋筋。

在敞露液面的立式半连续铸造生产中，结晶器的高度，目前大多数工厂采用100～200mm。在生产使用过程中，不带锥度的结晶器上部一般空余50mm左右。根据逆流导热的概念，铝的热导率和热扩散率都比较高，而铸造速度又比较慢，二次冷却所形成的逆流导热距离能够达到结晶器内铸锭凝固壳的波动性接触区；结晶器冷却形成一次冷却区。在热顶铸造生产实践中发现[38]，通过铸造速度的控制，可以使结晶器的热传导率由零变到最大；当逆流导热距离达到结晶器与热顶的结合处时结晶器的热传导率为零，而当逆流导热距离达到距结晶器与热顶的接触线大约为12.7～25.4mm时结晶器的热传导率为最大，在这个范围内对铸锭质量无坏影响。因此，结晶器的高度应根据一次冷却区和逆流导热距离以及操作空间来确定。逆流导热距离 UCD 值可按下式计算：

$$UCD = (-a/U)\cdot \ln\{[c_p(t_0 - t_1) + Q]/[c_p(t_0 - t_g) + Q]\} \tag{12-1}$$

式中 UCD——逆流导热距离，cm；

a——被铸造铝合金的热扩散率，cm^2/s；

U——铸造速度，cm/s；

c_p——被铸造铝合金在温度 t 时的质量热容，J/(g·℃)；

t_0——液态金属平均温度，℃；

t_1——铝合金的凝固开始温度，℃；

t_g——铸锭二次冷却区落水点处的温度，℃；

Q——铝合金的凝固潜热，J/g。

结晶器内套型腔下缘直径由下式确定：

$$D = (d + 2\delta)\cdot(1+\alpha) \tag{12-2}$$

式中 D——内套型腔下缘直径；

d——铸锭规格（铸锭直径的名义尺寸）；

δ——车皮厚度；

α——铸锭的线收缩率。

车皮厚度取决于铸锭表面质量和制造用途，合金规格不同，对车皮的要求不同。铸锭的线收缩率与合金的性质、铸造工艺参数以及铸锭直径有关，通常在1.6%～3.1%之间，统计平均值为2.44%。不同规格的圆铸锭结晶器内套型腔下缘直径列于表12－2。

表12－2 不同规格的圆铸锭结晶器内套型腔下缘直径[7]

铸锭规格		60	100	120	162	192	270	290	350	360	405	482	550	630	775
结晶器内套型腔下缘直径/mm	不车皮	62	102	123	165	195	276	296	358	368	414	490	—	—	—
	少车皮	—	—	—	176	206	290	310	371	379	430	512	—	—	—
	多车皮	—	—	—	—	—	—	—	—	—	435	519	590	670	825

结晶器内套和外套组合构成冷却水套，在内套壁下缘钻制ϕ2～3mm的小水孔；或由内套外壁下缘的斜稍与外套内壁下缘对应的小沟槽组成方形水孔，水孔尺寸为3mm×3mm。水孔中心间距7mm。减少水孔面积，能提高冷却水的喷出速度，但同时提高了脏物堵塞水孔的可能性；增大水孔面积，增大了二次冷却强度。水孔中心线与铸锭中心线之间的夹角通常为20°～30°。角度小，冷却水散射少，落水点距离增大；角度大，落水点距离缩小，冷却水散射多。进水孔总面积应比出水孔总面积至少要大15%～25%。铸造时，耗水量可根据水压和结晶器直径按下式计算：

$$W=\mu F\sqrt{2gp} \qquad (12-3)$$

式中 W——耗水量，m^3/s；

μ——流量系数，由试验确定，通常取0.6；

F——出水孔总面积，m^2；

g——重力加速度，m/s^2；

p——结晶器入口处的水压，kgf/cm^2（$1kgf/cm^2$ = 0.1MPa）。

185. 在铸造过程中对空心圆铸锭结晶器有什么要求？

答：生产空心铸锭时，结晶器的结构与实心结晶器基本相同，只是在实心结晶器内套中心设置一个冷却芯子，如图 12－2 所示。芯子的高度，与结晶器等高或稍短一点。芯子底部钻有一些小水孔，水孔中心线与铸锭中心线之间的夹角为 30°，喷水冷却铸锭内表面，如图 12－3 所示。芯子进水孔总面积应比芯子出水孔总面积大 15%～20%。为了防止铸造时由于铸锭的冷凝收缩而将芯子抱住，芯子必须有一定的锥度。锥度过小，易使铸锭内孔产生放射性裂纹；锥度过大，会促进铸锭内表面上偏析浮出

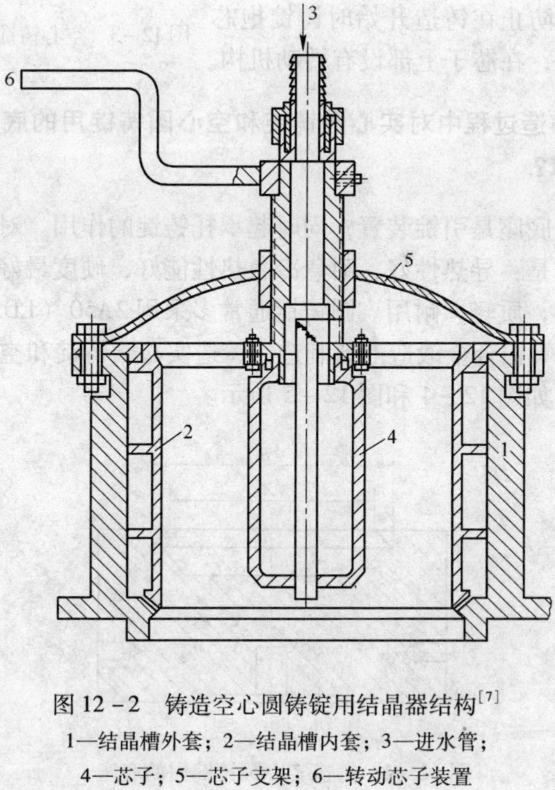

图 12－2 铸造空心圆铸锭用结晶器结构[7]

1—结晶槽外套；2—结晶槽内套；3—进水管；
4—芯子；5—芯子支架；6—转动芯子装置

物增多。锥度一般控制在 1∶4 ～ 1∶17 范围内，通常采用 1∶15；对于收缩系数较大的大直径软合金铸锭，可采用 1∶14；对于外径较小的硬合金铸锭，可采用 1∶17。芯子的锥度可按下式计算：

$$i=(D-d)/h \qquad (12-4)$$

式中　i——芯子锥度；

D——芯子上部直径，通常等于铸锭内孔名义尺寸；

d——芯子下部直径；

h——芯子高度。

为了防止在铸造开始时铸锭抱芯及其悬挂，在芯子上部设有转动机构。

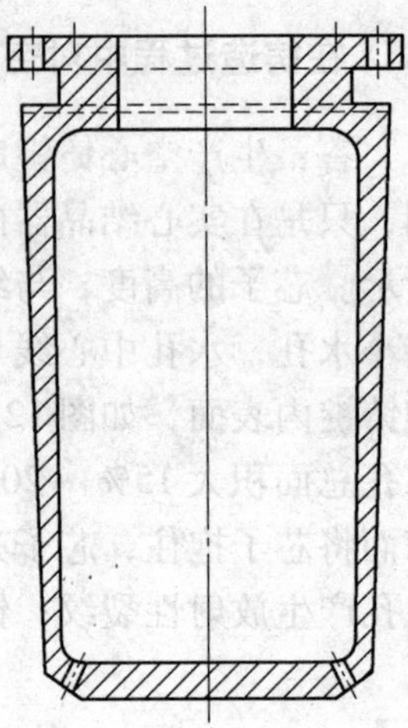

图 12－3　空心铸锭用芯子[7]

186. 在铸造过程中对实心圆铸锭和空心圆铸锭用的底座有什么要求？

答：底座是引锭装置，同时起承托铸锭的作用。对底座用材料的要求是：导热性好，耐急冷急热性能好，硬度最好要小于结晶器材料，质轻，耐用。圆铸锭通常多采用 2A50（LD5）、2A11（LY11）等铝合金锻造毛料制造。铸造实心圆铸锭和空心圆铸锭用的底座如图 12－4 和图 12－5 所示。

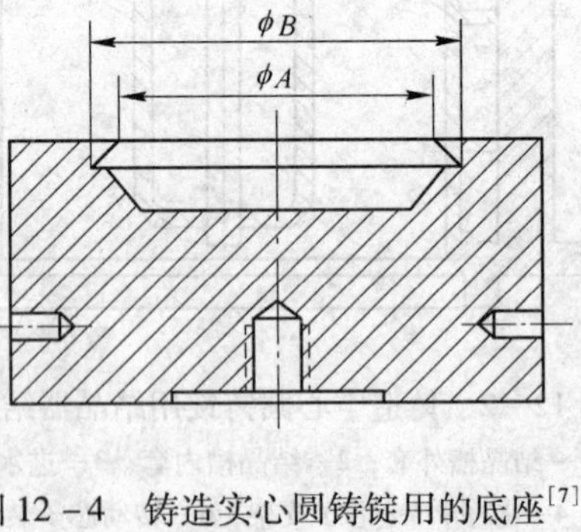

图 12－4　铸造实心圆铸锭用的底座[7]

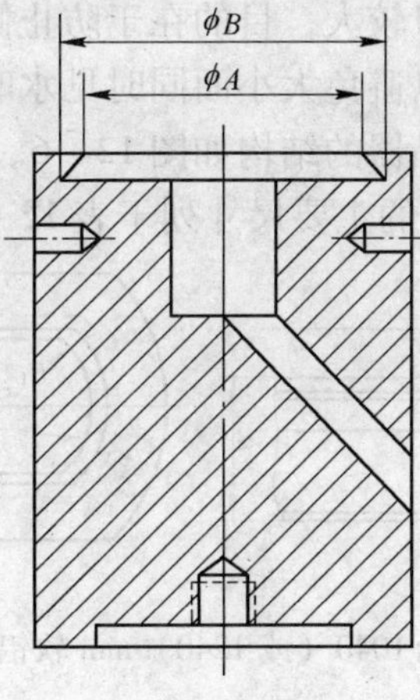

图 12-5 铸造空心圆铸锭用的底座[7]

为了避免铸造开始时因热膨胀作用而将底座卡在结晶器内，底座的横断面尺寸应比结晶器下缘的相应尺寸小1%～2%。底座的上端应有不大的燕尾槽，图中 $\phi B-\phi A=4\sim6$mm，以便在铸造开始时，将铸锭从结晶器内拉出来；否则，容易产生悬挂现象。空心圆铸锭用底座的中心应是中空的，以便导出铸锭内壁的冷却水。

187. 在铸造过程中对扁铸锭结晶器有什么要求？

答：在连续铸锭过程中，扁铸锭的宽面中心部分最后完全凝固，金属冷凝收缩，致使最后凝固部位的厚度小于铸锭宽面两端的尺寸。为了弥补铸锭宽面中心部分的厚度差值，以便获得表面平整的铸锭，结晶器的宽面稍呈向外突出的弧形。根据实测结果[7]，铸锭横截面上沿宽度方向的收缩率为1.5%～2.0%，在铸锭横截面两端沿厚度方向的收缩率为2.8%～4.35%，在宽面中心处沿厚度方向的收缩率为6.4%～8.1%。

扁铸锭结晶器用10mm厚的紫铜板对焊而成，高度为180～200mm；内表面粗糙度 R_a 不大于0.8μm。窄面都有缺口，使结晶器窄面的高度小于其宽面。缺口的大小及形状因合金而不同。

用于硬合金铸造的缺口较大，目的在于防止侧面裂纹；用于软合金铸造的缺口较小，以避免大小面同时见水时因收缩剧烈而造成小面漏铝。扁铸锭结晶器的结构如图12－6、图12－7和图12－8所示。扁铸锭结晶器的主要尺寸列于表12－3。

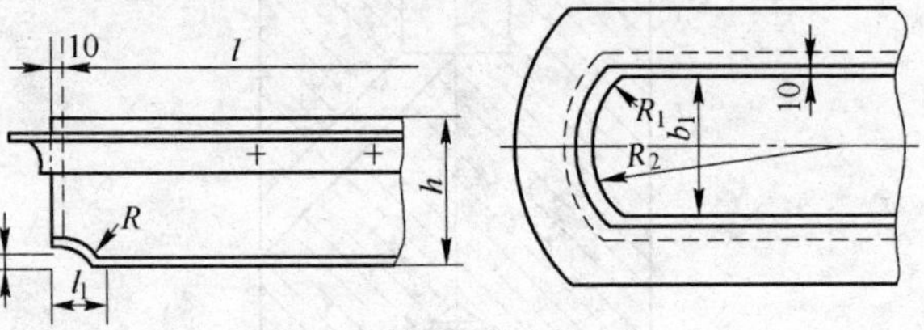

图12－6 铸造275mm×1040（或1240）mm软铝合金扁锭用结晶器[7]

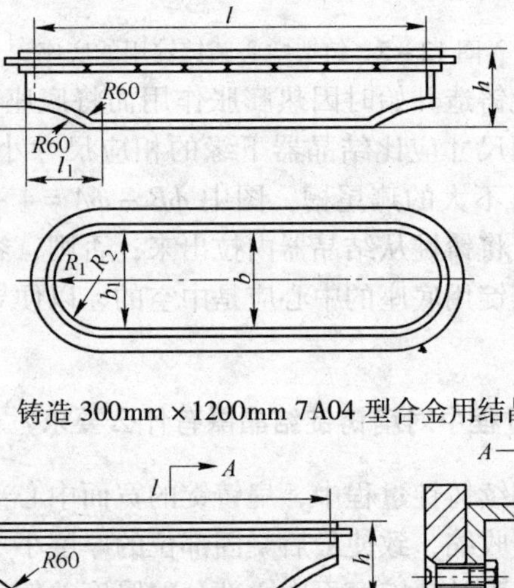

图12－7 铸造300mm×1200mm 7A04型合金用结晶器[7]

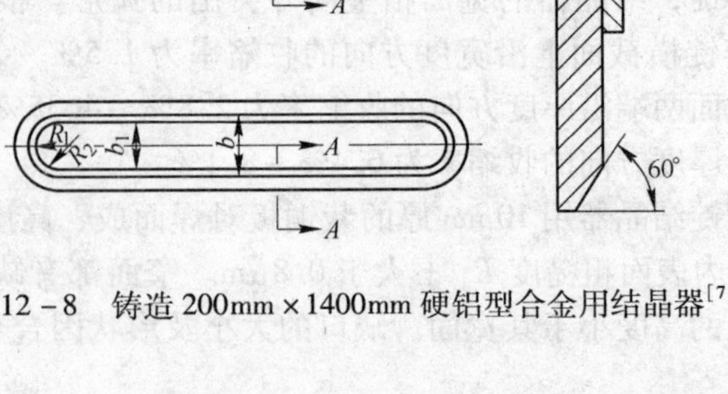

图12－8 铸造200mm×1400mm硬铝型合金用结晶器[7]

表 12－3 扁铸锭结晶器的主要尺寸[7]

铸锭规格 /mm × mm	结晶器长度/mm		结晶器宽度/mm		结晶器高度/mm		小面弧半径/mm	
	l	l_1	b	b_1	h	h_1	R_1	R_2
275 × 1040	1070	80	280	280	190	35	15	225
275 × 1240	1260	80	280	280	190	35	15	500
300 × 1200	1230	230	210	300	200	65	88	212
200 × 1400	1420	205	205	205	200	75	60	145
255 × 1500	1530	220	270	264	200	70	90	175
300 × 1500	1530	150	310	300	200	120	68	—

扁铸锭结晶器的冷却装置，有水管式和水箱式两种。水管式冷却装置用于铸造软合金扁铸锭。在结晶器周边有两条内径为38mm的环形管，上下排列，在每排管上朝向结晶器一侧各开一排小水孔，孔径4mm，水孔中心间距为8mm，与铸锭纵向平面之间的夹角为45°；为了使大小面冷却均匀，下层水管的两小面端头不开水孔。水管式冷却装置如图12－9所示。水箱式冷却装置用于铸造硬铝合金扁铸锭。水箱式冷却装置与铸造机的盖板合为一体，因此又统称为盖板。水箱朝向结晶器的一侧开设两排小水孔，孔径均为4mm，水孔中心间距上排12mm、与铸锭纵向平面之间的夹角为90°，下排水孔中心间距为8mm、与铸锭纵向平面之间的夹角为45°。水箱内侧的下端斜置挡水板，以防水的

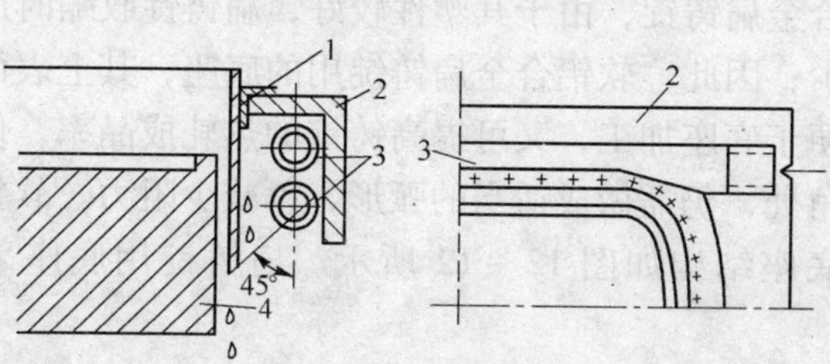

图 12－9 水管式冷却装置示意图[7]

1—结晶槽；2—盖板；3—水管；4—底座

溅射，使冷却水包覆铸锭，保证冷却均匀。水箱中用隔板将大小面水路分开，便于分别供水和控制。水箱式冷却装置如图12－10所示。

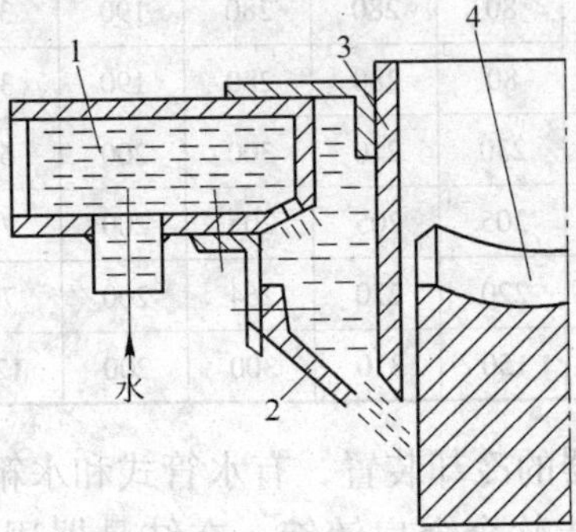

图 12－10　水箱式冷却装置示意图[7]

1—水箱（兼盖板）；2—挡水板；3—结晶槽；4—底座

188. 在铸造过程中对扁铸锭用的底座有什么要求?

答：在铸造扁铸锭的过程中，由于铸锭比较宽，绝对收缩量比较大。对于容易产生裂纹的硬铝合金扁铸锭用的底座，与铸锭接触的表面要做成光滑的凹形曲面，以便减小对铸锭底部凝固时的收缩阻力。硬铝合金扁铸锭用的底座结构如图 12－11 所示。对于软铝合金扁铸锭，由于其塑性较好，扁铸锭收缩时产生的底部裂纹较少；因此，软铝合金扁铸锭用的底座，其上表面可作成平面，既便于底座加工，又可提高铸锭的热轧成品率。但是，在底座的边角处，仍需做成适当的弧形，以减少阻力。软铝合金扁铸锭用的底座结构如图 12－12 所示。扁铸锭用底座采用铸铁制作。

189. 铸造机的操作顺序怎样安排?

答：各种铸造机的操作顺序基本上是相同的。对于液压式铸

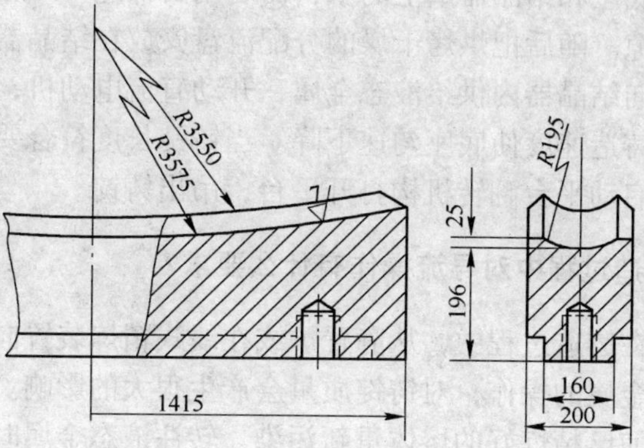

图 12-11 铸造 200mm×1400mm 硬铝合金扁锭用底座[7]

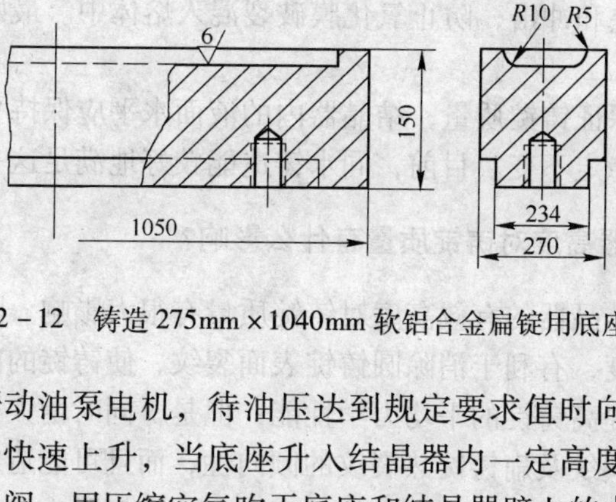

图 12-12 铸造 275mm×1040mm 软铝合金扁锭用底座[7]

造机，先开动油泵电机，待油压达到规定要求值时向油缸内供油，使平台快速上升，当底座升入结晶器内一定高度后停止供油；打开风阀，用压缩空气吹干底座和结晶器壁上的水；而后用石棉绳塞严底座与结晶器间的间隙。随后把烘烤干燥的分配流盘安放在结晶器上。旋即从静置炉向结晶器内供给液态金属，打开调节油阀，按工艺制度要求的铸造速度使底座匀速下降。当铸锭长度符合要求时，关闭调节油阀，停止铸造，启动平台翻转机构打开平台，吊出铸锭。

对于钢丝绳传动式铸造机，先开动交流电动机，使平台快速上升，当底座升入结晶器内一定高度后停车；打开风阀，用压缩空气吹干底座和结晶器壁上的水；而后用石棉绳塞严底座与结晶器间的间隙。随后把烘烤干燥的分配流盘安放在结晶器上。旋即从静置炉向结晶器内供给液态金属，开动直流电动机，按工艺制度要求的铸造速度使底座匀速下降。当铸锭长度符合要求时，停止铸造，启动平台翻转机构打开平台，吊出铸锭。

190. 在铸造过程中对导流操作有什么要求？

答：在铸造过程中，从静置炉或在线式精炼装置向结晶器内转注液态金属的操作，对铸锭质量会产生很大的影响。转注操作不当，会使已精炼好的熔体重新污染。转注液态金属时的基本要求是：在敞露液面的条件下，保护好铝液面的氧化膜，使熔体在氧化膜覆盖下平稳地流动，谨防金属液流翻滚，避免有敞露液面的明显落差和冲击，防止氧化膜破裂混入熔体中。最好采用封闭式转注。

为了保证铸锭质量，结晶器内的液面水平应保持平稳，要求供应液流稳定不变。目前，同水铸造能较好地满足这一要求。

191. 结晶器高度对铸锭质量有什么影响？

答：结晶器的有效高度对铸锭质量有很大影响。降低结晶器的有效高度，有利于消除圆铸锭表面裂纹，使铸锭的冷却速度增大，可以提高铸锭的平均力学性能；但是，同时增大了圆铸锭其他类型的裂纹及扁铸锭热裂纹的倾向性，而且可能造成表面冷隔缺陷。反之，增加结晶器的有效高度，使拉坯阻力增加，影响铸锭表面质量，在铸锭边缘层首先发生力学性能降低。这些都与逆流导热距离有关。因此，在铸造之前，应按式 12－1 事先估算一下逆流导热距离的数值，合理地控制结晶器的有效高度，以获得质量优良的铸锭。

192. 铸造温度对铸锭质量有什么影响？

答：铸造温度通常是指铸造前静置炉内金属熔体的温度。静置炉内金属熔体的温度通常比铝合金液相线的温度高 50～110℃。总的来说，铸造温度高，结晶组织粗大，铸锭凝固断面上的温度梯度增加，裂纹倾向性增加，铸锭容易产生裂纹。对于形成金属间化合物一次晶倾向性较大的合金，铸造温度应适当提高些；对于裂纹倾向性很大的 7A04（LC4）型合金的扁铸锭，铸造温度可适当降低些。

提高铸造温度，使液相穴加深。实际上，铸造温度每提高 30℃，虽然在液相穴内的平均温度仅提高 1～2℃，但是对铸锭组织和铸锭缺陷的影响很大，促使产生柱状晶组织的倾向性增大，通常使裂纹废品增多，并增大铸锭表面偏析浮出物的程度。

降低铸造温度，在同等冷却条件下会降低铸锭凝固断面上的温度梯度，使过渡带（两相区）的宽度变大；使熔体黏度增加，排气补缩条件变坏，促使疏松、氧化膜、夹渣废品增多。铸造温度过低，将促使铸锭表面冷隔的形成和增大其深度，并有可能导致体积顺序结晶，使铸锭组织产生显著的不均一性和力学性能降低。

193. 冷却速度对铸锭质量有什么影响？

答：冷却速度也称为冷却强度。连续铸锭的冷却速度是通过冷却水和结晶器有效高度来实现的。总的来说，随着冷却速度的增加，铸锭内外层的温度梯度大，产生的热应力相应增加，使铸锭的裂纹倾向性增大。

在铝合金连续铸造过程中，向结晶器和铸锭供水的均匀程度很重要，局部供水不足将导致冷却速度的差别，会造成各部分收缩大小不等和收缩不同步，将由于热应力增大而引起裂纹倾向性的提高，这种情况对于扁铸锭的影响尤为明显。

提高冷却速度，可以减轻铸锭区域偏析的程度；对改善铸锭组织和力学性能有明显的优越性。但是，在这种情况下，当铸造速度较慢时，过强的冷却速度是铸锭表面冷隔形成的原因。

在连续铸造过程中，使铸锭得到强烈冷却的基本条件是：

（1）在操作技术允许的条件下，尽可能采用矮结晶器。结晶器有效高度对冷却速度的影响，主要是调整好逆流导热距离进入结晶器内的深度，使逆流导热距离能够达到铸锭凝固壳与结晶器壁之间的波动性接触区；在合金成分、铸造温度、铸造速度和冷却水的冷却速度一定的条件下，逆流导热距离是一定的。目前，工厂广泛使用的圆铸锭结晶器，高度与直径之比多在 0. 25 ~0. 5 之间；

（2）降低冷却水的进口温度，在一定范围内增大冷却水量、降低冷却水的进出口温差。在设备一定的条件下，增大冷却水的压力，提高冷却水的流速，即可增大冷却水量。

（3）适当地增加铸造速度。铸锭凝固壳与结晶器壁之间的接触是波动性的，增加铸造速度，可以增大这种波动性接触区的面积，从而增加冷却效果。

在实际生产中，只有当生产裂纹倾向性较大的合金铸锭时，才使用改变给水量来降低导热强度的办法。但是，在降低给水量的同时，却增大了铸锭周边冷却的不均匀性。

194. 铸造速度对铸锭质量有什么影响?

答：铸锭从结晶器内拉出来的速度称为铸造速度。从发挥铸造机的最大生产能力考虑，应当采用最大的铸造速度。但是，对于不同合金和不同规格的铸锭，各有其最合适的铸造速度，否则会影响铸锭质量。铝合金裂纹对铸造速度最敏感；铸造速度高容易引起热裂，速度低又产生冷裂倾向。铸造速度应选择在产生热裂极限速度以下，冷裂极限速度以上。

铸造速度对扁铸锭、圆铸锭裂纹倾向性的影响都比较大，裂纹出现的方向也与铸造速度有关。例如，硬合金扁铸锭，窄面区由于受三面冷却，冷却速度远大于宽面中心层而导致在铸锭窄边产生沿高度方向作用的拉应力。当提高铸造速度时，将降低轴向的温度梯度，同时使窄面端头凝固壳变薄，减少了内层对外层的收缩阻力。因此，提高铸造速度（它与结晶器端头切口的作用相同），可降低铸锭产生窄面冷裂纹的倾向性；但是，随着铸造速度的增加，窄面沿高度方向上拉应力值降低的同时，却增大了铸锭在宽面上产生纵向表面热裂纹的倾向。这是由于铸造速度提高，在增大横向温度梯度的同时，使沿水平截面的温度分布更不均匀，使作用在水平方向上的拉应力增大的缘故。

对于圆铸锭，铸造速度对裂纹倾向性的影响可分为两种情况。第一种情况是，当铸造速度较高时，液相穴加深，如果液相穴底部延伸到结晶器之外。在这种情况下，铸造速度愈大，形成中心裂纹的倾向性愈大；因为位于结晶器外的液相穴底部，由于铸锭周边的金属业已冷凝，中心层收缩困难，因而在铸锭内层形成拉应力。这种拉应力对圆铸锭中心裂纹的发展关系极大。第二种情况是，当铸造速度很低时，液相穴底部缩短到结晶器内。结晶器愈高，铸造速度愈小，铸锭产生表面裂纹的倾向性愈严重。在这种情况下，铸锭从结晶器内拉出来的瞬间，由于铸锭中心已经冷凝，铸锭表层收缩困难，在铸锭表层形成很大的拉应力，促使圆铸锭形成表面裂纹。

对于大直径硬合金圆铸锭，当铸造速度低时，除了产生表面裂纹之外，由于轴向上温度梯度增大，也增大了产生横向裂纹倾向性。铸造速度愈低，这种倾向性愈大。

铸造速度对铸锭表面质量的影响也是很大的。随着铸造速度增加，液相穴加深，铸锭凝固壳变薄，偏析瘤增大。拉坯阻力增加，铸锭表面产生拉痕，甚至使拉裂的倾向增大。铸造速度过慢，将形成冷隔，增加铸锭车皮时的金属损失，并可能成为冷裂纹的起因。根据 B. C. Елисов 对 ϕ330mm 的 Д16（相当于 2A12）铝合金铸锭以 40mm/min 速度铸造的研究结果[39]，铸造机平台周期停止时间为 5 ~ 7s，下降时间为 11 ~ 13s，经实测和计算得出冷隔的距离为 9mm；影响冷隔距离的因素，除了熔体的表面张力之外，还有铸造速度和熔体流向结晶器壁的流动性。为了消除铸造过程中冷隔的形成，必须保证供给结晶器周边单位距离上、单位时间内的熔体量不少于 0. 12kg，保证结晶器中水平最高以及铸造机平台匀速下降。

铸造速度对铸锭力学性能的影响，取决于它对铸锭结晶速度和过渡带尺寸影响的综合结果。随着铸造速度的提高，铸锭的平均结晶速度增加，在一定范围内对铸锭的平均力学性能产生有利的影响；但是，随着铸造速度的提高，液相穴变深，过渡带尺寸变宽，使区域偏析加剧，使结晶补缩条件恶化。当铸造速度过快时，铸锭的组织和成分的不均匀性以及疏松程度增加，使铸锭的力学性能有所下降；尤其是对硬铝合金大截面圆铸锭影响更加严重。直径800mm的2A12（LY12）和2A70（LD7）合金铸锭力学性能和偏析度同铸造速度的关系列于表12－4中。

表12－4　直径800mm 2A12（LY12）和2A70（LD7）合金铸锭力学性能和偏析度同铸造速度的关系[7]

合金	铸造速度 /mm·min^{-1}	均匀化以后		淬火状态				铜的偏析程度/%
		σ_b/kgf·mm^{-2}	δ/%	σ_b/kgf·mm^{-2}	δ/%	σ_b/kgf·mm^{-2}	δ/%	
2A12（LY12）	21	23.8	4.0	33.7	3.1	29.0	1.8	0.2
	28	21.7	2.7	30.6	2.0	24.2	0.7	0.5
2A70（LD7）	17	27.7	3.4	34.8	2.8	34.6	2.4	0.1
	30	25.8	2.7	33.2	2.2	29.2	1.1	0.3

注：1kgf/mm^2＝0.1MPa。

195. 工业纯铝和软合金铸锭的铸造工艺制度有何规定？

答：在工业纯铝和3A21（LF21）、5A02（LF2）、5A02（LF2）、5A66（LT66）、6A02（LD2）等软合金铸锭的铸造过程中，生产扁铸锭时，采用图12－6所示结晶器和图12－9所示水管式冷却装置。结晶器高度为160～190mm，结晶器中的金属水平为70～80mm。铸锭底部一律不铺底垫，对浇口部不作回火处理。

在电解铝厂使用液态原铝直接生产3104铝合金扁铸锭

时[40]，也有铺假底的；为了提高熔体质量，配料必须采用99.70%以上品位的液态原铝，并尽快注入炉内进行除渣处理；为了抑制 Si 的有害作用，通常将扁铸锭中的 Si 含量控制在0.25%以下，Fe 含量控制在0.30%~0.42%。部分工业纯铝和软合金扁铸锭的铸造工艺制度列于表12-5中。

表12-5 工业纯铝和软合金扁铸锭的铸造工艺制度[7,10,40]

铸锭规格/mm×mm	合 金	铸造速度/m·h⁻¹	铸造温度/℃	冷却水压/MPa
275×1040 275×1240	工业纯铝	3.3~3.6	690~710	0.08~0.15
	3A21（LF21）M	3.0~3.3	710~720	0.08~0.15
	3A21（LF21）Y_2	2.4~2.7	690~710	0.08~0.15
	5A66（LT66）	3.3~3.6	690~710	0.08~0.15
	6A02（LD2）	3.3~3.6	690~710	0.08~0.15
300×1240 300×1540	工业纯铝	3.3~3.6	690~705	0.15~0.25
	3A21（LF21）M	3.3~3.6	720~730	0.15~0.25
	3A21（LF21）Y_2	3.0~3.3	695~710	0.15~0.25
	5A02（LF2）	3.3~3.6	690~705	0.15~0.25
	6A02（LD2）	3.3~3.6	695~710	0.15~0.25
480×1560	3104	2.7~3.0	710~720	0.15
480×1630	3104	2.4~2.7	710~720	0.15

生产工业纯铝和软合金圆铸锭时，直径小于160mm的铸锭，结晶器内壁不带锥度，结晶器内金属水平为30~50mm；直径大于160mm的铸锭，结晶器内壁带锥度，结晶器内金属水平保持在锥度区内；直径大于405mm的3A21（LF21）、6A02（LD2）合金圆铸锭，建议采用少车皮的结晶器，其余使用正常的结晶器。直径大于360mm的6A02（LD2）合金圆铸锭，可采用合金本身铺假底。所有合金铸锭，浇口部均不做回火处理。工业纯铝和软合金实心圆铸锭的铸造工艺制度列于表12-6中，工业纯铝和软合金空心圆铸锭的铸造工艺制度列于表12-7中。

表 12-6　工业纯铝和软合金实心圆铸锭的铸造工艺制度[7,10]

铸锭规格/mm	结晶器高度/mm	铸造速度/m·h^{-1}			铸造温度/℃		冷却水压/MPa	
		工业纯铝	3A21（LF21）	6A02（LD2）	纯铝，3A21（LF21）	6A02（LD2）	纯铝，3A21（LF21）	6A02（LD2）
81~145	80	7.8~10.8			715~730		0.05~0.10	
91~143	80		6.6~7.8	6.6~7.8	715~730	715~730	0.05~0.10	0.05~0.10
162	150	6.9~7.2	6.0~6.3	5.4~5.7	715~730	715~730	0.05~0.10	0.05~0.10
192	150	6.9~7.2	4.8~5.1	6.9~7.2	715~730	715~730	0.05~0.10	0.05~0.10
242	150	5.7~6.0	4.2~4.5	4.2~4.5	715~730	715~730	0.05~0.10	0.05~0.10
280	—	3.6~3.9	3.6~3.9	3.3~3.6	715~730	715~730	0.08~0.15	0.05~0.10
360	180	4.2~4.5	3.3~3.6	3.0~3.3	715~730	740~750	0.08~0.15	0.05~0.10
482	180	3.0~3.3	2.7~3.0	1.8~2.1	715~730	740~750	0.08~0.15	0.05~0.10
630	200	1.8~2.1	1.8~2.1	1.2~1.3	725~735	740~750	0.04~0.08	0.04~0.06
775	200	1.5~1.8	1.5~1.8	1.0~1.1	725~735	740~750	0.04~0.08	0.04~0.06

表 12-7　工业纯铝和软合金空心圆铸锭的铸造工艺制度[7,10]

铸锭规格/mm	铸造速度/m·h^{-1}			铸造温度/℃			冷却水压/MPa
	工业纯铝	3A21（LF21）	6A02（LD2）	工业纯铝	3A21（LF21）	6A02（LD2）	
120/34	14.4~15.6	14.4~15.0		730~740	720~730		0.04~0.06
130/54	12.8~13.2	12.8~13.2		730~740	720~730		0.04~0.06
160/74	12.8~13.2			730~740			0.04~0.06
180/140	11.4~14.4			710~720			0.08~0.12
212/92	6.0~6.3	4.8~5.1		710~720	720~735		0.08~0.12
270/106	6.0~6.3	5.7~6.0	4.2~4.5	710~720	720~735	710~720	0.08~0.12

续表 12-7

铸锭规格/mm	铸造速度/m·h^{-1}			铸造温度/℃			冷却水压/MPa
	工业纯铝	3A21（LF21）	6A02（LD2）	工业纯铝	3A21（LF21）	6A02（LD2）	
270/130	6.0~6.3	5.7~6.0	4.2~4.5	710~720	720~735	710~720	0.08~0.12
360/106	4.2~4.5	4.2~4.5	3.0~3.3	710~720	720~735	710~720	0.08~0.12
360/130	3.6~3.9	4.2~4.5	3.0~3.3	700~720	720~735	710~720	0.08~0.12
360/160	3.6~3.9	4.2~4.5	3.0~3.3	700~720	720~735	710~720	0.08~0.12
360/165		4.8~5.1			720~735		0.08~0.12
360/210	4.8~5.1		4.2~4.5	710~720		710~720	0.08~0.12
480/210	4.2~4.5	4.2~4.5	3.0~3.3	720~735	720~735	720~730	0.06~0.10
482/215	4.2~4.5	4.2~4.5	3.0~3.3	720~730	720~735	720~730	0.06~0.10
482/308	4.5~4.8	4.5~4.8	3.3~3.6	720~730	720~735	720~730	0.06~0.10
630/255	2.4~2.7	2.4~2.7	1.8~2.1	720~730	720~735	720~730	0.04~0.08
630/368	3.3~3.6	3.3~3.6	2.4~2.7	720~730	720~735	720~730	0.04~0.08

196. 铝-镁合金铸锭的铸造工艺制度有何规定？

答：铝-镁合金由于气体含量高，在铸造过程中会阻碍铸锭的高温收缩，铸锭表面氧化膜强度低，偏析瘤容易与结晶器壁黏结；因此，在铸造开始时容易产生铸锭悬挂现象，铸造过程中容易在铸锭表面上产生拉痕，甚至拉裂。为此，铸造前必须仔细地打磨光结晶器的工作表面，达到所要求的粗糙度；铸造过程中，铸锭凝固壳表面与结晶器壁之间应保持连续均匀的润滑。

为了防止扁铸锭的底部裂纹，除了5A02（LF2）合金之外，底部一律采用纯铝铺底，使用窄面带切口的结晶器和液面自动控制装置。除了5A12（LF12）合金之外，其余合金铸锭的浇口可以不回火。

在铝-镁合金铸锭的生产过程中，生产实心圆铸锭时，直径小于360mm的5A02（LF2）和直径小于290mm的5A03（LF3）

以及所有直径小于 162mm 的合金铸锭，使用少车皮的结晶器；直径大于 482mm 的高镁铝合金铸锭，使用多车皮的结晶器。铸造温度为 715 ~ 730℃。生产直径大于 360mm 的铸锭时，建议使用合金本身铺假底。当铸锭表面拉痕严重时，可适当地降低铸造速度。铝 – 镁合金实心圆铸锭的铸造工艺制度列于表 12 –8 中。

表 12 –8 铝 – 镁合金实心圆铸锭的铸造工艺制度[7,10]

铸锭规格/mm	结晶器高度/mm	铸造速度/m·h⁻¹			冷却水压/MPa	
		5A02(LF2)、5A03(LF3)	5A05(LF5)、5B05(LF10)	5A06(LF6)、5A12(LF12)	5A02(LF2)、5A03(LF3)	5A05(LF5)、5A06(LF6)、5B05(LF10)、5A12(LF12)
81 ~ 145	80	6.6 ~ 7.8	6.0 ~ 7.2	6.2 ~ 7.8	0.05 ~ 0.10	0.05 ~ 0.10
162	150	5.7 ~ 6.0	5.1 ~ 5.4	4.8 ~ 5.1	0.05 ~ 0.10	0.05 ~ 0.10
192	150	4.8 ~ 5.1	4.2 ~ 4.5	4.2 ~ 4.5	0.05 ~ 0.10	0.05 ~ 0.10
242	150	5.1 ~ 5.4	3.0 ~ 4.2	3.0 ~ 3.3	0.05 ~ 0.10	0.05 ~ 0.10
280	—	4.8 ~ 5.1	3.6 ~ 3.9	2.4 ~ 2.7	0.08 ~ 0.15	0.04 ~ 0.15
360	180	3.0 ~ 4.2	2.7 ~ 3.0	2.4 ~ 2.7	0.08 ~ 0.15	0.05 ~ 0.08
482	180	2.7 ~ 3.0	1.8 ~ 2.1	1.5 ~ 1.8	0.08 ~ 0.15	0.05 ~ 0.08
630	200	1.2 ~ 1.5	1.2 ~ 1.5	1.2 ~ 1.5	0.04 ~ 0.08	0.04 ~ 0.06
775	200	1.2 ~ 1.5	1.0 ~ 1.2	1.0 ~ 1.2	0.04 ~ 0.08	0.04 ~ 0.06

生产铝 – 镁合金空心圆铸锭时，外径大于 360mm 的铸锭，建议铺假底。铝 – 镁合金形成冷隔的倾向性较大，铸造过程中，应注意控制结晶器内的金属水平。所有铝 – 镁合金各种规格的铸锭，浇口部可以不进行回火处理。铸造过程中，芯子的冷却水压力：外径小于 360mm 的铸锭为 0.0294 ~ 0.049MPa，外径大于 482mm 的铸锭为 0.0196 ~ 0.0392MPa。其他的铸造工艺条件列于表 12 –9 中。

表 12－9 铝－镁合金空心圆铸锭的铸造工艺制度[7,10]

合金	铸锭规格/mm	铸造速度/m·h^{-1}	冷却水压/MPa	铸造温度/℃	合金	铸锭规格/mm	铸造速度/m·h^{-1}	冷却水压/MPa	铸造温度/℃
5A02（LF2）、5A03（LF3）	120/34	12～13.8	0.03～0.05	720～730	5A05（LF5）、5A06（LF6）	242/106	4.8～5.1	0.08～0.12	710～720
	212/90	4.8～5.1	0.08～0.12	710～720		242/140	4.8～5.1	0.08～0.12	710～720
	242/106	4.8～5.1	0.08～0.12	710～720		360/210	3.6～3.9	0.08～0.12	710～720
	242/140	4.8～5.1	0.08～0.12	710～720		482/215	3.0～3.3	0.06～0.10	720～730
	270/106	4.8～5.1	0.08～0.12	710～720		270/106	4.8～5.1	0.08～0.12	710～720
	270/130	4.8～5.1	0.08～0.12	710～720		270/130	4.8～5.1	0.08～0.12	710～720
	360/106	4.2～4.5	0.08～0.12	710～720		482/308	3.3～3.6	0.06～0.10	720～730
	360/130	4.2～4.5	0.08～0.12	710～720		360/130	3.0～3.3	0.06～0.10	720～730
	360/160	4.2～4.5	0.08～0.12	710～720		360/160	3.0～3.3	0.06～0.10	720～730
	360/210	4.2～5.1	0.08～0.12	710～720		630/255	1.8～2.1	0.04～0.08	720～730
	482/215	4.2～4.5	0.06～0.10	720～730		630/368	2.4～2.7	0.04～0.08	720～730
	482/308	4.5～4.8	0.06～0.10	720～730	5A12（LF12）	270/106	4.2～4.5	0.08～0.12	710～720
	630/255	2.4～2.7	0.04～0.08	720～730		270/130	4.2～4.5	0.08～0.12	710～720
	630/368	3.3～3.6	0.04～0.08	720～730		360/165	3.0～3.3	0.08～0.12	710～720

生产铝－镁合金扁铸锭时，5A02（LF2）合金除了200mm×1400mm扁铸锭之外，均使用水管式冷却装置，结晶器内的金属水平控制在70～80mm处；其余合金所有规格的扁铸锭都使用水箱式冷却装置，结晶器内的金属水平控制在50～87mm处。铸造过程中，应注意保持结晶器内熔体表面完整，避免氧化膜破裂。含镁量大于4%的高镁铝合金扁铸锭是铸造车间的一个主要品种，其成品率一般在94%～96%之间，废品率一般为2%～4%[10]。铝－镁合金扁铸锭的铸造工艺制度列于表12－10中。

表 12-10 铝-镁合金扁铸锭的铸造工艺制度[7,10]

铸锭规格 /mm×mm	合金	铸造速度 /m·h⁻¹	铸造温度 /℃	大面水压 /MPa	小面水压 /MPa
275×1040	5A02（LF2）	3.3~3.6	690~710	0.08~0.15	—
275×1240		3.0~3.3			
200×1400	5A02（LF2）、5A03（LF3）、5A05（LF5）、5A06（LF6）、5B05（LF10）、5B06（LF14）、5019	4.2~4.5	690~710	0.08~0.15	0.04~0.06
300×1200	5A06（LF6）、5A12（LF12）	4.2~4.5	690~710	0.10~0.15	0.04~0.06
300×1240 300×1540	5A02（LF2）	3.3~3.6	690~705	0.15~0.25	—
300×1500	5A03（LF3）、5A05（LF5）、5A06（LF6）、5B05（LF10）	4.2~4.5	690~705	0.12~0.20	0.04~0.06

197. 硬铝合金铸锭的铸造工艺制度有何规定？

答：Al-Cu 系铝合金中 2A06（LY6）、2A11（LY11）、2A12（LY12）、2A16（LY16）和 2A17（LY17）等铝合金，称为硬铝合金。2A11（LY11）和 2A12（LY12）合金是典型的硬铝，它们具有比较宽的结晶温度范围和比较低的塑性，铸造性能不太好，铸锭常出现冷裂纹和热裂纹；当熔体除气不彻底时，2A12（LY12）合金容易产生疏松缺陷。为了减少裂纹废品，提高铸造工艺稳定性，除了严格控制包括杂质在内的化学成分之外，还应有合理的铸造工艺制度。

在硬铝合金扁铸锭的铸造过程中，应采用液面自动控制装置，严防金属水平面波动，避免产生冷隔；结晶器内的金属水平控制在 60~70mm。铸锭一律采用纯铝铺底。浇铸结束时，2A06

(LY6)、2A12（LY12）合金铸锭的浇口部利用其余热自身回火；2A11（LY11）、2A16（LY16）、2A17（LY17）合金铸锭的浇口部不作回火处理，待浇口部凉透后再停水。2A11 合金有着形成表面热裂纹较高的倾向性；而低温塑性较好，形成冷裂纹的倾向性较小。2A11 铝合金扁铸锭的铸造工艺特点与高镁铝合金大体相同，但由于含镁量较低，合金不显示钠脆性。生产 2A12 合金扁铸锭时，形成热裂纹的倾向性较小，而形成冷裂纹的倾向性较大；因此，铸锭的宽厚比受到限制，目前最大为 7；生产的铸锭规格主要有 200mm × 1400mm、255mm × 1500mm、300mm × 1500mm 等。在正常生产条件下，2A11 和 2A12 合金扁铸锭的成品率一般在 97% 左右，而废品率分别为 1% ~2.5% 和 0.5% ~1%[10]。硬铝合金扁铸锭的铸造工艺制度列于表 12 -11 中。

表 12 -11 硬铝合金扁铸锭的铸造工艺制度[7]

合 金	铸锭规格 /mm × mm	铸造温度 /℃	铸造速度 /m · h⁻¹	大面水压 /MPa	小面水压 /MPa
2A06（LY6）、2A12（LY12）	200 × 1400	690 ~710	6.6 ~6.9	0.08 ~0.15	0.05 ~0.07
	300 × 1500		6.0 ~6.3	0.12 ~0.20	0.06 ~0.08
2A11（LY11）、2A16（LY16）	200 × 1400		4.2 ~4.5	0.08 ~0.15	0.05 ~0.07
	300 × 1500		4.5 ~4.8	0.12 ~0.20	0.06 ~0.08
2A17（LY17）	200 × 1400		5.4 ~5.7	0.08 ~0.15	0.05 ~0.07

在铝合金实心圆铸锭的铸造过程中，直径大于 482mm 的 2A12（LY12）合金铸锭，建议使用多车皮的结晶器；2A01（LY1）、2A10（LY10）、2A11（LY11）合金直径小于 360mm 的铸锭及直径小于 162mm 的合金铸锭，使用正常不车皮的结晶器；其余的铸锭使用少车皮的结晶器。直径大于 360mm 的 2A11（LY11）、2A01（LY1）、2A10（LY10）合金铸锭及直径大于 280mm 的 2A12（LY12）、2A06（LY6）、2A16（LY16）合金铸锭，一律用纯铝铺底。铸造结束时，2A11（LY11）、2A01（LY1）、2A10（LY10）合金铸锭的浇口部不回火；2A12

(LY12)、2A06（LY6）、2A16（LY16）合金直径大于280mm的铸锭，浇口部要求进行自身回火。硬铝合金实心圆铸锭的铸造工艺制度列于表12－12中。

表12－12 硬铝合金实心圆铸锭的铸造工艺制度[7,10]

铸锭规格/mm	结晶器高度/mm	铸造速度/m·h^{-1}	铸造温度/℃	冷却水压/MPa	铸锭规格/mm	结晶器高度/mm	铸造速度/m·h^{-1}	铸造温度/℃	冷却水压/MPa
2A11（LY11）					280	—	3.3~3.6	720~730	0.05~0.10
81~145	80	6.6~8.4	715~725	0.05~0.10	360	180	2.1~2.4	730~740	0.05~0.10
162	150	5.7~6.0	715~725	0.05~0.10	482	180	1.3~1.5	730~740	0.04~0.08
192	150	4.8~5.1	715~730	0.05~0.10	630	200	1.1~1.2	730~740	0.04~0.08
242	150	4.2~4.5	715~725	0.05~0.10	775	200	0.8~1.0	730~740	0.04~0.08
280	—	3.6~3.9	725~740	0.05~0.10	2A01（LY1）、2A10（LY10）				
360	180	3.3~3.6	720~730	0.05~0.10					
482	180	1.5~1.8	720~730	0.04~0.08	81~145	80	6.6~7.8	715~725	0.04~0.08
630	200	1.2~1.3	725~735	0.04~0.08	162	150	5.4~5.7	715~725	0.04~0.08
775	200	0.9~1.0	725~735	0.04~0.08	192	150	4.8~5.1	715~730	0.05~0.10
2A12（LY12）、2A06（LY6）、2A16（LY16）					215	150	4.5~4.8	715~725	0.04~0.08
81~145	80	6.6~9.6	720~730	0.05~0.10	242	150	4.2~4.5	715~725	0.04~0.08
162	150	5.7~6.0	720~730	0.05~0.10	290	150	3.9~4.2	715~725	0.04~0.08
192	150	4.8~5.1	715~730	0.05~0.10	360	180	3.0~3.3	720~730	0.04~0.08
242	150	3.6~3.9	720~730	0.05~0.10	482（2A10）	—	1.5~1.8	715~730	0.05~0.10

在硬铝合金空心圆铸锭的铸造过程中，外径小于280mm的合金铸锭，使用正常不车皮的结晶器；外径大于482mm的合金铸锭使用多车皮的结晶器；其余的铸锭使用少车皮的结晶器。在铸造过程中，直径大于360mm的合金铸锭，用纯铝铺底；芯子水压为0.02~0.06MPa；控制好结晶器内的金属水平，防止产生冷隔。铸造结束时，直径大于360mm的2A12（LY12）合金铸锭，浇口部进行回火处理。硬铝合金空心圆铸锭的铸造工艺制度

列于表 12－13 中。

表 12－13 硬铝合金空心圆铸锭的铸造工艺制度[7,10]

铸锭规格 /mm	铸造速度 /m·h⁻¹	铸造温度 /℃	冷却水压 /MPa	铸锭规格 /mm	铸造速度 /m·h⁻¹	铸造温度 /℃	冷却水压 /MPa
2A11（LY11）				2A12（LY12）			
120/34	10.8～13.2	710～720	0.04～0.06	120/34	10.8～13.2	720～730	0.04～0.08
212/92	5.7～6.0	710～720	0.08～0.12	212/92	6.0～6.3	710～720	0.08～0.12
242/106	3.3～3.6	710～720	0.08～0.12	242/106	4.8～5.1	710～720	0.08～0.12
242/140	3.3～3.6	710～720	0.08～0.12	242/140	4.8～5.1	710～720	0.08～0.12
270/106、270/130	4.8～5.1	710～720	0.08～0.12	270/106、270/130	5.4～5.7	710～720	0.08～0.12
360/106	3.6～3.9	710～720	0.08～0.12	360/106	3.6～3.9	710～720	0.08～0.12
360/210	4.8～5.1	710～720	0.08～0.12	360/210	4.2～4.5	710～720	0.08～0.12
482/215	3.0～3.3	720～730	0.04～0.08	482/215	3.0～3.3	725～735	0.03～0.06
482/308	3.3～3.6	720～730	0.04～0.08	482/308	3.3～3.6	725～735	0.03～0.06
630/255	1.8～2.1	720～730	0.04～0.08	630/255	1.8～2.1	725～735	0.03～0.06
630/368	2.4～2.7	720～730	0.04～0.08	630/368	2.1～2.4	725～735	0.03～0.06

198. 锻造铝合金铸锭的铸造工艺制度有何规定？

答：Al－Cu 系中 2A14（LD10）、2A50（LD5）、2A70（LD7）和 2A80（LD8）等铝合金，称为锻造铝合金。这类铝合金，在合金成分控制得当的情况下，具有较好的铸造性能，其扁铸锭铸造特点与 2A11 相似。在锻造铝合金扁铸锭的铸造过程中，应采用液面自动控制装置，结晶器内金属水平为 60～70mm。铸锭一律采用纯铝铺底。铸造结束时，铸锭的浇口部不回火。锻造铝合金扁铸锭的铸造工艺制度列于表 12－14 中。

表 12-14 锻造铝合金扁铸锭的铸造工艺制度[7,10]

合金	铸锭规格 /mm×mm	铸造速度 /m·h⁻¹	铸造温度 /℃	大面水压 /MPa	小面水压 /MPa
2A50（LD5）、2B50（LD6）、2A70（LD7）、2A80（LD8）、2A14（LD10）	200×1400	4.2~4.5	690~710	0.05~0.18	0.05~0.07
	255×1500	3.6~3.9	690~710	0.08~0.15	0.05~0.07
	300×1500	4.5~4.8	690~710	0.12~0.20	0.06~0.08
	300×1200	3.3~3.6	690~710	0.08~0.15	0.06~0.08

在锻造铝合金实心圆铸锭的铸造过程中，直径小于160mm的铸锭，使用不车皮的结晶器，其余一律使用少车皮的结晶器；直径大于360mm的铸锭，底部一律用纯铝铺底；直径小于482mm的铸锭，冷却水压为0.05~0.10MPa；直径大于482mm的铸锭，冷却水压为0.04~0.06MPa。铸造结束时，除2A70（LD7）合金之外，铸锭的浇口部均不做回火处理。锻造铝合金实心圆铸锭的铸造工艺制度列于表12-15中。

表 12-15 锻造铝合金实心圆铸锭的铸造工艺制度[7,10]

铸锭直径 /mm	结晶器高度/mm	铸造速度 /m·h⁻¹	铸造温度 /℃	铸锭规格 /mm	结晶器高度/mm	铸造速度 /m·h⁻¹	铸造温度 /℃
2A50（LD5）、2A14（LD10）				2A80（LD8）、2A70（LD7）			
81~145	80	6.6~7.8	715~730	81~145	80	6.0~7.2	725~735
162	150	5.7~6.0	715~730	162	150	5.1~5.4	725~735
192	150	4.8~5.1	715~730	192	150	4.8~5.1	715~730
242	150	4.2~4.5	715~730	242	150	4.2~4.5	725~735
280	—	3.6~3.9	725~740	280	—	3.6~3.9	725~740
360	180	3.3~3.6	725~735	360	180	2.4~2.7	740~755
482	180	1.8~2.1	725~735	482	180	1.8~2.1	740~755
630	200	1.2~1.3	725~735	630	200	1.2~1.3	740~755
775	200	1.0~1.1	725~735	775	200	1.0~1.1	740~755

在锻造铝合金空心圆铸锭的铸造过程中，外径大于360mm

的铸锭，底部用纯铝铺底；芯子的冷却水压力为0.04～0.06MPa。铸造结束时，除2A70（LD7）合金之外，铸锭的浇口部均不做回火处理。锻造铝合金空心圆铸锭的铸造工艺制度列于表12－16中。

表12－16 锻造铝合金空心圆铸锭的铸造工艺制度[7,10]

铸锭规格/mm	铸造速度/m·h^{-1}	铸造温度/℃	外壁冷却水压/MPa	铸锭规格/mm	铸造速度/m·h^{-1}	铸造温度/℃	外壁冷却水压/MPa
2A50（LD5）、2A14（LD10）				2A70（LD7）、2A80（LD8）			
270/106	5.4～5.7	710～720	0.08～0.12	270/106	5.4～5.7	720～735	0.08～0.12
360/130	4.2～4.5	710～720	0.08～0.12	360/130	5.4～5.7	720～735	0.08～0.12
480/210	3.6～3.9	710～720	0.08～0.12	360/210	4.8～5.1	720～735	0.08～0.12
630/368	2.4～2.7	725～735	0.04～0.08	480/210	4.2～4.5	720～735	0.08～0.12
775/520	2.1～2.4	725～735	0.04～0.08				

199. 超硬铝合金铸锭的铸造工艺制度有何规定？

答：超硬铝属于Al－Zn－Mg－Cu系合金。7A04（LC4）是超硬铝中相当成熟、使用较久和较广的一种超硬铝合金，是扁铸锭中产量较大的一个重要品种。7A04合金具有很大的结晶温度范围，凝固区塑性低，具有极大的形成热裂纹和疏松的倾向性；它的低温塑性也比较差，形成冷裂纹的倾向性也比较大。因此，与上述几组合金相比较，7A04合金的铸造性能最差，铸锭时的成品率比较低。铸造成品率约为90%～92%，废品率约为3.5%～7%[10]。

在7A04（LC4）超硬铝合金扁铸锭的铸造过程中，为了降低铸锭表面裂纹废品，应尽量使铸锭出结晶器口时的表面温度均匀一致；为此，结晶器窄面的缺口高度应比2A12（LY12）合金200mm×1400mm结晶器的缺口高度低一些，而缺口的长度要长一些。铸造过程中，用纯铝铺底；采用液面自动控制装置，结晶器内的金属水平为50～70mm，严防出现冷隔和夹渣。铸造结束时，铸锭浇口部自身回火。7A04（LC4）、7A09（LC9）、7A10（LC10）超硬铝合金扁铸锭的铸造工艺制度列于表 12－17 中。

表 12－17　7A04（LC4）等超硬铝合金扁铸锭的铸造工艺制度[7,10]

合金	铸锭规格 /mm×mm	结晶器高度/mm	铸造速度 /m·h^{-1}	铸造温度 /℃	大面水压 /MPa	小面水压 /MPa
7A04	300×1200	200	3.0～3.3	675～685	0.08～0.12	0.03～0.05
7A09、7A10	300×1200	有效高度 130～150	3.0～3.3	680～695	0.08～0.12	0.03～0.05

在 7A04（LC4）、7A09（LC9）、7A1（LC10）、7A19（LC19）超硬铝合金实心圆铸锭的铸造过程中，直径大于 400mm 的铸锭时，使用多车皮结晶器，其余使用少车皮结晶器；直径大于 280mm 的铸锭用纯铝铺底。铸造过程中，防止产生冷隔和夹渣。铸造结束时，铸锭浇口部自身回火。7A04 超硬铝合金实心圆铸锭的铸造工艺制度列于表 12－18 中。

表 12－18　7A04（LC4）等超硬铝合金实心圆铸锭的铸造工艺制度[7,10,41,42]

铸锭直径 /mm	合　金	结晶器高度/mm	铸造速度 /m·h^{-1}	铸造温度 /℃	冷却水压 /MPa
81～145	7A04	80	5.4～6.6	715～730	0.04～0.08
162	7A04、7A09、7A10	150	4.8～5.1	715～730	0.04～0.08
192	7A04、7A09、7A10、7A19	150	4.2～4.5	715～730	0.04～0.08
230	7075		3.72～3.96	720～750	0.1
242	7A04、7A09、7A10	150	3.3～3.6	715～730	0.04～0.08
280	7A04、7A09、7A10	—	2.1～2.4	715～730	0.03～0.06
350	7A19		1.2～3.6	720～750	0.05～0.10
360	7A04、7A09、7A10、7A19	180	1.5～1.8	740～750	0.04～0.08
482	7A04、7A09、7A10、7A19	180	1.1～1.2	740～750	0.04～0.08
485	7A19		0.6～2.4	725～755	0.05～0.10
630	7A04	200	0.9～1.0	740～750	0.03～0.05
775	7A04	200	0.8～0.9	740～750	0.03～0.05

在7A04（LC4）、7A09（LC9）、7A10（LC10）超硬铝合金空心圆铸锭的铸造过程中，使用少车皮的结晶器；一律用纯铝铺底；冷却芯子的水压为0.02～0.04MPa。铸造结束时，铸锭浇口部做回火处理。7A04超硬铝合金空心圆铸锭的铸造工艺制度列于表12－19中。

表12－19 7A04（LC4）等超硬铝合金空心圆铸锭的铸造工艺制度[7,10]

铸锭规格/mm	合 金	铸造速度/m·h^{-1}	铸造温度/℃	冷却水压/MPa
270/106	7A04、7A09、7A10	4.2～4.5	710～720	0.03～0.06
270/130	7A04、7A09、7A10	4.2～4.5	710～720	0.03～0.06
360/106	7A04	3.0～3.3	710～720	0.03～0.06
360/130、360/160	7A04、7A09、7A10	3.0～3.3	710～720	0.03～0.06
360/210	7A04、7A09、7A10	3.6～3.9	710～720	0.03～0.06
482/308	7A04、7A09	3.3～3.6	725～735	0.03～0.06
630/368	7A04	2.1～2.4	725～735	0.03～0.06

200. 6063铝合金铸锭的铸造工艺制度有何规定？

答：6063合金属于Al－Mg－Si系铝合金，称为锻造铝合金（LD31）。6063铝合金的主要合金成分为：0.45%～0.9% Mg，0.20%～0.6% Si。镁与硅形成强化相Mg_2Si，可以提高铝合金的力学性能。在6063铝合金中，Mg_2Si含量在1.2%左右，对铝的电导率降低不是很大。

目前，6063铝合金主要用于生产建筑用铝型材和大跨度输电线缆。6063铝合金的铸造产品主要是实心圆铸锭和线杆。建筑用铝型材绝大部分是使用6063铝合金棒锭生产的。2006年我国电解铝总产量为935万吨，当年铝挤压材生产量达到450万吨，其中有80%是建筑用铝挤压材[43]，即建筑用铝挤压材生产量达到360万吨；建筑用铝挤压材用铝量占当年电解铝总产量的38.5%。

6063铝合金实心圆铸锭，目前多采用同水平铸造方法生产。

采用普通的立式半连续铸造方法生产时，6063 铝合金实心圆铸锭的铸造工艺制度列于表 12－20 中。

表 12－20　6063 铝合金实心圆铸锭的铸造工艺制度[10]

铸锭直径/mm	铸造速度/mm · min^{-1}	铸造温度/℃	冷却水压/MPa
81～145	110～130	715～725	0.05～0.1
162	90～95	715～730	0.05～0.1
192	80～85	715～730	0.05～0.10
242	70～75	715～730	0.05～0.10
280	55～60	715～730	0.05～0.10
360	50～55	715～730	0.05～0.10
482	25～30	715～730	0.05～0.10

201. 其他铝合金圆铸锭的铸造工艺制度有何规定？

答：除了上述各种铝合金可以生产圆铸锭之外，其他铝合金也可以生产各种规格的圆铸锭。在铝及铝合金圆铸锭的生产过程中，倾向于将直径不大于 250mm 的圆铸锭称为小直径圆铸锭，直径大于 270mm 的圆铸锭称为大直径圆铸锭。

铝合金小直径圆铸锭形成热裂纹和冷裂纹的倾向性都比较小。铸锭的冷却强度较大，过渡区的宽度较小，形成疏松的倾向性也就比较小。因此，铝合金小直径圆铸锭在铸造工艺方面有如下特点：

（1）铸造速度普遍比较快。

（2）铸造温度比较低，通常控制在 715～730℃之间。

（3）结晶器高度：铸锭直径不大于 160mm 时，为 100～120mm，其有效高度为 60～80mm；铸锭直径大于 160～270mm 时，为 150mm，其有效高度为 90～120mm。

（4）冷却水压力通常控制在 0.005～0.10MPa。

（5）使用带燕尾槽的底座。铸造时一律不铺底。

（6）浇口部一律不回火。

（7）铸造过程中，操作重点应谨防铸锭底部和浇口部夹渣；

生产锻件和其他特殊制品的铸锭时，应谨防氧化膜破裂。

其他铝合金小直径圆铸锭的铸造工艺制度列于表12－21中。

表12－21 其他铝合金小直径圆铸锭的铸造工艺制度[10]

铸锭直径 /mm	合金牌号	铸造速度 /mm·min⁻¹	铸造温度 /℃	冷却水压 /MPa
81～145	1060、1100、8A06、1070、1050、1035	130～180	715～730	0.05～0.1
162	5A13、5A14、2A02	80～85	715～730	0.05～0.10
	5056、2A13			
	1A85、1A90、1A93、1A97、4A01	90～95	700～720	
	2A04、6A02		715～730	
	2B11、2B12、2B50	95～100	715～730	
	1070A、1060、1035、1A30、1100	115～120	715～730	
192	5056、5A135B06、2A02、2A13	70～75	715～730	0.05～0.10
	1A85、1A90、1A93、1A97	80～85	700～720	0.05～0.10
	6A02、4A01、2B50、2A04、2B11、2B12、2A17	80～85	715～730	0.05～0.10
	1070、1060、1050、1100、8A06、1200	115～120	715～730	0.05～0.10
242	2A17	60～65	720～730	0.05～0.10
	5056	65～70	715～730	0.05～0.10
	6A02	70～75	715～730	0.05～0.10
	1070、1060、1050、1100、1200、8A06	95～100	715～730	0.05～0.10

铝合金大直径圆铸锭在铸造工艺方面有如下特点：

（1）软合金铸锭的最大直径，原则上不受限制；在现行工艺条件下，可以顺利铸造直径大于1m的圆铸锭。硬合金由于其产生裂纹的倾向性较大，圆铸锭的直径受到一定的限制，生产大直径的硬铝合金圆铸锭困难比较大；在现行设备、工艺条件下，我国生产的最大直径为840mm。

（2）为了降低大直径圆铸锭产生裂纹的可能性，提高铸锭质量，铸造速度比较慢。

（3）为了降低大直径圆铸锭产生疏松的可能性和金属间化

合物一次晶产生的几率，并减小冷隔的深度，铸造温度比较高。

(4) 冷却水压力：软合金比铸造同牌号小直径铸锭时大，达到0.08～0.15MPa；硬合金却相反，比铸造同牌号小直径铸锭时要小一些，一般为0.04～0.06MPa。

(5) 铸造大直径的铸锭时，由于冷凝时的绝对收缩量比较大，铸锭的自重也比较大，可以使用不带燕尾槽的底座。软合金由于没有形成冷裂纹的倾向性，铸造开始无须铺底，铸造结束时浇口部无须回火处理。硬合金由于其产生裂纹的倾向性较大，铸造大直径的铸锭时均需铺底；除了5A05、2A11、2A70、2A50等铸态低温塑性较好的合金之外，一般铸造结束时浇口部均需回火处理。

(6) 铸造过程中，操作重点应谨防铸锭产生成层、裂纹、羽毛晶、疏松、光亮晶和金属间化合物偏析；生产锻件和其他特殊制品的铸锭时，应谨防氧化膜破裂。

其他铝合金大直径圆铸锭的铸造工艺制度列于表12-22中。

表12-22　其他铝合金大直径圆铸锭的铸造工艺制度[10]

铸锭直径/mm	合金牌号	铸造速度 /mm·min^{-1}	铸造温度 /℃	冷却水压 /MPa	铺底否	回火否
280	5A13、5A14	40～45	715～730	0.04～0.06	+	+
	2A02、2A04、2A06	50～55		0.05～0.10	+	+
	2B12	55～60	720～730		+	+
	2A13		715～730		–	–
	2A17	60～65			+	+
	2B11				–	–
	5056			0.08～0.15	–	–
	1A85、1A90、1A93、1A97		700～720		–	–
	2B50		725～740	0.05～0.10	–	–
	1070、1060、1050、1100、8A06、1200	80～85	715～730	0.08～0.15	–	–

续表 12－22

铸锭直径/mm	合金牌号	铸造速度/mm·min^{-1}	铸造温度/℃	冷却水压/MPa	铺底否	回火否
360	2B12	30～35	725～740	0.05～0.10	+	+
	2A04、2A06、2A17	35～40	715～730	0.05～0.10	+	+
	2A02、5A13、5A14	35～40	715～730	0.04～0.06	+	+
	5056	40～45	715～730	0.04～0.08	+	－
	2A13	50～55	715～730	0.05～0.10	+	－
	2B50	50～55	725～740	0.05～0.10	+	－
	2B11	55～60	720～730	0.05～0.10	+	－
	1A85、1A90、1A93、1A97	55～60	700～720	0.08～0.15	－	－
	1070、1060、1050、1035、1100	55～60	715～730	0.08～0.15	－	－
482	5A13、5A14	20～25	715～730	0.04～0.06	+	+
	2A02	20～25	715～730	0.04～0.06	+	+
	2A17	20～25	715～730	0.05～0.10	+	+
	2B12	20～25	725～740	0.05～0.10	+	+
	5056	20～25	715～730	0.04～0.08	+	－
	2B11	25～30	715～730	0.05～0.10	+	－
	2B50	25～30	725～740	0.05～0.10	+	－
	1070、1060、1050、1145、1035、1A30、1100、8A06	50～55	715～730	0.08～0.15	－	－
630	5056	20～25	715～730	0.04～0.08	+	－
	1070、1060、1050、1035、1100、8A06	50～55	725～735	0.04～0.08	－	－
775	1070、1060、1050、1035、1100、8A06	25～30	725～735	0.04～0.08	－	－

注：“+”为是；“－”为否。

202. 其他铝合金空心铸锭的铸造工艺制度有何规定?

答：除了上述各种铝合金可以生产空心铸锭之外，其他铝合金也可以生产各种规格的空心铸锭。与相同直径的实心圆铸锭比较，铸造空心铝合金铸锭时有如下工艺特点：

（1）由于形成冷裂纹的倾向性较大，铸造速度比较高。

（2）铸造温度普遍低 10～20℃，一般控制在 700～720℃。

（3）冷却水压稍高，一般控制在 0.08～0.12MPa（个别合金，如7A04 为 0.03～0.06MPa），芯子冷却水压约为0.02～0.03MPa。

（4）在目前的铸造工艺条件下，采用两点供流的月牙形漏斗或叉式漏斗供流，不便自动控制结晶器内的液面高度；在铸造过程中，应谨慎操作，防止液面波动，尽量减少夹渣。操作重点在于铸造开始和结尾时谨防铸坯过度冷凝而紧紧抱住芯子。

其他铝合金空心铸锭的铸造工艺制度列于表 12－23 中。

表 12－23　其他铝合金空心铸锭的铸造工艺制度[10]

外径/内径 /mm	合金牌号	铸造速度 /$mm \cdot min^{-1}$	铸造温度 /℃	冷却水压 /MPa	铺底否	回火否
120/34	1070、1050、1100、8A06	240～260	730～740	0.04～0.06	－	－
130/54	1070、1050、8A06	215～220	720～730	0.04～0.06	－	－
160/74	1070、1050、1035、8A06	215～220	720～730	0.04～0.06	－	－
180/140	1070、1050、1100、8A06	190～240	710～720	0.08～0.12	－	－
212/92	2A02、2A06	80～85	720～735	0.08～0.12	－	－
	1070、1100	100～105	710～720	0.08～0.12	－	－
270/106 270/130	1A85、1A90、1A97	70～75	700～720	0.08～0.12	－	－
	1070、1060、1050、1035、1100、8A06	100～105	710～720	0.08～0.12	－	－
360/160 360/130	5B05	50～55	710～720	0.08～0.12	+	－
	1A85、1A90、1A93、1A97	60～65	700～720	0.08～0.12	－	－
	1070、1100、8A06	70～75	710～720	0.08～0.12	－	－

续表 12-23

外径/内径 /mm	合金牌号	铸造速度 /mm·min^{-1}	铸造温度 /℃	冷却水压 /MPa	铺底否	回火否
360/210	1070、1060、1050、1035、1100、8A06	80~85	710~720	0.08~0.12	-	-
480/210	1070、1060、1050、1035、1100、8A06	70~75	720~735	0.06~0.10	-	-
482/308	1070、1100、8A06	75~80	720~735	0.06~0.10	-	-
630/255	1070、1100、8A06	40~45	720~730	0.04~0.08	-	-
630/368	1070、1060、1050、1035、1100、8A06	55~60	720~730	0.04~0.08	-	-

注："+"为是；"-"为否。

203. 为什么有些铝合金在铸造过程中要采取铺底垫的措施?

答：硬铝和超硬铝等部分铝合金，如2A12和7A04合金有着比较宽的结晶温度范围和比较低的塑性，铸造性能不太好，在铸造过程中铸锭常出现冷裂纹和热裂纹；特别是生产大断面的铸锭时，出现冷裂纹和热裂纹的可能性更大。在铸造开始时铸锭容易裂开，造成废品。

为了防止这类铝合金在铸造开始时铸锭开裂，在铸造基本金属之前，先在结晶器内的底座上注入一定高度的液态纯铝，形成一定厚度的底垫，这种工艺操作称为铺底。使用基本金属或者碎铝片作为铺底材料进行铺底时，称为铺假底。使用纯铝铺底时应注意如下事项：

(1) 铺底用纯铝可直接使用液态原铝，应保证液态原铝的纯度，最好不要低于99.50% Al，并要求其中的铁含量大于硅的含量；

(2) 铺底用液态原铝的温度应控制在710~750℃之间；

(3) 要有足够的液态铝用量，通常铺底用纯铝层端头的厚度不得小于 20mm；

（4）为便于铺底用铝与基本金属很好地熔合，应适时向结晶器内注入基体金属，通常以铺底液态铝四周的凝固高度达到 20mm 时注入液态基本金属为宜；并在注入液态基本金属之前，应捞净铺底液态铝表面硬壳和底渣。

铺假底时的操作要领与纯铝铺底时相同，但是铺底厚度应大一些，一般不要小于 40mm。

采用纯铝铺底垫时，由于纯铝的塑性很好，容易变形，对缺口的敏感性低，能有效地避免底垫因应力集中而产生裂纹。当铺底液态铝四周的凝固高度达到 20mm 而整体尚未全部凝固时，注入液态基本金属，铺底用铝与基本金属很好地熔合，淡化铸锭底部基本金属的合金成分，提高了熔合部分的金属塑性。由于纯铝的线收缩数大，如同在底座上形成一个塑性很好的金属箍，对底部基本金属铸锭形成压应力，从而起到了降低底部基本金属铸锭内拉应力的作用。因此，铸造硬铝合金大型铸锭时，使用纯铝铺底能有效地防止铸锭底部产生裂纹。

使用基本金属作为铺底材料时，铺假底时的操作相当于锭模铸造，所产生的收缩应力小于正常的连续铸造时的数值，因而可降低底垫金属产生裂纹的可能性。同时，外周部分凝固的底垫对后续铸锭也能形成一定的压应力，从而起到了降低后续基本金属铸锭内拉应力的作用。

使用碎铝片铺底时，可以使铸锭底部的集中收缩变为分散收缩，从而可避免底部铸锭产生集中应力。

目前，也有在底座上表面作成梯形凹槽，铸造过程中使铸锭底部形成厚实的加强筋；同时辅以 PLC 控制工艺参数，使铸造开始时慢速运行并脉冲供给冷却水。实际上，梯形凹槽内的液态金属起到了铺假底的作用。

204. 为什么有些铝合金在铸造结束时要采取回火的措施？

答：有些铝合金在铸造结束时要采取回火措施的原因与铸造

之前铺底垫相同。硬铝和超硬铝等部分铝合金，如2A12 和7A04合金有着比较宽的结晶温度范围和比较低的塑性，铸造性能不太好，在铸造过程中铸锭常出现冷裂纹和热裂纹；特别是生产大断面的铸锭时，出现冷裂纹和热裂纹的可能性更大。在连续铸锭过程中，由于直接水冷，铸锭中存在着残余应力。在铸造结束时，铸锭的浇口部位呈凹陷状，液相穴顶部的高温凝固壳又比较薄，如果铸锭尾部很快进入二次冷却水强冷区，由于强烈收缩而产生很大的应力，铸锭的浇口部位容易裂开，造成废品。铸锭的浇口部位裂开时，会发出巨大的声响，甚至会酿成设备或人身事故。

铸锭中存在着的残余应力，是铸锭的浇口部位裂开的主要原因。为了避免铸锭的浇口部位裂开，必须消除铸锭中的残余应力。因此，对于大断面的硬铝合金铸锭，在铸造结束时必须进行回火处理。在停止供流之后，待铸锭下降到快要离开结晶器的下缘时，即停车停水，利用铸锭液相穴内残余液态金属的热含量将铸锭的上部自行加热到350℃以上，进行回火处理。这个操作过程，由于是利用铸锭液相穴内残余液态金属的热含量自行加热的，故称为自身回火。由此可知，自身回火的目的是避免铸锭浇口部冷裂纹的产生。

进行自身回火处理时，应注意如下事项：

（1）控制好停水和停车的时刻。对于扁铸锭，在停止供流之后，当铸锭上表面下降到结晶器小面切口的边缘附近时停供小面冷却水，当铸锭上表面继续下降到距离结晶器宽面下缘 10 ~ 15mm 的地方时停车，并同时停供大面冷却水。对于圆铸锭，当铸锭上表面下降到距离结晶器下缘 25 ~ 30mm 的地方时，同时停车停水。

（2）停水时，必须紧闭供水阀门，谨防细小水流浇到铸锭上，以免造成不良后果。因为停水之后，铸锭表层的温度会急剧升高，若局部表面仍有细小水流，造成不均匀冷却，会加剧应力集中的现象，反而会增大产生裂纹的倾向性。

十三、同水平铸造

205. 同水平铸造与立式半连续铸造有什么不同？

答：同水平铸造是在立式半连续铸造的基础上发展起来的，铸造工作的基本原理和生产操作是相同的。它们之间的不同处是：在立式半连续铸造过程中，结晶器内的金属液面是敞露着的；在同水平铸造过程中，结晶器内的液态金属处于封闭状态，在金属结晶器的顶部有一个用耐热保温材料做成的保温帽，将结晶器内的金属液面引至保温帽内，同时用一个统一的供流盘将各个保温帽连接在同一个平面上，使各个保温帽内的金属液面保持在同一个水平上；在这种情况下，对于结晶器内的金属液面来说是不变的，可以不必使用液位控制装置。供流盘与流槽活动连接在一起，从而避免了液态金属在敞露液面上产生落差的现象，有利于保持液态金属经过第二次精炼后的纯洁度。

结晶器顶部的保温帽，能保持液态金属始终处于液态，通常称为热顶（hot top）。带有保温帽的立式半连续铸造，称为热顶铸造。同水平铸造必须是热顶铸造，是热顶铸造的继续发展。

目前，同水平铸造多用于实心圆铸锭生产中，铸锭直径多为127～228.6mm；生产小断面的铸锭是热顶铸造的优点，据资料报道，已用于生产中最小的断面为ϕ45mm。贵州铝厂生产的最大断面为ϕ380mm[44]。可以多流同时连续铸造，38t负荷的铸造机生产ϕ228.6mm的铸锭，可同时浇铸56根；生产ϕ203.2mm的铸锭，可同时浇铸72根；生产ϕ177.8mm的铸锭，可同时浇铸84根；生产ϕ152.4mm的铸锭，同铸根数可达108根，使生产率大为提高。这种规格的铸锭，主要是便于单流供流控制。在保温帽与统一的供流盘之间可以设小孔径的流道，当某一根铸锭的连铸过程受到破坏时，可以立即用塞子堵塞该流道口，而不影响其他铸锭的连续生产。

206. 同水平铸造的设备结构有什么特点?

答：在同水平铸造过程中，由于结晶器、冷却水箱、热顶与分流盘以及铸造机盖板连成一体，结晶器的连续润滑和底座对中，都需要进行特殊处理。同水平铸造的设备结构与立式半连续铸造设备相比，主要有四大特点：专设热顶、很短的结晶器、封闭式连续润滑和底座游动对中。

热顶是热顶铸造和同水平铸造的标志性特点。热顶设在每一个结晶器的顶端，一般分为上下两层，也有做成一个整体。分为上下两层的目的是为了减少热顶的制作量，因为热顶的下端与激冷的结晶器接触，受到急冷急热的变化而容易损坏。在同水平铸造中，热顶的上层带有缺口，以便与供流盘连通。热顶内贮存液态金属，并保持一定的温度。因此，热顶又称为储液槽。

在热顶铸造和同水平铸造中，结晶器的有效高度与实际高度相等，因此，结晶器的实际高度大大小于立式半连续铸造的结晶器。但是，结晶器的高度最小不能小于25mm，最大不应超过50mm[1]。

在立式半连续铸造过程中，润滑油可以从结晶器内敞露液面的周边加入。在热顶铸造和同水平铸造中，结晶器内的液态金属处于封闭状态。为了连续稳定地加入润滑油，一般在结晶器内壁的上段嵌入石墨环，将润滑油和气体通过多孔石墨壁渗透到结晶器内壁表面上；也有将润滑油和气体通过石墨环顶端与热顶之间的微缝渗透到结晶器内壁表面上。

在热顶铸造和同水平铸造中，由于结晶器、冷却水箱、热顶与铸造机盖板连成一体，结晶器的高度又很小，铸造机的底座在上升的过程中，看不见底座进入结晶器的情况；底座进入结晶器内之后，又无法填塞结晶器与底座之间的缝隙。为此，底座的横断面尺寸稍大于立式半连续铸造的底座，缩小结晶器与底座之间的缝隙，不塞填充物。在这种情况下，底座与结晶器对中要很精确而又灵活，为此，将水冷装置下段横断面膨出，底座采用三爪游动定位机构。

目前，同水平铸造设备的传动装置都采用液压油缸，有外导式和内导式油压传动两种。液压油缸活塞的行程为7.2m，可生产的铸锭长度为7m。因此，这种设备仍然是半连续结构形式。

207. 同水平铸造用分流盘的结构有什么特点？

答：分流盘将多个热顶连接在一起，它既起到铝液分流的作用，又起到铝液的保温作用。分流盘与热顶安装在水箱盖板的上面，而面积又宽大，不便于很好预热。因此，要求分流盘有很好的绝热性能和不吸潮性能，表面光洁，易清理。分流盘与热顶之间用耐火保温套管连接，作为液态金属的通道。

分流盘采用下入式进流，可以克服熔体紊流带来的不利影响，无冲击，可避免污染铝熔体，而整体温度场较为均匀。分流盘末端设有事故排放口，作为应急安全措施；当出现紧急情况时，流槽和分流盘的液态金属可立即尽快放掉。

分流盘入口与流槽之间采用斜面接口，实现同水平硬搭接，便于操作，利于安放过滤网。水箱盖板使用液压油缸翻转，可转动87°角，采用斜面接口，不影响操作；便于工人操作、修理及铸造前的检查、准备工作。

分流盘用无石棉的优质保温材料预浇注成型，作成标准组合件，然后组合而成。当需要修补或更换时，个别区域操作即可。保温材料为$Al_2O_3-SiO_2$纤维混合物。下入式热顶铸造分流盘如图13－1所示。

208. 热顶结构有什么特殊要求？

答：热顶与激冷的结晶器紧密相联。在热顶横断面上的温度分布，与结晶器相连处的温度最低，热顶向结晶器中突出的尺寸越小，温度梯度越大，对预防铸锭表面出现大而深的冷隔和周边

图 13－1 下入式热顶铸造分流盘[45]

偏析组织区的深度扩展是有利的。1050 合金 600mm×1450mm 扁铸锭，在铸造速度恒定的条件下，铸锭表面偏析层深度与热顶向结晶器中突出距离的关系列于表 13－1 中。为了得到高质量的铸锭表面和横断面上均匀的显微结构，热顶向结晶器中突出的尺寸应尽可能地小。据资料报道[32]，突出距离应在 0～3.175mm 以内。А. И. Жернов 认为[46]，不论浇铸的铸锭直径多大，突出距离应不大于 15mm。瑞士 Gautschi 公司生产的设备，热顶的突出距离为 8mm。

表 13－1 1050 合金 600mm×1450mm 扁铸锭表面偏析层深度与热顶突出距离的关系[10]

热顶高度 H/mm	70			
结晶器高度/mm	30			25
热顶突出距离 C/mm	2	5	15	2
偏析层深度/mm	0.64	0.91	0.99	0.63

在生产实践中，也有将热顶做成漏斗状，热顶向结晶器的导流孔比较小，使热顶向结晶器中突出的尺寸比较大。例如，韩国 Koryo 公司的热顶，生产 ϕ203.2mm 6063 铝合金铸锭的结晶器工作直径为 208.84mm，而热顶下部的导流孔径为 88.9mm，即热顶的突出距离为 60mm。在这种情况下，对预防铸锭表面出现大

而深的冷隔和周边偏析组织区的深度扩展不利；但是，便于生产操作，在多流同时连铸过程中，当某一根铸锭的连铸过程受到破坏时，可以立即用塞子堵塞该流道口，而不影响其他铸锭的连续生产。

热顶内的液态金属静压力，金属液位的高度对铸锭凝固壳与结晶器壁的接触有直接影响；热顶不宜过高，而且下层的高度一般小于其上层，上层和下层的内外直径相等。例如，ASCAST 公司生产的热顶，上层高度为 25mm，下层为 25mm。瑞士 Gautschi 公司生产的热顶，上层高度为 45mm，下层为 25mm。A. И. Жернов 制作的热顶比较高[46]，上层高度为 80mm，下层为 40mm；热顶下层的使用寿命为 25～30 次。热顶的结构很简单，如图 13－2 所示。韩国 Koryo 公司的热顶为整体式结构，呈漏斗状，底部孔径的高度为 78.26mm，热顶总高度为 211.61mm，是目前生产使用中最高的热顶。

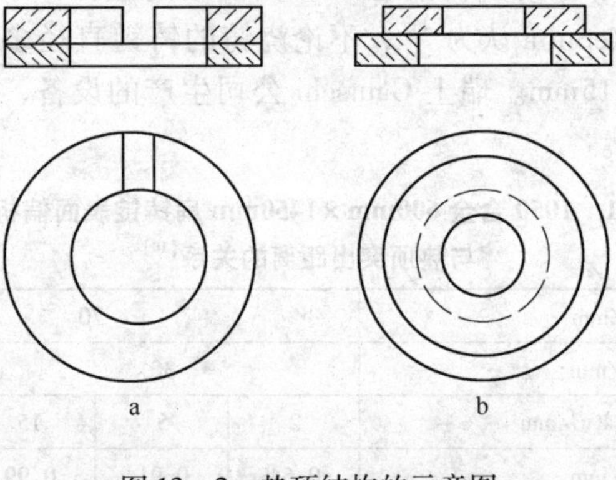

图 13－2 热顶结构的示意图

a—同水平铸造用热顶 b—普通热顶铸造用热顶

209. 热顶是用什么材料制作的?

答：热顶的作用是保持结晶器顶端的金属始终处于高温液态。因此，热顶必须用耐热保温材料制作，同时要考虑材料对铝液的化学稳定性。国外一般采用 Marinite 耐火材料制成热顶，这种耐火材料是由硅藻－硅酸、石棉纤维和黏结剂组成。据 A. И. Жернов 介绍[46]，热顶用压紧的浆料制成；浆料的成分为：35%～50% 石棉、28%～30% 硅藻土和 21.5%～28.0% 石灰。压紧的石棉绝热顶壁厚为 40mm，经热压风干后在电阻炉中热处理制成。为了扩大热顶材料的资源，并降低其制造成本，不用成品石棉，而用硅石灰。压制的石棉绝热顶的性能如下：受压时的强度为 20～25MPa；弯曲时的强度为 10～14MPa；视在密度为 0.98～1.10g/cm^3；开口空隙度为 45%～55%；吸湿性为 4%～5%；耐激冷激热性能，即冷热变换次数，出现第一条裂纹为 10～15 次，达到质量损失 20% 时为 50 次；热导率，在 200℃时为 0.20W/(m·℃)，在 700℃时为 0.43 W/(m·℃)。

210. 同水平铸造用结晶器的结构有什么特点？

答：同水平铸造用结晶器，本体一般用铝合金制作；结晶器内壁的上端嵌有石墨环，用高纯石墨制作。石墨环既可减弱结晶器上端的冷却强度，又使结晶器壁有自润滑的作用。结晶器内壁和石墨环内壁，尺寸精确，要求内表面粗糙度低。进入水箱内的冷却水不立即接触结晶器本体的外壁。在水箱与结晶器本体之间设有挡水环，挡水环上均布一圈小水孔，水箱内的冷却水通过这一圈小水孔流入挡水环与结晶器本体的外壁之间的空腔内，使冷却水均匀地冷却结晶器壁。结晶器本体的下端均布一圈小水孔，每个水孔与结晶器轴线之间的夹角为 20°～30°；使冷却水经过一次冷却之后再通过这些小水孔形成均匀的圆形水帘式水幕，直接喷射到铸锭表面上，进行二次冷却。结晶器本体与挡水环的组合由底盖固定；底盖下面有 4 个或 3 个导向爪。结晶器组装好之后，将其固定在水箱盖板中。结晶器与水箱之间用四道 O 形橡胶密封环密封。

渗透式润滑热顶铸造用结晶器的结构形式如图 13－3 所示。从图中可以看出，石墨环的高度为 18.5mm，金属壁段的高度为

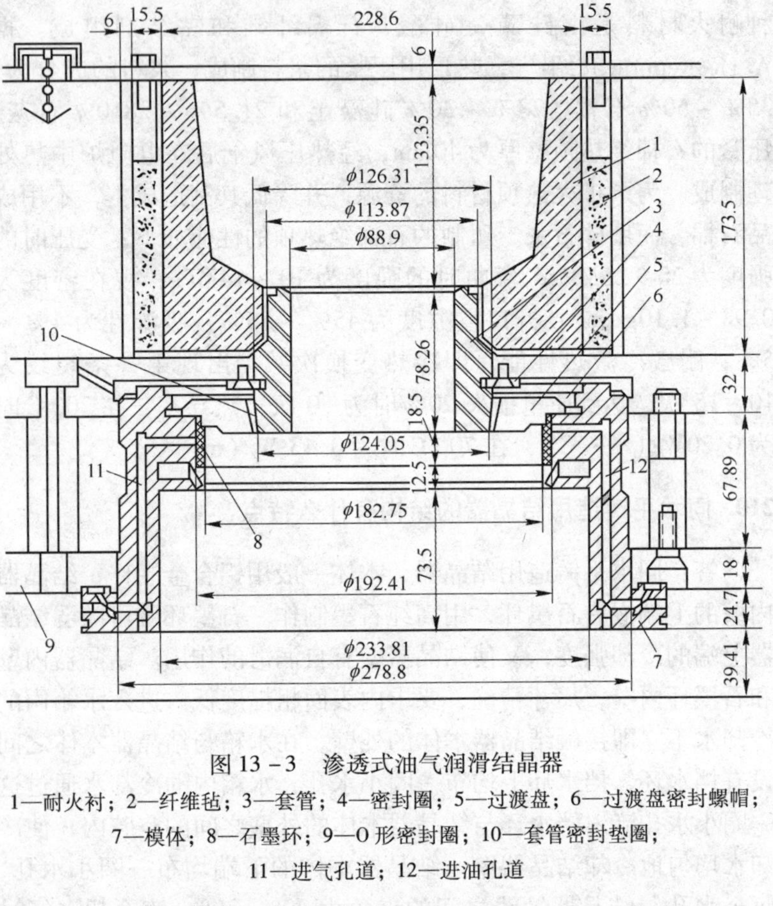

图 13-3　渗透式油气润滑结晶器

1—耐火衬；2—纤维毡；3—套管；4—密封圈；5—过渡盘；6—过渡盘密封螺帽；7—模体；8—石墨环；9—O 形密封圈；10—套管密封垫圈；11—进气孔道；12—进油孔道

12.5mm，则结晶器的有效总高度为 31mm。结晶器工作壁采用 A356 铝合金制作。石墨环的厚度为 4.855mm，采用渗透式通过石墨壁供给油气润滑剂。石墨环外壁上下设两条小沟槽，上槽通气，下槽通油；也有上槽通油，下槽通气。这是此类结晶器的一个特点。从生产实践结果来看，上槽通气，下槽通油的效果最好。在这种情况下，必须采用开放性气孔的石墨材料制作石墨环，其壁厚应能抗拒气体和润滑油高压的作用。生产中要求气体的供给压力为 0.9 ~ 10MPa，连续供气，耗气量（标态）为 $36m^3/h$，最大为 $50m^3/h$；润滑油的供给压力为 0.6MPa。结晶器下端有一段膨大的空间，其直径大于结晶器型腔直径 24.97mm，其高度为 73.5mm；这是为了便于底座进入结晶器时的定位装置。底座下端直径为 233.8mm，比定位装置的内径仅小 0.01mm。底座进入结晶器后，底座的顶部端面距石墨环下缘 3.2mm。

211. 同水平铸造用结晶器的高度怎样确定？

答：在热顶铸造和同水平铸造中，结晶器的有效高度与实际高度相等。由于热顶内的液态金属静压力的作用，铸锭凝固壳与结晶器壁之间的相对接触面积有所增加，一次冷却效果增强。结晶器冷却形成的一次冷却区有所增加，而且在一定程度上有利于铸造速度的提高。因此，结晶器的高度可以大大小于立式半连续铸造的结晶器。一般直径在 120mm 以下的铸锭，结晶器高度为 25 ~ 35mm；直径在 145mm 以上的铸锭，结晶器高度以 30 ~ 45 为好[1]。在 MaxiCast 同水平铸造机上的结晶器高度为 45 ~ 50mm，在 Airslip 同水平铸造机上的结晶器高度为 30 ~ 35mm。

根据逆流导热的概念，铝的热导率和热扩散率都比较高，而铸造速度又比较慢，二次冷却所形成的逆流导热距离能够达到结晶器内铸锭凝固壳的波动性接触区。在热顶铸造生产实践中发现[36]，通过铸造速度的控制，可以使结晶器的热导率由零变到最大；当逆流导热距离达到结晶器与热顶的结合处时结晶器的热导率为零，而当逆流导热距离达到距结晶器与热顶的接触线大约为 12.7 ~ 25.4mm 时结晶器的热传导率为最大，在这个范围内对铸锭质量无坏影响。结晶器的有效高度应根据一次冷却区最大高度（距结晶器顶面 12.7 ~ 25.4mm）与逆流导热距离之和再减去二次冷却水落水点至结晶器底面之间的距离来确定。逆流导热距离 *UCD* 值可按式 12 – 1 计算；因此，结晶器的有效高度与铸造速度紧密联系在一起。

212. 逆流导热距离与哪些因素有关系？

答：从式 12－1 中可知，逆流导热距离不仅与被铸铝合金的性质有关，而且还与铸造工艺条件有关。铝合金的性质包括热扩散率、结晶潜热、热容和凝固开始温度；铸造工艺条件包括热顶内的液态金属温度、铸造速度和二次冷却区落水点处铸锭表面的温度。热扩散率与金属的热导率、质量热容和密度有关，可用下式表示：

$$a = \lambda/(c \cdot \rho) \qquad (13-1)$$

式中 a——固态金属的热扩散率，cm^2/s；

λ——固态金属的热导率，W/(cm·℃)；

c——在温度 t 时固态金属的质量热容，J/(g·℃)；

ρ——固态金属的密度，g/cm^3。

热扩散率、结晶潜热、热容和凝固开始温度是随金属或合金的不同而有所差异。从式 12－1 可知，逆流导热距离随热扩散率增大而增长；逆流导热距离随热容减小而增长；逆流导热距离随凝固开始温度降低而减小，但不是很大，每降低 20℃，逆流导热距离缩短 1.5mm 左右[47]；结晶潜热对逆流导热距离的影响极为微小。一旦金属或合金给定，热扩散率、结晶潜热、热容和凝固点温度四个参数即为常数，在铸造过程中为非可调参数。

在连续铸造过程中，对逆流导热距离影响的可控因素是铸造条件。从式 12－1 可知，逆流导热距离随铸造速度增加而减小。工业纯铝和 Al－Cu－Mg 系 2A12 铝合金的计算结果如图 13－4 所示。计算时[39]，工业纯铝的取值：$\lambda = 205.2$W/(m·K)，$t_0 = 680$℃，$t_1 = 655$℃，$t_g = 60$℃，$c_p = 1035.3$J/(kg·K)，$q = 389.3$J/g，$\rho = 2.7g/cm^3$。2A12 铝合金的取值：$\lambda = 138.2$W/(m·K)，$t_0 = 680$℃，$t_1 = 610$℃，$t_g = 60$℃，$c_p = 1172.3$J/(kg·K)，$q = 385.1$J/g，$\rho = 2.8g/cm^3$。从图 13－4 中可以看出，铝合金铸造时的逆流导热距离值低于工业纯铝。而且快速铸造时的变化对逆流导热距离的影响较小，在低速铸造时的变化对逆流导热距离的

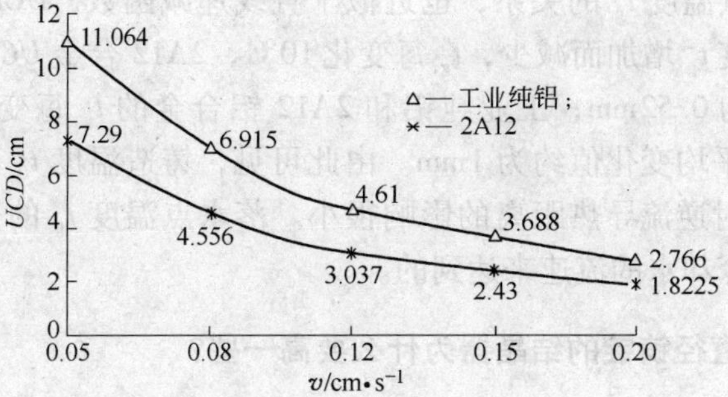

图 13－4　铸造速度对逆流导热距离的影响[47]

影响较大。例如，2A12 合金逆流导热距离（*UCD*）与铸造速度、铸造温度及落水点温度的关系如图 13－5 所示[48]，铸造速度从 110mm/min 增加到 120mm/min 时，逆流导热距离只减少 0.16cm；铸造速度从 20mm/min 增加到 30mm/min 时，逆流导热距离却减少 3.46cm。逆流导热距离与铸造温度 t_0 的关系近似于直线递减函数，*UCD* 随着铸造温度 t_0 增加而减少，t_0 每变化 10℃，工业纯铝的 *UCD* 平均变化值为 1mm 左右；2A12 铝合金的 *UCD* 变化值小于1mm，平均变化值为 0.6mm。逆流导热距离

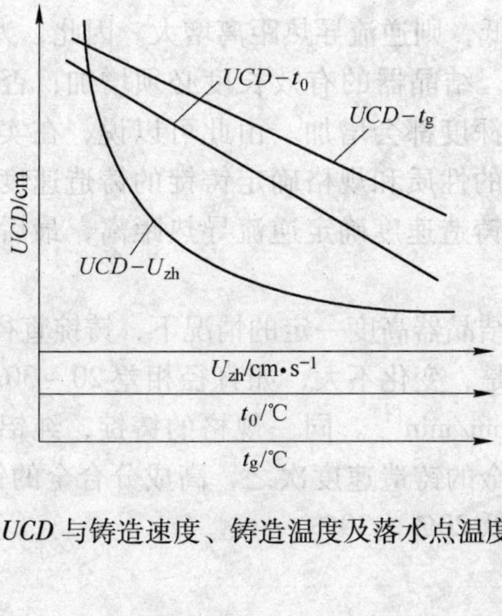

图 13－5　*UCD* 与铸造速度、铸造温度及落水点温度的关系[48]

与落水点温度 t_g 的关系，也近似于直线递减函数，*UCD* 随着落水点温度 t_g 增加而减少，t_g 每变化 10℃，2A12 合金 *UCD* 的平均变化值为 0.52mm；工业纯铝和 2A12 铝合金的 t_g 每变化 20℃，*UCD* 的平均变化值约为 1mm。由此可见，铸造温度 t_0 和落水点温度 t_g 对逆流导热距离的影响很小。落水点温度 t_g 的变化是通过控制冷却水的流速来达到的。

213. 大直径铸锭的结晶器为什么要高一些?

答：从式 12－1 可知，逆流导热距离与铸锭直径没有关系，也就是说逆流导热距离对于任何规格的同一种合金铸锭都是相等的。大直径铸锭的结晶器高度相对高一些，是由其铸造速度上限值所决定的。铸造速度的确定是以铸锭的裂纹倾向性减至最低限度、保证获得致密的内部组织和最大限度提高生产效率相结合为原则。大直径铸锭的裂纹倾向性大于小直径铸锭，为了获得良好的铸锭内部质量，大直径铸锭的铸造速度相对于小直径铸锭低一些。

逆流导热距离与铸锭直径没有关系的前提，是对同一种合金和相同的铸造速度而言的；即使是同一种合金，铸造速度不同，逆流导热距离自然是不相等的。从式 12－1 可知，对于同一种合金，铸造速度低，则逆流导热距离增大。因此，为了获得良好的铸锭表面质量，结晶器的有效长度必须增加；否则，铸锭表面的冷隔宽度和深度都会增加。由此可以说，在实际生产中，首先应根据合金的性质和规格确定铸锭的铸造速度，然后再根据合金的性质和铸造速度确定逆流导热距离，最后确定结晶器的高度。

在合金和结晶器高度一定的情况下，铸锭直径越大，铸造速度应越小。但是，变化不大，如直径相差 20～30mm，铸造速度只相差 5～10mm/min[1]。同一规格的铸锭，纯铝的铸造速度最大，低成分合金的铸造速度次之，高成分合金的铸造速度最小，通常要比纯铝低 20%～30%。

214. 同水平铸造用结晶器的润滑结构有什么特点？

答：目前，在热顶铸造和同水平铸造中，结晶器的润滑结构有两种形式：渗透式和溢流式。

渗透式润滑结构如图 13－3 所示，通过多孔石墨环采用渗透式供给润滑剂。使用过程中，先供气后供油，压缩空气连续供给，润滑油间断供给，每分钟内供油 10s。用油量为 0.016～0.131mL/min。压缩空气用量为 $0.6m^3/min$。流量可以通过控制阀门调节。由于通过多孔石墨环采用渗透式供给润滑剂，润滑油量比较少一些；但是，供给润滑剂的压力比较高。在上槽通气、下槽通油的条件下，对减弱铸锭凝固壳上端和液态金属弯月面处的冷却强度是很有利的，这是目前最好的一种可控式润滑形式。

溢流式油气润滑结晶器的结构如图 13－6 所示。这种结晶器属于组合式结构。结晶器型腔的上端衬以高密度石墨环，壁厚为 5mm，高度为 15mm；石墨环下面的金属段高度为 15mm。结晶

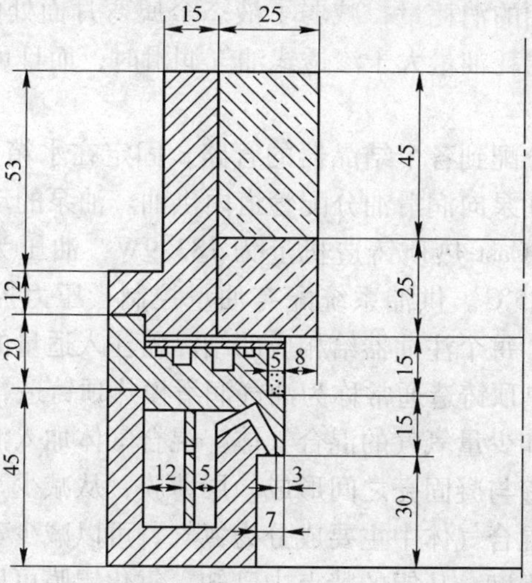

图 13－6　溢流式油气润滑结晶器

器的有效总高度为 30mm。石墨环顶部端面压接一个金属薄垫片；金属薄垫片与热顶之间有一层隔油膜。金属结晶器顶部端面设有环形油槽和环形气槽各一条。油槽在内圈，油槽横断面尺寸为 6mm × 6mm；气槽在外圈，气槽横断面尺寸为 4mm × 4mm。油气混合润滑剂从金属垫片与隔油膜之间的缝隙中溢出，沿着石墨环的内表面流淌，起到连续润滑的作用。这是溢流式润滑结晶器的特点。结晶器金属段的下端紧连着一段膨大的空间，其内径比结晶器型腔直径大 14mm，而且与结晶器连成一体构成冷却水箱，同时作为底座定位装置；底座定位装置的高度为 30mm。冷却水箱中间设一圈隔板，隔板内侧水缝宽度为 5mm，其外侧水缝宽度为 12mm；隔板上有许多小孔，以便冷却水从外侧水缝进入内侧水缝，冷却水冷却结晶器之后从其金属段出口排出，对铸锭进行二次冷却。冷却水箱中的隔板可使结晶器工作壁的冷却强度趋于均匀；进水压力为 0.3 ~0.4MPa。在溢流式油气润滑结晶器中，所需压缩空气的压力为 0.4 ~0.5MPa，低于渗透式油气润滑时；压缩空气的消耗量（标态）最大为 $50m^3/h$。加入空气后，减少了润滑油的消耗量，减弱了液态金属弯月面处的冷却强度。溢流式润滑的耗油量大于渗透式油气润滑时，而且可控性相对差一点。

润滑油分配到各个结晶器的管路，固定在水箱盖板的里面，用可变容量油泵向润滑油分配管道内供油。油泵的动力一般不很大，如 Maxi Cast 热顶铸造机上为 183.9W，油压为 0.588MPa，使用油温为 25℃。供油系统配有油量控制、压力控制和注油器等有关元件，每个注油器给相应的结晶器注入适量的润滑油。

Airslip 热顶铸造通常称为油气润滑模热顶铸造，加入的气体通常是氮气和少量氧气的混合气体。混合气体加入润滑油中，使其在结晶器壁与凝固壳之间形成一层薄膜，从减少了一次冷却的冷却强度。混合气体中主要成分为氮气，可以减少弯月面处液态金属的氧化程度。从铝的特点中已知，氧化铝膜可以大大地提高液态铝的表面张力，增大液态铝的弯月面半径。因此，除了特殊要求之外，例如高镁含量的铝合金中的镁在液面上会优先氧化，一般情况下使用空气即可。

215. 同水平铸造用冷却装置的结构有什么特点？

答：在同水平铸造机上，冷却装置的结构主要有三个特点：冷却水箱中间设一圈带孔隔板、二次冷却水的喷水孔中心间距较小和冷却水系统中设有涡轮装置。

冷却水箱中间设一圈带孔隔板，冷却水先进入冷却水箱的隔板圈外，通过隔板上的许多小孔进入隔板圈内，然后冷却结晶器壁，可以使一次冷却均匀。从而可减弱凝固壳层上的应力，降低产生铸锭裂纹的倾向性，避免凝固壳弯曲变形。

在立式半连铸过程中，二次冷却水的喷水孔的断面为ϕ3mm或3mm×3mm，孔中心间距一般为7mm或8mm。在同水平铸造机上，二次冷却水的喷水孔孔径和孔中心间距均小于立式半连铸机。

冷却水系统中设置涡轮装置，将空气引入冷却水中，用以控制结晶器壁及铸锭出结晶器时表面的散热速度。空气混入水中，会形成细小的气泡，覆盖在结晶器壁和铸锭表面上，有减弱冷却的作用；同时可以减少冷却水的用量。在密集小水孔的二次冷却条件下，使用水汽混合冷却介质是很有益的。

冷却水以大口径上入式进入水箱，进水口的口形和固定的定位块能保证水箱盖板翻落扣下时准确对位。水箱盖板上设有漏水观察孔。

为了防止生产过程中停水带来的不利影响，应专设事故水箱。

216. 同水平铸造用底座平台的结构有什么特点？

答：在立式半连续铸造机上，无论是液压传动还是钢丝绳传动，底座平台都是平的。

目前，同水平铸造机的工作负荷一般都比较大，有27t、38t

和45t负荷等型号。工作负荷大，同时铸造的铸锭根数比较多，这意味着分流盘和热顶内存留的液态金属总量多、单流事故的几率增大。为了避免冷却水和液态金属滞留底座平台上，防止铸造过程中漏铝时在底座平台上堆积和爆炸危险，将底座平台作成人字形。这是安全铸造的好措施。

底座安装在人字形平台上。底座在上升的过程中，看不见底座进入结晶器的情况；底座进入结晶器内之后，又无法填塞结晶器与底座之间的缝隙。底座必须与每一个结晶器精确对位。底座用固定轴和锁紧环同底座杆连接，底座可活动；结晶器底盖下面有四个导爪，可使底座自动找正进入结晶器内。这是同水平铸造中解决多模同时铸造的必要措施。

目前，同水平铸造机的可铸长度超过7m。铸造结束时，水箱盖板翻转后，铸锭容易倾倒。为此在铸井口设置长棒防倒架，避免铸造终了时铸锭倾斜，以便吊锭操作。对于敞露的铸井，防倒架还可以起到安全网的作用。人字形底座平台及防倒架的结构形式如图13-7所示。

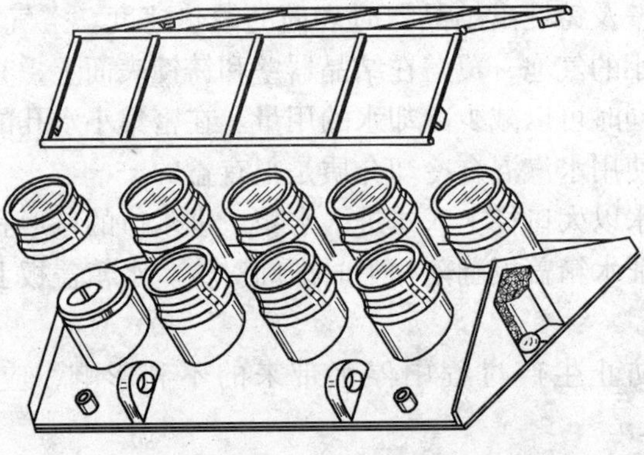

图13-7 人字形底座平台及防倒架的结构形式[45]

217. 同水平铸造的铸井结构有什么特点？

答：在连续铸造过程中，铸井内总是会积存一定量的水。目前，同水平铸造机的平台传动装置一般采用液压机构。无论是内导式液压传动装置还是外导式液压传动装置，铸井内专设潜水泵排除冷却水，使铸井内保持适当的低水位。液压油缸的缸顶露出水面一定高度，在铸井内必须设置上限水位的控制机构，以便保护油缸活塞。早期生产过程中，铸井内积存的冷却水采取溢流的方式排水，铸井内保持着高水位；油缸活塞上下运动时都浸在水中，落入水中的铝渣会游移到缸顶的活塞周围，活塞表面被刮伤，经常出现漏油现象，而且不能保证平台的平稳运行。

生产过程中，总会出现漏铝的现象。铸井内存水量很少是不安全的，水与熔融铝相遇时，立即变成水蒸气，体积增加 700 倍左右，会发生猛烈的爆炸；1mol 熔融铝与 1.5mol 水发生爆炸反应时，产生 3516K 的高温。因此，铸井内必须设置下限水位的控制机构。

218. 热顶铸造 6063（LD31）铝合金锭的铸造工艺制度有什么要求？

答：6063 铝合金（LD31），属于低合金化的 Al－Mg－Si 系高塑性锻造铝合金，主要合金成分：Mg 0.45%～0.9%，Si 0.2%～0.6%；杂质含量：Mn 不大于 0.10%，Cr 不大于 0.10%，Cu 不大于 0.10%，Fe 不大于 0.35%，Ti 不大于 0.10%；其他杂质：单个不大于 0.05%，总计不大于 0.15%。该合金主要用作建筑装饰结构材料，是 Al－Mg－Si 系合金中应用最广的一种合金，也是我国目前使用热顶铸造最广的一种合金。

在电解铝厂使用 Al99.50 品位（原一级品）或 Fe 不大于 0.35% 的 Al99.00 品位（原二级品）的液态原铝生产即可。白银铝厂采用同水平铸造工艺，直接用液态原铝生产 ϕ124mm 的 6063（LD31）铝合金铸锭[49]；铸造工艺参数列于表 13－2 中。

表 13－2　6063（LD31）铝合金 ϕ124mm 铸锭的铸造工艺参数[47]

铸锭直径/mm	铸造温度/℃	铸造速度/mm·min^{-1}	进口水温度/℃	冷却水压力/MPa
124	720～730	100～150	≤30	0.049～0.098

6063（LD31）铝合金各种规格铸锭的铸造工艺参数列于表13－3中。

表13－3　6063（LD31）铝合金各种规格铸锭的铸造工艺参数[1]

铸锭直径/mm	100	112	124	145
铸造温度/℃	725～735			
铸造速度/mm·min^{-1}	115	105～110	100～105	90～95
冷却水压力/Pa	$(2.9～5.88)\times10^4$			

采用油气润滑的热顶铸造时，使供气通道在供油通道的上面，通过控制气体流量能获得表面光滑的铸锭。根据东北大学的试验研究结果[50]，油气润滑热顶铸造 ϕ174mm 6063 铝合金铸锭的技术参数列于表13－4中。

表13－4　油气润滑热顶铸造 ϕ174mm 6063 铝合金铸锭的技术参数[50]

热顶内液位高度/mm	铸造温度/℃	铸造速度/mm·min^{-1}	润滑剂			冷却水流量/L·min^{-1}
			气压/MPa	气量/L·min^{-1}	油压/MPa	
100	700～710	120～150	0.1	2	0.15	60

ϕ174mm 6063 铝合金铸锭，按表13－3中的技术参数铸造时，铸坯表面光滑。当气体流量为1L/min时，铸锭表面质量没有得到明显改善，表面有冷隔；当提高铸造速度后，发现铸锭表面有大量的偏析瘤。气体流量增加到5L/min时，发现金属液面上有气体冒出；说明气流增加过多，使弯月面处的气体压力大于液态金属静压力，破坏了气膜的稳定性。当铸造速度稳定时，气体流量稳定在2L/min，铸坯表面光滑，表面细晶区很薄（小于100μm），皮下无气孔和疏松。

贵州铝厂采用气幕铸造使用液态原铝直接生产各种规格的6063铝合金圆铸锭，采用计算机控制和操作。气幕铸造是热顶铸造中采用油气润滑的一种形式，油气混合物从结晶器顶端与热顶下端相接触的缝隙导入结晶器内表面。气幕铸造原理如图13－8所示。6063铝合金圆铸锭的铸造工艺参数列于表13－5中。在这种润滑工艺条件下，强调在热顶下缘与结晶器顶端接触处气体压力与铝熔体静压力（热顶内熔体高度）平衡的作用。在一定的设备条件下，调节气体的流量，达到这种平衡。在整个铸造过程中，都应保持相对应的最小空气流量。铸造开始和结束阶段，气体的流量相对小一些。ϕ380mm 的 6063 铝合金圆铸锭计算机控制程序中铸造工艺参数列于表 13－6 中。

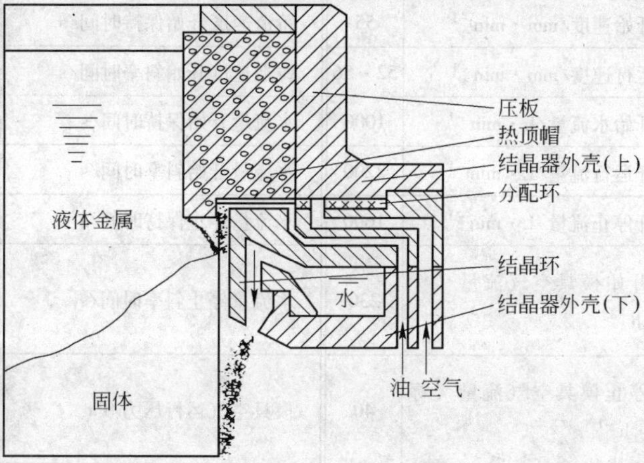

图 13－8　气幕铸造原理图[51]

表 13－5　气幕铸造 6063 铝合金圆铸锭的铸造工艺参数[51]

铸锭直径/mm	120	152	165	178	203	229	380
铝液填充结晶器时间/s	15	15	15	15	15	15	15
铸造速度/$mm \cdot min^{-1}$	165	145	130	120	95	90	54
铸造温度/℃	680～700	680～700	680～700	680～700	680～700	680～700	680～700
冷却水量/$m^3 \cdot h^{-1}$	3.9	4.1	4.3	4.5	5	5.5	5.8
冷却水温/℃	<30	<30	<30	<30	<30	<30	<30
润滑油流量/$mL \cdot min^{-1}$	3	3.15	3.25	3.5	4	4.5	6.6
空气流量（标态，max）/$L \cdot h^{-1}$	100	100	110	120	130	140	230
空气流量（标态，min）/$L \cdot h^{-1}$	15	15	20	20	20	30	40
空气压力/MPa	15.5	15.5	15.5	15.5	15.5	15.5	16.5

按表 13-5 中工艺制度生产的 6063 铝合金圆铸锭，纵横向的晶粒大小基本一致，均为等轴晶粒。单位面积上的晶粒数为 40 ~ 75 个/mm^2，晶粒度均为一级（按美国 ASTM112—S1 标准评级，晶粒度为 2.5 ~ 3.5 级）。

表 13-6　φ380mm 的 6063 铝合金圆铸锭铸造工艺参数[51]

项　目	参数	项　目	参数
铸造开始速度/$mm \cdot min^{-1}$	55	铸造速度开始保持时间/s	70
铸造运行速度/$mm \cdot min^{-1}$	52 ~ 56	铸造速度开始斜率时间/s	10
铸造开始水流量/$L \cdot min^{-1}$	1000	水流量开始保持时间/s	2
铸造开运行流量/$L \cdot min^{-1}$	2200	水流量开始斜率时间/s	10
铸造开停止流量/$L \cdot min^{-1}$	1600	水流量停止保持时间/s	2
铸造开始模具空气流量（标态）/$L \cdot h^{-1}$	230	水流量停止斜率时间/s	10
铸造停止模具空气流量（标态）/$L \cdot h^{-1}$	40	模具空气运行压力/Pa	1650
铸造开始模具润滑油流量/$mL \cdot min^{-1}$	350	模具润滑油运行流量/$mL \cdot min^{-1}$	110
模具润滑油开始保持时间/s	30	模具空气压力开始斜率时间/s	5
模具空气压力停止斜率时间/s	0	铸造温度/℃	680 ~ 690
送丝速度（双丝，加晶粒细化剂）/$mm \cdot min^{-1}$	85	流槽液位/mm	97
接近铸造长度/mm	200		

生产实践表明，气幕铸造实际耗水量比普通热顶铸造高约 20%。

瑞士 Maerz-Gautschi 公司的设备，与上述气幕铸造相类似。同水平铸造 6063 铝合金铸锭时的技术参数列于表 13-7 中。

表 13-7 Gautschi 设备同水平铸造 6063 铝合金铸锭时的技术参数

直径/mm	铸造长度/mm	结晶器长度/mm		铸造速度/mm·min^{-1}	冷却水压力/MPa	润滑油		压缩空气	
		总长	石墨环			压力/MPa	耗量/mL·[t(Al)]$^{-1}$	压力/MPa	耗量/m^3·h^{-1}
127	7000	30	15	150	0.3~0.4		65	0.4~0.5	25~50
152.4	7000			135	0.3~0.4		78		
177.8	7000			115	0.3~0.4		91		
203.2	7000			95	0.3~0.4		96		
228.6	7000			90	0.3~0.4		100		

韩国 KORYO 公司的设备，与上述油气润滑相类似。同水平铸造 6063 铝合金铸锭时的技术参数列于表 13-8 中。

表 13-8 KORYO 公司设备同水平铸造 6063 铝合金铸锭时的技术参数

直径/mm	铸造长度/mm	结晶器长度/mm		铸造速度/mm·min^{-1}	冷却水		润滑油		压缩空气	
		总长	石墨环		压力/MPa	耗量/m^3·h^{-1}	压力/MPa	耗量/mL·min^{-1}	压力/MPa	耗量/m^3·h^{-1}
127	7000	30	21.85	180	0.196	5	0.6	0.016~0.131	0.588~0.882	0.6
152.4	7000			150						
177.8	7000			130						
203.2	7000			110						
228.6	7000			100						

219. 热顶铸造 6005A 铝合金锭的铸造工艺制度有什么要求？

答：6005A 合金属于低合金化的 Al-Si-Mg 系铝合金，最初由法国于 1972 年注册，主要合金成分为：Si 0.50%~0.90%，Mg 0.40%~0.70%；杂质含量为：Mn 不大于 0.50%，Cr 不大于 0.30%，(Mn+Cr) 不大于 0.12%~0.50%，Fe 不大于 0.35%，Cu 不大于 0.30%，Zn 不大于 0.20%，Ti 不大于 0.10%；其他杂质：每个不大于 0.05%，总计不大于 0.15%。

在电解铝厂使用 Al99.50 品位（原一级品）或 Fe 不大于 0.35% 的 Al99.00 品位（原二级品）液态原铝即可生产 6005A 铝合金铸锭。贵州铝厂采用气幕式热顶铸造技术，直接用液态原铝生产 ϕ380mm 的 6005A 铝合金铸锭[44]，供给 55MN 挤压机挤压型材。气幕式热顶铸造就是油气润滑模铸造技术；与 Gautschi 同水平铸造技术相同。使用的热顶高度为 75mm。为了提高铝合金的纯洁度，在熔炼炉内使用造渣剂除渣，在 750℃ 处理 10min；随即在保温炉内使用氮气和精炼粉除气除渣，在 750℃ 时净化 30min；铸造过程中，采用在线式精炼装置，在 710 ~ 720℃ 使用氮气进行炉外处理，转子的旋转速度为 250r/min，氮气流量为 6L/h；再通过 30ppi 陶瓷过滤板在 705 ~ 710℃ 进行在线式过滤处理。精炼后，氢气含量低于 0.2mL/100g(Al)。铸造过程中，采用 Al - Ti - C 线杆进行在线式处理，线杆的送料速度控制在 100 ~ 180mm/min；处理后单位面积上的晶粒数测定值为 40 ~ 75 个/mm^2，晶粒度为 2.5 ~ 3.5 级。铸造过程中，要确保空气压力和流量以及润滑油流量供应的稳定性。ϕ380mm 6005A 铝合金铸锭的铸造工艺制度列于表 13 - 9 中。

表 13 - 9　ϕ380mm 6005A 铝合金铸锭的铸造工艺制度[44]

铸造温度/℃	铸造速度 /mm · min^{-1}	冷却水		润滑油		压缩空气	
		进水温度 /℃	流量 /L · min^{-1}	压力/MPa	耗量/mL · min^{-1}	压力/MPa	耗量/m^3 · h^{-1}
710 ~ 720	50 ~ 56	< 30	2000 ~ 2400				

为了改善铸锭的挤压特性，提高挤压制品的力学性能和表面质量，对铸锭进行均匀化处理。在 (570 ± 10)℃ 保温 10h；采取风冷加水冷，冷却速度大于 200℃/h；铸锭终了温度，外部 50℃，中心 150℃。

按照上述熔铸工艺制度生产的铸锭，纵横向断面上的晶粒大小基本一致，均为等轴晶粒；晶粒度级别分别为 2.5 ~ 3.5 级。单位面积上的晶粒数，测定值为 40 ~ 75 个/mm^2，超过了 16 个/

mm^2 的要求。

220. 热顶铸造5A06（LF6）铝合金锭的铸造工艺制度有什么要求？

答：5A06（LF6）铝合金是名义成分为 Al－6% Mg 的铝－镁系防锈铝。有着防锈铝的一般特点：不可热处理强化；可焊；抗腐蚀性好。由于含镁量较高，液态金属的流动性、导热性和线收缩系数都比较低；加工硬化率大。所以，强度较高，塑性较低，但退火状态塑性尚好。主要用作飞机、船舶、运输工业的承力零件和化工用焊接容器等。5A06 铝合金的主要合金成分为：Mg 5.8%～6.8%，Mn 0.50%～0.80%；杂质含量为：Si 不大于 0.4%，Fe 不大于 0.4%，Zn 不大于 0.2%，Ti 不大于 0.02%～0.1%，Be 0.0001%～0.005%；其他杂质：单个不大于 0.05%，合计不大于 0.1%。在电解铝厂使用 Al99.50 品位（原一级品）液态原铝即可生产 5A06 铝合金铸锭。

东北轻合金加工厂采用油气润滑模热顶铸造，研究过 ϕ162mm 和 ϕ192mm 的 5A06（LF6）铝合金铸锭工艺制度[52]。油气润滑模热顶铸造工艺装备如图 13－9 所示。试验中，结晶器的高度曾用过 30mm、35mm 和 40mm 三种尺寸；对于 ϕ192mm 和 ϕ162mm 的铸锭，结晶器的高度 35mm 较为适宜。润滑形式与 Gautschi 式结构相似。油气槽的位置对润滑效果有一定影响，作过两种不同位置的对比试验：一是油气槽上缘距结晶器上缘 3mm，另一是距结晶器上缘 11mm；环形油气槽的内腔尺寸均为 4mm×4mm。由于石墨的导热性能比固态铝约低 50%。试验结果表明，距结晶器上缘 11mm 处设置环形油气槽，降低了该处的冷却强度，铸造时该处的凝固壳层极薄，铸造过程中容易产生拉裂和泄漏的缺陷。环形油气槽上移时，增大了弯月面处的冷却强度，在结晶器上缘与热顶交界处的凝固壳层较厚，又易导致冷隔的形成，此时必须提高铸造速度。经过试验比较，选择环形油气槽距结晶器上缘 3mm。供润滑用的气体温度为 6～7℃，润滑油

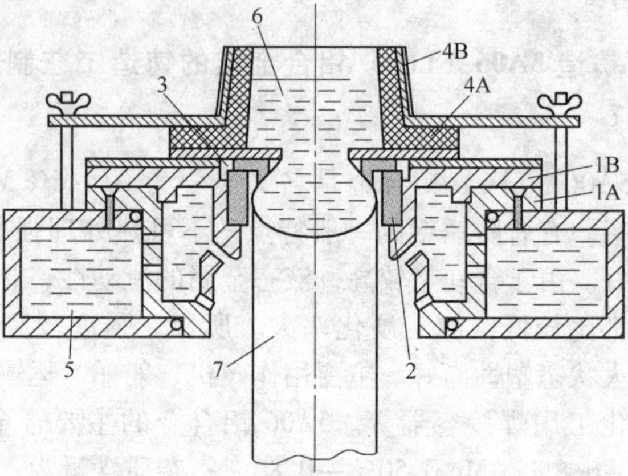

图 13－9 油气润滑模热顶铸造工艺装备[52]

1A—结晶器外套；1B—结晶器内套；2—透气石墨环；3—环形油气槽；4A—马尔耐特；4B—铁壳；5—水箱；6—铝熔体；7—铸锭

的温度为 10～12℃，油气混合物的温度为 8℃。冷却水温度为 8℃。

ϕ192mm 的 5A06（LF6）铝合金圆铸锭铸造工艺试验结果列于表 13－10 中。

表 13－10 ϕ192mm 的 5A06（LF6）铝合金圆铸锭铸造工艺参数[52]

铸造温度 /℃	铸造速度 /mm·min^{-1}	冷却水压力 /MPa	油气润滑的气体压力/MPa	润滑油用量 /mL·min^{-1}
710～720	100～110	0.01～0.02	0.08～0.1	1.65～1.75

试验表明，获得表面光滑的、内部组织无缺陷的 5A06（LF6）铝合金圆铸锭的铸造速度为 112mm/min。

221. 热顶铸造 2A11（LY11、2017）铝合金锭的铸造工艺制度有什么要求？

答：2A11（LY11、2017）合金属于 Al－Cu－Mg 系铝合金，

为中等强度的硬铝。与2A12（LY12、2024）铝合金相比，含镁量较低，强度也略低，但塑性较高，其他性能相近。2A11合金抗蚀性差，特别不耐海水腐蚀，加热超过100℃时有晶间腐蚀倾向。阳极氧化处理、涂漆、包铝均可提高其抗蚀性。热处理强化效果大，但热处理工艺要求严格。可压力加工成各种形式的半成品。2A11铝合金的主要合金成分为：Cu 3.8%～4.8%，Mg 0.4%～0.8%，Mn 0.4%～0.8%；杂质含量为：Si不大于0.70%，Fe不大于0.70%，Zn不大于0.3%，Ti不大于0.15%，Ni不大于0.10%，（Fe+Ni）不大于0.70%；其他杂质：每个不大于0.05%，合计不大于0.1%。2A11铝合金的结晶温度范围较宽：515～645℃，裂纹倾向性较大。在电解铝厂使用Al99.00品位（原二级品）液态原铝即可生产2A11铝合金铸锭。

东北轻合金加工厂采用油气润滑模热顶铸造，研究过ϕ162mm和ϕ192mm的2A11（LY11）铝合金铸锭工艺制度[52]。油气润滑模热顶铸造工艺装备如图13－9所示；试验条件与5A06（LF6）相同。ϕ192mm的2A11（LY11）铝合金圆铸锭铸造工艺试验结果列于表13－11中。

表13－11 ϕ192mm的2A11（LY11）铝合金圆铸锭铸造工艺参数[52]

铸造温度/℃	铸造速度/mm·min^{-1}	冷却水压力/MPa	油气润滑的气体压力/MPa	润滑油用量/mL·min^{-1}
710～720	125～135	0.01～0.025	0.08～0.1	1.15～1.25

试验表明，获得表面光滑的、内部组织无缺陷的2A11（LY11）铝合金圆铸锭的铸造速度为128mm/min。

222. 热顶铸造2A12（LY12、2024）铝合金锭的铸造工艺制度有什么要求？

答：2A12（LY12、2024）合金属于Al－Cu－Mg系铝合金，

是硬铝中的典型合金，是高强度铝合金中应用最广、强度较高的一种，广泛应用于航空航天领域。2A12 铝合金的主要合金成分为：Cu 3.8% ~4.9%，Mg 1.2% ~1.8%，Mn 0.3% ~0.9%；杂质含量为：Si 不大于 0.50%，Fe 不大于 0.50%，Cr 不大于 0.10%，Zn 不大于 0.25%，Ti 不大于 0.15%，如供需双方同意，该合金的挤压制品及锻件中 Zr + Ti 的最大含量可达 0.20%；其他杂质：每个不大于 0.05%，合计不大于 0.1%。2A12 铝合金的结晶温度范围较宽：502 ~638℃，裂纹倾向性较大。Fe、Si 杂质对 2024 合金的铸造性能影响很大，Si 的含量应小于 0.35%，并且保证 Fe 含量大于 Si 含量 0.05% ~0.10%，以抑制有害针状 β 相（$Fe_2Si_2Al_9$）产生，使之生成危害较小的骨骼状 α 相（$FeSi_3Al_{12}$），这样才能有利于缩小合金脆性区，改善合金的热裂纹倾向，提高合金的铸造性能。从提高最终制品的塑性和降低裂纹倾向考虑，对于作重要用途的大直径铸锭，最好降 Si 含量控制在 0.25% 以下，并使 Fe、Si 总量不超过 0.5%。在电解铝厂可使用 Al99.00 品位（原二级品）液态原铝生产 2A12（LY12、2024）铝合金铸锭；从提高最终制品的塑性和降低裂纹倾向考虑，对于作重要用途的大直径铸锭，应使用 Al99.50 品位（原一级品）液态原铝生产 2A12（LY12、2024）铝合金锭。

在立式半连续铸造过程中，由于 2024 合金的结晶温度范围较宽，杂质 Fe、Si 及 MgO 等夹渣较多，产生疏松和气孔的倾向性较大，容易形成热裂、挂铝、冷隔等缺陷，并且表面偏析层较厚。在挤压前需要车皮清除铸锭表面缺陷。气滑铸造能有效防止这些铸锭缺陷的发生，提高铸锭表面质量，大大减小表面偏析层较厚，在挤压前不需要车皮或少车皮，降低生产成本，提高生产效率。东北轻合金加工厂采用油气润滑模热顶铸造，研究过 ϕ162mm 和 ϕ192mm 的 2A12（LY12）铝合金铸锭工艺制度[47]。油气润滑模热顶铸造工艺装备如图 13 – 9 所示；试验条件与 5A06（LF6）相同。ϕ192mm 的 2A12 铝合金圆铸锭铸造工艺试验结果列于表 13 – 12 中。

表 13-12 ϕ192mm 的 2A12（LY12）铝合金圆铸锭铸造工艺参数[52]

铸造温度 /℃	铸造速度 /mm·min⁻¹	冷却水压力 /MPa	油气润滑的气体压力/MPa	润滑油用量 /mL·min⁻¹
710～720	120～130	0.01～0.02	0.08～0.1	1.65～1.75

试验表明，按照表 13-8 的工艺条件铸造，获得表面光滑的、内部组织无缺陷的2A12（LY12）铝合金圆铸锭的铸造速度为 125mm/min。

苏州有色金属加工研究院采用气滑热顶铸造技术对 2024 铝合金锭的铸造工艺制度进行了研究[53]。气滑热顶铸造就是油气润滑模铸造技术；与 KORYO 公司的同水平铸造技术相似，分为两段供给润滑剂，在石墨环润滑区的上段供气、下段供润滑油。气滑热顶铸造的气量可控性比较强，能有效地防止上述各种缺陷的发生。气滑铸造结晶器的结构如图 13-10 所示。

采用固态铝重熔配制 2024 合金。为了使 Fe、Si 杂质含量小于限制量，重熔用铝锭（Al99.7）配料量占 30%～60%，而且熔铸工具均涂 BN 涂料保护。2024 合金熔体极易吸气和氧化造渣。因此，炉料熔化后，在熔体表面均匀铺撒一层覆盖剂；采取快速升温熔化，缩短熔炼时间；严格控制熔炼温度，在 750℃进行搅拌和扒渣，防止熔体过热；尽量减少搅拌时间，减少 Fe 的溶入，并且尽量缩短浇注前的保温时间。合金成分调整好之后，必须进行熔体精炼。在浇铸前，采用高纯氮喷粉精炼 8～10min，并在熔体表面上均匀铺撒一层覆盖剂。在铝液流入铸造平台之前，经陶瓷过滤板过滤，然后流入结晶器。

气滑铸造结晶器采用双排喷水孔冷却系统，以增强二次冷却水的冷却强度和效率；同时在结晶器冷却水孔外加带孔水套，使冷却水均匀分布，以形成一次冷却强度小、二次冷却强度大的效果，防止冷却不均匀引起的裂纹和表面缺陷。

结晶器顶部的空气压力大小直接影响铸锭能否成形，并且影响铸锭表面和内部组织质量。空气压力的大小与热顶内铝液的液

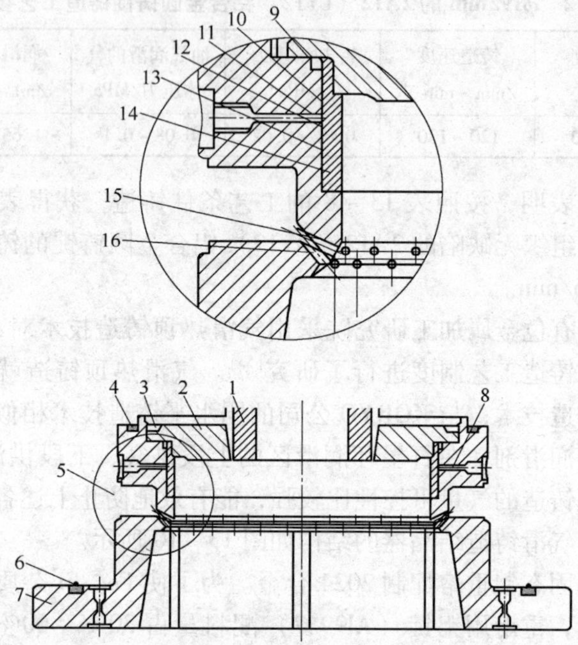

图 13-10 气滑铸造结晶器[53]

1—热顶；2—过渡环；3—压环；4—密封圈；5—冷却水腔；6—结晶器平台；7—结晶器本体；8，10—空气通道；9—密封圈；11—润滑油通道；12，13—润滑油凹槽；14—石墨环；15，16—喷水孔

面高度有关，空气压力应与铝液的静压力平衡。气压的大小影响到凝固壳和结晶器壁之间的间隙大小，因而影响到一次冷却强度。气压过大，凝固壳和结晶器壁之间的间隙增大，甚至还会产生铝液翻滚现象，影响铸锭表面和内部质量；气压过小，则等同于普通热顶铸造，使凝固壳和结晶器壁直接接触，增强了一次冷却，表面偏析层厚度增大，出现挂铝、冷隔等缺陷的几率增大。经多次试验，气滑铸造 ϕ127mm 的 2A12（2024）合金铸锭时，选择 0.4MPa 气压比较合适。经试验研究，气滑铸造 2A12（2024）合金圆铸锭的适宜工艺参数列于表 13-13 中。

表 13－13 气滑铸造 2A12（2024）合金圆铸锭的适宜工艺参数[53,54]

铸锭直径 /mm	铸造温度 /℃	铸造速度 /mm · min^{-1}	冷却水压 /MPa	空气压力 /MPa	润滑油量 /mL · min^{-1}
127	710～730	160～180	0.59	0.4	≤0.1
135	710	175	0.58	0.6	

按表 13－13 中的工艺参数铸造时，2A12（2024）合金圆铸锭的表面光滑，无任何冷隔，断面上无裂纹，表面偏析层厚度为 50μm 左右。

223. 热顶铸造的工艺制度和铸锭质量同立式半连续铸造相比有什么不同?

答：在立式半连续铸造过程中，铸造速度过高，铸锭中心会产生裂纹。根据东北轻合金加工厂采用油气润滑模热顶铸造 ϕ162mm 和 ϕ192mm 的 5A06（LF6）、2A11（LY11）和 2A12（LY12）铝合金铸锭工艺制度的试验结果，5A06 合金的铸造速度提高 72.3%，2A11 合金的铸造速度提高 50.6%，2A12 合金的铸造速度提高 41.7%[52]。在这样的铸造速度条件下，均未发现铸锭中心裂纹。试验过程中，实际测得液相穴的深度并不深，而且形状平滑。这表明，结晶器较短（35mm），强化了二次（两排喷水孔）冷却作用，即加强了轴向冷却，发挥了二次冷却的逆流导热作用，再加上油气润滑，降低了一次冷却强度；在这种条件下，铸锭的内应力趋于平衡，从而降低了铸锭产生裂纹的倾向。试验结果表明，油气润滑模热顶铸造降低了铸锭形成中心裂纹的倾向，使铸造速度得以提高。从表 12－9、表 12－13、表 13－10、表 13－11 和表 13－12 中可以看出，在保证铸锭质量的前提下，热顶铸造的铸造速度高于立式半连续铸造时，对比结果列于表 13－14 中。

表 13 – 14　热顶铸造与立式半连续铸造时的铸造速度对比

铸造方法	铸锭直径 /mm	5A06（LF6）铸造速度 $/m \cdot h^{-1}$	2A11（LY11）铸造速度 $/m \cdot h^{-1}$	2A12（LY12）铸造速度 $/m \cdot h^{-1}$
立式半连续铸造	162	4.8 ~ 5.1	5.7 ~ 6.0	5.7 ~ 6.0
	242	3.0 ~ 3.3	4.2 ~ 4.5	3.6 ~ 3.9
油气润滑模热顶铸造	192	6.0 ~ 6.6	7.5 ~ 8.1	7.2 ~ 7.8

热顶铸造有利于生产小断面的铸锭，铸锭直径可达 45mm。热顶铸造的铸锭质量普遍好于立式半连续铸造时，铸锭表面比较光洁。热顶铸造的铸锭表面偏析层比较薄，在 Airslip 系统（油气润滑模热顶铸造）中铸造 6063 合金铸锭表面偏析层一般小于 150μm，可达 80μm，而且厚度比较均匀；气滑铸造 2024 铝合金铸锭表面偏析层为 50μm 左右，在气体加压润滑热顶铸造的铸锭表面偏析层小于 10μm；而立式半连续铸造的铸锭表面偏析层达 300μm，而且厚度不均匀。

在热顶铸造过程中，由于结晶器比较短，能很好地发挥逆流导热的作用，特别是采用油气润滑技术，降低了一次冷却强度，增强了二次冷却强度，铸锭的晶粒比较细小，从而可以改善铸锭的力学性能。油气润滑模热顶铸造的铸锭，其塑性比普通热顶（润滑剂为单一的润滑油）铸造的铸锭有显著提高。油气润滑模热顶铸造的2A12（LY12）铝合金铸锭的横向力学性能，同普通热顶铸造及普通（立式）半连续铸造时的对比结果列于表 13 – 15 中。

表 13 – 15　2A12（LY12）铝合金铸锭的横向力学性能比较[52]

铸造方式	铸锭的横向力学性能		
	抗拉强度 σ_b/MPa	屈服强度 $\sigma_{0.2}$/MPa	伸长率/%
油气润滑模热顶铸造	266	226	7.1
普通热顶铸造	295	215	5.4
普通（立式）半连续铸造	260	217	4.1

多年连续铸造生产实践证明，在铸锭结晶前沿有强烈的热交换时，易产生羽毛晶。在油气润滑模热顶铸造的过程中，铸锭的一次冷却强度降低，在铸锭边部的结晶前沿不会有强烈的热交换，由于铸造速度较高，液相穴相对下移，铸锭中部的结晶前沿附近液流也相对平稳，也不利于羽毛晶产生。因而降低了铸锭形成羽毛晶的倾向。在油气润滑模热顶铸造5A06（LF6）、2A11（LY11）、2A12（LY12）铝合金ϕ162mm和ϕ192mm铸锭的试验中，所作的金相检查，均未发现羽毛晶。试验结果表明，油气润滑模热顶铸造降低了铸锭形成羽毛晶的倾向。

224. 气膜对热顶铸造铝合金铸锭中心裂纹及表面质量的影响怎样?

答：油气润滑铸造又称气幕（air veil）铸造、气滑（air slip）铸造、气垫（air cushion）铸造；它是在热顶铸造技术的基础上发展起来的。在结晶器内液态金属弯月面处形成与热顶内液态金属静压力相平衡的气垫，并在凝固壳表面与结晶器壁之间形成薄薄的气膜。

裂纹是铝合金热顶铸造过程中的主要缺陷，所产生的废品量往往占废品总量的40%～60%。

合金的凝固过程大致可分为三个阶段：准液相区、可补缩区和不可补缩区。裂纹主要发生在不可补缩区。不可补缩区间的减小对于抑制热裂纹源的形成具有十分重要的意义。气膜能有效地缩小不可补缩区。可补缩区的大小受液相穴形状的影响。有气膜时，液相穴较浅、平直。例如，在气膜润滑热顶铸造6063铝合金时[50]，铸造温度为705℃，铸造速度为110mm/min，固定气体流量为10L/min，在这种条件下，液相穴的深度为44mm；无气膜时，液相穴的深度为60mm。无气膜时的液相穴深度比无气膜时大约浅16mm，而且比较平直。平直的液相穴避免了尖长液相穴因枝晶搭接而造成晶间熔体被封闭难以补缩的现象，使可补缩区一直可延续到所有等轴晶都几乎相接触的阶段，因此可补缩区加大。

气膜使一次冷却强度降低，特别是降低了弯月面处的冷却强度，液相穴深度变浅，使得高温金属脆性区主要处于压应力区，改变了应力状态，因此热裂纹不易产生和扩展。

气膜对铸锭表面质量的影响，在热顶铸造 ϕ174mm 的 6063 铝合金铸锭中已知，气体充满了热顶与结晶器之间的直角区，弯月面处的气体压力稳定，可以同液态金属静压力以及二次冷却水喷射所产生的负压相平衡，相对增大了弯月面的半径，相对缩短了一次冷却区的长度，减弱了弯月面的冷却强度。因此，合理地控制润滑气体的流量，是克服铸锭表面冷隔和表面偏析层的有效措施。在上述试验条件下，气膜热顶铸造的 6063 铝合金铸锭，表面细晶区很薄，不到 100μm，晶粒更细小均匀，枝晶间距缩短；无气膜热顶铸造时，铸锭表面细晶区厚度有时达到 400μm，而且晶粒大小不均匀。不同铸造方法对枝晶间距的影响如图 13－11所示。从表 13－13 中可以清楚地看出，热顶铸造时的枝晶间距小于敞露液面的立式半连续铸造时的枝晶间距，而气幕铸造时的枝晶间距又小于热顶铸造时的枝晶间距。

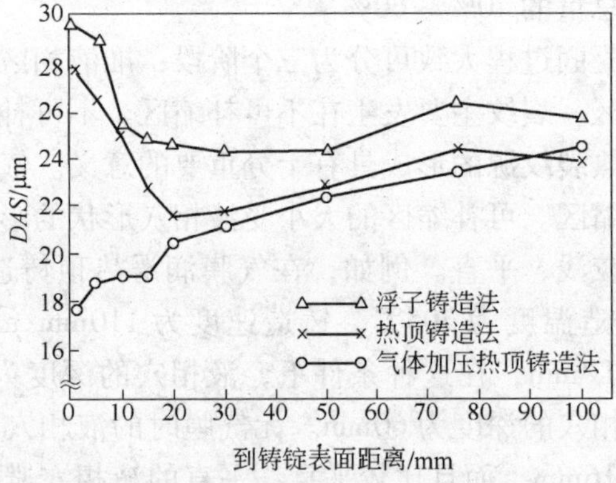

图 13－11　不同铸造方法对枝晶间距的影响[10]

在连续铸锭生产过程中，有一个最大铸造速度值。超过这个速度值，铸锭中的裂纹在继续铸造时将不能愈合。这个速度值称为裂纹扩展速度（*CPS*），也就是保持原有裂纹不长大所需要的最低铸造速度；当低于这个速度值时，裂纹能够愈合。裂纹愈合后，继续铸造时，便可得到一段无裂纹的完好铸锭。此时将铸造速度继续提高到超过裂纹扩展的铸造速度以上某一数值时，铸锭中心又重新产生新的裂纹；这个重新产生裂纹的铸造速度值称为裂纹起始速度（*CIS*）。试验研究和生产实践表明，在低于裂纹扩展速度的铸造速度下，铸造出一段无中心裂纹的铸锭，然后把铸造速度提高到裂纹扩展速度以上，但要低于裂纹起始速度，可以保证生产出无裂纹的完好铸锭。因此，在铸造开始阶段应以低于裂纹扩展速度的铸造速度运行。直径 240mm 2×××合金铸锭铸造速度控制如图 13－12 所示。

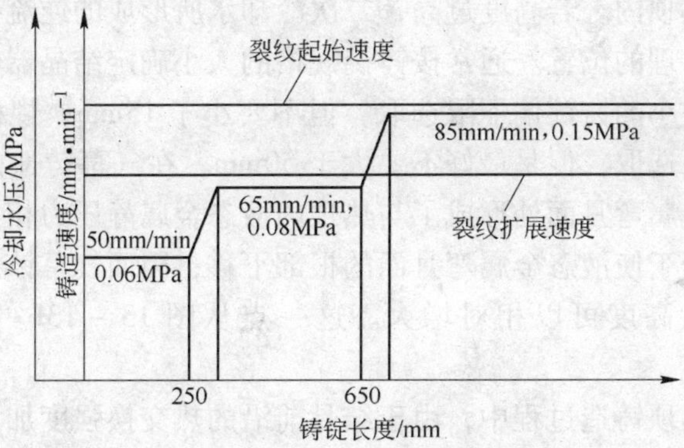

图 13－12　直径 240mm 2×××合金铸锭铸造速度控制图[10]
（提速时按每 5～30s 内提高 12.7mm/min 的速率进行）

225. 气幕铸造与热顶铸造的工艺制度有什么差异？

答：气幕铸造是在热顶铸造的基础上发展起来的，设备结构和工艺制度大体相同。在气幕铸造的润滑系统中增设了加压气体，形成的气膜使一次冷却强度降低，特别是降低了弯月面处的冷却强度，使气幕铸造与热顶铸造的工艺制度略有不同。气幕铸造与热顶铸造 6063 铝合金圆铸锭的工艺参数对比如图 13 - 13 所示。

在热顶铸造过程中，凝固壳外表面与结晶器壁之间存在着不连续的接触。气膜是很好的热绝缘层又是一种很好的润滑剂。由于气膜的存在，可以降低凝固壳外表面与结晶器壁之间不连续的接触时的摩擦系数，较好地保证凝固薄壳的完整性，因而铸造速度可以相对高一点；铸造过程中冷却水的流量也就相对大一点。这一点从图 13 - 13a 中可以看出来。贵州铝厂的生产实践表明，按表 13 - 5 中的工艺参数生产时，气幕铸造的实际耗水量比普通热顶铸造时高约 20%[51]。

在热顶铸造过程中，结晶器的有效高度通常指结晶器内石墨环的高度，一般以 15 ~ 50mm 为宜。若高度过低，凝固前沿容易伸入到热顶内。若高度过高，二次冷却水所形成的逆流导热距离达不到合理的位置。通常按铸锭规格的大小确定结晶器的有效高度。规格小的铸锭偏下限选取，但不要小于 15mm；规格大的铸锭偏上限选取，但是最好不要大于 50mm。在气幕铸造的结晶器内液态金属弯月面处形成了与热顶内液态金属静压力相平衡的气垫，相当于使液态金属弯月面的根部下移；因而气幕铸造时结晶器的有效高度可以相对增大。这一点从图 13 - 13b 中可以看出来。

在热顶铸造过程中，由于结晶前沿的热交换强度加大，增加了羽毛晶生成的倾向性。在气幕铸造过程中，由于气幕的存在，减弱了一次冷却强度，铸锭边部的结晶前沿不会发生强烈的热交换，从而抑制了羽毛晶的生成。

在气幕铸造过程中，由于结晶器内液态金属弯月面处必须保持与热顶内液态金属静压力相平衡的气垫，而铸造速度又相对高一点，因而铸造温度、铸造速度、热顶内的液位高度、润滑系统的油气比例和压力对铸造过程的稳定性比较敏感，可调节范围应严格控制，要求生产者有较高的操作水平。

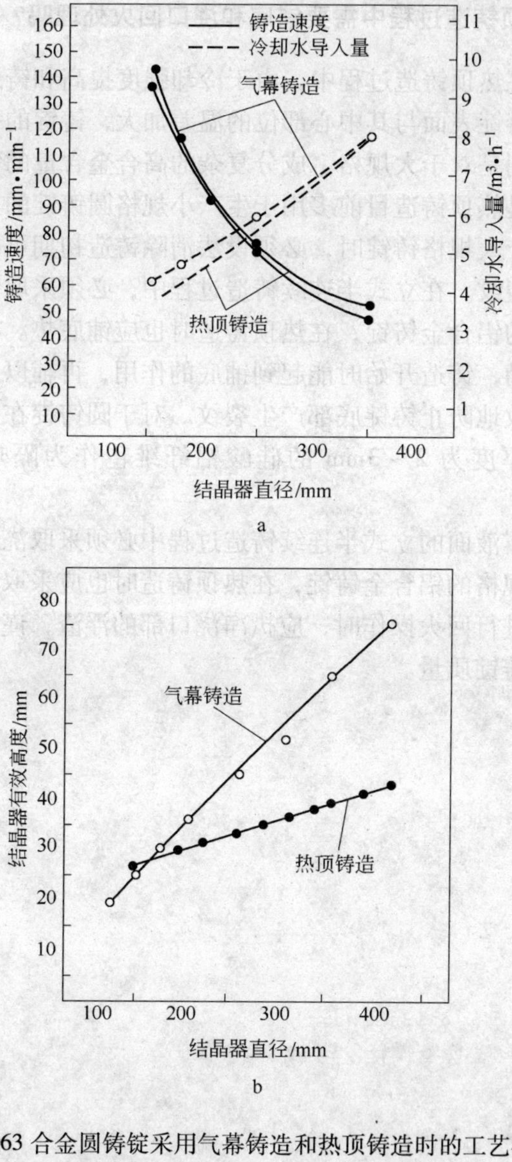

图 13－13　6063 合金圆铸锭采用气幕铸造和热顶铸造时的工艺参数比较[55]

a—铸造速度和冷却水导入量与结晶器直径的关系；

b—结晶器有效高度与结晶器直径的关系

226. 在热顶铸造过程中需要铺底和浇口回火处理吗?

答：在热顶铸造过程中，由于冷却强度提高和铸造速度加快的结果，铸锭表面与其中心部位的温差加大，铸锭的裂纹倾向性增大，特别是对于大规格、成分复杂的高合金含量的铸锭尤为明显。这也是热顶铸造目前多用于生产小规格圆铸锭的主要原因。

在生产大规格铸锭时，必须设法消除铸造初期可能形成的底部翘曲和裂纹。在立式半连续铸造过程中，必须采取铺底措施的各种规格的铝合金铸锭，在热顶铸造时也应铺底垫。在底座上作成梯形凹槽，铸造开始时能起到铺底的作用，再辅以脉冲供水冷却，能有效地防止铸锭底部产生裂纹。对于圆铸锭在底座凹槽内放置一层厚度为 2 ~ 3mm 的硅酸铝纤维毡作为隔热垫，效果较好。

在敞露液面的立式半连续铸造过程中必须采取浇口部自身回火的各种规格的铝合金铸锭，在热顶铸造时也应采取自身回火的工艺。在进行回火操作时，应扒净浇口部的浮渣，谨防浇口部夹渣，提高铸锭质量。

十四、水平连续铸造

227. 水平连续铸造有什么特点？

答：水平连续铸造同立式半连续铸造及热顶铸造的基本原理是相同的，特别是与热顶铸造相同处更多。从连续铸造工艺的发展历程来说，水平连续铸造先于热顶铸造。对于铸锭成型而言，在水平连续铸锭过程中也是处于封闭状态，因此，水平连续铸造属于封闭式铸造。水平连续铸造的不同之处是：结晶器的型腔轴线沿水平方向布置，铸锭始终沿水平方向运动，这是水平连铸的标志性特点；结晶器的入口端面紧连着中间包，中间包的容量大于热顶；设备上可以附设同步锯实现连续生产，立式半连续铸造及热顶铸造为半连续生产；可以多流同时连铸、但仅便于单排布置，立式半连续铸造及热顶铸造多排布置结晶器。水平连续铸造的工作原理如图 14－1 所示。

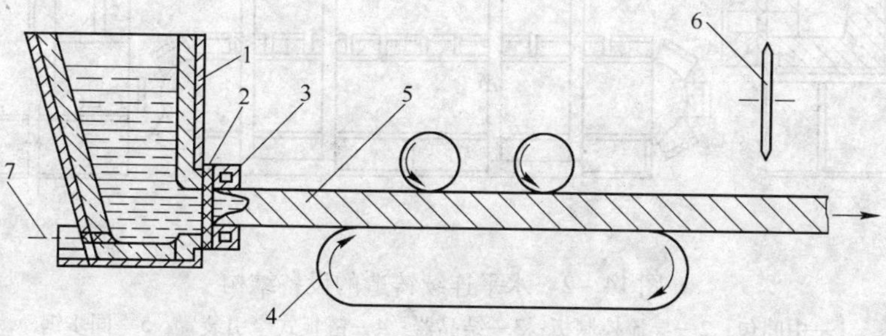

图 14－1　水平连续铸造的工作原理示意图

1—中间包；2—导流区控制板；3—结晶器；4—牵引装置；
5—铸锭；6—同步锯；7—塞子

由于结晶器的型腔轴线沿水平方向布置，水平连续铸造的铸锭凝固特点同立式半连续铸造及热顶铸造时有所不同。从理论上讲，在立式半连续铸造及热顶铸造过程中，凝固壳与结晶器壁之间的相对接触面积沿铸锭周边是相等的；在水平连续铸造过程中，凝固壳与结晶器壁之间的相对接触面积沿铸锭周边是不相等的，由于中间包内液态金属静压力和铸锭的自重作用，底部的相对接触面积大于其上部，因而在水平连续铸造的铸锭凝固壳中，在同一横断面上的凝固壳层厚度不等，底部的厚度大于其上部；铸锭出结晶器时，在同一横断面上的表面温度不等，上部高于其下部，使铸锭在强烈的二次冷却作用下容易产生弯曲变形。

228. 水平连续铸造设备结构有什么特点？

答：水平连续铸造的设备结构如图 14－2 所示。

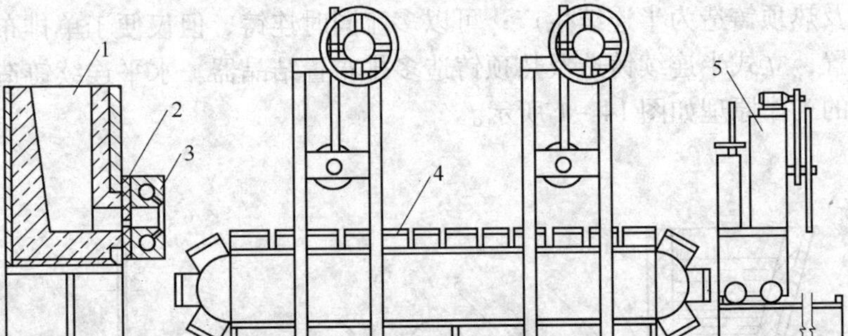

图 14－2　水平连续铸造的设备结构

1—中间包；2—导流控制板；3—结晶器；4—链板式牵引装置；5—同步锯

水平连续铸造的设备结构比热顶铸造简单一些。设备的造价也比热顶铸造机低一些。在水平连续铸造过程中，储液槽通常称为中间包。中间包的作用与热顶铸造中的热顶相同。结晶器安装在中间包的侧壁上。结晶器比较短，沿水平方向安装。引锭装置只起结晶器的封头和牵引铸锭的作用，不承重。引锭装置送入结晶器时不挡视线，也便于操作；结构比同水平铸造简单得多。铸锭的牵引机构为链板式和辊式等结构。为了防止铸锭沿垂直面内的弯曲变形，铸锭牵引装置多为链板式结构，不能单一使用辊式牵引机构；使用辊式牵引时，在牵引辊之前必须设置一段平直的导床。在水平连续铸造机上一般都设置同步切断装置；同步切断装置有同步锯、同步剪和飞锯等，实际生产中多为同步锯。在生产 ϕ10mm 左右的铝线坯时，可使用辊式牵引装置，使用手动钳子即可剪断线坯。

229. 水平连续铸造有什么优缺点？

答：从以上所述可知，水平连续铸造的优点是：

（1）铸造过程可以完全连续，只要能保证液态金属的供给，可以连续不断地生产，生产效率高。

（2）铸造过程处于封闭状态，铝液面在中间包内，液流平稳，氧化物卷入很少。在中间包内可以进行精炼处理，在中间包口可以进行过滤处理，有利于提高铝熔体的纯洁度。

（3）采用短结晶器，强化了二次冷却，有利于发挥二次冷却的逆流导热作用，减少了表面偏析，可以获得表面质量和内部组织良好的铸锭。

（4）可以多流同时连续铸造；当出现故障时，可以单流处理和单流启动。在立式半连续铸造及热顶铸造时不能实行单流启动。

（5）由于铸造过程处于封闭状态，有利于实现铸锭断面的小型化。目前最小断面可达 ϕ10mm 左右。

（6）减少了切头、切尾的数量，提高了铸锭的成材率。

（7）设备安装不需要立式半连续铸造及热顶铸造时那样的深井和大型吊车；不需要高架厂房。

（8）设备结构简单，投资少。

水平连续铸造的缺点是：

（1）多流同时连铸时只能单排配置，占地面积大；多流同时连铸的数量不如同水平铸造时那样多。

（2）在目前的生产技术条件下，铸锭横断面上的上下部组织不太对称。近年来的试验研究表明，将结晶器置于电磁场中，可以细化铸锭的晶粒，并且改善铸锭横断面上的上下部组织不太对称情况。

230. 中间包的结构有什么特点？

答：中间包的作用与热顶铸造中的热顶相同，保持结晶器入口端的金属始终处于高温液态。中间包的结构很简单，它的外壳通常用钢板焊接而成，其上端为敞口；固定结晶器的侧壁必须垂直于地坪面，此面钢板应适当厚一些，以便于固定结晶器时钢板不变形，其下部中心开一孔洞作为液态金属的通道，孔洞尺寸应大于铸锭断面。中间包与固定结晶器相对的侧壁可以垂直于地坪面也可以呈倾斜状，其下部中心部位，稍低于对面液态金属的通道中心处开一孔洞作为排除液态金属的放流口，在生产过程中可作应急处理。中间包内壁衬以石棉板和耐火材料，以减弱包内液态金属散热。中间包内腔应作成底部窄、上口宽，有利于保持底部液态金属温度的稳定。中间包内衬的耐火材料通常用短石棉绒和黄泥加水调和而成。液态金属的通道处用耐火材料糊制好，通道断面应稍微大于结晶器形腔断面，其外口必须抹平，并稍高于钢板平面，以便中间包与结晶器之间密封良好。放流口处也要用耐火材料糊制好，以免流口冻结而失去应急处理功能。中间包的结构形式如图 14－3 所示。

中间包的高度依包内应储金属液面高度而定。中间包的高度除了确保进入结晶器中稳定的金属液流之外，更重要的是要考虑液态金属静压力对铸锭凝固前沿产生的应力的影响。中间包内的金属液面高，铸锭凝固壳表面上产生的应力大。因此，中间包内的金属液位高度应该适当。

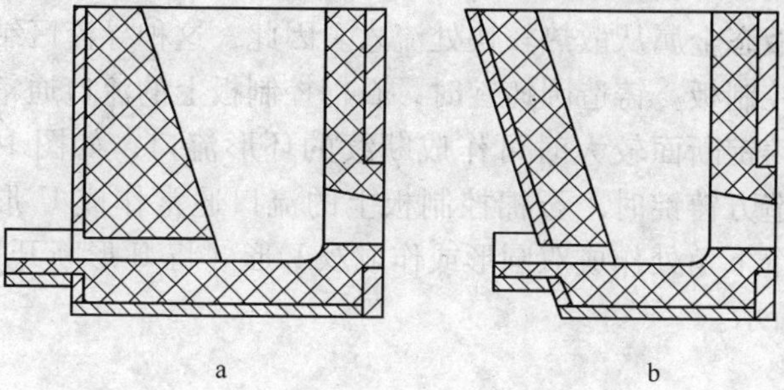

图 14－3　中间包的结构形式

a—普通中间包；b—带斜壁的中间包

231. 导流区的结构有什么特点？

答：在封闭式连续铸造过程中，导流区是指储液槽（中间包）与结晶器入口端面之间的联结区域。在轻金属水平连铸过程中，导流区结构通常称为金属液流控制板。导流区结构的作用主要有两个：一是使储液槽（中间包）内的液态金属进入结晶器之前不至于有较大的温度降落；二是使储液槽（中间包）与结晶器入口端面紧密结合，避免液态金属的渗漏现象，避免结合处出现凹坑。为此，导流区结构必须采用耐热材料制作，而且要有足够的保温层厚度；这种材料要有一定的可压缩性。

由于铝及铝合金的浇铸温度比较低，对制作导流区的材料要求不是很高。在工业纯铝的水平连铸过程中，目前均采用 10～20mm 厚的温石棉板作为导流区结构材料。温石棉又称为蛇纹石，是一种含镁、含水较多的硅酸盐类矿物，物相结构为 $3MgO \cdot 2SiO_2 \cdot 2H_2O$，其中 MgO 为 43.6%、$SiO_2$ 为 43.5%、H_2O 为 13%。石棉板有较好的压缩性，压接后容易保证结合处严密无缝。安装时，将石棉板的光滑面与结晶器接触。当铸造速度较低时，为了调整结晶器入口处横断面上液态金属的温度均匀分布，石棉板上液态金属流口通常与结晶器型腔不是等断面的，而是将流口开设在结晶器中心线的下方，控制液态金属的流向，使高温液态金属从散热较快处流入。因此，这种导流区结构又称为石棉控制板。铸造圆铸锭时，石棉控制板上的流口通常作成半环形，铸锭断面较大时可作成断续的环形流口；如图 14－4 所示。铸造方铸锭时，石棉控制板上的流口通常作成 U 形，也可以在两个下角处作成双圆形或作成双 L 形（将 U 形断开），如图 14－5 所示。

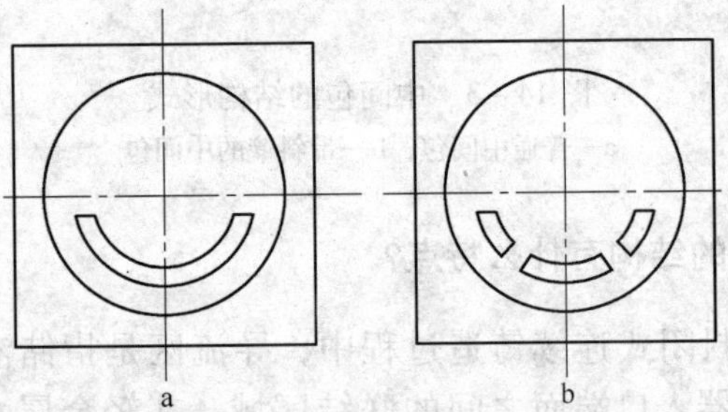

图 14－4 水平连铸圆铸锭的导流区

a—半环形流口；b—断续环形流口

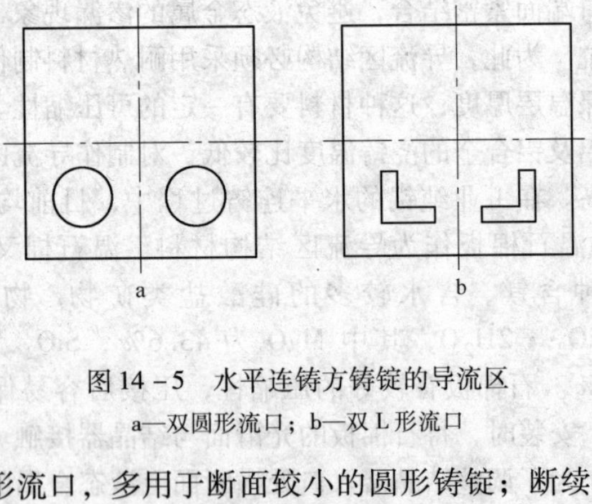

图 14－5 水平连铸方铸锭的导流区

a—双圆形流口；b—双 L 形流口

半环形流口，多用于断面较小的圆形铸锭；断续环形流口，多用于断面较大的圆形铸锭。U 形和双圆形流口，多用于断面较小的正方形铸锭；双L形流口，多用于断面较宽的扁形铸锭平放时。流口的断面依流量而定。这种结构形式又称为轮廓式供给液态金属的方法。在生产断面很小的圆铸锭时，如 ϕ10mm 左右的铝线坯水平连铸时，由于铸造速度很快，通常达1000mm/min左右，结晶器内上下温度差别相对小一点，石棉控制板上的流口与结晶器型腔同型同心，并小于结晶器型腔直径约1mm。

在水平连铸过程中，也有将导流区结构在结晶器入口处用石棉泥作成喇叭状，喇叭出口与结晶器型腔相等，称之为喇叭碗；喇叭碗上的浇口一般设在其下半部，采用轮廓式供给液态金属的方法，喇叭碗的厚度不大于20～30mm[7]；如图14－6所示。在这种情况下，消除了液态金属自然形成的弯月面，即消除了液态金属向固态金属转变的过渡区。根据水平连铸铝合金铸锭的生产实践，采用绝热材料做成喇叭碗时，在喇叭碗下部表面容易形成低温区，使铸锭中的光亮晶粒和金属间化合物较多。因此，喇叭碗采用石墨或具有良好导热和耐熔体腐蚀性能的混合物压制而成。

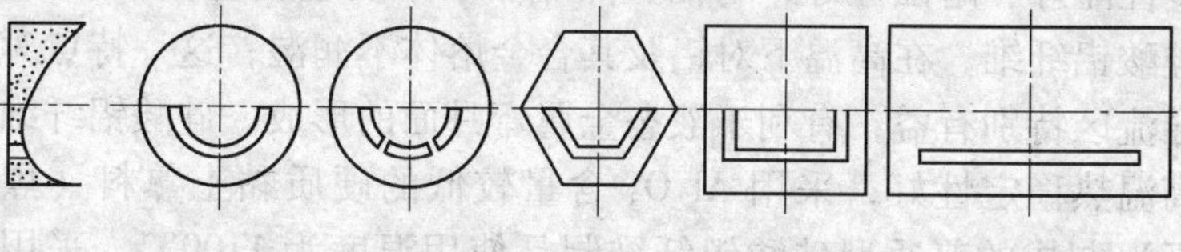

图14－6　喇叭碗结构及导流方式示意图

采用轮廓式供给液态金属的方法时，为了使进入结晶器的金属液流距离短，流口断面最好做成燕尾梢形式；流口横方向的长度为金属液流深度的数倍，流口的全长与宽度之比根据铸锭尺寸可以采用15:1～125:1[57]。流口的面积一般为铸坯截面的8%～10%。

温石棉板具有良好的耐热性、耐碱性、韧性和抗拉强度，其熔点为1550℃；但是，耐酸性较差，吸水性较强。石棉纤维中含有吸附水（存在于石棉表面）和结晶水（存在于晶体结构中）

两种形式的水。吸附水在 400～500℃时全部析出，此时石棉的机械强度降低，但当逐渐冷却后其强度又可恢复。结晶水在 600～800℃析出，此时石棉纤维结构被破坏，材料脆化，轻轻搓揉即成粉末，在温度降低后石棉的强度不再恢复。因此，在使用石棉板之前，应烘干使其脱水；在使用过程中，应避免搓动石棉板面。

在水平连铸过程中，铸造温度都在 700℃左右。在这种工作温度条件下，导流区使用石棉板制作时，难以持久，时常在铸锭表面能看到夹有黑色的石棉焦片。从稳定持久的工作条件考虑，导流区应使用高铝型硅酸铝纤维制品制作。硅酸铝纤维是由含有 43%～55% 的 Al_2O_3 和 42%～54% SiO_2 熔融后采用喷吹或甩丝法制成的。喷吹纤维不含润滑剂，渣球含量少。甩丝纤维长，非纤维物质含量低，除了用作高温炉窑填充材料之外，还是优良的纺织材料。硅酸铝纤维的热导率很低仅及一般耐火砖的十分之一，比最好的轻质隔热砖低 50%；硅酸铝纤维的热容小、抗热震性能好、耐蚀性好，与油、蒸气、水不发生反应，吸湿性小。硅酸铝纤维，在高温下对铝及其合金熔体不润湿；这一特点对于导流区特别有益，有利于液态金属弯月面的形成。硅酸铝纤维的高温热稳定性好，采用 Al_2O_3 含量较低的硬质黏土熟料（焦宝石）制成的普通型硅酸铝纤维制品使用温度为 1100℃，采用高纯氧化铝硅石粉合成料制成的高纯型硅酸铝纤维制品使用温度为 1260℃，采用 Al_2O_3 含量较高的高纯氧化铝硅石粉合成料制成的高铝型硅酸铝纤维制品使用温度为 1360℃。在水平连续铸锭过程中，导流区使用高铝型硅酸铝纤维制品比较好一些，因为其中 Al_2O_3 含量较高、而 SiO_2 含量较低，有利于减少液态铝与 SiO_2 的反应量，有利于提高铸造过程的稳定性。

232. 水平连铸用结晶器的结构有什么特点？

答：在连续铸锭生产中，结晶器是整个铸机的关键性部件，是因为在较小的空间、很短的时间内使铸锭成形，完成由液态到固态的相变过程，而且要确保铸锭的表面质量和内部质量。

在立式连续铸锭过程中，结晶器内的金属液面敞露着，轻金属连铸时金属液面至结晶器顶面的距离一般保持在40mm上下；在这种情况下，液态金属的弯月面处在激冷结晶器的强冷区段；同时金属液面向周围空间散热，使弯月面散热较快。因此，在敞露液面立式连铸的过程中，容易出现冷隔等缺陷。

在水平连铸过程中，液态金属的弯月面移至结晶器的入口端面处，使弯月面远离了激冷结晶器的强冷区；同时由于中间包内液态金属的传热作用，减弱了此处的冷却强度。这是水平连铸时铸锭表面质量优于敞露液面立式连铸的根本原因。

在连续铸锭过程中，铸锭连续成形和铸锭质量，都与结晶器的冷却密切相关。影响结晶器冷却的因素主要有制作结晶器的材料、结晶器的长度、结晶器壁的厚度、冷却水和润滑剂的工作状态等，这些都与结晶器的结构有关；其次还有水质、水温、润滑剂的性质和液态金属的浇铸温度等，这些都属于铸造工艺制度范围，与结晶器的结构无关。

在相同条件下，结晶器的总散热系数随结晶器材料的热导率增加而增大。在连续铸锭过程中，通常采用热导率和热扩散率比较高的材料制作结晶器。水平连铸结晶器的内套用锻铝、紫铜或铬铜制成，大多数结晶器还衬有石墨内套，可起缓冷和一定的自润滑作用，改善铸锭的表面质量和内部质量。在这方面，与热顶铸造是相同的。但是，采用石墨内套之后，在一定程度上限制了铸造速度的提高。从结晶器的使用安全性等综合考虑，最好采用紫铜制作，以免出现事故时被大量的高温铝液熔蚀结晶器。

在结晶器冷却水的冷却条件相同的情况下，结晶器壁厚度影响其内表面温度和结晶器的散热总强度。结晶器内壁表面温度随结晶器壁厚度增加而升高；而且热导率高的材料，结晶器内壁表面温度比较低，随结晶器壁厚度增加而升高的温度值比较小。随着结晶器壁厚度的增加，结晶器的总散热系数降低；而且热导率高的材料，结晶器的总散热系数比较高，随结晶器壁厚度增加而降低得缓慢。在铝及铝合金连续铸锭生产中，圆铸锭结晶器，铝合金壁厚度通常取为 8 ~ 10mm；扁锭结晶器铜壁厚度通常取为 10mm。在水平连铸过程中，结晶器采用石墨内套时，其壁厚为 7mm。

在连续铸锭生产过程中，结晶器的长度对铸锭质量影响很大。结晶器的长度，首先要确保铸锭凝固壳在结晶器出口处有足够的厚度，使其不至于破漏。在水平连铸过程中，结晶器的长度比较短，其有效长度与实际长度相等；结晶器的长度应根据一次冷却区最大长度（距结晶器入口端面 12.7 ~ 25.4mm）与逆流导热距离之和再减去二次冷却水落水点至结晶器出口端面之间的距离来确定。逆流导热距离 *UCD* 值可按式 12 - 1 计算；因此，结晶器的有效长度与铸造速度紧密联系在一起。通过实践证明，对于断面尺寸较小的各种铸锭，结晶器有效长度可按表 14 - 1 中的数值范围取值[58]。

表 14 - 1　各种锭形的结晶器长度取值范围[58]

铸坯种类	空心管坯	方坯、圆坯	扁　坯
结晶器长度/mm	20 ~ 25	25 ~ 30	35

在水平连铸过程中，结晶器采用 2A50（LD5）内套衬以石墨内套和喇叭碗时[7]，其长度一般为 40 ~ 50mm，喇叭碗厚度为 20 ~ 30mm，有效长度（结晶带长度 *h*）依合金而定，大致为 7 ~ 20mm。带有石墨内套和喇叭碗的水平连续铸造用结晶器如图 14 - 7 所示。这种结晶器属于组合式结构。

整体式结晶器的刚性比较好，单制作时比较复杂，特别是加工微小的润滑油孔时比较困难；这种结晶器适于生产断面较小的铸锭使用。整体式结晶器结构如图 14 - 8 所示。

生产断面较大的扁铸锭时，使用拼装式结晶器较为合适。将结晶器的四个面做成四个平面式的单块，相对的两块，各自相同，然后将它们拼装起来，固定为一个完整的结晶器。每个单块

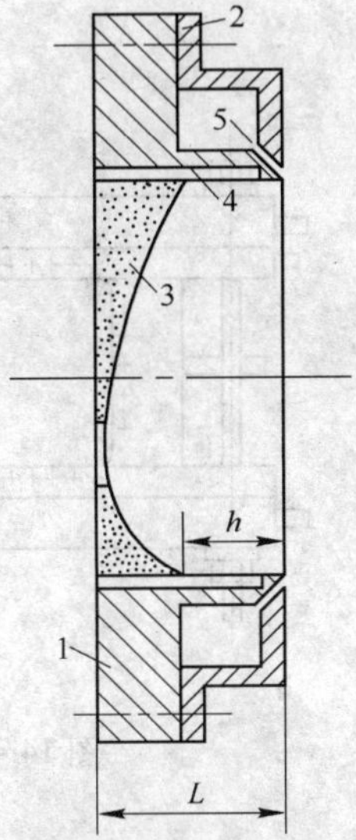

图 14-7 水平连续铸造用结晶器[7]
1—结晶槽内套；2—结晶槽外套；
3—喇叭碗；4—石棉衬板；
5—冷却水喷嘴

的内壁用紫铜板制作，其外壁用钢板或铸铁板制作。结晶器的冷却水孔和润滑油孔布置在紫铜内壁中，冷却水冷却结晶器壁后直接喷射到铸锭表面上进行二次冷却。外壁作为润滑油槽、冷却水箱和紧固件用，将紫铜内壁固定在外壁上，冷却水和润滑油通过外壁进入内壁。一组单块夹紧在另一组单块之间，用长螺栓紧固。通常将紧固用长螺栓设在宽面的一组单块上。这种结晶器制作方便，互换性强，只要将其中的一组单块更换即可组成不同规格的结晶器；在多规格铸锭生产时，可以减少结晶器的制作量。窄面较小的单块，可用紫铜整体制作。拼装式结晶器的结构如图 14-9 所示。

在水平连铸过程中，结晶器很短，结晶器的型腔一般不带锥度。

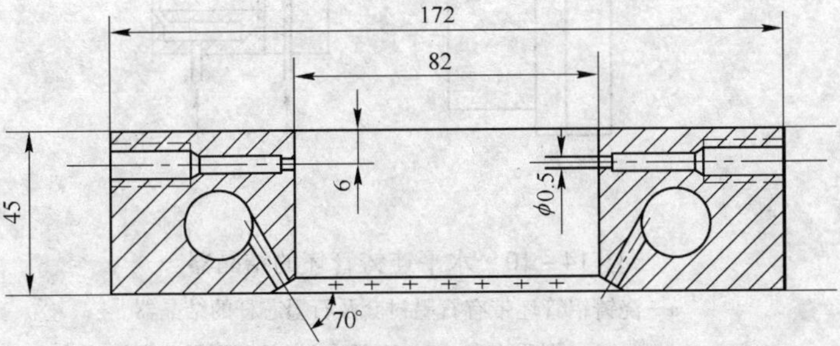

图 14-8 整体式结晶器

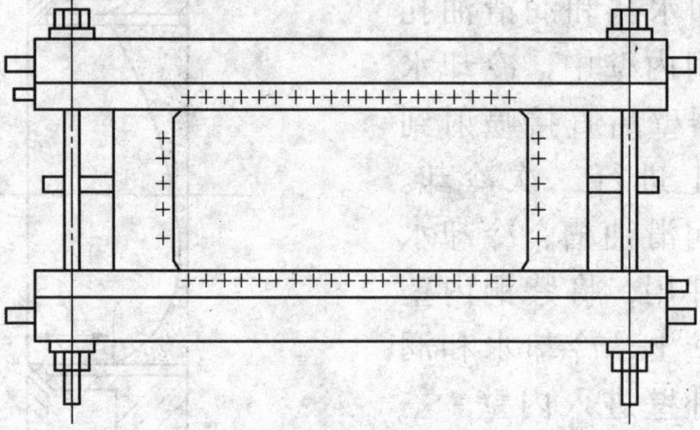

图 14-9 拼装式结晶器

水平连铸管坯时，在结晶内设置一个芯子。水平连铸管坯的结晶器结构如图 14-10 所示。

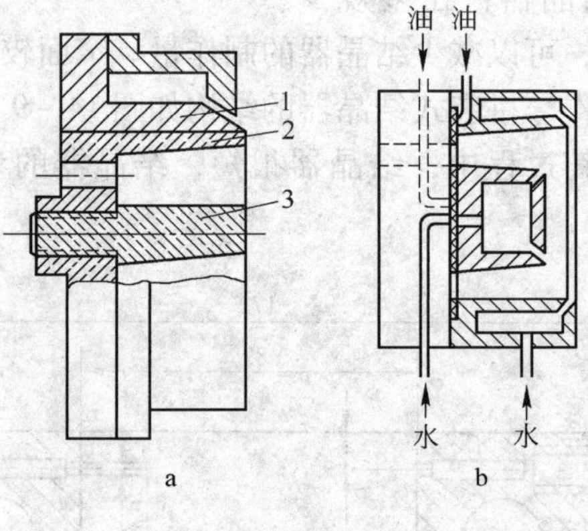

图 14-10 水平连铸管坯的结晶器

a—浇铸铝管坯带有石墨衬套及石墨芯杆的结晶器

（材料：1—铜质水套；2—石墨内衬；3—石墨芯杆）

b—浇铸铝管坯不带有石墨内衬和芯杆的结晶器（材料：紫铜）

233. 水平连铸用引锭装置的结构有什么特点?

答：水平连铸用引锭装置的作用有两点：一是在起铸时当作结晶器的封头；二是在起铸初始阶段连续牵引铸锭。在水平连铸过程中，起铸初始阶段的连续牵引作用强于热顶铸造和立式连铸时；因为，水平连铸时铸锭的自重不仅不能促使铸锭运动，相反会阻碍铸锭移动。

引锭装置由引锭头和引锭杆两部分组成。作为结晶器的封头，要求有良好的导热性能，同时要求其硬度不要超过结晶器壁材料；因此，引锭头使用工业纯铝制作，其一端做成可卸式燕尾槽形，断面尺寸与结晶器型腔断面相对应。引锭杆使用小断面型钢焊接而成，结构断面可以小一点，以减轻重量。引锭头固定在引锭杆的一端，根据不同规格的铸锭，更换相应的引锭头即可。引锭杆的长度应大于牵引装置的压紧机构至中间包之间的距离，同时要大于牵引装置的压紧机构前后距离。

引锭头和引锭杆组装时，两者的底面应在同一平面内，其上平面不必强求一致。引锭装置的结构如图 14－11 所示。

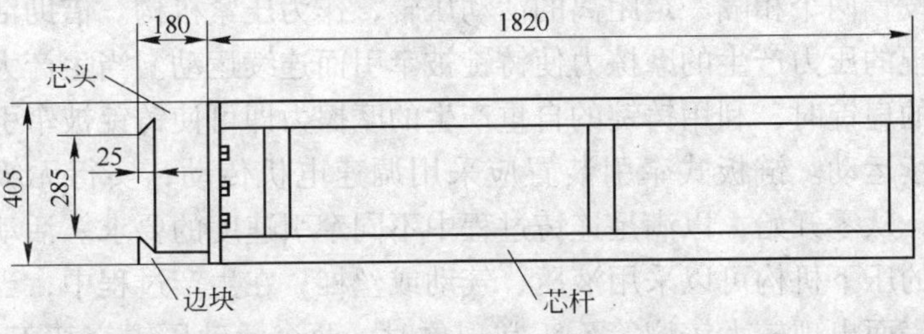

图 14－11　40mm×400mm 铝母线引锭装置

生产 ϕ10mm 的铝线坯时，引锭装置最简单，在一根同等直径钢条的一端开一条燕尾槽即可。

234. 水平连铸用牵引装置的结构有什么特点?

答：在水平连铸过程中，牵引装置与牵引方式密切相关。目前，在轻合金水平连铸生产中，均采取连续单向牵引铸锭的方式，结晶器和中间包固定不动。因此，设备结构比较简单。牵引装置主要有：辊式、链板式、链式和拖曳式几种。

辊式牵引装置的基本原理是两对牵引辊同时牵引铸锭。每对牵引辊中有上下两个辊子，其中下辊为固定式主动辊，上辊为可以上下活动的从动辊。在生产过程中，当铸锭表面出现较大铸瘤等不正常现象时，可以抬起一个上辊，让不正常部位的铸锭顺利通过，两对牵引辊交替工作，能确保连续铸锭过程稳定进行。辊式牵引装置的机械结构比较简单可靠。单一的辊式牵引装置，从连铸工艺来说存在一个致命的弱点，就是不能抑制水平连铸过程中在铸锭垂直面内的波浪式弯曲变形。为此，在牵引辊的前部或后部必须设置刚性的平直段，以便平托铸锭，避免凝固壳与结晶器壁之间上下部的空隙差值过大，抑制铸锭在垂直面内的明显变形。在生产 ϕ10mm 的铝线坯时，由于铝线坯的挠性比较好，可以使用单一的辊式牵引装置。

链板式牵引装置的基本原理是：采用履带式链板机构作为铸锭承托和主动牵引机构，链板与铸锭同步运动；履带式链板的上方设置两个相隔一定距离的活动压辊，作为压紧机构。借助活动压辊的压力产生的摩擦力使铸锭被牵引而连续运动。当生产大断面的扁锭时，利用铸锭的自重产生的摩擦力即可使铸锭被牵引而连续运动。链板式牵引装置应采用调速电机传动，实行无级调速，从零开始，以满足连铸过程中不同牵引速度的要求。活动压辊的压下机构可以采用液压、气动或丝杠；在生产过程中，当铸锭表面出现较大铸瘤等不正常现象时，两个活动压辊交替工作，能确保连续铸锭过程稳定进行。链板式牵引装置的主要特点在于履带式链板机构；这种机构能使铸锭在平板上运行，不容易出现铸锭在垂直面内的弯曲变形。为此，链板回转到上部时，必须在刚性导轨上运行。每个链节上都应设置链板。否则，在铸锭垂直面内产生微波幅的波浪式弯曲变形，波长与两块相邻链板的距离相对应；甚至在铸锭上表面出现二次充型现象，其间距与变形波长相对应。在生产中使用时，活动压辊不宜压得太紧，以免链板弯曲。链板式牵引装置的结构如图 14－12 所示。目前，链板式牵引装置应用较多。

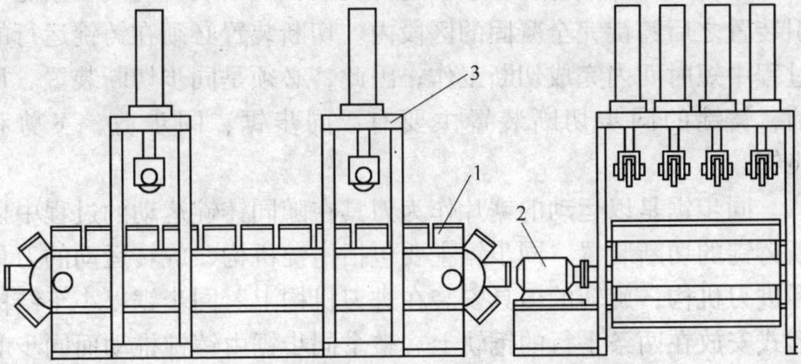

图 14－12　链板式牵引装置

1—链板机构；2—调速电动机；3—压辊机构

链式牵引装置的基本原理是：在两条平行的钢轨之间下方设置一条环形链，传动环形链的链轮安装在钢轨两端的空隙下方。这种传动机构与链板式牵引装置相同。在这种牵引装置中，环形链的链节空当可以挂住引锭装置的钩子，使引锭装置在两条平行钢轨的顶面（扁铸锭）或钢轨之间（圆铸锭）滑行。这种牵引装置结构简单，适于半连续生产。在两条平行钢轨的末端增设牵引辊，则可适于连续生产。在这种牵引装置中，由于铸锭在钢轨上滑行，摩擦阻力大，轨面上必须抹润滑油；不适于大断面铸锭生产。

拖曳式牵引装置的基本原理是：由两个牵引台组成，每个牵引台配有一对平板式夹爪，每对夹爪可以沿着铸锭运动的方向平移一定距离，然后再返回原位。当一对夹爪松开铸锭返回原位时，另一对夹爪仍然拖曳着铸锭运行，两对夹爪交替返回原位。拖曳式牵引装置可以连续生产。

235. 水平连铸用切断装置的结构有什么特点？

答：在水平连铸过程中，必须设置切断装置，才能确保连续生产过程的稳定进行。在水平连铸机上，切断装置应设在紧随牵引装置之后铸锭完全凝固的区段内。切断装置必须在铸锭运行的过程中短时间内完成切断工作；因此，必须是同步切断装置。目前，铸锭的同步切断装置主要有：同步锯、同步剪、飞剪和飞锯。

同步锯是以运动的锯片作为刀具在随同铸锭运动的过程中切断铸锭的切断装置。同步锯主要包括抱锭机构、旋转运动的刀具和进刀机构；旋转的刀具安装在进刀机构上。同步锯以小车结构形式安放在两条平行的钢轨上。整个同步锯由铸锭推动而同步前进。在水平连铸过程中，抱锭机构首先抱紧铸锭，借助铸锭平移的力量推动整个同步锯等速运动；同时启动锯片运动，随即启动进刀机构推动刀具沿着垂直于铸锭轴线的方向前进。当同步锯完成一次切割任务之后，进刀机构将旋转的刀具退回原位，停止进刀机构和刀具的运动；然后松开抱锭机构，整个同步锯返回到原来的位置，等待下一次切割任务。同步锯结构如图 14－13 所示。为了使同步锯返回原位，通常将小车的运行轨道远牵引装置端稍高于近牵引装置端，使轨道平面呈倾斜状态，如图 14－13 中所示，为0°55′，以便同步锯凭自重返回原位。同步锯复位，也可以采用气缸或平衡重锤拉动来实现，此时小车运行轨道平面可以保持水平状态。对于断面比较薄的铸锭，可以利用同步锯的自重复位；对于断面比较厚的铸锭，应专设复位机构。同步锯的刀具，可以采用圆锯片或带锯片。圆锯片厚度一般为 2mm，带锯片比较薄，一般为 1mm；因此，使用带锯片时可以减少切口的金属损失量。

同步锯的抱锭机构应设在靠近牵引装置的一侧，锯片应安设在同步锯的另一侧。与同步锯运行轨道末端相连的滚床头部应设驱动滚道，以便铸锭被切断后立即推走，防止被切断的铸锭滞留

图 14－13 圆锯片同步锯

不动而夹住锯片；同时为锯片退回原位而清道。抱锭机构可以使用气缸、油缸或丝杠手动。

同步剪的工作原理与同步锯相同，只是用剪代替转动的锯片。剪切机构，可以用液压式或偏心轴式。同步剪的优点是铸锭的切口无切屑。特别是适用于热坯切断。但是，剪切机构所需的动力大于锯切机构。

飞剪和飞锯适于水平连铸小断面的棒、型和窄带坯；由于铸坯的断面比较小，铸造速度比较低，剪切的速度比较快，采用液压式机械飞剪是比较经济的。ϕ10mm 的铝线坯，使用手动钳即可剪断。

目前，在水平连铸生产中，一般多使用同步锯。

236. 在水平连铸生产中怎样进行操作？

答：在水平连铸生产中，应严格遵守安全操作规范。水平连铸生产属于高温作业，立式连铸和热顶铸造生产中的安全操作规范在这里同样适用。在水平连铸生产操作前，包括中间包在内的所有接触铝液的生产工具，必须充分预热干燥；检查静置炉内的金属温度和冷却水压力是否符合铸造工艺要求；清理牵引装置的台面，并放好引锭装置；空车启动牵引装置，检查运行是否正常；检查结晶器的冷却水路和润滑油路是否通畅，润滑剂供给系统是否符合铸造工艺要求。

在这里，以链板式牵引装置的水平连铸机为例，介绍单流生产操作过程。生产开始时，首先将预热好的中间包在铸造台上固定好，并用石棉板盖住中间包口，以免散热太多。再将结晶器安装在中间包上，使结晶器型腔的下表面稍低于牵引装置的链板平面，其高差为铸锭垂直面内收缩量的二分之一；同时接好冷却水管，打开水阀，检查水流情况，及时疏通被堵塞的喷水孔。然后，擦干结晶器型腔内残留的水，将引锭装置送入结晶器内，并将牵引装置的活动压辊压住引锭杆，引锭头的端面距导流区出口端面 20mm 左右即可；用石棉绳将引锭头与结晶器壁之间的缝隙堵塞好。最后，将铝液快速注入中间包内，同时微微打开水阀；当中间包内的铝液面超过结晶器型腔的上壁时，即可启动牵引装置，牵引速度从零开始，慢慢增加到工艺规定的最大数值，同时慢慢增大冷却水量。当中间包内的铝液水平达到一定高度时，保持正常供流速度，并清理液面浮渣；当铸锭进入牵引装置的第二道活动压辊之后，卸去引锭装置。当铸锭进入切断装置之后，启动切断装置，切掉锭头。当铸锭达到定尺长度时，启动切断装置，切断铸锭。

使用同步锯时，必须遵守如下原则：锯切前先抱锭，然后启动锯片再进刀。锯切终结时，先将锯片退回原位，再停止锯片旋转，然后才能松开抱锭机构，使同步锯返回原位。谨防损坏锯片。锯切过程中，应使用冷却液对锯片两面同时实行同等冷却强度的冷却；通常使用的冷却液是含油 5% ~10% 的乳化水溶液。乳化水溶液可以收集循环使用。

237. 在水平连铸生产中怎样实现多流同时连续铸造？

答：在水平连铸生产中，多流同时连续铸造时，只能在同一平面内平行配置。在多流同时水平连续铸造机上有一个加长的中间包。中间包由分流槽和支槽两部分组成，分流槽与流槽相连；这种结构与热顶铸造中的分流盘相似。分流槽和支槽之间设有带流口的隔墙。结晶器安装在各支槽的侧壁上。

在多流同时水平连续铸造机上，牵引装置与单流水平连铸时基本相同；只是各流的活动压辊各自独立，以便出现故障时，可以分别进行处理而不影响其他各流的稳定生产过程。

在多流同时水平连续铸造机上，同步切断装置的刀具采用带锯较为方便，进刀沿着垂直方向运动，可以在短时间内完成多根铸锭同时切割任务。同时水平连续铸锭的数量较多时，带锯切割最为有利。同时水平连续铸锭的数量很少时，可以使用圆锯片同步切割，但定尺长度受限制。

在多流同时水平连铸生产中，事先用塞子把通入各支槽的流口堵住。铝液首先注满分流槽。然后拔去堵住各支槽的塞子，铝液同时流入各支槽内。待各支槽内的铝液面超过结晶器型腔的上壁时，即可启动牵引装置。其他操作与单流生产时相同。

在多流同时水平连铸生产 ϕ10mm 的铝线坯时，为了保持正常的铸造温度，用小型铸造炉代替中间包。铸造炉采用电热元件加热控制炉温，其结构与多流同时水平连铸的中间包相似，只是在分流槽和支槽之间不设隔墙，并且使支槽的内口宽于其外口，以便保持铝液进入结晶器时的温度。结晶器安装在铸造炉两个相对的侧壁上。八流水平连铸生产 ϕ10mm 铝线坯的设备结构如图 14－14 所示。

238. 水平连续铸造能生产什么样的产品？

答：水平连续铸造工艺的适应范围较广。目前，采用水平连续铸造工艺生产过的铝合金有：工业纯铝、Al－Mn（3000）系、Al－Mg（5000）系、6A02（LD2）、6063（LD31）和 2A12（LY12）等铝合金。生产量较多的是工业纯铝。

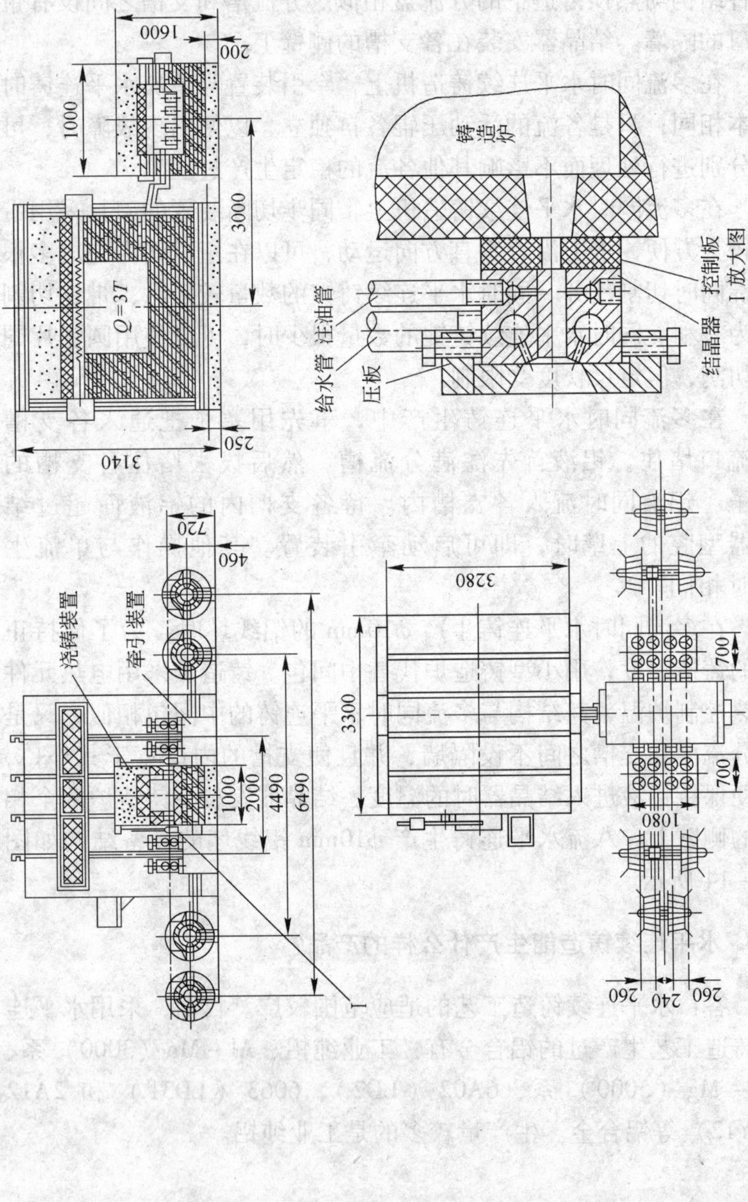

图 14-14 八流水平连铸生产 φ10mm 铝线坯的设备结构

目前，许多国家应用水平连续铸造工艺，生产管、棒、板、带、线和型材等铸坯。还用这种铸造工艺生产铸造铝母线，有方形断面和异形断面，如工字形和U形大断面作为阳极铝母线兼作承重梁用。由于水平连续铸造的可铸长度不受限制，可以生产出很长的大断面铸造铝母线。随着大容量的铝电解槽应用于生产中，这种大断面铸造铝母线的长度也相应增加。这是水平连续铸造工艺的一大优点。水平连续铸造工艺应用于铝工业生产也就是始于大断面的铸造铝母线。U形断面的承重铸造铝母线如图14－15所示，工字形断面的承重铸造铝母线如图14－16所示。

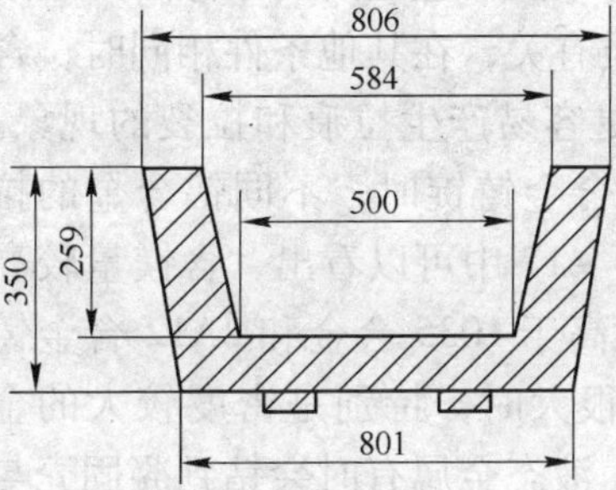

图14－15 U形断面的承重铸造铝母线[59]

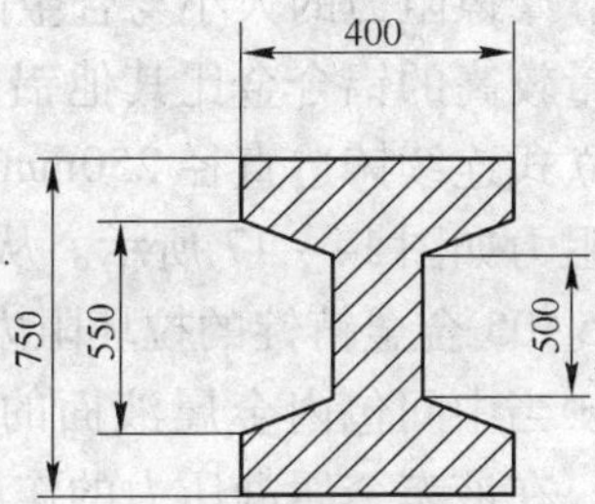

图14－16 工字形断面的承重铸造铝母线[60]

据资料报道[61]，美国Alcoa公司在水平连续铸造机上使用铜质结晶器，能单流生产508mm×1524mm的板锭和多流同时连铸直径为304.8mm的挤压用铸锭。水平连续铸造机的牵引装置为带式输送机，设带式飞锯；锯切长度最短457.2mm。铸锭的定尺长度，上述板锭为9144mm，圆锭为3657.6mm。美国还用水平连续铸造法生产530mm×1750mm的Al－Mn（3000）系和Al－Mg（5000）系铝合金板锭，定尺长度9m。

在水平连续铸造机上生产的铸坯，最小断面尺寸为直径10mm左右的纯铝线坯。

239. 中间包内的金属液位保持多高合适？

答：在水平连铸生产过程中，金属液面引至中间包内。结晶器内沿凝固壳液相穴长度同一水平面上的液态金属静压力相等。铸锭的初始凝固前沿所承受的液态金属静压力，比敞露液面的立式连铸时大得多。因此，在水平连铸生产中，金属液位的高度不能忽视。

中间包内的金属液面高，铸锭凝固壳与结晶器壁之间的波动性相对接触面积增大，有利于散热，有利于降低凝固壳表面的瞬时温度，提高凝固壳层的平均抗拉强度；但是，铸锭凝固壳表面上产生的应力增大，凝固壳表面与结晶器壁之间的摩擦阻力也增加。摩擦阻力的大小与合金的性质有关，在其他条件相同时，含镁量较高的铝合金比其他铝合金更容易产生拉痕和拉裂的现象。在立式连续铸造直径 250mm 的铝合金铸锭时，不同铝合金的拉坯阻力如图 14－17 所示。从图 14－17 中可以看出，含镁量较高的 5A05 合金铸锭的拉坯阻力大大高于 1035 合金和 2A12 合金铸锭。当中间包内金属液面的高度很大时，特别是密度较大的金属，在液态金属静压力的作用下，液态金属有时会钻到凝固壳与结晶器壁之间的空隙内，产生二次充型现象，凝结成焊瘤；金属液面高度越大，铸锭表面上生成的焊瘤越大。据资料报道[57]，在水平连铸 ϕ152. 4mm Mg 0. 7% 和 Si 0. 4% 的铝合金锭时，中间包内液态金属水平保持在比铸锭顶部高 76. 2mm。中间包内的金属液面过低也不行，会影响液态金属充型。因此，中间包内金属液面的高度应保持在适当的位置上。在多流水平连铸生产中，由于液态金属先注入分流槽内，然后再同时流入各支槽内，分流槽内的金属液位开始应保持在高位，待流入各支槽正常生产时则保持低一些。实际生产中，中间包内金属液面的高度控制不是很严格的，相关报道很少。水平连铸铝及铝合金铸锭时中间包内的金属液位的高度列于表 14－2 中。

水平连铸 ϕ10mm 铝线坯的生产实践表明，铸造炉内的铝液

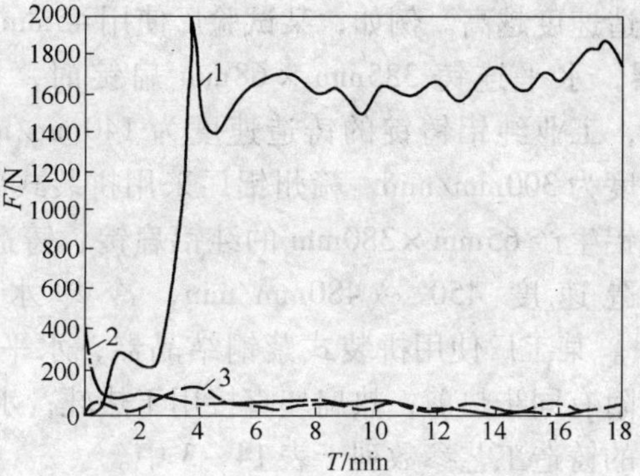

图 14－17 以 80mm/min 的速度连续铸造直径 250mm 的铸锭时拉坯阻力的变化曲线[10]

1—5A05 合金；2—1035 合金；3—2A12 合金

表 14－2 中间包内的金属液位高度

工厂名称	美国铝业公司	匈牙利艾卡铝厂	中 国	
合金种类	Al－0.7% Mg－0.4% Si	99.7% Al	工业纯铝	
铸锭规格 /mm(×mm)	ϕ152.4	350×100（双流）	ϕ10	直径或厚度 80
液位高度/mm	76.2	铸造前 400，铸造时 160	70	300

面高度不应过低，液位过低有三个缺点：一是可能出现偏铝线；二是容易使铝液表面的夹杂物流进结晶器内而造成断线；三是因液面过低需要立即放进大量的新铝液，容易使铸造炉内铝液温度波动大，不利于稳定生产。例如，太原铝厂将液面至结晶器中心线的高度由 40mm 增至 80mm，效果较好，铝液面夹杂物流进结晶器减少了，铸口铝液温度变化小了，而且增大了铝液的静压力，有利于连铸过程的稳定。

240. 水平连铸工业纯铝扁铸锭的铸造工艺制度有什么要求？

答：水平连铸工业纯铝铸锭的铸造速度相对比较高，而且纯度越高，铸造速度越高。例如，某试验厂使用45mm长的整体式黄铜结晶器，水平连铸385mm×68mm扁锭时，铸造温度为720～730℃，工业纯铝铸锭的铸造速度为140mm/min，精铝铸锭的铸造速度为300mm/min。赣州铝厂采用拼装式紫铜结晶器，使用液态原铝生产65mm×380mm的纯铝扁锭，铸造温度690～710℃，铸造速度450～480mm/min，冷却水压0.10～0.12MPa[62]。某工厂使用拼装式紫铜结晶器，水平连铸工业纯铝热扁锭，附有同步热剪，热扁坯直接用于热轧；水平连铸工业纯铝热扁锭的铸造工艺参数列于表14－3中。

表14－3 水平连铸工业纯铝热扁锭的铸造工艺参数

铸锭规格/mm×mm	结晶器有效长度/mm	铸造温度/℃	铸造速度/mm·min⁻¹	冷却水压/MPa
80×65		700	420～430	
100×65	65	700	370～400	0.0294～0.0392
100×67	65	700～720	400	0.0686
250×65	85	700	300～350	0.0588
250×67	65	700	373	上下0.0588，侧面0.0392

国外水平连铸工业纯铝扁铸锭的铸造工艺参数列于表14－4中。

表14－4 国外水平连铸工业纯铝扁铸锭的铸造工艺参数

国别及厂名	金属种类	铸锭规格/mm×mm	结晶器长度/mm	铸造温度/℃	铸造速度/mm·min^{-1}	冷却水压/MPa	同铸根数
法国Ugine公司Venthon铝厂	纯铝	厚度200	12.7		150～200		
		厚度100～200			300		
		厚度20～100			500		
法国Ugine公司	99.65 Al	500×60	41	680	550	0.0343	
		600×125			65		4
德国联合铝业公司	纯铝	20×100～160×710	普通的一半		200～500		

试验结果表明，在水平连铸过程中适当地降低冷却强度，可以生产出热铸坯以适应于热轧需要。例如，上海铝制品一厂，曾水平连铸 420mm×55mm 的纯铝扁铸锭，使用 190mm 长的石墨结晶器（两半合成），石墨壁厚度为 10mm，并设 45mm 长的石英陶瓷保温区；铸造速度为 100mm/min 时，铸坯出结晶器后的表面温度为 580℃。在试验中，石墨结晶器有些过长。生产热铸坯的工艺制度尚需深入研究。

241. 水平连铸工业纯铝圆铸锭的铸造工艺制度有什么要求？

答：水平连铸工业纯铝圆铸锭的生产量比较少，生产的铸坯断面也比较小。但是，铸造速度都比较高。国外水平连铸工业纯铝实心圆铸锭的铸造工艺参数列于表 14－5 中。

表 14－5　国外水平连铸工业纯铝实心圆铸锭的铸造工艺参数

国别及厂名	金属种类	铸锭直径 /mm	结晶器长度 /mm	铸造温度 /℃	铸造速度 /mm·min^{-1}
法国 Ugine 公司	99.65% Al	31.75			1016～1397
		30			1500
德国	纯铝	30			1500

水平连铸工业纯铝空心圆铸锭的生产量也比较少。据报道，在德国采用水平连铸工艺生产 ϕ120/80mm 的工业纯铝空心圆铸锭时，铸造速度为 360～380mm/min。

242. 水平连铸 3A21（LF21、3003）合金铸锭的铸造工艺制度有什么要求？

答：3A21（LF21、3003）合金是铝－锰系防锈铝的典型合金；合金成分含量比较低，含 Mn 1.0%～1.6%，属于软合金类型，没有形成冷裂纹的倾向性。熔化温度范围 643～654℃，铸造温度 720～730℃。3A21（LF21）合金铸锭适合于电解铝厂直接用液态原铝生产。赣州铝厂使用液态原铝水平连铸 3A21（LF21）合金扁铸锭，采用拼装式带锥度的铜结晶器，锥度为 1.0°～1.5°；其铸造工艺参数列于表 14－6 中。

表 14－6　水平连铸 3A21（LF21）合金扁铸锭的铸造工艺参数[62]

铸锭规格 /mm × mm	结晶器有效长度 /mm	铸造温度 /℃	铸造速度 /mm · min^{-1}	冷却水压 /MPa
65 × 380		710～730	420～450	0.12～0.13

243. 水平连铸 2A12（LY12、2024）合金铸锭的铸造工艺制度有什么要求?

答：2A12（LY12）是硬铝中的典型合金；主要合金成分为：Cu 3.8%～4.9%，Mg 1.2%～1.8%，Mn 0.30%～0.9%。熔化温度范围 502～638℃，铸造温度 700～730℃，方铸锭取下限，圆铸锭取上限。

采用链条式牵引装置的半连续水平铸造机生产 2A12（LY12）合金铸锭时，可铸长度为 6m。结晶器由外冷却水套、石墨衬套和喇叭碗组成，为组合式结晶器；外冷却水套可由铝合金或铜制作，内冷却水套采用高纯石墨制作，喇叭碗使用石棉纤维、耐火土和蓖麻油调和成团制作而成。石墨衬套和喇叭碗的交接处抹成圆弧状，消除了弯月面的成形空间，对铸锭表面质量会带来不利影响。水平连铸 2A12（LY12）合金实心圆铸锭的铸造工艺参数列于表 14－7 中。

表 14－7　水平连铸 2A12（LY12）合金实心圆铸锭的铸造工艺参数[58]

铸锭直径 /mm	结晶器有效长度 /mm	铸造温度 /℃	铸造速度 /mm · min^{-1}	冷却水压 /MPa
92		690～740	160～240	0.019～0.059

244. 水平连铸锻铝合金铸锭的铸造工艺制度有什么要求?

答：锻铝包括 Al－Mg－Si 系（6000 系）铝合金和 Al－Cu－Mg 系（2000 系）等铝合金。

6A02（LD2）属于 Al－Mg－Si－Cu 锻铝，是在 Al－Mg－Si 基础上增加铜的成分。合金成分为：Mg 0.45%～0.9%，Si 0.50%～1.2%，Cu 0.20%～0.6%，Mn 0.15%～0.35%；杂质含量：Ti 不大于 0.15%，Fe 不大于 0.50%，Zn 不大于 0.20%；其他杂质：单个不大于 0.05%，合计不大于 0.10%。熔化温度范围 580～650℃，铸造温度 700～740℃。在电解铝厂可以使用 Al 99.00 品位（原二级品）液态原铝生产 6A02 合金铸锭。在与水平连铸 2A12（LY12）合金实心圆铸锭的铸造设备相同的条件下，水平连铸 6A02（LD2）合金实心圆铸锭的铸造工艺参数列于表 14－8 中。

表 14－8　水平连铸 6A02（LD2）合金实心圆铸锭的铸造工艺参数[58]

铸锭直径 /mm	结晶器有效长度 /mm	铸造温度 /℃	铸造速度 /mm·min⁻¹	冷却水压 /MPa
105		685～710	115～145	0.029～0.059

6063（LD31）属于低合金化的 Al－Mg－Si 系高塑性铝合金。熔化温度范围 615～655℃，铸造温度 710～730℃。水平连铸 6063（LD31）合金实心圆铸锭的铸造工艺参数列于表 14－9 中。美国铝业公司和雷诺公司水平连铸 Al－Mg－Si 系铝合金实心圆铸锭的铸造工艺参数列于表 14－10 中。

表 14－9　水平连铸 6063（LD31）合金实心圆铸锭的铸造工艺参数[63]

铸锭直径 /mm	结晶器有效长度 /mm	铸造温度 /℃	铸造速度 /mm·min^{-1}	冷却水压 /MPa	同铸根数
70～150	15～20	685～710	130～320	0.1～0.15	3

表 14-10 美国水平连铸 Al-Mg-Si 系铝合金实心圆铸锭的铸造工艺参数

<table>
<tr><th>工厂名称</th><th>合金种类</th><th>铸锭直径/mm</th><th>结晶器长度/mm</th><th>金属液位/mm</th><th>铸造温度/℃</th><th>铸造速度/mm·min^{-1}</th><th>冷却水量/L·min^{-1}</th><th>同铸根数</th></tr>
<tr><td rowspan="2">美国铝业公司</td><td rowspan="2">Al-0.7% Mg-0.4% Si</td><td>152.4</td><td>76.2</td><td>76.2</td><td>682.2~693.3</td><td>127</td><td>151.4</td><td></td></tr>
<tr><td>228.6</td><td>101.6</td><td></td><td>682.2~693.3</td><td>101.6</td><td>227.1</td><td></td></tr>
<tr><td rowspan="7">雷诺公司马西纳铝厂（纽约州）</td><td rowspan="7">6000 系</td><td>69</td><td></td><td></td><td></td><td>508</td><td></td><td>16</td></tr>
<tr><td>89</td><td></td><td></td><td></td><td>229</td><td></td><td>14</td></tr>
<tr><td>111</td><td></td><td></td><td></td><td>191</td><td></td><td>14</td></tr>
<tr><td>130</td><td></td><td></td><td></td><td>165</td><td></td><td>10</td></tr>
<tr><td>154</td><td></td><td></td><td></td><td>152</td><td></td><td>10</td></tr>
<tr><td>178</td><td></td><td></td><td></td><td>127</td><td></td><td>8</td></tr>
<tr><td>203</td><td></td><td></td><td></td><td>102</td><td></td><td>8</td></tr>
</table>

245. 水平连铸还生产过其他铝合金铸锭吗？

答：美国铝业公司（Alcoa）生产过 Al-5.5% Cu-0.5% Pb-0.5% Bi 铝合金铸锭；美国凯撒公司（Kaser）生产过 7039 铝合金铸锭。7039 铝合金的主要成分为：3.5%~4.5% Zn，2.3%~3.3% Mg，0.10%~0.40% Mn，0.15%~0.25% Cr；杂质含量：Si 不大于 0.30%，Fe 不大于 0.40%，Cu 不大于 0.10%，Ti 不大于 0.10%；其他杂质含量：单个不大于 0.05%，合计不大于 0.15%。在电解铝厂可以使用 Al 99.50 品位（原一级品）液态原铝生产 7039 合金铸锭。水平连铸这两种铝合金实心圆铸锭的铸造工艺参数列于表 14-11 中。

表 14-11 铝合金实心圆铸锭的铸造工艺参数

公司名称	合金种类	铸锭直径/mm	结晶器长度/mm	金属液位/mm	铸造温度/℃	铸造速度/mm·min^{-1}	冷却水量/L·min^{-1}
Alcoa	Al-5.5%Cu-0.5%Pb-0.5%Bi	152.4	76.2	76.2	676.7~682.2	127	151.4
Kaser	7039	140.5	19.05		676.7	101.6~127	227.12

246. 水平连铸铝母线的铸造工艺制度有什么要求?

答：在铝工业生产中，水平连铸工艺的最初研究对象就是铸造铝母线，始于1950年法国Ugine公司的Venthen铝厂。铸造铝母线直接作为导电体应用于生产中，电导率是铸造铝母线的主要物理性能。从提高铸造铝母线电导率的角度考虑，用以生产铝母线的铝中必须严格控制Mn、V、Ti和Cr等元素的含量，这些微量杂质元素对电导率的影响比Fe、Si杂质大得多。因此，在铸造铝母线生产过程中，不允许使用Ti来细化晶粒。晶粒尺寸是金属电导率的敏感因素，晶粒细小会是金属的附加电阻微弱升高。因此，对于铸造铝母线不必采取晶粒细化处理；可以使用较高的铸造速度生产。但是，应控制疏松缩孔和裂纹等缺陷的产生，并尽可能降低残余应力值。

为了提高铝母线的导电性能，宜采用高品位（如Al99.70）的铝生产铝母线[64]，并使Fe/Si比稍大于1；例如，Fe/Si=1.4（0.10%Si，0.14%Fe）的99.7%纯铝与99.5%纯铝比较，平均电阻率降低3.4%。同时Si的含量也应尽可能低，并使Fe含量稍高于Si，避免Si形成固溶体；固溶体对电阻率的影响比较大。当阳极铝母线兼作承重梁用时，可使用99.5%纯铝铸造，力学性能稍高于99.7%纯铝；例如，艾弗特铝厂和莱茵铝厂，在100kA连续预焙阳极电解槽上使用U形断面的承重铝母线，是用99.5%的工业纯铝铸造的，长10.8m，每根重4.2t。为了提高承重铝母线的力学性能，可以向铝中加入少量的合金元素，适当地降低电导率；例如，瑞士的希皮斯铝厂和挪威的莫赛因铝厂，在上部导电自焙阳极电解槽上使用工字形断面的承重铝母线，是用 Al－1.8%Fe 铝合金铸造的，长 9.3m，每根重 3.7t。

我国自 1976 年开始正式采用水平连铸工艺成批生产铸造铝母线。部分水平连续铸造铝母线的工艺参数列于表 14－12 中。青海铝厂的水平连续铸造铝母线生产技术参数列于表 14－13 中。

表 14－12　水平连续铸造铝母线的工艺参数[65]

母线规格 /mm×mm	中间包内铝液温度 /℃	铸造速度 /mm·min^{-1}	冷却水压 /MPa	冷却水量 /t·h^{-1}	润滑油量/mL·h^{-1}	备注
20×400	690～700	25～280	0.176～0.196			
25×200		200～350				
40×350	720～740	370～480	大面 0.0686～0.0784 小面 0.098～0.1176		240	母线平放，上表面不给油
54×410		280				
60×220		218～250				
80×400	700～710	220～370	0.1176	26～28	510～900	母线立放，侧面给油
90×400	695～710	200～250				
100×500		170～206	0.392		无	
125×440		160～170	0.392		无	
180×240		130～140				
185×390		78～94				
192×407	680～700	108～180	0.294			
220×550		76～100	0.392		无	
160×500～70×200	730±5	200～300 r/min	0.15～0.25			99.6% Al

表 14－13 水平连续铸造铝母线生产技术参数[66]

母线规格 /mm×mm	浇铸温度 /℃	铸造用电机交流电频率 /Hz	冷却水压 /MPa
220×70	700～720	24	0.25
420×70	700～720	22	0.3
420×90	700～720	18	0.3
420×160	700～720	12.5	0.3
420×200	700～720	11	0.4
500×150	700～720	11.5	0.35
500×110	700～720	14	0.3
500×170	700～720	11.5	0.4
320×205	700～720	12	0.3
175×110	700～720	25	0.25
650×240	700～720	9	0.45

水平连续铸造铝母线最初从法国兴起，Ugine 公司兰明詹铝厂生产过 20mm×280mm～200mm×700mm 的铸造铝母线，四流同时连铸。国外水平连续铸造铝母线的工艺参数列于表 14－14 中。

表 14－14 国外水平连续铸造铝母线的工艺参数[63]

工厂名称	母线规格 /mm×mm	铸造温度 /℃	液位高度 /mm	铸造速度/mm·min⁻¹	冷却水压 /MPa	冷却水量 /t·h⁻¹	冷却水温度/℃ 入口	冷却水温度/℃ 出口	同铸根数
匈牙利艾卡铝厂	350×100 99.7% Al	730～740（炉内）	160	150		72（估算）	14	20	2
罗马尼亚 Slatina 铝厂	400×100	710～720		160～180	0.0196～0.0392				
	400×150	710～720		150～170	0.0196～0.0392				
	600×100	710～720		120～140	0.0196～0.0392				
	600×160	700～710		90～110	0.0196～0.0392				

247. 水平连铸铝线坯的铸造工艺制度有什么要求？

答：目前，采用水平连铸工艺生产的铝铸坯，最小断面的尺寸为直径 8 ~ 12mm。水平连铸的铝线坯可以直接经冷拔而生产出铝线。

在水平连铸过程中，由于铝线坯的断面很小，液态金属的流量很小，而液态金属的散热又很快，为了保证稳定的铸造温度，通常在液面上方用电阻加热的铸造炉代替中间包。结晶器安装在铸造炉的两个侧壁上，可以多流同时连续铸造。图 14 – 18 为八流同时铸造的水平连铸铝线坯设备的生产情况。水平连铸铝线坯的铸造工艺参数列于表 14 – 15 中。

图 14 – 18　八流水平连铸铝线坯设备的生产情况

生产实践表明，采用表 14 – 15 中的工艺参数都能稳定地连续生产；铝线坯出结晶器后的表面温度在 30 ~ 40℃ 范围内。据洛阳有色冶金设计院试验工厂的生产统计，保持 24h 以上不断线的情况比较普遍，最长可保持 130h 连续不断线。

表 14－15 水平连铸 ϕ10mm 铝线坯的铸造工艺参数[65]

工厂名称	金属品位	结晶器长度/mm	铝液高度/mm	铸造温度/℃	铸造速度/mm·min^{-1}	冷却水温度/℃		冷却水压/MPa	冷却水量/kg·kg^{-1}
						入口	出口		
淄博铝厂	99.6	28	65～70	690～720	900～1100	13～15.5	27～45		14～19
太原铝厂	99.5	30	75	690～715	860～1100	25～35		0.0147	
洛阳设计院	99.6	22	65	720～770	1100		35～45	0.01176～0.0147	
东风线材厂	99.6	28	120～130	740～760	1000			0.0196～0.0245	
永城冶炼厂				700	970	19	36～38		4kg/min
焦作铝厂			50	700	850～900			0.01274	
三门峡铝厂	99.0	23	35		400～700				

248. 在水平连铸过程中连续润滑作用怎样？

答：在水平连铸过程中，通常铸锭上表面比较光滑，这是由于铸锭自重和液态金属静压力的作用，凝固壳上表面与结晶器壁之间的正压力比较小，铸锭在运动过程中产生的摩擦力相对小一些。当生产较大断面的铸锭时，往往上表面不给润滑油也能连续稳定生产，但是，其下表面必须连续供给润滑油。

当生产较小断面的铸锭时，特别是在水平连铸 ϕ10mm 铝线坯的过程中，保持稳定的连续润滑至关重要。因为液态金属凝固及随后冷却所产生的绝对收缩量很小，铸造速度又比较高，凝固壳与结晶器壁之间的摩擦阻力大。使用植物油的效果比矿物油好些。使用蓖麻油润滑的效果比较好；菜子油的烟雾大。据资料报道，将植物油与矿物油混合使用的效果比较好。

在水平连铸 ϕ10mm 铝线坯的过程中，润滑油的流量很小，通常使用医用莫啡式滴管和铁夹控制油量。例如，当铸造速度为 620mm/min 时，油量为 25 ~ 50 滴/min；速度为 1100mm/min 时，油量为 25 ~ 40 滴/min 比较适宜。润滑油压力由油箱的安装高度来控制，使油箱底部高于结晶器中心 1.5m，油压保持 0.0098 ~ 0.01274MPa 即可满足生产需要。

249. 水平连续铸造速度的影响因素有哪些？

答：在连续铸造过程中，铸造速度的上限决定于合金的裂纹倾向，而其下限决定于产生铸锭表面冷隔的条件。在水平连续铸造过程中，由于采用短结晶器，强化了二次冷却，发挥了逆流导热的作用，水平连续铸造的速度比普通的立式连续铸造要高一些。例如，在电解铝厂使用液态原铝水平连续铸造工业纯铝锭时，开始引坯的速度应低一些，一般为 100 ~ 150mm/min，也可以从零开始逐渐增大，待铸坯从结晶器内引出之后，再逐渐平稳地增至正常速度。空心管坯的铸造速度为 280 ~ 400mm/min；扁坯的铸造速度为 250 ~ 330mm/min，直径或厚度在 80mm 以上的铸坯，铸造速度为 20 ~ 280mm/min[58]。

在一定的限度内，增加冷却强度，可以提高铸造速度；采用较高的铸造速度能提高铸锭的表面质量。只有在铝液温度高或冷却强度低时，才采用低的铸造速度。铸锭断面大，铸造速度应适当低一些，以免铸锭内部产生裂纹；铸锭断面小，铸造速度可以适当提高一些，如水平连铸 ϕ10mm 铝线坯时的铸造速度一般在 1000mm/min 左右。

结晶器的长度对提高铸造速度也有一定的影响。对于同一种合金，同样的冷却条件下，铸造速度低，逆流导热距离长，结晶器应相对长一点；铸造速度高，逆流导热距离短，结晶器应相对短一点。

制作结晶器的材料对提高铸造速度也有一定的影响。高导热材料有利于降低结晶器内表面的温度，增强结晶器的激冷作用，有利于降低凝固壳层的平均温度，从而提高了凝固壳层的平均抗拉强度，有利于铸造速度的提高。例如，水平连续铸造 65mm × 360mm 的纯铝扁锭[58]，在铜结晶器内衬以石墨内套时，铸造速度为 140 ~ 160mm/min；使用不衬石墨内套的铜结晶器时，铸造速度为 250 ~ 330mm/min，比前者快一倍，而且铸锭质量也较前一种好得多。水平连续铸造外径 125mm、壁厚 20 ~ 25mm 的纯铝管坯，使用全部由铜制作的结晶器时，铸造速度为 280 ~ 400mm/min，比使用在铜套内衬以石墨内套的结晶器时快了许多。

在同等的冷却强度条件下，提高铸造速度，可以使凝固壳与结晶器壁之间的波动性相对接触面积增大，提高结晶器的冷却效率，降低凝固壳层的平均温度，从而提高了凝固壳层的平均抗拉强度，改善铸锭的表面质量。凝固壳层的平均抗拉强度增大，才有利于铸造速度的提高。

250. 水平连续铸锭与立式连续铸锭的力学性能有什么差异?

答：在水平连续铸造过程中，由于采用短结晶器，强化了二次冷却，晶粒比较细，使水平连续铸锭的力学性能比立式连续铸锭普遍有所提高。直径 124mm 的 2A12（LY12）合金铸锭的铸态力学性能对比列于表 14－16 中。

表 14－16 直径 124mm 的 2A12（LY12）合金铸锭的铸态力学性能[7]

试样部位	纵向性能						横向性能					
	σ_b/MPa		$\sigma_{0.2}$/MPa		δ/%		σ_b/MPa		$\sigma_{0.2}$/MPa		δ/%	
	水平	立式	水平	立式	水平	立式	水平	立式	水平	立式	水平	立式
头	286	223	203	178	5.5	1.8	206	258	203	180	4.7	3.0
中	326	250	203	192	10.6	2.8	327	253	202	170	9.3	3.1
尾	331	242	203	232	10.7	2.3	329	248	202	175	9.5	3.1
平均	314	238	203	201	9.0	2.3	317	253	202	174	7.8	3.1

十五、连续铸轧

251. 连续铸轧法有什么特点?

答：连续铸轧法是合理地利用铝液的表面张力以微小的液态金属静压力将液态金属注入一对旋转着的水冷辊之间的辊缝间，使液态金属迅速结晶。液态金属在结晶的过程中，同时受到微量轧制。也就是说，在连续铸造的同时进行微量轧制，因此称为连续铸轧法。用冷却水冷却的辊子，既起铸模的作用，又起轧辊的作用，因此称为铸轧辊。用连续铸轧法生产的铝及合金板坯厚度一般为6~10mm，板坯宽度为600~2000mm。

目前，连续铸轧法按液态金属供给的方式划分有三种结构形式：下注式、倾斜式和水平式。下注式连续铸轧法，两个铸轧辊平行安装在同一个水平面内、同时向上转动，依靠液态金属的静压力，通过一个U形浇注系统，将液态金属从铸轧辊的下方注入铸轧辊的辊缝之中。这种结构形式称为双辊下注式连续铸轧法。倾斜式连续铸轧法，将液态金属从铸轧辊的斜下方注入铸轧辊的辊缝之中，铸坯的出坯方向与地平面夹角为15°，其余与下注式连续铸轧法相同。下注式连续铸轧法和倾斜式连续铸轧法都配有牵引机构、多辊张力矫直机构和卷取机构，从连铸机到卷取机之间的距离约为10m。水平式连续铸轧法，两个铸轧辊平行安装在同一个垂直面内，同时向一侧转动，将液态金属从铸轧辊的水平方向方注入铸轧辊的辊缝之中，同时去掉了牵引机构和多辊矫直机构，简化了设备结构，从连铸机到卷取机之间的距离约为7m。双辊式连续铸轧机组的配置如图15-1所示。

下注式连续铸轧法，1955年由美国亨特（Hunter）公司首先研制出来，因此又称为亨特法。这种方法的供料嘴安装及调整

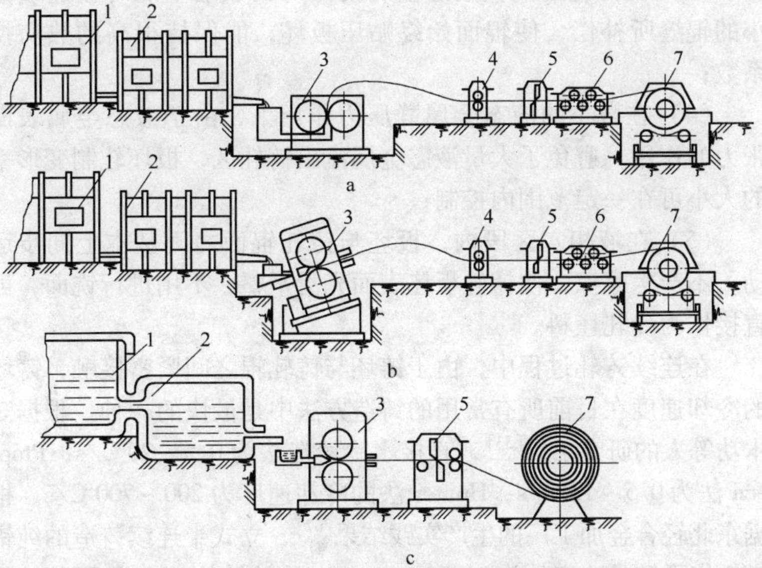

图 15－1 双辊式连续铸轧机组的配置[58]

a—下注式；b—倾斜式；c—水平式

1—熔炼炉；2—静置炉；3—连铸设备；4—牵引机；

5—剪切机；6—张力矫直机；7—卷取机

都很麻烦，而且铸出的带坯，笔直朝天，需用牵引辊牵引到水平方向才能进行下一步工序，颇为不便。于是，1961 年由法国斯卡尔公司提出了称之为3C 法的双辊式连续铸轧设备，也就是水平式连续铸轧法。1962 年由 Hunter 公司又提出了倾斜式连续铸轧法。

连续铸轧法具有以下特点：

（1）巧妙地运用了液态金属表面张力的作用，使供料嘴与铸轧辊面不接触；

（2）液相穴内的液态金属在微小的液态金属静压力作用下，平稳地进入铸轧区，可以得到尺寸均匀、表面良好的铸轧板坯；

（3）在铸轧区内，液态金属凝固时的收缩量及时被连续减小的辊缝所补偿，使辊面始终贴压板坯，能保持很高的热交换系数；

（4）在微小的液态金属静压力作用下，由于液态金属表面张力的作用，避免了大量液态金属流出铸轧区，板坯轧制变形率的大小可在一定范围内控制；

（5）在液相穴区段内，板坯与铸轧辊面之间基本上同步运动，不产生摩擦，使铸轧板坯表面光滑平整，不用进行铣面，可直接作为冷轧坯料。

在连续铸轧过程中，由于铸坯与铸轧辊之间紧密接触，铸坯的冷却速度在目前所有常用的铸造方法中是最快的一种。根据三木功等人的研究结果[33]，直接水冷铸造法为 0.5 ~ 20℃/s；Properzi 法为 0.5 ~ 13℃/s；Hunter 法的冷却速度为 200 ~ 700℃/s。根据东北轻合金加工厂的生产实践结果[67]，立式半连续铸造的纯铝锭之水平结晶速度约为 71.17mm/min；连续铸轧 7.5mm 厚的铸轧板时，铸轧区高度为 28mm，铸轧速度为 880mm/min，计算出来的平均水平结晶速度为 476mm/min。目前，在薄带坯高速连续铸轧过程中的冷却速度高达 10000 ~ 1000000K/s[17]，薄带坯厚度可小到 1mm；铸轧速度提高到 15m/min。

252. 连续铸轧设备有什么特点？

答：连续铸轧机组包括浇注系统、连续铸轧系统、精整系统、供电系统、供水系统、液压系统和起重运输设备。浇注系统包括供料前箱和供料嘴。连续铸轧系统包括铸轧机和铸坯导向辊等。精整系统包括牵引机、剪坯机、张力矫直机和卷取机。在 3C 型连续铸轧机组中，没有铸坯牵引机和张力矫直机。

铸轧机是连续铸轧机组的核心部分。它是由一对内部水冷的铸轧辊组成，两辊之间留有板坯厚度的缝隙，两个铸轧辊的辊面和供料嘴的两个堵头组成铸模；两个铸轧辊始终旋转着，形成连续运动的铸模。这一点与立式连铸、热顶铸造和水平连铸中固定不动的结晶器完全不同。在铸模内，铸坯与旋转着的辊面之间基本上没有相对运动。

在连续铸轧过程中，板坯比较薄，能够沿着水平方向运动，便于设置固定式剪切机和卷取机，能够实现真正意义上的连续生产，并且可以生产卷材，便于运输。

253. 浇注系统的结构有什么特点？

答：浇注系统包括供料前箱和供料嘴，供料前箱和供料嘴之间用连接管连接。通常将它们安装在一块底板上。浇注系统与连续铸轧机装配时，调整底板上的微动机构，可保证供料嘴与两辊之间的间隙在允许的公差范围内。供料嘴装配得好坏，将会直接影响供料嘴的使用寿命和铸坯的质量。在上述三种双辊式连续铸轧方法中，下注式供料嘴的装配较为复杂，水平式供料嘴的装配较为方便。双辊式连续铸轧设备的几种浇注系统结构如图 15－2 所示。

图 15－2a 是常用的下注式浇注系统。供料前箱安装在小台车上。在供料前箱靠近金属液出口处，有时设有一个带孔的隔板，用来防止氧化物进入供料嘴。供料前箱液面上放有浮漂，用来准确地控制金属液面高度。在供料前箱中也可以对金属进行精炼处理。这种浇注系统结构复杂，制造和操作困难，生产之前要用许多时间进行装配和调整。用辊径 365～400mm 的铸轧机生产 700mm 宽的铸轧板时，供料前箱的内腔尺寸为 ϕ160mm × 300mm；连接管采用较细的浇道内径，外形为 ϕ100m × 600mm，内径为 35mm。

图 15－2b 是水平式双辊连续铸轧机的浇注系统。流槽的末端设一个可更换的硅酸铝黏土制竖管，竖管下端放置一块用硅酸铝黏土制浮漂，控制着竖管流入供料前箱的液态金属流量，以保证供料前箱内金属液面不变。在流槽底部还装有两个多孔性陶瓷塞子，氮气可以通过这两个塞子吹入金属液中，进行精炼处理。

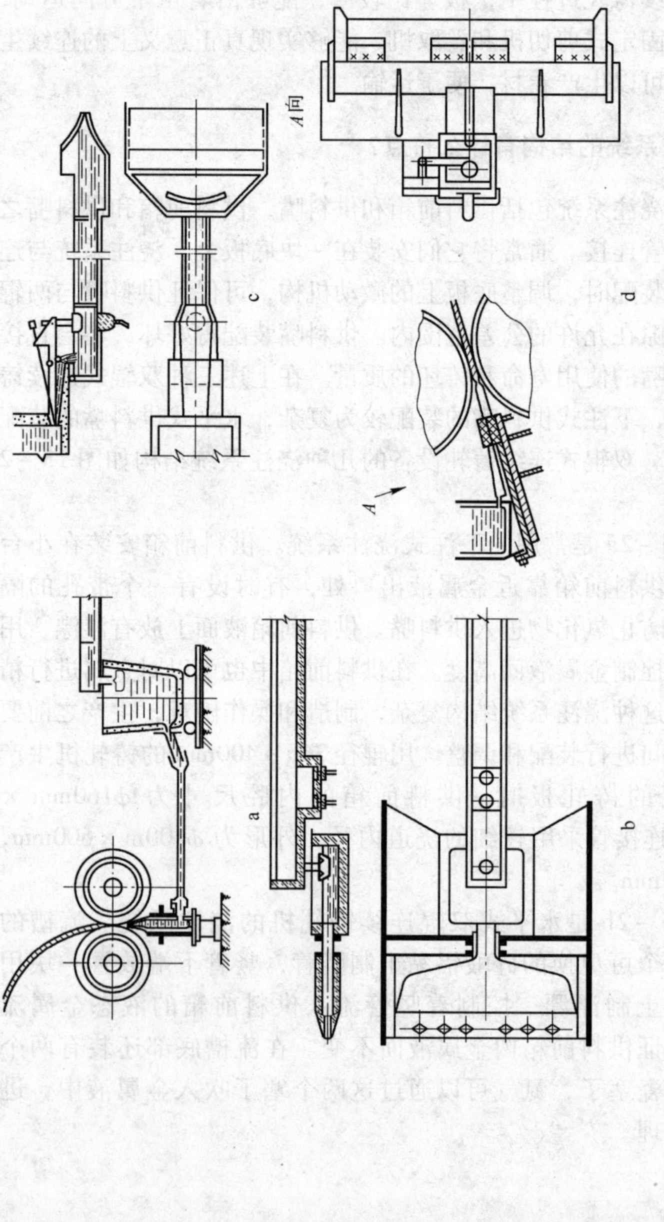

图 15－2 双辊式连续铸轧设备的几种浇注系统[58]

a—下注式浇注系统；b—苏联水平式浇注系统；c—水平式整体浇注嘴系统；d—倾斜式浇注系统

图 15－2c 是水平式双辊连续铸轧机上采用的整体式浇注系统。在这个系统中，流槽和供料前箱布置在不同的水平面上，在流槽里放置着用玻璃丝布做的滤网和钛合金做成的格子板。格子板在生产过程中不断熔化，进行晶粒细化处理（晶粒细化剂的量难以控制，此法不可取）。在流槽上常加盖用石棉作内衬的盖板，减少铝液的散热损失。

图 15－2d 是倾斜式连续铸轧机的浇注系统。供料前箱、导管和供料嘴统一安装在一块底板上，以便装配时统一调整。

254. 供料前箱的作用是什么？

答：供料前箱也称为中间包。它的主要作用是储存液态金属，并控制由供料嘴进入铸轧辊的液态金属静压力，以保证箱内的液态金属温度和液位高度相对稳定。随着浇铸金属的品种不同，铸出的板坯厚度不同，铸造温度和铸造速度不同，供料前箱内的金属液位高度要求也不同。供料前箱内的金属液位高度，应高于铸轧辊辊缝中点水平线。但是，液态金属的表面张力数值一定，供料前箱内的金属液位高度又不能太高。在倾斜式双辊连续铸轧机上，根据华北铝加工厂实测的数据和操作的经验表明[55]，供料前箱内的金属液位高度与辊缝中点水平线之间的高差一般在 10～20mm 之间。在水平式双辊连续铸轧机上，供料前箱内的金属液位高度与辊缝中线之间的高差在 30～40mm 之间。

供料前箱是由钢板焊接成外壳，用硅酸铝黏土或石棉等耐火材料做内衬制成的。耐热保温内衬要有足够的厚度，以保证箱内液态金属散热缓慢。

为了使进入辊缝中的金属液流比较稳定，必须控制供料前箱内的金属液位高度。通常采用浮漂、塞棒和杠杆机构控制液流；浮漂和塞棒安装在杠杆的两端，可以随意调整其高度，可灵活升降。在使用过程中，将浮漂置于供料前箱内，塞棒置于流槽内的流口正上方。使用前，按要求调整好浮漂和塞棒的高度。当供料前箱内金属液位降低时，浮漂下降，塞棒上升，流槽内流口的开度增大，流入供料前箱的液态金属量增加。当供料前箱内金属液位升高时，浮漂上升，塞棒下降，流槽内流口的开度减小，流入供料前箱的液态金属量减少。供料前箱内金属液位控制机构如图15－3所示。

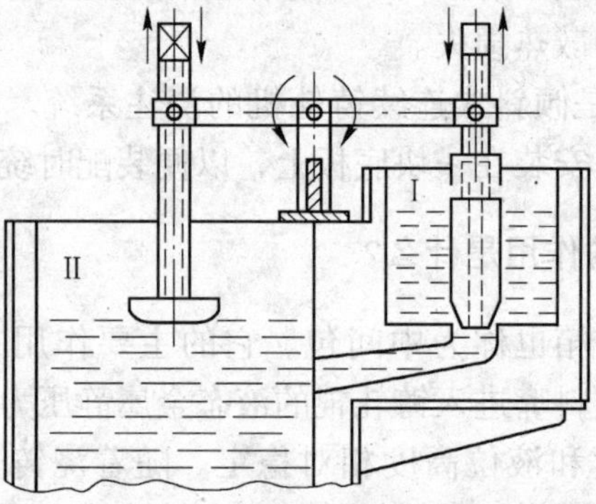

图15－3　供料前箱内金属液位控制机构示意图[58]
I—流槽；II—前箱

255. 供料嘴的作用是什么？

答：供料嘴的作用是直接把液态金属送进并合理地分布在铸轧辊的辊缝中。供料嘴安装在供料前箱与铸轧辊之间。供料嘴是一个关键部件，其结构形式对稳定工艺、提高铸坯的质量和产量都有着直接的影响。对供料嘴的要求是：液态金属通过时，流线合理，使液态金属进入辊缝中无死角；液态金属能均匀地分布在辊缝中，同时使整个辊缝中的金属温度均匀一致。

供料嘴由几个部分组合而成。对合的两块大面之间，通常设置一定形状的挡块，以保证由集中入口处进入的液态金属能均匀地分布到整个供料嘴型腔内。供料嘴两端的堵头超过铸轧辊的中心连线。为了保持板带边缘呈圆弧状，堵头内壁做成直台超出大面嘴端8～10mm，然后成20°斜角；供料嘴出口缝的宽度为3～4mm。供料嘴两大面外侧要有一定的弧度，以便与铸轧辊表面精确配合，铸轧辊与铸轧辊之间的间隙一般为 0.3～0.5mm。图 15－4是国内两家工厂采用的供料嘴结构图。

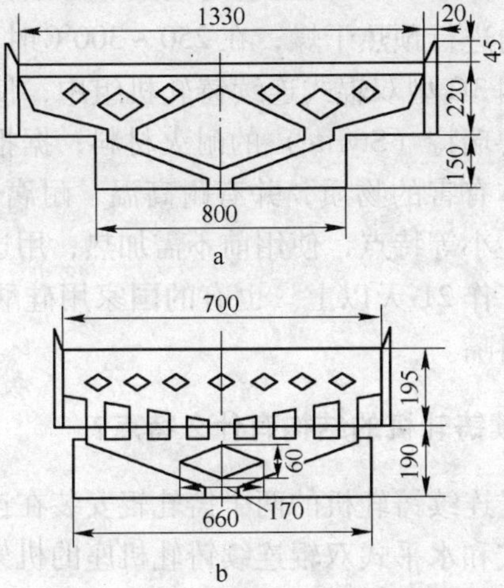

图 15－4　供料嘴结构[58]

a—宽型；b—窄型

256. 供料嘴用什么材料制作较为合适？

答：供料嘴的作用比较特殊，对制作供料嘴的材料有一定的要求：保温性能好，其热导率一般不大于 0.116J/(m·℃)，使通过的铝液散热慢；化学性能稳定，减少与高温铝液的反应；线膨胀系数小，以便与铸轧辊良好配合；抗温变性能好，延长使用寿命；工作温度范围为 20～770℃；加工性能好，以便机械加工保证精确的尺寸；有足够的强度和刚度，其耐压强度不小于 9.8MPa，以便制作较薄的嘴形；成本低，货源足。

供料嘴是用 50% 的结合黏土、40% 的矿质纤维和 10% 的黏结剂压制烧结而成。北京耐火材料厂提供的供料嘴材料，主要成分为石灰类和水化硅酸钙类胶结的硅酸钙，并加入石棉；据资料介绍，这种材料的物理性能大部分接近 Marinite 材料。制作供料嘴的材料，国外一般采用称为马尔尼特（Marinite）的耐火材料。这种材料基本上能满足连续铸轧生产的要求，用这种材料制作的供料嘴可连续工作 17 天；但是它的吸湿能力强，使用前必须放在工具加热炉内进行预热干燥，在 250～300℃时保温 4h 以上才能使用。在法国 3C 型双辊式连续铸轧机组中，使用的供料嘴制作材料称为斯德瑞特（Styrite）的耐火材料；据报道，成分中不含石棉和对人体有害的物质，并有耐高温、耐腐蚀、不易断裂、易加工、吸湿性小等特点，使用前不需加热；用这种材料制作的供料嘴可连续工作 21 天以上。也有的国家用硅酸铝黏土经过热处理来制作供料嘴。

257. 双辊式连续铸轧机的结构有什么特点?

答：双辊式连续铸轧机的两个铸轧辊安装在连续铸轧机座的机架中。倾斜式和水平式双辊连续铸轧机座的机架与轧机机架相似。机架可分为闭式和开式两种。开式机架换辊时不必从机架窗口抽出铸轧辊，机架窗口较小，可使整个机架做得小巧一些。机架上的压下装置，通常采用机械或液压调整装置。铸轧辊一般不装设迫使两铸轧辊分离的装置，两辊之间的间隙往往采用两块对称放着的楔块来定位；这样稍加调整两楔块的相对位置，便能得到较为精确的铸坯尺寸。

机架牌坊一般用 50 号铸钢制成；也有用 45 号钢板焊接而成，再把两个牌坊用螺栓连接起来，固定在地脚板上。双辊式连续铸轧机座，通常采用预应力机架。国内有采用在下辊轴承座与机架之间放置液压缸来建立预应力的，也有在上辊轴承与机架之间用类似压下螺旋紧压上轴承而建立机架预应力的。国内一些工厂，在辊径为 650mm 的倾斜式铸轧机上，采用 600t 预应力；辊径为 980mm 的预应力为 800t。法国直径为 620mm 的标准 3C 双辊式连续铸轧设备，机架预应力为 800t；直径为 960mm 的超型 3C 双辊式连续铸轧设备，机架预应力为 1600t。

铸轧辊的更换与轧机轧辊的更换相同。闭式机架用换辊小车换辊，开式机架可使用吊车换辊。

在双辊式连续铸轧机的生产过程中，两个铸轧辊首先接触高温液态金属，要承受辊面温度变化而引起的温差应力；随即又要承受对凝固的铸坯施加一定压下量所引起的金属变形抗力。为了迅速传走液态金属凝固时放出的热量，辊内通水进行冷却，通过流动的水把热量带走。为了保证生产工艺稳定和产品质量，辊面的冷却强度必须均匀。因此，铸轧辊由辊套和辊芯组成，辊芯开有许多通水槽；而且应保证辊套和辊芯紧密配合，无论纵向还是圆周方向都不能活动，还要考虑制造和装配的方便。为此，辊套和辊芯采取过盈热装配，国内一些工厂过盈量取为0.25～0.4mm；辊套在350～400℃温度下保温3～6h，然后再用吊车将辊芯吊起，插入热状态的辊套中，待装配好的铸轧辊冷却后，将配合缝的外表面用电焊焊合好。国外也有采用0.3～0.4mm的过盈量；装配时将辊芯冷冻，使其直径减少0.6～0.8mm，然后将辊套加热到540～660℃，套于辊芯上。

为了满足铸轧辊的功能要求，对辊套材料的要求是：耐急冷急热性能好，有较好的热传导性能，不与液态金属起反应，强度和刚度比较好。根据国内的试验结果[58]，紫铜的热导率虽然高，但承受不了巨大的轧制力作用，在浇铸过程中，严重的辊面变形使连铸无法继续下去；45号钢承受不了巨大的热变应力，易产生轴向裂纹，使用寿命很短；50Cr、5CrMnMo、Cr17、15CrMn等材料使用寿命都不长；45CrMnMoWV，可每工作400～600h重车一次，一只新辊可车4～5次，使用寿命约2000h；CrNi3MoV（炮钢），每次使用寿命为1000～1200h，以重车4次计，使用寿命在4000～5000h。但是，炮钢材料较贵。列宁格勒有色金属加工厂采用20Cr3MoWV和35CrMnMo作辊套材料，使用寿命在2000～2500h；使用这种材料，每浇400～500h，辊面就产生严重裂纹，需重车一次，每次车削量为3～4mm，一般要求从新辊到报废共重车三、四次，使用寿命为1500～4000h。法国3C设备，规定辊套每两周（约336h）重车一次，车8次后报废，使用寿命约 2500h；对于直径 600mm 的标准 3C 设备每对铸轧辊可生产 4500t 铝铸坯，直径 900mm 的可生产 7500t。

辊套的最大厚度应考虑到有利于迅速传走热量，最小厚度应考虑到辊套有足够的强度和刚度。国内有关工厂所用辊套厚度在 30 ~ 40mm 之间。厚了导热不利；薄了使用寿命短，不经济。

冷却辊套的水可由辊芯的一端流进，从另一端流出；也可以在辊芯的同一端进出。辊芯表面上通水沟槽的形状，是决定辊套冷却强度和冷却均匀性的主要因素。沟槽的形状有：纵向、环形、螺旋形和纵向环形组合式。纵向环形组合式沟槽的形状呈井字形。辊芯表面沟槽的形状展开图如图 15 – 5 所示。根据实践结果，纵向环形组合式的冷却效果比较好，沿铸轧辊长度上同一辊面母线两端的温差很小，国内一些工厂采用这种结构形式，实测结果温差仅为 1℃。

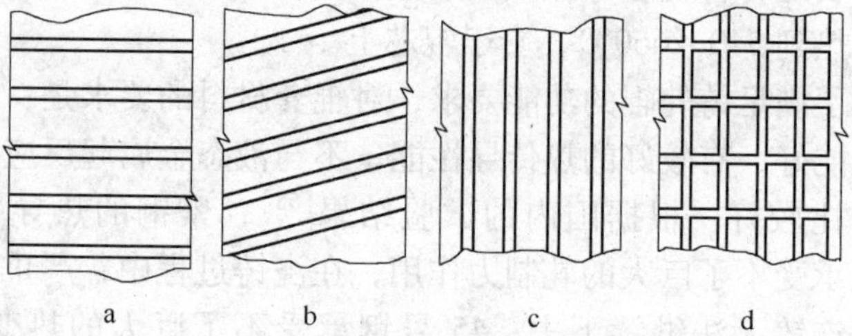

图 15 – 5　辊芯表面沟槽的形状展开图[58]

a—纵向槽沟；b—螺旋槽沟；c—环形槽沟；d—纵向环形联合槽沟

各种铸轧辊在结构上的主要区别在于冷却水供水方式的不同。供水方式应保证辊面沿轴向和圆周方向能迅速得到均匀的冷却。铸轧辊冷却水供水方式结构图如图 15 – 6 所示。图 15 – 6a、b、c 是列宁格勒伏罗希洛夫有色金属加工厂连续铸轧设备的铸轧辊结构，图 15 – 6a 为纵向水冷沟槽，冷却水从铸轧辊两端进入；图 15 – 6b 为纵向水冷沟槽；图 15 – 6c 为螺旋形水冷沟槽，冷却水都是从铸轧辊一端进入。图 15 – 6d 是美国亨特式双辊连续铸轧设备的铸轧辊结构，利用特殊的分配套管，从辊的一端将

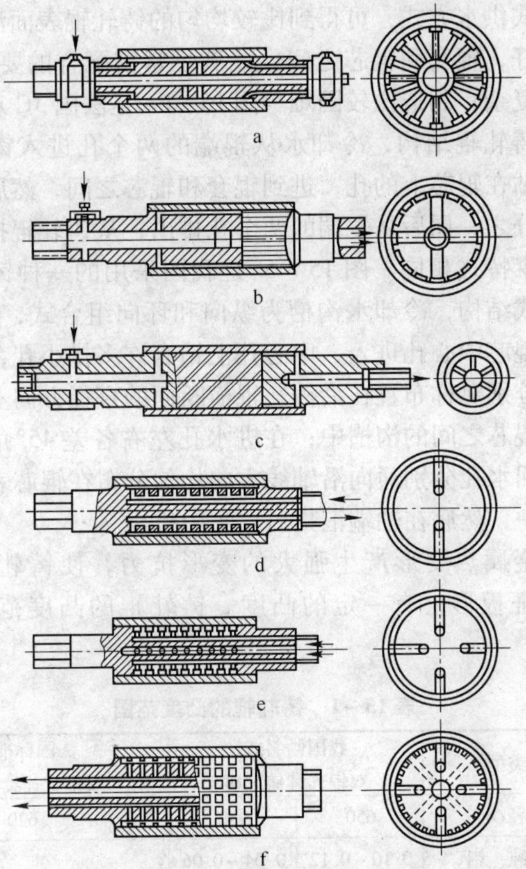

图 15-6　铸轧辊冷却水供水方式[58]

a—两端供水，辊芯带纵向沟槽的铸轧辊结构（前苏联）；

b——端供水，辊芯带纵向沟槽的铸轧辊结构（前苏联）；

c—辊芯带螺旋沟槽的铸轧辊结构（前苏联）；

d—亨特铸轧辊结构（美国）；e—3C 法铸轧辊结构（法国）；

f—辊芯带纵向、环向沟槽的铸轧辊结构（中国）

冷却水送入和排出铸轧辊；进入的冷却水沿直径方向散开，流到辊套和辊芯之间，然后分成两个相反的水路，经过半个铸轧辊圆周，再进入辊直径方向的水路，向内流入纵向沟槽，排出铸轧辊。亨特式供水方式，可得到比较均匀的铸轧辊表面温度，冷却效果比较好，辊套和辊芯之间也能满足紧密配合的要求；但是，结构比较复杂，制造比较困难。图 15 – 6e 是法国 3C 双辊连续铸轧设备的铸轧辊结构，冷却水从辊端的两个孔进入铸轧辊的辊芯，通过钻在辊芯上的孔，进到辊套和辊芯之间，然后再流经铸轧辊的四分之一周后从辊端的两个孔排出；从铸轧辊排出冷却水的结构与亨特式相同。图 15 – 6f 是我国采用的一种铸轧辊冷却水供水方式结构，冷却水沟槽为纵向和环向组合式，呈井字形；冷却水从辊芯中心孔进入，中心孔上钻有许多排小孔，每排小孔共四个，分别对称布置在沿铸轧辊横断面的直径方向上，并且通过辊套和辊芯之间的沟槽中；在进水孔左右各差 45°角处，钻有回水孔，回水孔分别通向沿轴线方向均匀分布在辊芯表面的四条回水沟槽中，然后在轴端汇集后，集中排出。

由于金属热变形产生强大的变形抗力，使铸轧辊产生挠曲。为保证板形，有一定的凸度。铸轧辊的凸度范围列于表 15 – 1 中。

表 15 – 1　铸轧辊的凸度范围

铸轧机类型		我国倾斜式双辊连续铸轧机		法国标准 3C 双辊式连续铸轧机
铸轧辊直径/mm		650	980	620
辊套凸度/mm	纯　铝	0.10 ~ 0.12	0.04 ~ 0.06	0.3 ~ 0.5
	3A21（LF21）	0.15 ~ 0.20	0.10 ~ 0.12	

258. 双辊式连续铸轧机组精整系统的结构有什么特点？

答：双辊式连续铸轧机组的精整系统，主要包括牵引机、剪切机、张力矫直机和卷取机。在 3C 型连续铸轧机组中，没有铸坯牵引机和张力矫直机。在下注式和倾斜式双辊式连续铸轧机组中，必须设置牵引机。国内某工厂的 ϕ650mm × 1600mm 倾斜式双辊式连续铸轧机组精整系统如图 15 – 7 所示。

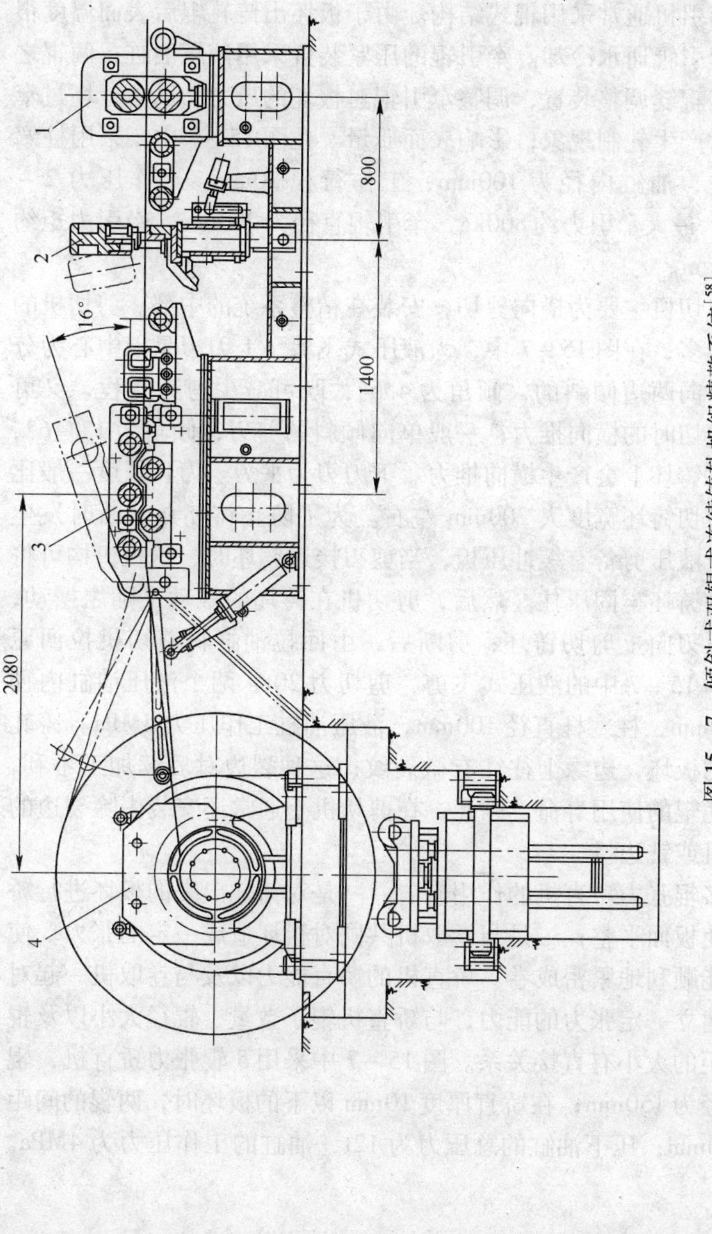

图15－7 倾斜式双辊式连续铸轧机组精整系统[58]

1—牵引机；2—液压剪；3—张力矫直机；4—卷取机

牵引机紧接在铸轧机座的后面，主要作用是用来引送刚由铸轧辊中铸出的板坯，使其顺利通过剪切机、张力矫直机直至卷取机。牵引机通常采用辊式结构。由于板坯出铸轧辊后表面温度很高，牵引辊通水冷却。牵引辊的压紧装置采用液压油缸；两辊之间装有辊缝调整装置，调整牵引辊对板坯的压力，以防板坯过牵引辊时产生轧制现象，影响表面质量。在图 15 – 7 中，采用柱塞式油缸，油缸内径为 100mm，工作行程 30mm，工作压力 2 ~ 4MPa，最大牵引力约 800kg，牵引辊直径为 200mm，牵引力矩约 800N · m。

剪切机主要为横向剪切，安装在精整系统的中部。剪切机的种类很多，在图 15 – 7 中，为液压式飞剪。上刀刃是以中心为分界点、向两边倾斜的，倾角为 4.5°，既可减少剪刃行程，又可消除剪切时的横向推力；一般单向倾斜的剪刃，倾角为 1° ~ 6°，剪切时铸坯上会产生横向推力。下刀刃为平刃。刀片长度一般比最大剪切铸坯宽度大 200mm 左右。为了防止铸坯在剪断时发生冲击，液压剪备有缓冲压板，当剪刃接近铸坯时，压板机构可将被剪的铸坯牢固压住。然后，剪切机在铸坯的推动下随之摆动，同时下刃向上剪切铸坯；剪断后，由回拉油缸将剪切机拉回原位。图 15 – 7 中的液压式飞剪，剪切力 20t，两个液压油缸内径为 200mm，柱塞杆直径 100mm，液压油缸工作压力 4MPa。铸轧出来的板坯，边缘上往往有微裂纹；这种裂边对后续加工不利，有损轧辊的使用寿命。因此，在剪切机上通常还安装去除裂边的剪边机或铣边机。

多辊张力矫直机的作用有二：一是对铸轧出来的板坯进行矫直，使板面平整；二是与卷取机共同对板坯造成一定的张力，使板坯能顺利地紧密成卷。矫直机的矫直能力以及与卷取机一起对板坯建立一定张力的能力，与矫直机辊子数量、辊径大小以及辊间节距的大小有直接关系。图 15 – 7 中采用 5 辊张力矫直机，辊子直径为 150mm；在矫直厚度 10mm 以下的板坯时，两辊的间距为 280mm；压下油缸的总压力为 12t，油缸的工作压力为 4MPa。

在3C型连续铸轧机组中，没有配置多辊张力矫直机，板坯的张力由铸轧机座与卷取机之间直接建立。

卷取机的作用是将连续铸轧出来的板坯连续收成规整紧凑的卷。卷取机有一个四棱锥式液压胀缩卷筒，四块扇形板中三块活动、一块与中心方轴固定在一起，以便卷取和卸卷。在卷筒的固定扇形板上有一个液压油缸控制的活动钳口，以便捉放板头；当卷筒胀开时，它自动夹紧；当卷筒缩径时，活动钳口自动张开。钳口的夹持力按6t考虑用5个直径50mm的油缸操作，油缸工作压力6MPa。卷取机由可控硅装置控制，能与连续铸轧机座同步运转；当板坯卷满后，剪切机剪断铸坯，此时卷取机能以高出正常铸轧速度的3~4倍速度将尾料卷完，腾出空余时间，以便从容不迫地进行下一卷的卷取准备工作。

259. 连续铸轧的工艺润滑有什么特点？

答：在连续铸轧过程中，工艺润滑的好坏，直接影响铸坯质量、稳定生产过程和铸轧辊使用寿命。由于铸轧的苛刻条件，润滑剂既要与凝固的铸坯接触，又要与液态金属接触。连续铸轧时工艺润滑的特点是：工作温度高，润滑剂有可能与高温液态金属起化学反应，而且在连续铸轧过程中常常从铸轧辊表面掉下来。实践证明，铸轧过程所采用的工艺润滑中，不能含有脂肪酸。根据铸轧坯表面的清洁度、以机械进行润滑的可能性、从金属中排除气体的性能、铸轧辊是否黏附金属以及结晶的好坏等来判断润滑剂的质量。对工艺润滑的要求是：

（1）为了防止铸轧辊工作时与铝带坯粘贴，要求润滑剂能很好地黏附在铸轧辊表面上；

（2）润滑剂必须均匀地分布于铸轧辊辊面上，以保证液态金属在铸轧辊的整个长度和宽度上的结晶凝固都相同；

（3）润滑剂要有足够的抗压能力，即使在600~700℃的高温下，也能承受5.88MPa以上的压力；

（4）润滑剂要有足够高的化学稳定性，高温工作时不沾染铸轧坯；

（5）润滑剂的摩擦系数足够低；

（6）润滑剂应该是无毒的。

在连续铸轧过程中，采用液态润滑剂时，应连续不断地向铸轧辊表面添加润滑剂。通常使用多个雾化喷嘴沿铸轧辊轴线同时将润滑剂均匀地喷射到铸轧辊表面上，然后进入铸轧区进行润滑。润滑剂最小雾滴与喷嘴至铸轧辊表面的距离有关；根据铸轧机座结构的不同，这个距离可在250~500mm之间选择。

工艺润滑剂必须经过网筛或纱布过滤后才能使用。在工艺润滑剂的组成中，建议采用蒸馏水，因为它不含杂质。如果使用一般的水，其中的杂质当水蒸发后会残留在铸轧辊表面上。在工艺润滑过程中，供应喷嘴前必须对润滑剂不断地进行搅拌，以免润滑剂组成中的固体成分沉淀。

260. 连续铸轧的基本原理是什么？

答：双辊式连续铸轧法有三种结构形式：下注式、倾斜式和水平式，连续铸轧的工作原理基本上是相同的。以双辊下注式连续铸轧法为例简述如下。双辊下注式连续铸轧法是靠液态金属的静压力作用，将液态金属通过U形浇注系统输送到一对同时向上转动的水冷铸轧辊之间，液态铝与两辊表面接触，其热量通过辊套传给辊内的冷却水导出。此时，铸轧辊使液态金属快速结晶，结晶后的固态金属被旋转着的铸轧辊咬入，通过两辊最小间隙时，承受一定加工率的轧制。这就是整个铸轧过程。双辊下注式连续铸轧法工作原理示意图如图15－8所示。

在正常的铸轧工艺条件下，如图15－8中所示，液态金属与铸轧辊面接触于a点时开始结晶，与铸轧辊转动的同时，晶体向内部成长，直到铸坯中心相遇，即由a点开始，到达b点结晶终了，形成交叉着的柱状晶。柱状晶与纵向板中心线的夹角称为结晶角。结晶面的法线方向是柱状晶的成长方向，可见结晶角由a点到b点是逐渐减小的。液态金属从a—a断面到b—b断面，主

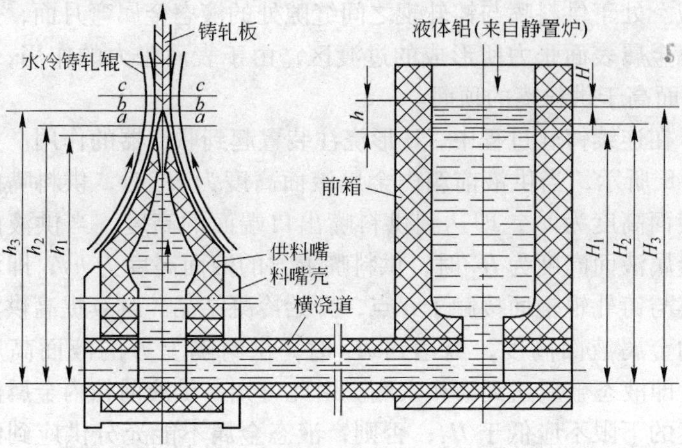

图 15-8 双辊下注式连续铸轧工作原理示意图[7]

要是铸造过程；*a*—*a* 断面与 *b*—*b* 断面之间的凝固壳形状称为液相穴，*a*—*a* 断面与 *b*—*b* 断面之间的距离为液相穴深度。由 *b* 点到 *c* 点，由于固态金属承受两辊的轧制作用，结晶角进一步减小，一般约为 45°。在铸轧板坯纵向垂直于板面的断面上，柱状晶成人字形整齐排列。固态金属从 *b*—*b* 断面到 *c*—*c* 断面，主要是轧制过程。由于铸轧板是在铸造组织的基础上进行了压力加工变形，其显微组织特征是铸轧组织，它包括产生了变形的柱状晶和中心变形带。从 *a*—*a* 断面到 *c*—*c* 断面，称为铸轧区，铸轧区示意图如图 15-9 所示。铸轧区包括液相区、液固两相区和固相区共存的三个

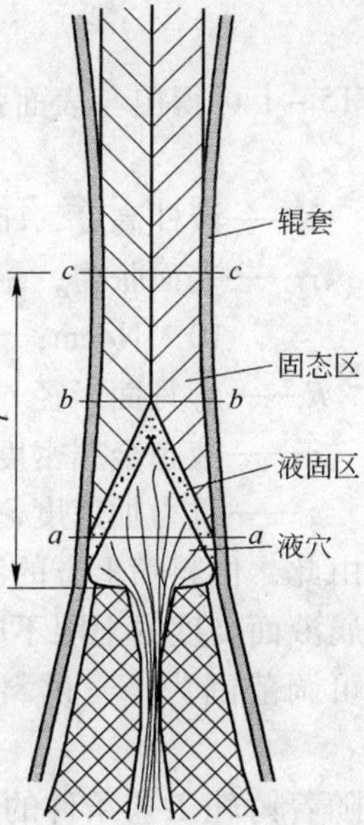

图 15-9 铸轧区示意图[7]

区域。处于供料嘴与铸轧辊之间缝隙处的液态金属弯月面，是由液态金属表面张力所形成的过渡区；由于表面张力的作用，a—a 断面高于供料嘴的顶面。

在连续铸轧过程中，U 形浇注装置起到联通器的作用。如图 15－8 所示，当供液前箱内金属液面高度为 H_1 时，供料嘴内金属液面高度为 h_1，即达到供料嘴出口端面的高度。当供液前箱内金属液面高度为 H_2 时，供料嘴上方的液面高度为 h_2，即液态金属与铸轧辊辊面接触于 a 点，开始冷凝结晶。继续提高供液前箱内金属液面高度，当达到 H_3 时，供料嘴上方的液面高度为 h_3，即液态金属达到液相穴底。由此可知，供液前箱内金属液面高度的下限不应低于 H_3；否则，液态金属不能充分供应到液相穴底。但是，供液前箱内金属液面的高度不能过高；否则，会使供料嘴上方的液态金属静压力大于弯月面的表面张力值，将液态金属压入嘴辊间隙。液态金属静压力与表面张力之间的关系可用下式表示：

$$\rho g h = \sigma / R \tag{15-1}$$

由式 15－1 可得出与表面张力相平衡的液柱高度 h 为：

$$h = \sigma / (R \rho g) \tag{15-2}$$

式中 h——液柱高度，cm；

σ——表面张力，铝液在 700℃ 时的表面张力值为 900×10^{-5} N/cm；

R——弯月面半径 cm；

ρ——液态金属密度，g/cm^3；

g——重力加速度，980cm/s^2。

由此，供料嘴上方的液面高度不应超过 $h_3 + h$，即供料前箱内金属液面高度的上限不应高于 $H_3 + H$。供液前箱内金属液面高度的可调范围为 H。供料嘴出口端面至 b—b 断面的距离应小于 h。

随着铸轧工艺条件的变化，铸轧区的高度和形状会发生改变。为了保证连续铸轧过程正常进行，铸轧区中三个区域的高度应控制在适当的范围之内。如果液相穴底（b—b 断面）的高度低于 h_3，开始结晶点的高度低于 h_2，在弯月面上即开始结晶，甚至在供料嘴处即已冷凝，故不能进行铸轧。如果液相穴底（b—b 断面）的高度高于 h_3，则铸轧板的加工率太小，轧制作用不明显。如果液相穴底（b—b 断面）的高度高于c—c断面，则板坯的中心部分尚未凝固就越过了铸轧辊，对生产更为不利。液相穴的高度，一般控制在铸轧区高度的三分之一左右较为适宜。

在水平式双辊连续铸轧过程中，浇注系统通常将供料前箱和供料嘴合并为一体。浇注装置中液面至供料嘴出口下缘的高度，不应超过 h 值。

液相穴底（b—b 断面）的高度，受铸轧辊的结构和铸造工艺条件等因素的影响。

261. 铸轧角与双辊式连续铸轧工艺有什么关系？

答：铸轧辊中心点到液态金属首先接触辊面一点的连线，与两个铸轧辊中心连线所夹的角，称为铸轧角。如图 15 - 10 所示，$\angle COA$ 即为铸轧角。供料嘴是固定的，供料嘴上的 B 点是确定的。A 点与 B 点很接近，故可用$\angle COB$ 代替$\angle COA$，作为铸轧角。

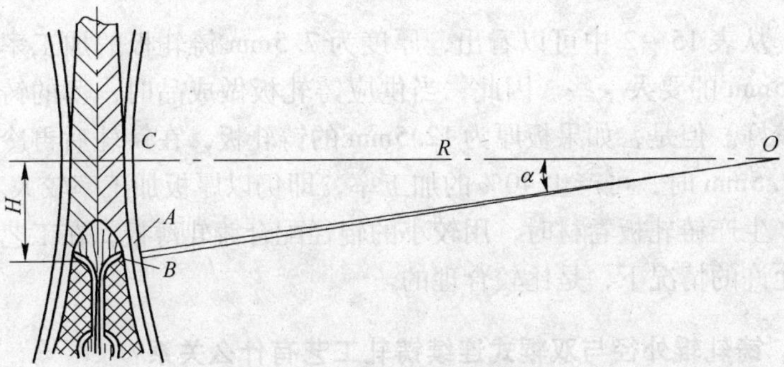

图 15 - 10　铸轧角示意图[67]

选择的铸轧角是否合适，要看它是否同铸轧辊的辊径和产品的厚度相适应。如果辊径偏小，铸轧角偏大，固态金属在铸轧区的加工率增大，轧制力增加，耗费动力。如果辊径偏大，铸轧角偏小，容易使金属冷凝不足，铸坯温度过高，甚至铸坯中心不能完全凝固；同时，固态金属的加工率小，不能充分保证板材性能。如果产品厚度较小，显然不需要大的铸轧角，即可轧成板。产品厚度增加，铸轧角相应增大。当辊径为 350 ~ 400mm、铸轧板厚度为 7 ~ 10mm 时，一般采用的铸轧角为 10°左右。

262. 铸轧板厚度与双辊式连续铸轧工艺有什么关系？

答：当铸轧辊外径一定时，在同样的铸轧角条件下，铸轧板的厚度不同，轧制时的加工率也不同。铸轧辊外径为 370mm 时，铸轧板的加工率与板厚的关系列于表 15 - 2 中。

表 15 - 2　铸轧板的加工率与板厚的关系[67]

铸轧区中的固态区高度/mm		10	20	30	40	50
铸轧区中的固态区最厚处/mm	板厚 7.5mm	8	10	12.5	16.5	22
	板厚 12.5mm	12.8	14.8	17.2	21.5	27
铸轧板的几何加工率/%	板厚 7.5mm	6.25	25	40	54.5	66
	板厚 12.5mm	2.3	15.5	27.3	41.8	53.7

从表 15 - 2 中可以看出，厚度为 7.5mm 铸轧板的加工率比 12.5mm 的要大一些。因此，当供应铸轧板做成品时，薄的铸轧板较好。但是，如果板厚为 12.5mm 的铸轧板，在铸轧后再冷轧到 7.5mm 时，可产生 40% 的加工率，即仍以厚板加工率较大。

生产铸轧板卷材时，用较小的辊径配合铸轧薄板，在工艺条件允许的情况下，是比较合理的。

263. 铸轧辊外径与双辊式连续铸轧工艺有什么关系？

答：当产品方案确定之后，铸轧角和铸轧区的高度与铸轧辊外径有关。设铸轧区高度为H，铸轧角为α，辊径为D，铸轧区高度同铸轧辊外径和铸轧角之间的关系可用下式表示：

$$H=(D\cdot\tan\alpha)/2 \tag{15-3}$$

从式15－3可知，当铸轧角固定时，铸轧区高度随铸轧辊外径增大而增加，即轧制力增大；当铸轧区高度固定时，铸轧角随铸轧辊外径增大而减小，即铸轧坯的加工率减小。由此可见，在保证允许的挠度条件下，铸轧辊外径增大，对铸轧工艺没有益处。同时，所需供料嘴出口端的厚度小，强度大，制作难度大，而且大辊在材料和加工方面要求更严格一些。大直径铸轧辊，适当地增加轧制力，保持一定的铸轧角，有利于提高铸轧速度，促使了超薄高速双辊连续铸轧工艺技术的发展。

264. 铸轧辊辊套的热导率与双辊式连续铸轧工艺有什么关系？

答：当铸轧板产品厚度和铸轧辊辊套厚度确定后，辊套的热导率对铸轧板的铸造速度范围和产量是决定的因素之一，直接影响到液相穴的高度。辊套材料的热导率愈大，铸轧速度可以愈高，生产效率愈高，铸轧坯的晶粒也愈细，力学性能较好。Cr17和15CrMo两种辊套材料的使用效果列于表15－3中。

表15－3 Cr17和15CrMo两种辊套材料的使用效果[67]

辊套材料	热导率 /W·(cm·℃)$^{-1}$	板面温度 /℃	辊面温度 /℃	晶粒度 /mm·个$^{-1}$	水冷温度 /℃
Cr17	0.242	405～488	40～98	12～22	11～14
15CrMo	0.418	370～435	70～106	4～6.25	11～14

当辊套材料和铸轧板产品厚度确定后，铸轧速度范围即可确定。据此可以确定铸轧机的减速系统和铸轧辊的可变速度范围。铸轧辊的可变速度范围应当大于铸轧速度范围，才能满足铸轧速度和铸轧板引出阶段铸轧速度的要求。一般将铸轧辊可变速度范围上限定为1500mm/min，下限稍低于铸轧速度范围的下限即

可。目前，铸轧速度最高可达15m/min[18]。

在一定的辊套厚度范围内，用同样的辊套材料以一定的冷却强度进行连续铸轧时，铸轧速度和板坯厚度的乘积值在一定范围内；辊套材料的热导率愈大，乘积数值愈大。铸轧速度和板坯厚度的乘积值称为生产常数（Q）。根据东北轻合金加工厂使用过的辊套材料统计数据，不同辊套材料及其热导率同 Q 值的关系如图15－11所示。

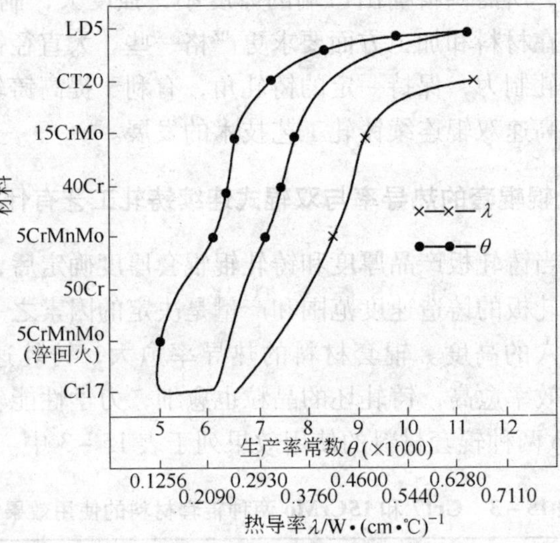

图15－11　不同辊套材料及其热导率同 Q 值的关系[67]

265. 连续铸轧生产过程中怎样进行操作？

答：连续铸轧的工艺流程是：熔炼炉中的液态金属经过静置后，通过在线式精炼和晶粒细化处理，进入一个可以控制液面高度的供料前箱中。然后，通过与供料前箱相连的供料嘴，将液态金属注入两个旋转着的水冷铸轧辊的辊缝中，被辊套冷凝为固态，并随即轧制成板状。铸轧板经过矫直，卷取成卷。以下注式为例，生产操作过程如下：

（1）铸轧准备工作：铸轧前检查各岗位使用的工具、用品及装置是否齐全完好。接触液态金属的工具必须预热干燥。检查电器及机械传动系统是否运转正常，如铸轧机组、浇注系统升降台、冷却系统等。供料嘴及堵头的加工修整应按图纸制作和安装，检查合格的浇注系统送入工具加热炉内预热干燥，在250～300℃条件下保温4h。每次铸轧前应仔细检查辊套表面，不得有严重裂纹、凹陷及划伤。新磨的辊套，表面粗糙度不大于1.6μm，铸轧前铸轧辊表面需进行涂油。按板厚要求调整两辊间隙，其两端相差不大于0.02～0.03mm。输送辊道应旋转自如、表面清洁。

（2）浇注系统的安装和调整：从工具加热炉内取出浇注系统，立即检查供料嘴顶端有无变形等现象，如有问题应迅速进行修理。对于下注式连续铸轧机，将预热好的浇注系统置于升降台上，使供料嘴对准两辊间隙缓缓升起，通过调整螺丝进行嘴辊间隙调整。铸轧区高度应在27～35mm之间，嘴辊间隙应在0.3～0.5mm之间，供料嘴两端水平差不大于0.3mm。将流槽和稳流器装好，并调整浮子使供料前箱内铝液水平低于两辊中心连线0～10mm。对于水平式连续铸轧机，将浇注系统的供料嘴对准两辊间隙缓缓水平推进。启动连续铸轧机组，测量铝液温度，准备铸轧。

（3）铸轧开始阶段：打开保温炉流口塞子，放出铝液烫热流槽、供料前箱和横浇道。操作时在保证浇注系统达到足够的温度条件下，放掉的铝液应尽可能地少。当供料前箱内铝液温度达到并稳定在730℃左右时，即可停止热烫，堵严浇注系统的放铝口。用铁铲将辊缝中涌出的热铝片沿外辊贴出。开始贴辊的铸轧速度为1500～11700mm/min。贴附外辊的铝片如果表面平整，则开始给水并逐渐加大水量，缓慢降速，准备立板。操纵手应经常检查电压表、电流表、速度表及温度表的变动情况，见到立板即根据情况调整速度。把各种工艺参数调整到正常出板的工艺制度范围内，使铸轧速度与液态金属的结晶速度相适应。当铸轧板开始自动立起，逐渐形成完整的铸轧板坯时，引出过程逐渐结束，连续铸轧过程开始建立。

（4）正常铸轧阶段：将铸轧板头引入牵引矫直机中，调整其速度与铸轧速度相适应。按要求长度切断板坯。控制冷却水的压力为0.196～0.588MPa，出水温度在15～30℃。保持供料前箱内铝液温度为690～720℃；对于下注式连续铸轧机，控制供料前箱内铝液面水平低于两辊中心连线0～10mm；铸轧速度为500～1000mm/min。

连续铸轧板的引出过程是连续出板的关键。开始出板过程一旦建立，只要铝液源源供给，即可长时间地进行连续铸轧生产。铝液在一定的压力下经供料嘴进入连续转动着的两个铸轧辊之间。开始时，采用较高的铸轧温度、铸轧速度和液面高度，半凝固状态的板状碎铝贴附外辊而排出。然后，逐渐降低铸轧速度，给铸轧辊以一定压力的冷却水；控制供料前箱内铝液面高度，由出板前与铸轧辊中心连线相平的位置缓慢降低到低于两辊中心连线5～10mm。冷却水量应当是先小后大，使冷却水出口温度逐渐降低到12～20℃范围内。在正常出板阶段，冷却水量和水温应当保持稳定。

266. 连续铸轧过程中浇注温度怎样选择？

答：在连续铸轧生产中，浇注温度是指供料前箱内的铝液温度。在铸轧板引出的过程中，浇注温度应高一些，因为开始时浇注系统较冷，供料嘴的出料口又比较窄，易使铝液凝固在供料嘴中。在正常铸轧出板时，浇注系统内壁的温度基本接近铝液温度，则可降低保温炉内金属温度，使之达到和保持要求的浇注温度。

在冷却强度和铸轧速度一定的条件下，浇注温度升高，铸轧区内的液相穴高度增加，轧制量减小，甚至在板心尚呈熔融状态；浇注温度降低，铸轧区内的液相穴高度减小，轧制量增大，甚至使液态金属冷凝于供料嘴内，破坏铸轧过程。一般浇注温度高于金属熔点30~50℃。根据东北轻合金加工厂实测的统计数据，每次出板时的浇注温度多在700~735℃，在这个温度范围内出板几率最大，出板几率与浇注温度的关系如图15-12所示。

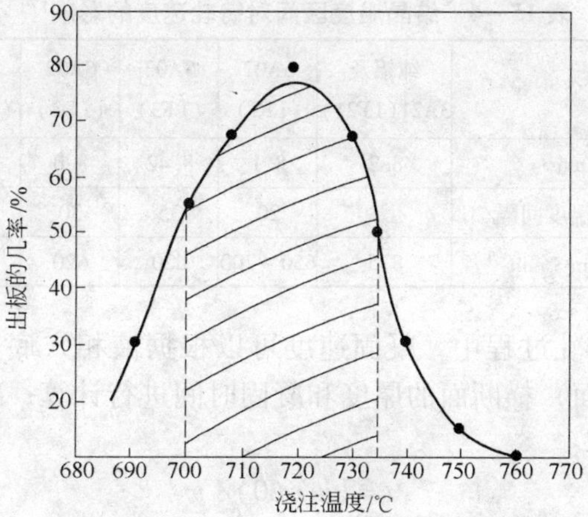

图15-12 出板几率与浇注温度的关系[67]

267. 连续铸轧过程中铸轧速度怎样选择?

答：在连续铸轧生产中，铸轧速度是指铸轧辊外径的圆周线速度，而不是铸轧板的真实速度。因为铸轧过程也如一般轧制那样，有一定的前滑量。铸轧板的前滑量，根据东北轻合金加工厂实测的统计结果，在2.2%~2.6%之间，接近于一般轧制铝板的前滑量值3%~6%。

铸轧速度必须与液态金属在铸轧区内的凝固速度相一致。如果铸轧速度大于凝固速度，则容易使铸轧板冷却不足，甚至在板心尚呈熔融状态。如果铸轧速度小于凝固速度，则金属在铸轧区内停留的时间延长，造成过度冷却，甚至使液态金属冷凝于供料嘴内，将供料嘴连同金属一起被轧入铸轧辊间，破坏铸轧过程。

随着合金过渡区的增大，铸轧速度相应地减小。纯铝的铸轧速度最大，铝锰合金3A21（LF21）的过渡区很小，铸轧速度也很大，接近于纯铝。铝镁合金的铸轧速度，则随着镁含量的增加，即液固两相区增大，而逐渐减小。结晶温度区间对铸轧速度的影响列于表15-4中。

表15-4 结晶温度区间对铸轧速度的影响[7]

合金	纯铝及3A21(LF21)	5A02(LF2)	5A03(LF3)	6A02(LD2)	2A11(LY11)	2A12(LY12)
板厚/mm	8.2	8.1	8.42	8.0	8.16	7.75
液固两相区的温度间隔/℃		20	35	30	95	133
铸轧速度/mm·min^{-1}	875	650~700	620	620	600	600

连续铸轧过程中，凝固速度可以根据液相穴底（图15-9中b—b断面）横断面的厚度和凝固时间进行计算；凝固时间可按下式计算：

$$t=(h\cdot 60)/v$$

式中 t——凝固时间，s；

h——液相穴高度，mm，一般选用铸轧区高度的三分之一；

v——铸轧速度，mm/min。

凝固速度可按下式计算：

$$U=b/(2t)$$

式中 U——平均凝固速度，mm/s；

b——液相穴底横断面的厚度，mm；

t——凝固时间，s。

在连续铸轧过程中，当压下量恒定时，改变任一工艺参数值，必须相应地改变另外的工艺参数值。其中，铸轧速度与各工艺参数值的关系尤为密切，而且实际操作中，铸轧速度最便于掌握。因此，铸轧速度就更显得重要。

在连续铸轧过程中，加工率为10%~20%。

268. 连续铸轧过程中水冷强度怎样选择？

答：在连续铸轧生产中，液态铝铸轧成固态铝板，放出来的热量经铸轧辊快速传导、被辊内的冷却水吸收而排出。冷却速度过低，不能把放出来的热量迅速排出，不能保证稳定的连续铸轧过程。冷却速度越大，铸轧过程所需的冷凝时间越短，允许的铸轧速度因而升高。当冷却水的压力一定时，降低进口水的温度和增加冷却水流量，都可以提高水冷强度。但是，冷却强度要适中。较低的冷却水温度，会使铸轧区凝固壳层上的温度梯度和辊套厚度上的温度梯度都比较大，会增长柱状晶的倾向，增加合金（如 LF21）的偏析度；还会增大辊套使用中的热应力，缩短辊套的使用寿命。特别是在夏季，较低的冷却水温度，容易使辊套表面产生水珠，影响铸轧板质量。

在连续铸轧生产中，一般冷却水压力为 0.588 ~ 0.784MPa，控制出水温度在 20℃以下，进口与出口水的温差为 5℃。继续增加水压，起不到再增加水冷强度的作用。

269. 连续铸轧过程中供料前箱内金属液面高度怎样选择？

答：在连续铸轧生产中，结晶瞬间的液态金属供给量和保持所需的静压力，都由供料前箱内金属液面高度来控制，以保证金属结晶的连续进行。对于下注式双辊连续铸轧机，正常生产过程中控制供料前箱内铝液面水平低于两辊中心连线 5 ~ 10mm。对于水平式双辊连续铸轧机，正常生产过程中控制供料前箱内铝液面水平应高于两辊间铸轧中线 30 ~ 40mm。对于倾斜式双辊连续铸轧机，根据华北铝加工厂的实测数据和操作经验表明，供料前箱内铝液面水平应高于两辊间铸轧中线 10 ~ 20mm。

高速铸轧薄带坯时，由于液态金属流速快，液态金属水平控制精度尤为重要。在水平式双辊连续铸轧生产中，采用液态金属水平自动控制系统，可使液态金属水平控制精度约小于 0.5mm。

270. 连续铸轧过程中铸轧区高度怎样选择？

答：在连续铸轧生产中，实现由液态金属直接形成固态铝板的转化，是在狭窄的铸轧区内完成的。铸轧区的边界是这样构成的，对于下注式双辊连续铸轧而言，在两辊中心连线以下、供料嘴端以上对应旋转着的两个辊壁部分，为铸轧区的两侧面；供料嘴出口端以上平面为铸轧区的底面；两辊之间最小间隙处，即连续铸轧板的出口为铸轧区的顶端平面；供料嘴两端堵头，高于供料嘴部分的内壁为铸轧区的两端平面。铸轧区的高度是指铸轧区底面到顶端平面的距离。

由液态金属凝固成铸轧板，在铸轧区内停留时间仅为1～2s。在铸轧区内，液态金属与铸轧辊进行着热交换、结晶，凝固的板坯完成一定加工率的轧制。铸轧区高度小，则凝固时间短，加工率也小。在允许的范围内，铸轧区高度大些较好，可使板材质量致密、强度增加；同时可提高铸轧速度。铸轧区高度多采用27～35mm。水平式双辊连续铸轧机，有利于采用大直径铸轧辊延长铸轧区实行高速连续铸轧。

271. 连续铸轧过程中工艺参数之间有什么关系？

答：在连续铸轧生产过程中，工艺参数之间相互影响。连续铸轧的主要工艺参数有：浇注温度、铸轧速度、供料前箱内金属液面高度、铸轧区高度和水冷强度。根据生产实践，各工艺参数之间的关系可按下述情况进行控制。

当浇注温度较高时，应该相应降低铸轧速度；当浇注温度较低时，应适当地提高铸轧速度。由于较低的浇注温度有利于细化晶粒，较高的铸轧速度有利于提高产量。因此，合理的工艺制度应当是低的浇注温度配以较高的铸轧速度。浇注温度与铸轧速度的关系如图15－13所示。

铸轧区高度增大，铸轧速度可以加快；铸轧区高度降低，铸轧速度相应减慢。根据东北轻合金加工厂的生产统计，铸轧区的高度与铸轧速度之间的关系如图15－14所示。

铸轧板坯的厚度一定时，铸轧区内固态区愈高，铸轧板的加工率愈大。铸轧区内固态区的高度一定时，随着铸轧板坯的厚度减小，铸轧板的加工率增大。铸轧辊直径370mm时，铸轧区内固态区高度及板坯厚度（δ）同铸轧板坯加工率的关系如图 15－15 所示。

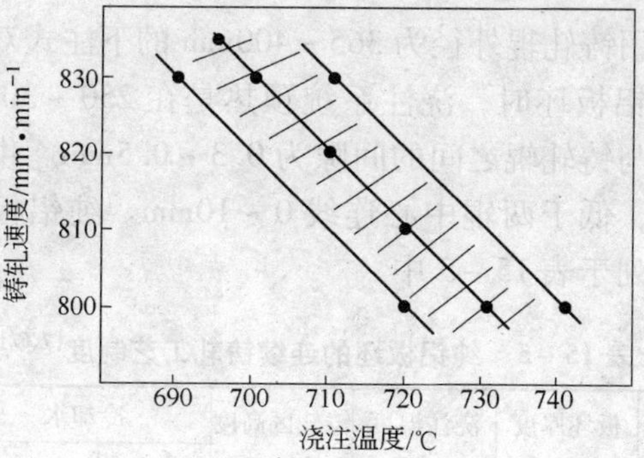

图 15－13　浇注温度与铸轧速度的关系[7]

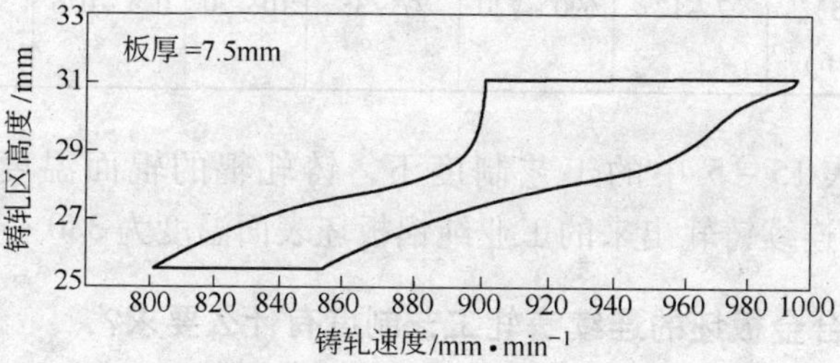

图 15－14　铸轧区的高度与铸轧速度之间的关系[7]

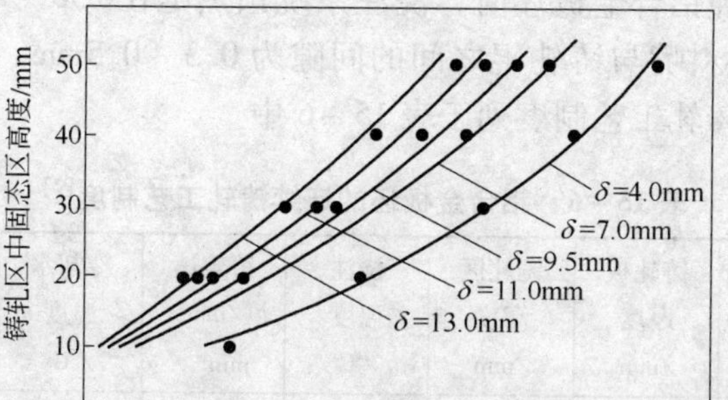

图 15－15　固态区高度与板坯变形程度的关系[7]

272. 纯铝板坯的连续铸轧工艺制度有什么要求?

答：使用铸轧辊外径为365~400mm的下注式双辊连续铸轧机，生产纯铝板坯时，浇注系统预热是在250~300℃保温3~4h。供料嘴与铸轧辊之间的间隙为0.3~0.5mm。供料前箱内金属液面高度，低于两辊中心连线0~10mm。纯铝板坯的连续铸轧工艺制度列于表15-5中。

表15-5 纯铝板坯的连续铸轧工艺制度[7,67]

合金牌号	板坯厚度/mm	浇注温度/℃	铸轧区高度/mm	冷却水		铸轧速度/mm·min^{-1}
				温度/℃	压力/MPa	
1070A（L1）~1200（L5）、8A06（L6）	7~12	690~720	27~35	10~30	0.4~0.6	500~1000

在表15-5中的工艺制度下，铸轧辊的辊面温度为80~100℃，连续铸轧出来的工业纯铝板坯表面温度为380~410℃。

273. 铝合金板坯的连续铸轧工艺制度有什么要求?

答：使用铸轧辊外径为365~400mm的下注式双辊连续铸轧机，生产纯铝合金板坯时，浇注系统预热是在250~300℃保温3~4h。供料嘴与铸轧辊之间的间隙为0.3~0.5mm。铝合金板坯的连续铸轧工艺制度列于表15-6中。

表15-6 铝合金板坯的连续铸轧工艺制度[7]

合金牌号	铸轧板厚度/mm	铸轧区高度/mm	浇注温度/℃	铸轧速度/mm·min^{-1}	冷却水温度/℃	前箱液面高度/mm
5A02（LF2）	8.10	31.0	705	680	15	-8
5A03（LF3）	8.42	30.4	690	620	15	0
5A05（LF5）	8.42	30.4	690	550	15	0

续表 15－6

合金牌号	铸轧板厚度/mm	铸轧区高度/mm	浇注温度/℃	铸轧速度/mm·min⁻¹	冷却水温度/℃	前箱液面高度/mm
3A21（LF21）	7～12	27～35	690～720	500～1000	10～30	低于两辊中心连线0～10
6A02（LD2）	8.00	31.4	690	620	15	－3
2A11（LY11）	8.16	32.4	695	600	15	0
2A12（LY12）	7.75	30.4	690	600	15	＋3

274. 连续铸轧过程中铸轧板坯容易产生哪些缺陷？

答：在连续铸轧过程中，由于各工艺参数波动而不匹配；根据下注式双辊连续铸轧生产实践，主要会产生如下缺陷：

（1）铸造带。铸造带通常称为“热带”或铸带，即在板面上出现未承受轧制的区域。形成原因多为浇注温度及铸轧速度偏高，以致铸轧板未能充分冷凝成固态，或供料前箱内液面高度稍低，不产生加工率，纯属铸造组织状态。消除这种缺陷的方法是降低铸轧速度或降温操作，或提高供料前箱内液面高度。

（2）孔洞。在铸轧板面上有时出现穿透或未穿透的孔。形成的主要原因是因为供料前箱内液面高度太低、铸轧温度或者铸轧速度偏高，由于液态金属供应不足而使板面出现孔洞。当铸带出现时，进一步恶化也会出现空洞，所以消除孔洞的办法与消除铸造带的处理方法相同，唯应多注意供料前箱内液面高度是否偏低，以便及时调整。

（3）波纹。铸轧板面横向出现皱纹，严重时会有成层出现。产生这种缺陷的原因是供料前箱内液面高度太高和液态金属温度太低或者铸轧速度偏低。有时供料嘴内有堵塞物，金属不流畅，也发现有波纹。消除波纹的办法是降低供料前箱内液面高度、提高铸轧速度。

（4）白条。铸轧板面纵向出现白条。形成白条的原因是由于供料嘴出口端部分损坏，掉下小块材料，使该处的铸轧区变长，冷却加强，呈现白色。供料嘴口局部堵塞，也会出现白条。这种缺陷对纯铝的影响不大，但是说明供料嘴已损坏，不适应长期铸轧的要求。在铸轧过程中无法消除这种缺陷，只能及时更换供料嘴，排除供料嘴口局部堵塞物。

（5）气泡。由于铝液精炼去气未能达到工艺要求而造成气泡，这种缺陷多存在于铸轧板坯内部；这种现象很少产生。由于铸轧辊的辊套过冷，辊面上出现水珠时，则往往在铸轧板坯表面产生气泡造成的凹坑；用干布擦拭辊面，适当减少冷却水量，即可消除这种缺陷。

（6）内部孔洞。由于供料嘴口局部堵塞，或供料嘴出口处液态金属温度不均匀，或不同时进行结晶，而铸轧板表面仍保持完整，则于板内出现很长的纵向孔洞，造成废品。这种缺陷需要仔细观察板面情况，能够发现孔洞处有异常的鳞状皱纹。消除这种缺陷的办法，是将浇注温度稳定一段时间，高温快速把堵塞物拉出；或者使铸轧过程恢复到引出阶段，用细薄钢条疏通堵塞处，重新引出板坯。

（7）裂边。由于铸轧板两面受铸轧，而两侧面为自然冷却成型；因此，两侧边有微小裂纹是正常的。但是，当供料嘴两侧堵头没有保持要求的形状时，或者供料前箱内液面高度控制不当，则不能保持两边的弧状，容易出现较大的裂边。所以需要注意堵头的加工质量和供料前箱内液面高度的控制。

（8）夹渣。主要是供料嘴损坏的颗粒压入铸轧板内或者在熔炼过程中含有的夹杂物和液态金属转注过程中卷入的氧化膜被铸轧在板坯内。因此，必须加强液态金属的精炼、转注和供料嘴加工等工作。

275. 铸轧铝板坯上下表面晶粒度不同的原因何在？

答：在水平式浇注的连续铸轧过程中，采用晶粒细化剂进行晶粒细化处理时，铸轧铝板坯会出现上下表面晶粒度不同的现象，具体表现为上表面晶粒粗大，下表面晶粒细小。冷轧后，晶粒粗大的上表面沿轧制方向会出现严重的白色条纹，即使加工到1.00mm厚仍然无法消除；而晶粒相对细小的下表面则无白色条纹或只有轻微的细小条纹。这种现象不仅对经过精加工后的板带材表面质量产生很大影响，而且使板带材力学性能出现各向异性，影响产品的使用。

根据镇江鼎胜铝业有限公司的生产实践表明，引起铸轧铝板坯上下表面晶粒度不同的原因，主要有三方面：晶粒细化剂分布不均匀、结晶条件的差别和铸轧铝板坯的厚度影响。

（1）晶粒细化剂。在铸造温度条件下，铝熔体的密度为2.38g/cm^3，晶粒细化剂熔入铝熔体中的$TiAl_3$密度为3.36g/cm^3，TiB_2密度为4.5g/cm^3。$TiAl_3$和TiB_2的密度大大地高于铝熔体，容易造成密度偏析，使Ti含量分布不均匀，从而出现晶粒细化效果的差异。Ti含量在铸轧铝板坯上下表面的分布情况列于表15-7中。

表15-7 Ti含量在铸轧铝板坯上下表面的分布情况[68]

合金牌号	第一组板坯		第二组板坯		第三组板坯	
	上表面	下表面	上表面	下表面	上表面	下表面
1060	0.024	0.026	0.023	0.024	0.023	0.026
3003	0.032	0.033	0.033	0.035	0.031	0.033
8011	0.061	0.063	0.062	0.065	0.062	0.064

从表15-7中可以看出，铸轧铝板坯上下表面Ti含量差别为0.001%~0.003%。

（2）结晶条件。镇江鼎胜铝业有限公司，目前有倾斜式和水平式两种连续铸轧机，配有ϕ650mm、ϕ680mm、ϕ850mm和ϕ980mm四种辊径的铸轧辊。在生产中发现，辊径越小，铸轧铝板坯上下表面越容易出现晶粒度不同的现象，而且多出现在水平式连续铸轧机上。在连续铸轧过程中，铸轧板坯的冷却速度大大高于其他铸造方法，在铸轧区内的平均冷却强度达到300℃/s。在水平式连续铸轧机上，铝液在流出铸嘴进入铸轧区后，其上表面先于下表面接触到铸轧辊发生快速冷却，并且当铸轧区增大或轧制线升高时，铝板坯上下表面接触到铸轧辊的时间差值就会减小，冷却强度的差值也就会减小，导致铸轧板坯的上下表面受到的熔体静压强较小，与铸轧辊的接触面积小；这样，上表面的冷却强度就会比下表面的小。因此，过热熔体在上表面前沿形成更大的温度梯度，使铸轧板坯上表面容易形成粗大晶粒。

（3）铸轧铝板坯的厚度影响。生产中发现，铸轧板坯越厚，铸轧铝板坯上下表面的晶粒度差别越大。因为在轧制过程中，板坯上下表面的冷却先后次序以及所受到的熔体静压强不同，而在板坯冷却的过程中又存在热传导效应，板坯越厚，在板坯上表面接触铸轧辊之前，其上下表面的温度梯度和冷却强度绝对值相差也就越大，晶粒度差别也越大。反之，晶粒度越均匀。

根据镇江鼎胜铝业有限公司的生产实践，防止铸轧铝板坯上下表面晶粒度不同的措施为：降低铝液温度，提高铸轧速度，以缩短铝液流动时间，减少沉积效应，同时可适当增加Al－Ti－B杆用量，保证铝液中原始形核数量；增大铸轧区，提高轧制力，控制铝液在接触铸轧辊之前结晶温度梯度及冷却强度绝对值；减小铸轧板坯厚度。

根据晶粒细化的综合效果来看，在水平式浇注的连续铸轧过程中，采用电磁搅拌细化晶粒比晶粒细化剂进行晶粒细化处理要好一些，可以避免密度偏析的影响。

276. 连续铸轧工艺有哪些优缺点？

答：连续铸轧工艺主要有如下优点：

（1）由于连续铸轧板的厚度较薄，而且可以直接带余热轧制，轧制力小，节省了大功率的热轧机和加热铸锭所消耗的电能，动力消耗少。

（2）设备简单集中，从铸板到轧成成品可在一条连续生产线上进行，节省了铸锭锯切、铣面、加热、热轧等许多中间工序，简化了生产工艺，缩短了生产周期；自动化程度高，劳动强度降低；用人少，与热轧工艺相比，在同样生产量条件下，劳动生产率提高40%左右。

（3）铸轧过程中，液态金属靠一定静压力定量供给，尺寸均匀，并具有一定加工率（10%～20%），铸轧板坯的力学性能和表面质量较好。

（4）几何废料少，成品率高；与热轧工艺相比，在同样生产量条件下成品率提高8%左右。

（5）设备投资和生产成本低，占地面积小，建设速度快；与热轧工艺相比，在同样生产量条件下，投资总额降低75%左右，产品成本降低9%左右。

连续铸轧工艺主要缺点：

（1）能够生产的合金种类少。对于结晶温度间隔较大的合金，由于液固两相区较宽，需要冷凝时间长，给这种冷凝速度较快的连续铸轧方法带来一定的困难。

（2）不易改变产品规格和合金品种。

（3）铸轧板坯的冷轧板材，与热轧法生产的板材比较，各向异性比较显著，尤其是退火状态，纵、横向伸长率相差较大，在轧制方向和45°方向均较高，横向伸长率偏低；这与铸轧板材的原始组织有关。

（4）当铸轧板坯的加工率较小时，板材性能较差。对某些电抛光氧化着色的装饰性材料，板面光泽可能不均。

277. 我国铝板带双辊连续铸轧工艺技术的发展概况如何？

答：我国铝板带双辊连续铸轧工艺技术研究开发工作，始于1963年10月，最初采用下注式双辊连续铸轧工艺；到1964年7月在东北轻合金加工厂试制出250mm宽的铸轧铝板坯，9月生产出400mm宽的铸轧铝板坯；1965年生产出来的铸轧板宽为

700mm，铸轧板厚度为 7mm 左右；当时铸轧辊外径为 ϕ365 ~ 400mm。1982 年在华北铝加工厂研制成功 ϕ650mm × 1600mm 双辊连续铸轧机，1995 年第一台 ϕ960mm × 1550mm 大型双辊连续铸轧机正式投入使用。在大型超薄高速双辊连续铸轧机研制方面，我国也已投入试车研究。

目前，铝板带双辊连续铸轧工艺技术，已广泛应用于我国铝板、带、箔材生产中，生产设备多为倾斜式和水平式双辊连续铸轧机。直到 2006 年，我国铝板带双辊连续铸轧生产线共有 123 条，板带总生产能力达到 900kt/a。其中从国外引进的双辊连续铸轧机生产能力为 142kt/a，分别安装在华北铝业有限公司、抚顺铝厂、太原铝材厂、美铝上海铝箔有限公司和福建瑞闵铝业公司。

在国外，法国彼施涅公司的超薄高速双辊连续铸轧机，铸轧铝板坯厚度在 2 ~ 3mm 范围内，铝板坯宽度为 2020mm，最高铸轧速度为 15m/min；意大利法塔亨特公司的超薄高速双辊连续铸轧机，铸轧铝板坯厚度为 1. 3mm，铝板坯宽度为 2184mm，最高铸轧速度达 38m/min，正常铸轧速度 14m/min。

十六、连铸连轧

278. Properzi 连铸连轧工艺有什么特点？

答：Properzi 连铸连轧工艺包括三个主要工序：连铸、连轧和收线；各主要工序之间，相隔一定距离的缓冲空间。在连铸连轧过程中，连铸和连轧是在同一条生产流水线上各自独立地同时协调完成的，也就是各自独立的连铸和连轧工艺组合，因此，称为连铸连轧。连轧过程是多道次连续进行的。连铸坯的表面温度在入轧前回升，使表面与中心温差趋小，能达到轧制温度要求。这一点与连续铸轧不同，连续铸轧时，铸和轧合为一体，没有缓冲空间，连铸的终点即为轧制的起始点，一般只进行一次轧制；而且，轧制时，铸坯表面温度大大低于其中心部位的温度（合金结晶的终了温度），同时也低于一般轧制时的温度。

在连铸连轧过程中，铸坯与铸模之间没有相对运动，它们是同步连续移动的。因此，铸坯表面与铸模壁之间不会产生摩擦，铸坯表面比较光洁；但是，在同步移动的过程中，它们之间会产生稳定的间隙，而且逐步增加到一定数值。这一点与连续铸轧有相同又有不同之处，相同之处是铸坯与铸模之间没有相对运动，不同之处是连续铸轧时不产生稳定的间隙。在连铸连轧过程中，由于铸坯与铸模之间会产生稳定的间隙，使铸坯的冷却强度大大低于连续铸轧时，与立式连续铸造时相接近。

采用连铸连轧工艺可以生产板带和线材等产品。Properzi 连铸连轧工艺适于生产线材产品；目前，国内外铝线材生产大都采用这种工艺，国内各铝厂都采用 Properzi 连铸连轧机列生产铝线坯。

279. Properzi 连铸连轧机列有什么特点？

答：Properzi 连铸连轧机列，最初是由意大利 Milan 的 S. P. A. Continuus 公司设计和制造的，以 I. Properzi 命名的连铸机配以连轧机组成。最初用来生产铅线，后来用它在轧机的型辊上制造过弹丸。1949 年 Properzi 连续铸棒法在工业生产中正式投产，很快发展到铝线的生产中。

Properzi 连铸连轧机列主要包括浇注系统、连铸机、串联轧机和卷取设备。此外，还有轧机润滑系统、电控系统、冷却水系统和液压剪等附加设备。液压剪设在连铸机与串联轧机之间，用以剪断铸坯。轧机润滑系统，一般设在轧机附近的地下室内。电控系统设在轧机附近的一侧，便于纵观整个机列。冷却水系统设在厂房外适当地方。有的连铸连轧机列中，在连轧机后面还设有热处理装置，以便对某些铝合金线坯进行热处理。目前，与 Properzi 连铸机相配的串联轧机有两种机型：一种是三辊连轧机；另一种是两辊连轧机。连铸连轧机列如图 16－1 所示。

图 16－1　连铸连轧机列组成示意图

1—混合炉；2—连铸机；3—液压剪；4—三辊连轧机；5—收线小车

280. Properzi 连铸机的结构有什么特点？

答：Properzi 连铸机主要特点为紫铜结晶轮与环状钢带组成的线坯铸模。环状钢带包在结晶轮外沿上，用一个张紧轮将其拉紧，也有使用两个张紧轮。Properzi 连铸机如图 16－2 所示。

图 16－2 Properzi 连铸机

在图 16－2 中，下方的轮子为紫铜结晶轮，斜上方的轮子为张紧轮，环状钢带环绕着上下两个轮子。在生产过程中，环状钢带必须紧紧地包住结晶轮。紫铜结晶轮上方的一个小轮子，压在钢带上，有两个作用：一是便于水平浇注；二是增大钢带包住结晶轮的角度，延长铸坯的冷却时间，有利于提高连铸的速度。

在图 16－2 中，在结晶轮的铸坯出口处、环状钢带之间设有起锭器和铸坯导辊引桥，以便将铸坯引导到连轧机入口处。在连铸过程中，会有冷却水溅射到环状钢带的内表面上，为了避免这些水与铝液接触，在环状钢带的下半部离开结晶轮处设有擦拭器。

结晶轮为一紫铜环。铜环的外侧做成 U 形槽，环状钢带紧盖在槽口上，组成线坯铸模。铜环的内侧喷水冷却。铸坯断面要与连轧机孔型相配合。结晶轮在使用过程中，由于反复热胀冷缩交替变换，容易发生脱模角变小和扭曲变形。目前，使用的结晶轮，外缘直径一般在 1000～2000mm；由于结晶轮外缘直径较大，采用铸铜坯加工而成。连铸电工铝用的铜环铸模断面如图 16－3 所示，图中铸模断面面积为 2182.6mm^2，铸坯断面面积约为 2096mm^2。

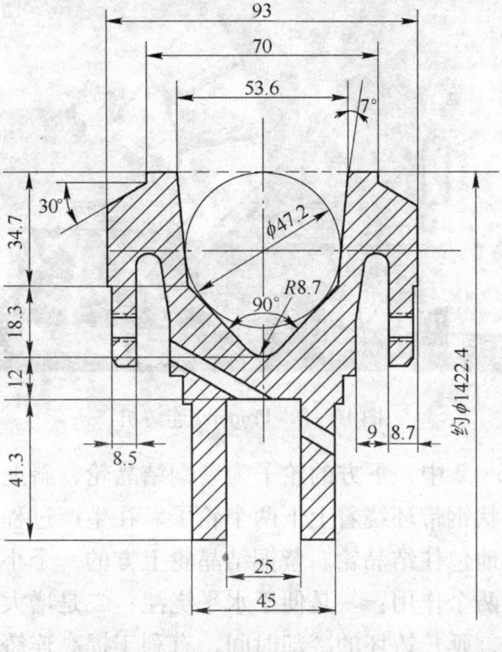

图 16－3 结晶轮的铸模断面图

环形钢带的厚度为 2～3mm，采取 45°斜角对焊成环形。钢带外表面喷水冷却。在连铸过程中，环状钢带由于冷热的交替变换容易产生变形，带边呈荷叶边状，因此，应使钢带的宽度大于结晶轮轮缘的宽度。环状钢带是消耗件，如 2.54mm 厚的冷轧中碳钢带，使用寿命为 20～30h。环状钢带的破坏多在焊缝处。根据英国专利介绍，含有镍不小于 25%、锰 0～1.0%、硅 0～1.0%、钛 0～0.6%、钙 0～0.2% 和镁 0～0.2% 的合金钢带，使用寿命比低碳钢带长，抗拉强度比低碳钢带高，可以使用较薄的带；特别适宜于铜的连铸。

281. 浇注系统的结构有什么特点？

答：Properzi 连铸机的浇注系统包括中间包和供料嘴。中间包是供给连铸机液态金属的浇注装置，用钢制外壳内衬以耐火材料做成。包内的金属液面高度可以用浮漂进行控制。中间包内的液态金属经供料嘴注入连铸机的铸模内。早期采用倾斜式封闭浇注，用石墨管做供料嘴，由于管径较小，使用过程中容易堵管，还妨碍操作者的视线，不便观察模内液态金属的供应状态。目前，大都采用水平式浇注，为此将铸模的入口移至接近铸轮顶端处，如图 16－2 所示。水平式浇注时，采用短的敞开式绝热流槽代替管状供料嘴，这样既不会堵塞，又便于观察铸模中液面的高度；也可以将中间包和供料嘴联成一体，如同水平式双辊连续铸轧机的浇注系统那样，做成封闭式的供料嘴。

Properzi 连铸机的浇注系统，安设在连铸机的一侧。中间包和供料嘴中的铝液流向呈 L 形。

282. 三辊连轧机的结构有什么特点？

答：与 Properzi 连铸机相配的三辊连轧机，根据产品规格和设备产能大小而串联 7、9、11、13、15 或 17 个机座。每个机座有三个轧辊，互成 120°角，形状似 Y 形，所以又称 Y 形三辊轧机。每个机座有一个工作辊是垂直安装的，单号机座的垂直辊通常设在下方，而双号机座的垂直辊通常设在上方，交错安放。每个机座的垂直辊都是固定的，而其他两个工作辊可以在彼此垂直的方向上调整。从第一个机座到最后一个机座的辊速是渐次增加的，增加的速率与杆材的有效面积压缩率成比率。例如，第一个机座的压缩率大约为 12%，而第二个机座的压缩率为 20% ~ 27%，每个机座中的精确压缩率决定于杆材的几何形状，而不能成比例地增加。孔型设计一般采用三角形—圆形孔型系统，单号机座为圆形孔型。三角形—圆形孔型系统的主要特点是：轧件在孔型中的宽展余量较小；道次伸长率较小；轧制时的稳定性较好；可以从中间奇数机座取得产品。三辊连轧机如图 16－4 所示。

图 16－4　三辊连轧机

根据 Братский 铝厂的生产实践，在三辊连轧机中采用 BK－15 硬质合金轧辊，使轧辊寿命比 9X（9Cr2）钢的提高 50 倍。

三辊连轧机的最大优点是结构紧凑，设备占地面积小，可以从奇数机座中取得不同直径的产品。三辊连轧机的缺点，主要是当机座间发生堆料事故时处理比较麻烦。目前，国内外使用的 Properzi 连铸连轧机列中，多数采用三辊连轧机。

283. 两辊连轧机的结构有什么特点？

答：与 Properzi 连铸机相配的两辊连轧机，也是多机座连轧机。两辊连轧机由于其道次延伸系数较大，因而机座数量少。目前，国内使用的两辊连轧机多为八个机座。每一个机座有两个悬臂轧辊。轧辊的安装结构有两种形式：平立交叉布置和 45°交叉布置。轧辊平立交叉布置时，上传动轴传动单号水平辊机座，下传动轴传动双号立式辊机座。孔型设计采用箱形和椭圆—假圆系统。椭圆—假圆系统的特点是：椭圆轧件进入假圆孔型轧制时，其宽展较椭圆轧件进入方或圆孔型轧制时都要小，在假圆孔型中延伸系数可以超过1.8，到2.0；假圆轧件进入椭圆孔型轧制，与方轧件进入椭圆孔型轧制的宽展基本相同，这是因为方形轧件的绝对压下量大于假圆的绝对压下量而轧件总宽度不变。椭圆—假圆系统都是以长轴互相平行轧制，重心低，咬入非常稳定；假圆孔型的刻槽深度比按对角线计算刻槽深度的方孔型浅5%；在椭圆—假圆系统中，金属虽然只受两个方向的压缩，但变形均匀，特别是假圆轧件的头部非常平直，对自动进入下一道轧制有好处。在两辊连轧机的轧制过程中，轧件不发生扭曲。因此，称为两辊悬臂无扭曲连轧机。

在两辊连轧机列中，机座之间的间距大于Y形三辊连轧机，当机座间发生堆料事故时处理很方便；道次延伸系数大，机座数量少。这是两辊连轧机的优点。但是，占地比Y形三辊连轧机长一些。

284. 收线装置的结构有什么特点？

答：与Properzi连铸连轧机相配的收线装置，用来连续卷绕来自连轧机的铝杆。目前，生产中有两种结构形式：双盘绕杆机和自由落地式收线装置。

双盘绕杆机为两个鼓式卷盘，一前一后布置，后盘高于前盘。每个卷盘上有一个线头捕捉器，能自动抓住铝杆头部。两个卷盘交替工作，可以自动转换。鼓形卷盘筒在液压缸的作用下可以胀缩，当圆筒扩展时呈圆形，便于铝杆缠绕紧凑；当圆筒收缩时呈菱形，便于卸卷。可以自动捆卷和卸卷。双盘绕杆机如图16－5所示。

有的工厂自由落地式收线装置，由一个旋转的弧形放线管和收线小车组成，结构很简单；小车上设有三个笼式锥形盘，小车可以在三个锥形盘中心连线上往复移动。这种收线方式，卷圈松散，长途运输不便。

图 16-5　双盘绕杆机

采用双盘绕杆机卷取铝杆，杆卷很规整、紧凑，便于运输和后续工序使用。铝杆卷重一般为2t。贵州铝厂使用了这种设备。法国 O. T. T. 公司的绕杆机，卷重一般为 2.2t，卷的内径为 550mm，外径为 1350mm，卷宽为 850mm；可卷取直径 9.5mm、12.0mm 和 15.0mm 的铝杆。美国标准的卷重为 2.24t，卷的内径为 760mm，外径为 1520mm，卷宽为 890mm。

285. 在连铸连轧机组中为什么要设置液压剪？

答：在连铸连轧生产过程中，开始铸造出来的铸坯形状往往不规整，铸坯温度比较低。为了便于轧制和保证产品质量，铸坯头部必须规整，铸坯温度应保持在 450℃左右。连铸的铸坯断面比较大，在 $1500mm^2$ 以上。因此，在连铸机和连轧机之间配有液压剪，用以剪去不合要求的铸坯。当连铸机或连轧机临时出现故障时，也需要用液压剪来碎断铸坯。

根据连铸连轧生产的特点，液压剪的剪刃做成钳口形。整个液压剪悬吊于一个摇臂上，便于液压剪与铸坯同步移动。

286. 在连铸连轧机组中为什么要设置润滑系统？

答：在连铸和连轧生产过程中，一般都需要进行润滑。在连铸过程中，与其他的连铸生产一样，只需要在结晶轮与环状钢带组成的线坯铸模壁上能连续涂抹润滑剂即可。这种润滑剂是消耗品。

在连轧生产过程中，铸坯处于热轧状态，入轧温度在450℃左右，对轧辊必须进行润滑和适当的冷却轧件；为了保证产品质量，冷却的温度又不能太低。为此需设立专门的润滑和冷却循环系统，通常将其设在地下室。一般采用矿物油作为冷却剂和润滑剂。润滑剂经过滤器过滤后再送入轧机，所用的液体可以用浸入式加热器预热。

用油作冷却剂的缺点是：使用一定时间后，会在轧制的线坯上形成斑点，这些斑点在以后的线材拉伸中对润滑产生有害作用。因此，常采用油乳浊液作冷却剂。在润滑站将冷却剂和润滑剂分别供给轧机。

287. 电控系统的结构有什么特点？

答：在连铸连轧生产过程中，连铸机和连轧机多采用直流电动机拖动，可控硅控制供电。将连铸机、连轧机和绕杆机的控制集中于控制盘。

连轧机的最后出线速度很快，在3.7m/s以上。绕杆机的线速度必须与连轧机的速度同步，由安装在连轧机最后机座主轴上的测速发电机来控制。称重装置用脉冲发生器计量。脉冲发生器也安装在连轧机最后机座主轴上，用以测量轧机的产量；每一个脉冲相当于轧出了1kg的铝杆，此值当即被记录于主控制台的重量计数器中。

288. 连铸连轧生产中的冷却水系统有什么特点？

答：在连铸连轧生产过程中，冷却水主要供给连铸机用。由于连铸机的冷却水用量较大，通常使用循环水。因此，需要设置冷却水塔或大面积的凉水池。

在连铸生产过程中，冷却水只喷射到结晶轮内侧表面和环形钢带的外表面，不接触铸坯。在这种情况下，冷却后的水中基本上不含润滑油。冷却后的水可以直接循环使用，循环水的处理比较简单。但是，必须保证冷却水清洁，避免污物堵塞喷嘴。冷却水系统包括水泵、循环水冷却装置和给排水管路。

289. 连铸连轧生产过程中怎样进行操作？

答：生产前做好一切准备工作：中间包、供料嘴和其他接触铝液的操作工具必须充分预热好；检查保温炉内铝液温度是否符合浇注要求；检查连铸机的钢带与结晶轮包覆是否符合要求，环形钢带必须绷紧，压带的轮子必须紧压在接近结晶轮顶点的位置上；检查冷却水系统和轧机的润滑系统，冷却水温度是否符合要求，连铸机的冷却水喷嘴是否通畅；检查电控系统运行是否正常。

连铸连轧生产开始时，操作人员各司其位；首先将预热好的中间包和供料嘴安放到连铸机的合适位置上；同时开启冷却水系统和轧机的润滑系统以及电控系统。冷却水通过空心传动轴流入铸轮内部，喷射到铸机的紫铜结晶轮内表面上，铸轮外部的冷却水喷射到包覆的钢带外表面上；同时从保温炉内放出铝液，注满中间包。当铝液注入铸模中时，启动连铸机的直流电机，铸轮慢慢旋转，使铝液在结晶轮内外冷却水的强制冷却下冷凝成固态，形成连续的铸坯。铸坯从铸轮下部出来，呈弧形通过引桥导向连轧机；用液压剪剪去不符合轧制要求的铸坯段。同时启动连轧机和绕杆机。当连铸过程稳定后，将铸坯的入轧温度控制在420～450℃，并将剪去冷头的铸坯送进连轧机。铸坯经多道次压缩变形，从最后一个机座轧出ϕ9.5mm的铝杆，再进入绕杆机缠绕成规定重量的杆卷。

在稳定生产过程中，铸坯离开铸轮时的表面温度是最重要的调整因素之一，也就是说应根据铸坯的进轧温度来调整铝液的浇铸温度和冷却水的冷却强度以及铸轮的旋转速度等因素。中间包内的铝液温度一般控制在690～700℃；冷却水的冷却强度也要根据不同合金进行适当控制，例如7型连铸机，铸造纯铝时水的消耗量为150～230L/min，铸造铝合金时水的消耗量为100～70L/min。

在连铸机中，主要散热部位在结晶轮内缘，散热面积大。因此，铸轮内部的冷却水量大于铸轮外部。生产过程中，必须保持所有冷却水喷嘴通畅，特别是铸轮内部的喷嘴应各个通畅，否则紫铜结晶轮可能出现局部过热。如果冷却水中有夹杂物，必须过滤处理，以免堵塞喷嘴。如果冷却水是硬水，必须定期用净化剂清洗结晶轮内侧表面。在结晶轮表面上形成的氧化层也会严重地妨碍散热，必须定期用细砂纸将氧化层擦拭掉。在浇口部位，结晶轮内表面的温度不得超过130℃；考虑到浇注的稳定性，不得低于105℃；钢带的温度最好保持在77～82℃。结晶轮的侧壁在急冷急热的交替变化的情况下，容易产生变形，使脱模角减小，铸坯断面变小；超过一定值时，应及时调整。

在连铸过程中，为了保证安全和铸坯质量，用压缩空气或擦具将结晶轮铸模壁和钢带上的水擦拭干净，以免这些附着水与高温铝液接触，防止爆炸溅伤人和降低铝液的纯洁度。

在连轧过程中，前几道次采取负张力轧制，即使当铸坯呈现宏观裂纹的情况下也能在前几道次的轧制中压合而不断头。可以保证连铸连轧生产的连续性和稳定性，提高成品率，减少堆料事故。当铸坯断面积变小时，连轧时前几道次间的张力会增大。为此，在生产操作前和连铸过程中，应经常检查铸模端面的缩小情况，及时进行调整。

缠绕好的铝杆卷从绕杆机上卸下之后，放在避风雨的堆放处，根据实际情况采取适当的保温，进行适当的退火处理，以便获得较好的力学性能和导电性能。

生产铝合金线杆时，在终轧之后、绕杆之前把铝杆通过管式感应加热炉加热，旋即通过水槽进行淬火处理。杆卷从绕杆机上卸下之后，放在避风雨的堆放处采取适当的保温，进行时效处理。

290. 工业纯铝的连铸连轧生产工艺制度有什么要求？

答：目前，连铸连轧工艺多应用于工业纯铝生产中，产品多为电线电缆用的铝线坯。铜川铝厂采用 11 机座的三辊连轧机生产 ϕ9.5mm 铝线坯时，连铸连轧工艺试验参数列于表 16－1 中。

表 16－1　连铸连轧工艺试验参数[5]

序号	项目	单位	数值	
			设计	试验结果
1	铸坯断面积	mm^2	1265	1500
2	单位生产能力	t/h	2.5	3
3	铸造速度	m/s	0.20	0.23
4	铸造温度	℃	690～700	710～720
5	入轧温度	℃	420～450	500～560
6	铝杆温度	℃	250	300～350
7	乳液温度	℃	60	70～80
8	冷却水温差	℃	8	6～8
9	耗水量	t/h	45	15
10	终轧速度	m/s	3.72	4
11	铸机实耗功率	kW	3	0.3～0.5
12	轧机实耗功率	kW	103	60～70

贵州铝厂采用 7F－8/13 型 Properzi 连铸连轧机组生产 ϕ9.5mm 铝线坯，产品有两种：99.7EC 线杆和 99.7 线杆，均为 Al99.7 工业纯铝。99.7EC 线杆作为电线电缆生产用，即采用电工用铝标准，硅含量小于 0.09%，铁硅比稍大于 1。99.7 线杆作为一般线材生产用。连铸连轧工艺参数列于表 16－2 中。

沈阳电缆厂采用 Properzi 连铸连轧机组生产 ϕ9mm 铝线坯时，铸坯横截面积为 2600mm^2；连轧机为 17 个机座，敞开式三辊轧机。使用抚顺铝厂出产的电工用铝重熔用铝锭，经竖炉重熔后注入保温炉进行精炼处理和不进行精炼处理对比试验。试验时的连铸连轧工艺参数列于表16－3中。D_1和D_3是未精炼处理试样，为Al99.6牌号（特2级）的铝，硅含量为0.09%，铁含量为0.21%，铁硅比为2.3；D_2和D_4是采用3.1%一号熔剂精炼处理和静置30min的试样，为Al99.6牌号（特2级）的铝，硅含量为0.09%，铁含量为0.20%，铁硅比为2.2。ϕ9mm铝线坯用以生产电线电缆产品。

表16－2 7F－8/13型连铸连轧工艺参数[5]

金属品位	铸造温度（炉内）/℃	浇包内铝液温度/℃	轧机入口铸坯温度/℃	铸造轮转速/r·min^{-1}	铸机冷却水量/m^3·h^{-1}			轧机乳化液		铝杆标准卷重/kg
					内冷	钢带	侧面	温度/℃	浓度/%	
99.70，99.70EC	720±5	680～685	400～500	3.0±0.1	25～30	20～30	20～40	45～55	8～12	2000±200

表16－3 连铸连轧工艺参数

试验编号	铝液温度/℃		铸坯速度/m·min^{-1}	铸坯温度/℃	铸轮冷却水			终轧速度/m·min^{-1}	终轧温度/℃
	保温炉	中间包			进口温度/℃	出口温度/℃	压力/MPa		
D_1、D_3	720	710	10.86	520	25	40	0.4	5.8	250
D_2、D_4	720	690～710	11.7	510	25	40	0.4	5.8	250

当生产电线电缆用铝线坯时，为了确保导体的高电导率，不允许使用晶粒细化剂进行处理。

291. 连铸生产工艺制度对电工用铝杆的组织性能有什么影响？

答：电工用铝杆主要是用来生产电体的，是生产电线电缆的半成品。随着电力工业的高速发展，对电工用铝杆的性能要求越来越高。在连铸连轧生产过程中，控制铝杆的组织变化，生产出高质量的电工用铝杆是至关重要的。为此，应严格控制浇注温度、铸坯的冷却强度、入轧温度和终轧温度。

在 Properzi 连铸过程中，铸坯组织与一般的连续铸造相同，通常呈现三层组织区：表层细等轴晶区、柱状晶区和中心粗等轴晶区。铸坯组织对性能的影响主要取决于柱状晶区和等轴晶区的比例。柱状晶比较粗大，在晶界容易存在低熔点的共晶组织、不易熔夹杂物、气孔和疏松。等轴晶之间结合比较牢固，晶粒比较细小，不易开裂，性能优于柱状晶；但是，要获得大比例的等轴晶是不容易的。为了使铸坯有较好的工艺性能，防止轧制过程中开裂，一般要求铸坯的晶粒细小。据资料报道，由于铝的塑性比较大，柱状晶的致密性优于等轴晶，而且柱状晶的缺陷在轧制中可以去掉，所以铸坯中含有大比例的柱状晶对轧制铝杆是有利的。

生产电工用铝杆时，为了确保导体的高电导率，不允许使用晶粒细化剂进行处理。因此，在连铸过程中，细化晶粒以及调整柱状晶区和等轴晶区的比例主要依靠严格控制浇注温度和铸坯的冷却强度。浇铸温度高，有利于柱状晶成长，不利于产生中心粗大的等轴晶组织。从防止连铸连轧过程中铸坯断裂考虑，浇铸温度应尽可能保持在 700 ~ 730℃ 范围内。根据试验研究结果，为了得到优质的铸坯，降低在铸坯凝固初始瞬间的冷却强度是合理的。随后增大冷却强度，增加凝固前沿的过冷度，有利于柱状晶带增厚。在一定的浇铸温度和冷却条件下，铸造速度提高，铸坯的温度会升高，不仅影响铸坯的组织，而且提高了入轧温度，使铝杆软化，铝杆的导电性能和伸长率有所提高，但是抗拉强度降低；铸造速度降低，铸坯的温度会相应降低，铝杆的抗拉强度有所提高，但是导电性能和伸长率会降低。因此，铸造速度必须与连轧工艺制度紧密配合。

292. 连轧生产工艺制度对电工用铝杆的组织性能有什么影响？

答：铝杆轧制是在再结晶温度以上进行的，轧制使金属变形，增加金属的硬化程度；轧制过程中，晶粒再结晶而使金属软化。金属的硬化程度增加，金属的抗拉强度和硬度提高，导电性能降低；金属软化，金属的抗拉强度和硬度降低，导电性能提高。轧制变形过程是铝杆硬化和软化的重迭过程，这两个过程各自变化的程度决定了铝杆的组织和性能。由于轧制变形程度是固定的，所以影响组织变化的主要因素是轧制温度和轧制速度，其中轧制温度对组织的影响大于轧制速度。

铝杆轧制是多道次轧制，各道次的轧制量不同，变形速度不同，前后道次的轧制温度不一样，导致各道次轧制变形硬化和再结晶软化有较大差异。各道次都有其相对应的组织和性能。对铝杆组织和性能影响较大的是第一道次的轧制温度——开轧（入轧）温度，以及直接影响铝杆组织和性能的是最后道次的轧制温度——终轧温度。在第一道次的轧制中，仅有外部区域组织发生变化，内部区域组织变化不大。铸坯每通过一道次轧制，内部的铸造组织区域减小；经过一定道次的轧制后，内部的铸造组织区域完全消失；А. И. Дайнеко 等人的研究表明[69]：在 Браткий 铝厂，采用 ϕ1500mm 的铸轮连铸断面为 3220mm^2 的铸坯，经 17 个机座的三辊连轧机轧制成 ϕ9mm 的铝杆时，通过第 10 个机座后，内部的铸造组织区域完全消失，坯料整个断面的组织均匀，以后各道次轧制的组织无明显的变化。

在连轧过程中，开轧（入轧）温度，首先应根据工业纯铝的固溶状态图确定热轧温度范围。热轧温度上限应低于工业纯铝的固溶线，一般取 550℃；热轧温度下限应高于再结晶温度，一般取 350℃。确定热轧温度时还必须根据工业纯铝的塑性图，使金属处于最高塑性范围内；工业纯铝的塑性图是确定热轧温度的主要依据，工业纯铝的最高塑性范围在 450 ~ 500℃。根据生产实际情况，一般确定热轧温度为 480 ~ 520℃。

由于轧制温度高于再结晶温度，工业纯铝在较大的变形程度下，变形细化的晶粒会发生再结晶而均匀长大，形成粗大晶粒，使金属软化，金属的抗拉强度和硬度降低，伸长率和导电性能有所提高。晶粒二次长大的速度决定于变形终了的温度。因此，必须根据工业纯铝的二次再结晶图确定终轧温度。终轧温度不宜过高，温度过高，晶粒有急剧长大的趋势，甚至容易发生聚集再结晶；温度过低会引起铝杆硬化。根据工业纯铝的二次再结晶图选取终轧温度为350℃，可获得合适的晶粒度。在实际生产中还应考虑不同型号铝杆的物理性能和力学性能的标准要求，一般将终轧温度确定在300~360℃范围内。

在轧机冷却条件不变的情况下，轧制速度加快，终轧温度提高，铝杆的软化加强，促使再结晶的晶粒粗大，使金属软化，金属的抗拉强度和硬度降低，伸长率和导电性能有所提高；如果轧制速度降低，则铝杆的硬度加大，金属的抗拉强度和硬度有所提高，导电性能降低。如果要获得高强度的电工铝杆，则需要在调整轧制温度和轧制程度的基础上，将终轧温度调整到再结晶温度范围（250~300℃）进行温轧。

从绕杆机上卸下来的铝线卷，可用石棉布盖住，延缓冷却速度可提高伸长率。否则，裸露的铝线卷由于外层的冷却速度快，外层试样的伸长率比中间部位试样的伸长率低1.5%~2.0%。

293. 稀土元素为什么能改善电工圆铝杆的性能和质量？

答：在铝及铝合金中加入一定量的稀土元素，有着许多良好的作用。例如，在熔炼铸造时增加成分过冷，细化晶粒，缩短二次枝晶间距，减少气体和夹杂，球化夹杂相，降低熔体表面张力，增加熔体的流动性等，对工艺性能有明显的影响。

在工业纯铝中，硅和铁是常量杂质。硅容易在铝中形成固溶体。铝中的固溶体对导电性能影响最大。工业纯铝中加入少量的稀土元素，由于减少了硅的固溶度，使杂质沿晶界分布，因而可在一定程度上改善工业纯铝的导电性能。各种稀土元素的加入量约0.1%（摩尔分数）为好。铝的纯度愈高，稀土元素的加入量应愈少。在Al-Mg-Si合金导线中加入适量的稀土元素，能改善其工艺性能，并使其电阻率降低2%以上。但是，在高纯铝中加入稀土元素，应降低其稀土元素的加入量。各种稀土元素对铝导体导电性能的影响如图16-6所示。稀土元素在一定程度上能提高电工圆铝杆的抗拉强度和抗蚀性能，白银公司铝厂采用Al99.7液态原铝直接入炉熔炼[70]，入炉温度保持在740℃以上，混合稀土直接入炉熔化；使用连铸连轧机生产ϕ9.5mm电工圆铝杆，铸造温度690～710℃，铸造速度保持在230mm/s，连铸机冷却水压0.7MPa。试验结果，稀土含量对电工铝杆性能的影响列于表16－4中，不同铝杆的盐雾试验结果列于表16－5中。

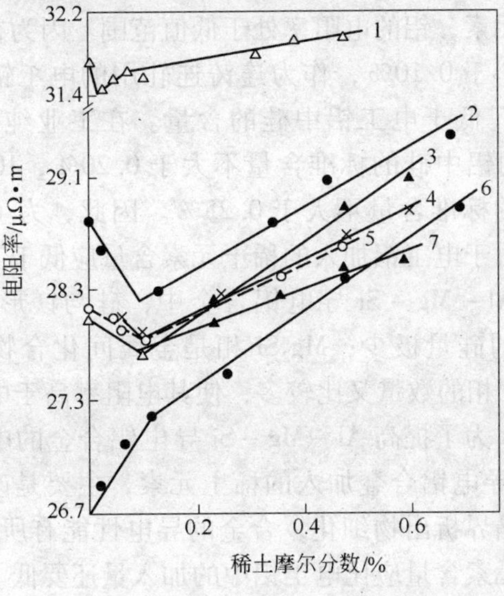

图16－6　各种稀土元素对铝导体导电性能的影响[1]

1—Al－Mg－Si导体＋混合稀土；2—L2＋钇基稀土；3—L1＋混合稀土；
4—L1＋镧；5—L1＋富铈稀土；6—LG1＋铈；7—L1＋铈

表16－4　稀土含量对电工铝杆性能的影响[68]

炉　次	01	02	03	04	05	06	07
稀土含量/%	0.02	0.04	0.06	0.08	0.10		
抗拉强度/MPa	101	104	105	107	108	100	98
电阻率/μΩ·cm	2.769	2.772	2.770	2.783	2.787	2.773	2.774
伸长率/%	22	21.5	22	23	23.5	24	23

表 16－5　不同铝杆的盐雾试验结果[70]

试验时间/d	4	7	12	21
稀土铝杆平均腐蚀速率/g·(m·h)$^{-1}$	0.00121	0.00168	0.00102	0.00084
普通铝杆平均腐蚀速率/g·(m·h)$^{-1}$	0.00400	0.00210	0.00141	0.00113

从图 16－6 可以看出，对于工业纯铝加入 0.1% 稀土元素，铝的电阻率降至最低点，旋即铝的电阻率随着稀土元素含量增加而增大。从表 16－4 中可以看出，对于电工铝加入 0.02% ~ 0.06% 稀土元素，铝的电阻率处于低值范围。因为在电工铝中硅的标准含量小于 0.10%，作为连铸连轧用的电工铝要求硅含量小于 0.09%，低于电工铝中硅的含量。在工业纯铝中，1070A（L1）牌号的铝中硅的标准含量不大于 0.20%，1060（L2）牌号的铝中硅的标准含量不大于 0.25%。因此，为了提高电工铝的电导率，对于电工铝加入的稀土元素含量应低于工业纯铝中的加入量。在 Al－Mg－Si 导电铝合金中，硅与镁形成 Mg_2Si 相，固溶于铝中的硅量极少；Mg_2Si 相是金属间化合物，电阻率很高，而 Mg_2Si 相的数量又比较多，使其电阻率高于电工铝和工业纯铝。因此，为了提高 Al－Mg－Si 导电铝合金的电导率，对于 Al－Mg－Si 导电铝合金加入的稀土元素，主要是改善 Mg_2Si 相的形态，使晶界析出物细化，合金的导电性能有所改善；但是，加入的稀土元素含量应比电工铝中的加入量还要低。这一点从图 16－6 可以清楚地看出来。

294. 连铸连轧生产中常见的缺陷有哪些？

答：在连铸连轧生产中常见的缺陷主要有：铸坯断裂、铸坯内部有气泡、缩孔、夹渣、组织疏松、中心部位呈现针状小孔等。

为了消除铸坯内部的气泡和夹渣等缺陷，首先应加强熔炼工艺制度的管理，加强精炼处理，在铝液转注和浇铸过程中保持液流平稳。为了消除缩孔和疏松等缺陷，除了加强精炼处理之外，还要控制适当的铸造速度等工艺参数，使铝液凝固时有足够的补缩量。

铸坯断裂是连铸过程中常出现的毛病。引起铸坯断裂的原因主要是，结晶轮铸槽内壁有缺陷、铸槽内壁黏附有脏物和局部过热等现象。铸槽内壁缺陷如缩孔、砂眼、大的凹痕和机械损伤未修好。铸槽内壁黏附脏物影响热交换，会产生局部过热。当铸坯脱模时，底部受拉，轻者裂，重者断。产生局部过热的因素较多，脏物黏附铸槽内壁起隔热作用，铝液注入点偏移，局部冷却小，结晶轮质量及润滑不均匀等，都会使铸坯产生局部过热。根据生产实践[71]，防止连铸坯断裂的措施：控制好铁硅比大于1；熔体温度控制在700～720℃为好，不能高于760℃；铸造速度在0.206～0.294m/s；冷却水压力为0.25～0.8MPa；冷却水要进行软化处理。

295. 在连铸连轧工艺中怎样提高设备的生产能力？

答：在连铸连轧生产中，提高设备生产能力的途径，主要是增加铸坯断面积和提高连铸连轧的速度。例如，6E－8/13型连铸连轧机的铸坯断面积为1130mm²，设备生产能力为2.6t/h；14/2000－9/17型连铸连轧机的铸坯断面积为3472mm²，设备生产能力为9.1t/h。铸坯断面积增大了，铸坯完全凝固的时间相应延长了。为了确保完全凝固时间的要求，可以采取三种措施：增加冷却强度、降低铸造速度和增加结晶轮的直径。增加冷却强度时，也就增大了铸坯断面上的温度梯度，容易造成入轧温度降低，这样既增大了轧制时的变形阻力，又会降低金属的导电性能。降低铸造速度也就降低了生产能力。因此，在增加铸坯断面积的同时，增加结晶轮的直径；例如，6E－8/13型连铸连轧机的结晶轮直径为1400mm，14/2000－9/17型连铸连轧机的结晶轮直径为2000mm。增加结晶轮的直径，可减少铸坯断裂的几率，有利于提高铸造速度，可以提高连铸机的生产能力，还有利于提高产品的导电性能；例如，Братский铝厂[72]，连铸机的铸坯断面积为3220mm²，将结晶轮的直径由1530mm增加到1900mm，使机组的生产率提高30%～40%，并使铝线坯的导电性能提高 1% 左右，铜及钢带的单耗分别下降 25% 和 50%。

在增加铸坯断面积和提高连铸机铸造速度的同时，连轧机组也要相应地增加机座的数量和轧制速度。例如，6E－8/13 型连铸连轧机组的连轧机机座数为 13 个，14/2000－9/17 型连铸连轧机组的连轧机机座数为 17 个。增加机座数量时，是成双配置的。增加机座的数量，有利于多规格产品的生产。

296. 在 Properzi 连铸连轧机组中怎样实现不同规格产品的生产？

答：在连铸连轧机组中，连轧机机座的数量为单数。一般在最后几个单号机座中可以产出不同规格的铝杆。在连轧工艺中，每个机座的压缩率都有一定的要求，不是随意的。而且，所产出的铝杆必须完全消除铸态组织，需要有一定的总变形量；例如前面所提及的断面积为 $3220mm^2$ 的铸坯，经 17 个机座的三辊连轧机轧制成 ϕ9mm 的铝杆时，通过第十个机座后，内部的铸造组织区域才完全消失。因此，生产出来的不同规格铝杆直径，也是一定的，为有限的几个阶梯数。通常最后一个机座产出的铝杆直径为 ϕ9.5mm 左右，也有产出 ϕ7.5mm 左右的铝杆。一般还有 11.95mm、15.01mm、18.89mm 和 22mm 几种规格。

在连铸连轧生产过程中，需要哪种产品，只要将对应机座以后机座的轧辊松开即可得到。

生产实践表明，完全消除铝杆中的铸态组织，有利于提高产品的力学性能和导电性能。据报道，日本曾采用铸坯断面为 $916 \sim 1290mm^2$ 的 6 型连铸连轧机生产的铝杆，其电导率只能达到 61% IACS，主要原因是残存铸态组织；而采用 $2103 \sim 2180mm^2$ 的 7 型以后连铸连轧机生产的铝杆，其电导率均能达到 62% IACS。因此，从提高产品质量的角度考虑，连铸坯的断面宜大一些为好。

297. Properzi 连铸连轧机组有哪些设备型号？

答：Properzi 连铸连轧工艺于 1949 年在工业生产中正式投

产，很快发展到铝线的生产中。生产设备已发展到14/2000－9/15型。目前，国外使用的各种型号Properzi连铸连轧机组主要技术性能列于表16－6中。

表16－6 Properzi连铸连轧机组主要技术性能[5]

型号	铸机6E 轧机8/13	铸机7C 轧机8/13	铸机14/1800 轧机8/17	铸机14/2000 轧机8/17	铸机14/2000 轧机9/15
铸坯断面/mm^2	1130	2163	3472	3472	3600
结晶轮直径/mm	1400	1400	1800	2000	2000
铸机主电机功率/kW	2	3.7			
轧机主电机功率/kW	235	368	588	736	750
小时产能/$t \cdot h^{-1}$	2.6	4.5	8	9.1	9.2
轧机成品机座号数	7，9，11，13	9，11，13	11，13，15，17	11，13，15，17	8，9，10，13，15
铝杆直径/mm	15.1，11.5，9.53，7.6	15.01，11.95，9.53	15.01，11.95，9.53，7.6	15.01，11.95，9.53，7.6	22，18.89，15.01，11.95，9.53
感应加热功率/kW					750（2400Hz）

我国于1967年开始对Properzi连铸连轧工艺和设备进行试验研究，由冶金工业部和第一机械工业部有关单位共同研究开发；当时的试验设备，铸坯的断面积为1005mm^2，紫铜结晶轮直径为1200mm，铸轮转速为3.7～16m/min，连铸机传动电机4kW，环形钢带采用1.2mm厚的10号或20号低碳钢带焊接而成，钢带宽度比结晶轮轮缘宽10mm，连轧机为11机座的三辊

轧机，试验结果铸造速度为 9 ~ 10. 5m/min，生产 ϕ9. 5mm 的铝杆时理论产能为 1 ~ 2. 5t/h。后来将铸坯断面扩展到 1500mm^2。

298. 采用 Properzi 连铸连轧工艺能生产哪些金属产品？

答：Properzi 连铸连轧工艺适于各种有色金属的线材生产。最初应用于铅和锌，很快发展到铝线的生产中，20 世纪 60 年代又在铜线材生产中取得了重大进展。

据报道，法国 CLECIM 公司的 Properzi 连铸连轧机组能生产 1000 系列和 1350 的 EC 级铝（电工铝），6000 系列导电铝合金、2000 系列、3000 系列、4000 系列、5000 系列和 7000 系列铝合金。结晶轮直径为 2200mm，两辊连轧机为 12 个机座。EC 级铝的铸坯断面积为 4400mm^2，铝合金的铸坯断面积为 3680mm^2，铸造速度，EC 级铝为 13. 0m/min，6000 系列铝合金和 2000 系列为 10. 5m/min。杆材直径为 9. 5mm、12mm 和 15mm。额定设计产能为 7. 5t/h，最高可达 9t/h。

大跨度的电缆通常采用铝镁硅合金生产。例如，AE 型导电铝合金实为铝镁硅合金，采用 Properzi 连铸连轧工艺生产 AE 铝合金线坯时，入轧温度为 480 ~ 520℃，终轧温度 250 ~ 300℃，在进绕杆机之前把合金线坯加热到 320 ~ 350℃，并用 0. 2 ~ 0. 3℃/min 的速度进行冷却，以便获得较好的力学性能和导电性能。

十七、重熔用铝锭生产

299. 为什么要生产重熔用铝锭？

答：重熔用铝锭通常称为普通铝锭。重熔用铝锭，顾名思义是专门供给铝加工厂和铝铸造厂等企业重熔用的铝锭，是供给用户的固态原材料。

生产重熔用铝锭的原因主要有两个：一是在电解铝厂与铝加工厂等用铝单位的生产截然分开的情况下，除了与电解铝厂相距较近直接供给液态原铝之外，必须以重熔用铝锭供给用户，这种情况总是存在的，只是数量多少而已；二是电解铝生产是常年的连续过程，即使电解铝厂与铝加工厂等用铝单位组成联合企业以铝材作为出厂产品，由于市场需求不一定永恒不变，铝加工生产过程中设备检修时产量也会有所变化，而铝电解槽连续产出的液态原铝始终是个中间产品，必须将液态原铝及时处理，以便贮存待用或待销。因此，在电解铝厂，重熔用铝锭的生产能力必须具备，而且还必须与铝电解的生产能力相匹配；不过，电解铝厂与铝加工厂等用铝单位组成联合企业时，重熔用铝锭的生产系统可以不考虑备用设备，铝加工产品正常生产时检修重熔用铝锭的生产设备。

300. 重熔用铝锭的标准要求有什么规定？

答：根据《重熔用铝锭》（GB 1196—2008）标准要求，重熔用铝锭的化学成分应符合表 5 - 1 的规定。每块铝锭的重量为 20kg ± 2kg 或 15kg ± 2kg，或由供需双方协商确定；对成品铝锭的锭型不做统一规定，但是，要求铝锭的锭型应满足包装、运输和贮存需要。根据 GB 1196—2008 标准要求，重熔用铝锭应呈银白色，铝锭表面应整洁，无严重的飞边或气孔，允许有轻微的夹渣。色标应明晰地标在醒目处。每块铝锭应标明生产厂标志、熔炼号和检印。每捆锭垛上都应有颜色鲜明、防水、不易脱落的标志，且不少于两处，标明执行标准、熔炼号、捆号、净重、块数和牌号。推荐使用标明产品名称、执行标准、熔炼号、捆号、净重、块数、牌号、生产日期、生产企业名称和厂址的标签。色标应明晰地标在醒目处。

根据《重熔用铝锭》（GB 1196—2008）标准规定，20kg ± 2kg 重熔用铝锭应打捆包装；22 以上大块锭的包装由供需双方协商确定。锭垛捆扎形式采用“井”字形或其他形式。捆扎铝锭用的材料，可采用钢带、高强度塑料包装带或其他材料，但应保证锭垛不散。捆扎铝锭用的材料应具有防锈性能，且抗拉强度不小于 590MPa，伸长率不小于 5%；推荐使用经过防锈处理的钢带，其尺寸应符合表 17 - 1 的要求。

表 17 - 1 捆扎铝锭用的钢带尺寸（GB 1196—2008）

名 称	钢带厚度/mm	钢带宽度/mm
20kg ± 2kg 铝锭捆扎用的钢带	0.90	32
15kg ± 2kg 铝锭捆扎用的钢带	0.70 ~ 0.90	≥10

在 162 模连续铸造机组上，成品铝锭外廓尺寸为 740mm × 178mm × 90mm，每块锭重（20 ± 2）kg。捆扎后的标准锭垛为 54 块铝锭，锭垛外廓尺寸为 740mm × 740mm × 990mm，标准垛重为 1080kg。

重熔用铝锭的重量，我国早期为 15kg，20 世纪 80 年代以后改为 20kg。15kg 铝锭的重量允许偏差为 ± 2kg；其外廓尺寸为 640mm × 170mm × 75mm，允许偏差 8% 以下。国外的重熔用铝锭重量为 20kg 或 22kg；少数为 500kg 左右大块锭，适于大型铝加工厂的机械化装炉。重熔用铝锭的形状，一般为船形，便于铸造时冷凝和脱模，便于搬运。近年来，还有引进设备生产的重熔用铝锭，锭重为（22.7 ± 0.5）kg，铸锭外廓尺寸为 740mm × 172mm × 114mm；捆扎后的标准锭垛为 54 块铝锭，标准垛重为 1226kg。

夹渣和较严重的气孔对后续生产的产品质量的影响是显然的，应严格要求。从确保后续生产的产品质量考虑，重熔用铝锭的上表面中心部位不应有裂纹。

301. 在重熔用铝锭生产中采用什么设备?

答：在重熔用铝锭生产中，20kg 或 15kg 的铝锭，一般采用多模连续铸造机。生产 500kg 的大块锭时，通常采用模铸，也有使用立式半连续铸锭机生产。

使用立式半连续铸锭机生产的大块铝锭，表面质量一般比小块的船形锭和大块模铸铝锭好一些，锯切端面规整。横断面也呈船形，便于机械搬运和机械化装炉。省却了小块铝锭的打捆工序，简化了生产操作，改善了劳动条件。

20kg 或 15kg 的铝锭，适于小规模的用户使用，便于人工搬运。这种重熔用铝锭，在生产过程中必须将锭垛捆扎牢固，以便于运输。为了能牢固地捆扎锭垛，对锭块高度的精确度要求很严格，往往因此而造成较多的废锭量；锭块高度若是相差过大，捆扎好的锭垛在运输过程中容易散垛。

多模连续铸造机，我国自产的设备有两种机型：一种是 162 模的连续铸造机组，锭重为 20kg；另一种为 76 模的连续铸造机组，锭重为 20kg 或 15kg。

近年来，还有从瑞士购进的 264 模连续铸造机组，铸模数量 264 个，铝锭外廓尺寸：740mm × 172mm × 114mm，锭重为 22.7kg ± 0.5kg；每垛铝锭数量 54 块，共 11 层，锭垛标准重量为 1226kg。设备主要技术参数：冷却水供应 500m^3/h，水压 250 ~ 300kPa；冷却水进口温度最高 35℃，最大升高温度 15℃；压缩空气（标态）50m^3/h，压力 400 ~ 600kPa；天然气（标态）15m^3/h；电源功率 90kV · A，380V 三相，50Hz。平均生产能力 25t/h。铸造温度在 690 ~ 740℃ 时，脱锭点铝锭的温度 450 ~ 500℃，堆垛处铝锭温度 50℃。倾翻流槽底面高度 1250mm。

302. 162 模 20kg 锭连续铸造机组的结构有什么特点?

答：162 模 20kg 锭连续铸造机组，目前主要由昆明重型机器厂生产，设备结构形式如图 17 – 1 所示。

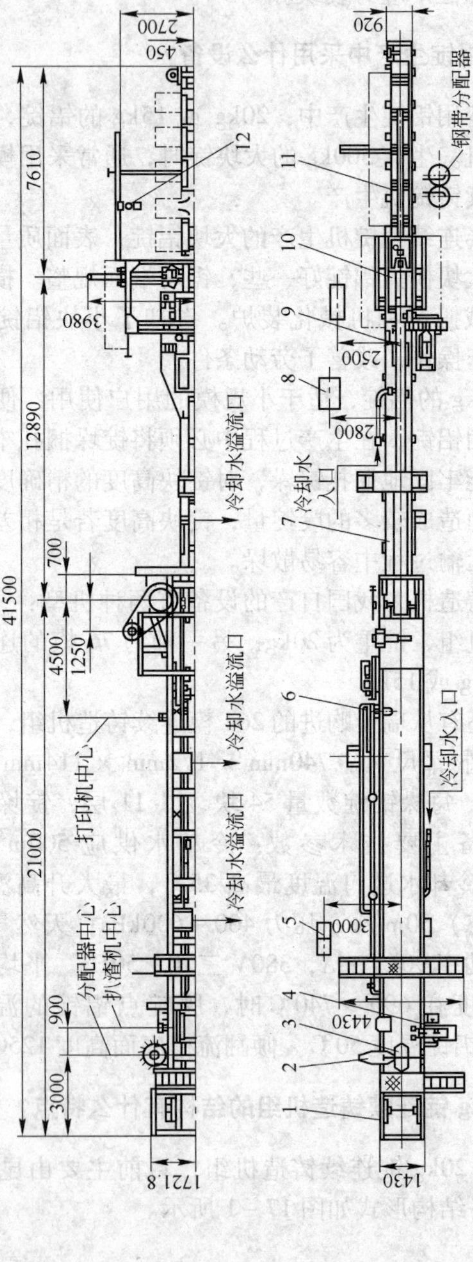

图 17-1 162 模 20kg 锭连续铸造机

1—铸造机；2—船形浇铸溜槽；3—分配器；4—扒渣机；5—电控设备；6—打印机；7—冷却运输机；8—液压装置；9—排出机；10—堆垛机；11—堆垛运输机；12—捆扎机

162 模 20kg 锭连续铸造机组，有 162 个铸模，为连续铸造重熔用铝锭的自动化生产线，包括铸造机、打渣机、打印机、冷却运输机、事故排出机、堆垛机、锭垛运输机、捆扎机和控制系统等九部分。整个作业在 41.5m 长的流水线上完成。连续铸造机组的额定生产能力为 16t/h。生产控制全过程通过电动、液动和气动联合自动操作。在正常生产情况下，四人操作即可。

在 162 模 20kg 铝锭连续铸造机组中，采用轮式浇注装置，浮标控制铝液流量。铸锭的浇注和冷凝过程是在水平运动中完成的，在这一工作段之内，铸模底部在冷却水槽内通过；水槽内的水位通过槽侧壁上的溢流孔控制。水槽两端的铸模沿着斜坡移动。这种结构形式，有利于控制铸锭的高度。冷凝好的铸锭，从连铸机尾端翻模磕落脱模，进入冷却运输机，将热锭冷却到接近室温，以便于堆垛操作。铸锭通过事故排出机时，按标准高度检查每一块铸锭，将不符合要求高度的铸锭排出机外。符合要求高度的铸锭进入堆垛机自动堆成锭垛。最后使用气动打捆机人工捆扎好锭垛。这种连续铸造机组的技术性能列于表 17－2 中。

表 17－2　162 模 20kg 铝锭连续铸造机的技术性能

生产能力/$t \cdot h^{-1}$		16
每块铝锭重量/kg		20±1.5
铝锭尺寸(长×宽×高)/mm×mm×mm		740×178×90
铝锭垛尺寸(长×宽×高)/mm×mm×mm		740×740×990
铝锭垛重量/kg		1080
铸造机速度/$m \cdot min^{-1}$		3.53
冷却运输机速度/$m \cdot min^{-1}$		8.8
锭垛运输机速度/$m \cdot min^{-1}$		5
用水量	铸造机/$m^3 \cdot h^{-1}$	100
	冷却运输机/$m^3 \cdot h^{-1}$	85
	油压装置冷却器/$m^3 \cdot h^{-1}$	5

续表 17－2

压缩空气	使用压力/MPa	0.49
	耗量/$m^3 \cdot h^{-1}$	75
铸造机	电动机	JZT_2－42－4 型，5.5kW，1150～115r/min
	摆线减速机	XWE_4－84 型，加速比 1∶187
	水泵	3BA－9 型，流量 $30m^3/h$，扬程 35.5m
	水泵电动机	JO_2－42－2 型，7.5kW，2000 r/min
锭垛运输机	电动机	$JZDO_2$－31－4 型，2.2kW，1430 r/min
	摆线减速机	XW2.2－6 型，加速比 1∶87
油压装置	电动机	JO_2－72－6 型，22kW，990r/min
	使用压力/MPa	4.9
	油泵压力/MPa	6.86
	油泵	YYB－148/168 型，流量 150.7L/min
机组外形尺寸/mm×mm×mm		约 41500×6000×3980
机组总重量/kg		约 5000

162 模 20kg 铝锭连续铸造机组适于大型铝厂使用。

303. 76 模 20kg 或 15kg 铝锭连续铸造机组的结构有什么特点？

答：76 模 20kg 或 15kg 铝锭连续铸造机组的工作原理与 162 模 20kg 铝锭连续铸造机组相同，结构形式相似。该机组由连续铸造机、打印装置、冷却装置、冷却运输机、自动堆垛机、捆扎机和锭垛运输机组成。早期生产设备的铸锭重量为 15kg。

76 模 20kg 或 15kg 铝锭连续铸造机组的结构特点，主要是连续铸造机上的铸模沿着斜上方向运行，铸模运行方向与地平线的夹角为6°，也有2°~5°[73]。运行速度为1.2m/min。连续铸造机上的铸模运行到上半环中部时，喷水冷却。由于铸模斜上运行，为了避免铸锭上平面偏斜，要求铸模底面在斜上运行过程中始终保持在平行的水平面上。高度不等的铸锭，其锭垛难以捆扎牢固。为此，对于设备的设计、制造和安装必须严格要求，铸模零件如图17-2所示，首先应明确位置公差的技术要求[73]：铸模两支撑轴孔ϕD轴心线与铸模底面M的平行度，两支撑轴孔ϕD轴心线与支撑平面的平行度，安装倾角α和控制尺寸l的公差，此三项位置公差数值可按未注形位公差要求选取；铝锭模各加工要素的划线应以锭模型腔底面M为基础划出，安装加工应以底面M作为定位平面予以校正固定；为保证质量和提高功效，铝锭模成批生产时，应设计专用铣具和镗具用于铣镗工序的加工。

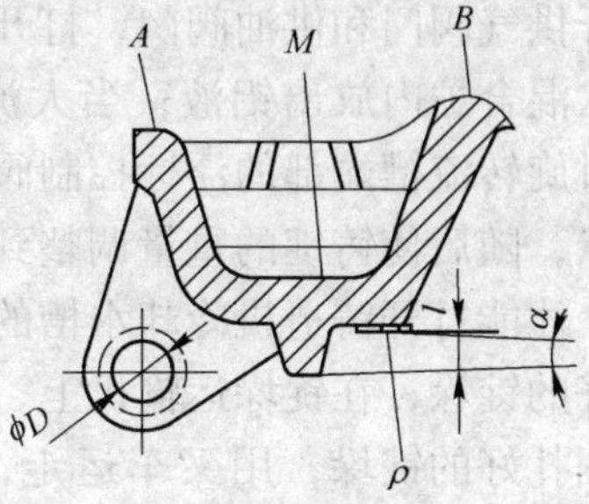

图17-2 铸模零件图[73]

76模20kg铝锭连续铸造机组，额定生产能力为5t/h，适于中小型电解铝厂生产使用。

304. 在重熔用铝锭生产中怎样进行操作？

答：重熔用铝锭生产操作比上述各种铸造工艺简单一些，为了生产安全和生产出符合质量要求的产品，仍然要有严格的操作规范。以162模20kg铝锭连续铸造机组为例，在铸造前，所有接触液态铝的操作工具必须预热干燥；连续铸造机间断工作8h以上所有的冷铸模必须预热，铸模温度不得低于150℃，铸模内不得存在水分或其他潮湿的物质。检查混合炉内铝液温度是否符合浇注要求。检查整个机组各部分的运转情况是否正常。检查冷却水和压缩空气的压力是否符合工作要求。安装调整好混合炉出铝口处的流槽端部和大流槽端部两处的浮标控制阀。

铸造时，首先启动各部位的电机，使整个设备运转起来。同时打开供气阀门和供油阀门，打开冷却运输机的进出口冷却水阀门。从混合炉内放出铝液；当大流槽内铝液已积存到80%左右时，对旋转流槽端部的浮标控制阀进行调整，最初的铸锭浇注量小一点，随后使铸锭的重量调整到规定值。当每个铸模工作一次以后，才能打开铸造机冷却水槽的进水阀门给水冷却铸模。自动堆垛好的锭垛，在锭垛运输机上，使用气动捆扎机经人工捆扎牢固。捆扎好的锭垛，用叉车运走，送到铝锭堆场。整个生产工序，除了锭垛捆扎半机械化之外，全部可自动化操作。

在铸造过程中，操作人员应巡视各机位的运行情况。容易出故障的部位，多在铸造机尾部脱锭和冷却运输机接锭处，事故排除机处，堆垛机处。自动打渣机，使用久了也容易失灵。

在76模20kg铝锭连续铸造机组生产过程中，在混合炉与连铸机之间安放一个活动流槽，活动流槽的流出口端浮放在铸模壁端沿上，通常在活动流槽后半部放一块石棉隔板，以减少浮渣流到铸模中；由人工控制浇注流量和手动打渣，一手抬放活动流槽，另一手操作打渣铲；抬放活动流槽要缓慢，使液流落到铸模中央，避免液流冲出模外；当铝液流满铸模时，应使流槽与铸模长方向成一直线，以便打渣操作；打渣时，渣铲平面从铸模一端轻轻斜插铝液中，缓慢平行推移至另一端，轻轻地抬起渣铲，当渣铲将离开液面时往回带一下，使渣铲沿斜后方向拖离液面，这样易于整个铸锭表面保持平整光洁；铝液流满铸模时，立即抬起活动流槽的流出口，待液流停止后，再移至下一个铸模壁端沿上。脱模铝锭超过12块以后，方可给水冷却铸模；但是，喷射的水流不得冲过铸模，避免冷却水进入铸模而与铝液直接接触，以免形成深坑和黑斑。每块铝锭必须经过检验员检查后打上检验印、炉号和熔炼号。

在重熔用铝锭生产中，每次铸造完毕之后，应仔细清理混合炉流嘴和流槽。

305. 重熔用铝锭生产工艺制度有什么要求?

答:在重熔用铝锭生产过程中,工艺制度虽然没有像其他各种铸造工艺那样要求繁多,但是仍然有一定的严格制度要求,主要是铸造温度、铸造速度和冷却强度等条件的控制。

(1) 铸造温度。铝液的温度对于铝锭的质量和铸造生产能力有影响。使用混合炉进行浇铸时,铸造温度应保持在680~720℃之间,并尽可能保持低温铸造,这对于保证铝锭质量和延长混合炉的使用寿命都有好处,还可以减少能源消耗。如果铝液温度过高,吸收氢气的速度和含量增加,铸锭上表面中心部位的收缩裂纹宽而深;而且,使凝固时间延长,铸造速度受到限制,生产能力降低。铝液温度过低,黏度大,流动性差,容易夹渣,降低铝的纯洁度。当铝液外铸时,即由抬包直接浇铸时,夏季铸造温度700~730℃,冬季700~740℃为宜。

(2) 铸造速度。铸造速度的快慢,依铝锭在运行过程中能够完全凝固而定。在保证铸锭进入打印机之前完全凝固而上表面不出现裂纹的条件下,铸造速度应尽可能地高一些。162模20kg铝锭连续铸造机运行速度为3.53m/min,机组的设计额定产能为16t/h,铸造开始时应低一些,铸造速度控制达到10t/h的产能,正常的铸造速度达到15t/h的产能;但是,不允许将速度加快到16t/h以上的产能。实际上正常生产中为13.5t/h左右。76模20kg铝锭连续铸造机运行速度为1.2m/min,生产能力为5t/h。

(3) 冷却强度。冷却强度的大小直接影响到设备的生产能力;冷却强度大,铸造速度可以快一些,生产能力提高。在保证铸锭上表面不出现裂纹的条件下,冷却强度应尽可能地大一些。从防止铸锭上表面出现裂纹的情况考虑,铸模上的冷却强度不应均匀分布,应该使模底部的冷却强度最大,模口边沿的冷却强度最小,差值应尽可能地大一些。在76模20kg或15kg铝锭连续铸造机组上,喷水冷却铸模的方式,既冷却了铸模的底面,又冷却了铸模侧壁。这样,对消除铸锭上表面中心部位的裂纹是不利的。

306. 为什么重熔用铝锭的上表面中心部位不应有裂纹?

答：重熔用铝锭是作为铝加工厂和铝铸造厂等企业的原材料。原材料质量不高，不仅会给铝材或铝铸件生产带来困难，而且会影响产品质量。在早期15kg重熔用铝锭的生产中，对铸锭表面裂纹是有要求的；例如，青铜峡铝厂曾在其《铸造安全、操作规程》(普通铝锭)中明确规定，裂纹长度有50mm的铝锭即为废品，不得交库。

重熔用铝锭的上表面中心部位有裂纹时，在贮存和运输过程中，灰尘和水分很容易沉积于裂缝中，裂纹愈深，沉积的灰尘和水分愈多；而且很不容易清除干净。灰尘中含有大量的二氧化硅和氧化铝。这样的铝锭在重熔过程中，二氧化硅很容易与液态铝反应，生成硅和氧化铝，硅很容易溶于铝液中，降低铝的纯度；水分容易与铝液反应，生成氢和氧化铝，氢很容易被铝液吸收，降低了铝的纯洁度；氧化铝也容易混入铝液中，增加了铝中的非金属夹杂物，降低了铝的纯洁度。

有裂纹的铝锭重熔时，由于灰尘带来的硅溶于铝液中，是无法用经济手段消除的，只能靠提高原材料的品位来弥补，这自然是不经济的。混入铝液中的氢气和氧化铝等夹杂物，虽然可以通过精炼处理来满足产品质量的要求；但是，增加了精炼处理的难度。在重熔用铝锭的生产过程中，控制铝锭上表面中心部位裂纹的产生，比铝锭在重熔过程中处理这些有害因素要简便得多。消除重熔用铝锭上表面中心部位的裂纹，对提高整体生产技术水平是很有意义的。

307. 怎样防止重熔用铝锭的上表面中心部位出现裂纹?

答：防止重熔用铝锭上表面中心部位出现裂纹的措施，主要有三条：铸锭形状、铸造温度和冷却强度的合理分布。从防止铸锭上表面中心部位出现裂纹的情况考虑，降低铸造速度是有益的；但是，降低了设备的生产能力，不是最佳的办法。

（1）铸锭形状。铸锭形状主要在于合理地控制宽度与高度之比，从防止铸锭上表面中心部位出现裂纹的情况考虑，铸锭的宽高比宜大一些。铸锭的宽高比过小，特别是当铸模底部与模口之间的冷却强度相差较小时，容易促使铸锭上表面中心部位出现裂纹。国外曾经有一种重熔用铝锭，铸锭的宽高比比较小，铸锭上表面中心部位凹陷现象特别明显。

（2）铸造温度。从防止铸锭上表面中心部位出现裂纹的情况考虑，铸造温度应尽可能地低一些。铸造温度过高，凝固层内的温度梯度增大，温差应力相应增大，容易促使铸锭上表面中心部位出现裂纹。

（3）冷却强度的合理分布。从防止铸锭上表面中心部位出现裂纹的情况考虑，应使铸锭底面的冷却强度最大，向上顺序冷却为最好。为此，铸模上的冷却强度不应均匀分布，应该使模底部的冷却强度最大，模口边沿的冷却强度最小，差值应尽可能地大一些。在 76 模 20kg 或 15kg 铝锭连续铸造机组上，喷水冷却铸模的方式，既冷却了铸模的底面，又冷却了铸模侧壁。这样，对消除铸锭上表面中心部位的裂纹是不利的。上述 162 模 20kg 铝锭连续铸造机的铸模冷却形式较为合理，冷却水槽内的水位可以通过水槽侧壁上的溢流孔的高度来控制，冷却水仅直接冷却铸模底部，而不直接冷却模壁，从而扩大了模底与模口之间的冷却强度差别，有利于实现向上顺序冷却过程。

308. 重熔用铝锭生产过程中为什么要进行打渣操作？

答：重熔用铝锭生产过程中，必须捞净铸模内铝液表面上的浮渣，主要原因有两点：商品性能和质量要求。

（1）商品性能。商品性能的要求这一点是显然的，不进行打渣操作的铝锭，上表面很不雅观，皱折多渣。进行打渣操作的铝锭，上表面很光洁平滑，商品性能自然好得多。

（2）质量要求。在重熔用铝锭生产过程中，铝液的浇注都是采取上注法，流下的铝液很容易冲击铸模内的液面。敞露在空气中的铝液是很容易被氧化的，这些氧化夹杂物多集中于铝液表面上。氧化夹杂物对铝加工生产的影响比较大。表面带有较多氧化夹杂物的铝锭，重熔时会降低铝液的纯洁度，增加熔炼过程中精炼操作的困难。因此，必须捞净铸模内铝液表面上的浮渣。

309. 重熔用精铝锭的标准要求有什么规定?

答：根据《重熔用精铝锭》(GB/T 8644—2000) 标准要求，重熔用精铝锭的化学成分应符合表5－2 的规定。重熔用精铝锭的外形尺寸、铸锭个重及允许偏差应符合表17－3 的规定。

表17－3　重熔用精铝锭的外形尺寸、铸锭个重及允许偏差

项　目	铸锭外形尺寸/mm			铸锭个重/kg
	长	宽	高	
名义值	560	135	75	10
允许偏差	±5	±5	±5	±1

根据《重熔用精铝锭》(GB/T 8644—2000) 标准要求，重熔用精铝锭应无积渣、无裂纹、无飞边。产品应成批提交检验，每批由同一个熔炼号产品组成，数量不少于10 块 (100kg)。每块重熔用精铝锭上应浇铸或打印生产厂标志，并打印熔炼号和检印。各牌号的重熔用精铝锭应有不易脱落的鲜艳的颜色标志；颜色标志应符合表5－3 的规定。重熔用精铝锭的锭垛应整齐，打捆形式采用井字形。

十八、双带式连续铸造

310. 双带式连续铸造工艺有什么特点？

答：双带式连续铸造工艺，是将液态金属通过特制的流槽注入两条互相平行的环状钢带组成的铸模内被移动的钢带冷凝成铸坯。铸模与铸坯之间没有相对运动。铸模的截面呈锥形，铸模型腔的厚度和宽度可以根据产品需要进行调整，铸模型腔的长度也可以根据生产工艺要求进行调整。例如，24 型连铸机，可铸宽度为 305 ~2540mm 的有色金属带材，铸坯厚度为 10 ~ 51mm；认为铸造宽度为 1219mm 时成本较低[74]，而且方便。对于大部分有色金属，其铸模长度为 1.9m[75]。因此，这种连铸工艺的适应性比较广，可以生产板带铸坯，也可以生产小断面方形铸坯；可以连续铸造有色金属铸坯，也可以生产钢铸坯。这种连铸工艺，可以与连轧机串联，实现热连轧。例如，串联热连轧机列的铝、锌、铅铸造机列，可以生产铸造坯料厚度 12.7 ~ 25.4mm，终轧至 0.127mm 或更小[74]；比利时采用长型 Hazelett 双钢带式连铸机，与 15 机座的棒材串联式轧机组合，轧成 ϕ8mm 铜线坯，生产率可稳定在 30t/h。

在双带式连续铸造过程中，在无机械破坏的情况下，铸模的使用寿命取决于铸造的金属及铸坯断面，使用寿命一般为 8h 至两周，钢带的消耗量很大。

这一类连续铸造机的典型代表是 Hazelett 双钢带式连铸机，首先由美国的 Hazelett 公司提出来，1961 年研制成功。因此，双钢带式连铸机通常称为 Hazelett 式连铸机。

311. Hazelett 双带式连续铸造机的结构有什么特点？

答：Hazelett 双带式连续铸造机的铸模，主要是由同步运行的两条平行环状钢带组成的。钢带套在上、下两个框架上，每个框架上可用两个、三个或四个导轮张紧支撑着钢带，使钢带的平直度与标准边的偏差小于0.1mm。24 型 Hazelett 双带式连续铸造机，铸模的长度可调为1778mm、2464mm 和3378mm。为了便于浇铸，连铸机的上框架比下框架略短一点，使下框架浇口端稍露一段钢带平面当浇口用；并使铸模呈一定的倾角，而且使角度可调，一般控制在6°~20°。下框架带有不锈钢绳连接起来的金属块，用以作为铸模型腔的侧块，它靠钢带的摩擦力与运动的钢带同步移动。调整两个环形钢带之间的平行间距和侧块的高度，可生产不同厚度的铸坯；调整两个侧块之间的距离，可生产不同宽度的铸坯。Hazelett 双钢带式连铸机的结构形式如图 18－1 所示。

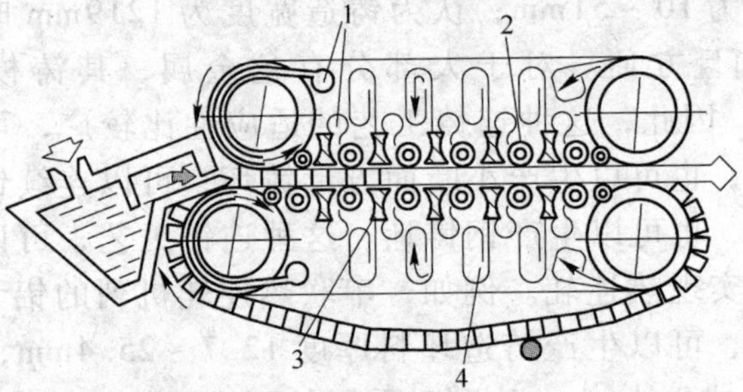

图 18－1 Hazelett 双钢带式连铸机示意图

1—高速冷却水喷嘴；2—钢带支撑辊；3—回水挡板；4—集水器

钢带厚度为1.1~1.4mm，在 Hazelett 公司专门为连铸机生产的低碳特种合金钢制作，将钢带用钨极惰性气体保护电弧焊焊接成环状。使用前在环状钢带表面喷上陶瓷涂层，以期提高环状钢带的使用寿命。也有采用0.5~1.5mm 厚的低碳钢板焊接成环状钢带。钢带的使用寿命为8h~14d；钢带由于张紧而承受机械应力，特别是浇铸开始时，液态金属冲刷着喷嘴周围的钢带，而使钢带产生机械损坏。采用较大直径的导轮和改进液态金属的注入方法，改善钢带的材料及加工技术，在很大程度上有助于提高钢带的使用寿命。在21型、23型及24型连铸机上采用直径为610mm的两个大轮子来张平钢带，钢带受到预张力的作用后可降低其变形。由于采用大直径的支撑轮子，钢带的使用寿命较长。环状钢带采用特殊结构的水冷装置进行冷却；为了加强冷却效果和便于保持润滑，钢带外表面用喷砂法进行处理，使其毛糙。

铸模的侧块与钢带一起运动，并且用柔软夹板使其保持与被铸金属接触。由于这些侧块直接与冷钢带接触，而保持冷却状态。当铸造较厚的铸坯时，用压缩空气和水的混合物冷却侧块。

在连铸机的出口端，设有夹紧辊，当夹紧辊夹紧铸坯时，它与铸机同步运转，以确保铸坯与铸模同步运动。连铸机后面配置相应的热轧机和冷轧机，可以实现连铸连轧生产。

312. 水冷装置的结构有什么特点?

答：Hazelett双带式连续铸造机的水冷装置结构较为特别，如图18－2所示。高速冷却水从喷嘴射出后，经过金属制作的弧

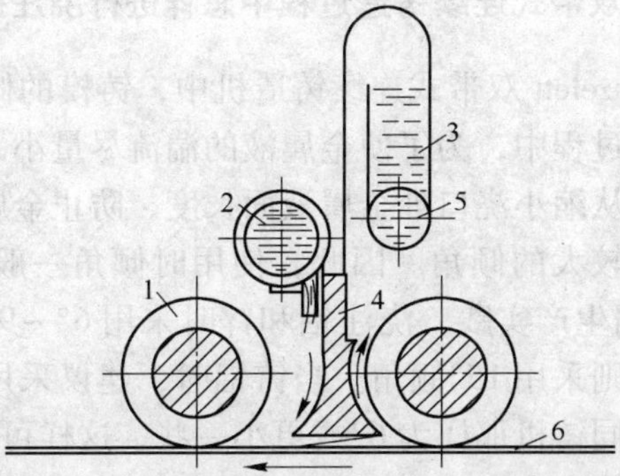

图18－2 钢带冷却装置

1—支撑辊；2—给水管；3—集水器；4—弧形挡块；5—排水管；6—钢带

形挡块，与钢带成10°的切向冲刷着钢带，穿过支撑辊辊身上开的环形槽，顺着前面相邻弧形挡块的流线背面产生90°的分速度，流入集水器，再从集水器通入排水管返回冷却池。这样，可使钢带冷却得既快又均匀。当钢带在出口端离开铸坯后，不设置专门的冷却装置，仅靠钢带在空气中自然冷却，直到空冷的钢带重返浇注口之前，再被入口端的喷嘴喷水冷却。

冷却系统的设计对铸造成功与否有很大关系，必须保持高速流水随时与移动钢带接触，同时必须使水随时保持各种金属温度所要求的临界值。例如，当钢带间温度为1482.2℃时，钢带外表面的温度不得超过187.8℃。钢带经过充分水冷，其温度保持在148.9℃以下时，它不会承受热循环作用。试验表明，在这种条件下，钢带没有热循环现象。但是，钢带由于张紧而承受机械应力，特别是浇铸开始时，液态金属冲刷着喷嘴周围的钢带，而使钢带产生机械损坏。

Hazelett双带式连续铸造机的冷却耗水量相当大，以铸铝板而言，每分钟每米宽耗水量约15t。为了在浇注时避免形成水蒸气层，水速和水量的控制应使钢带的温度保持在水的汽化点以下。

313. Hazelett双带式连续铸造过程中怎样进行浇注操作?

答：在Hazelett双带式连续铸造机中，铸模的倾角是可以调控的。在浇注过程中，为了使金属液的湍流尽量小一些，宜采用较小的倾角。从缩小浇口处金属液面长度、防止金属氧化的角度来看，宜采用较大的倾角。因此，使用时倾角一般控制在6°~20°之间。根据生产实践，浇注铝和锌时采用6°~9°倾角；而浇注铜和钢时，则采用15°倾角。当铸铝时，建议采用注入型的喷嘴，浇注角度同铸机那样为6°或更小一些，这样可以减少紊流。为了防止由于液态金属流速过快而产生涡流，设计喷嘴时使孔的开口为铸坯总横截面积的20%~30%。为了防止由于热弯曲而引起的尺寸误差、确保液态金属在铸模内均匀分布，喷嘴要分成几个喷出口。浇注嘴与钢带之间的间隙大约为0.254mm。

在Hazelett双带式连续铸造机中，允许液态金属的凝固过程在铸模长度的三分之一、一半或全长上完成。为了提高生产率，可采用直接向铸坯表面喷射二次冷却水进行强冷，以便提高铸造速度。

314. Hazelett双带式连续铸造过程中怎样进行生产操作?

答：在Hazelett双带式连续铸造过程中，生产操作比较简单，同水平式双辊连铸连轧生产操作相仿。机械化程度比较高，平均每台连铸机组只需要两名操作管理人员。

开始铸造前，必须按要求将前箱和浇注嘴或分配器以及其他接触液态金属的操作工具进行预热干燥。检查整个设备运转是否正常；要检查好钢带，必要时用钢刷清理钢带上的氧化物及结疤等脏物。按生产要求把前箱和浇注嘴或分配器放置到环形钢带的浇口处，使浇注嘴与钢带之间的间隙大约为0.254mm。然后把引锭头插入钢带与侧块组成的铸模内。

铸造时，当液态金属通过流槽、前箱和浇注嘴或分配器进入铸模后，开动连铸机，并缓慢而平稳地控制钢带的移动速度和液态金属流量之间保持平衡，使前箱内的金属液面正好保持低于铸模开口之处。当铸坯出铸模后，卸去引锭。并将铸模尾端的夹紧辊夹紧铸坯，以确保铸坯与铸模同步运动，可以防止铸坯与铸模之间产生相对运动；对于结晶温度区间较大的合金，这是很重要的技术措施。

315. Hazelett双带式连续铸造工艺制度有什么不同?

答：在Hazelett双带式连续铸造过程中，铸造速度比较快，冷却水耗量比较多。例如，铸造宽度为1600mm、厚度为12.7mm的铸坯，冷却水以36000L/min的流量喷向钢带进行快速冷却时，铸造速度为1.5~6m/min。铸坯厚度增加，铸造速度降低；铸坯厚度减小，铸造速度可以快一些。914.4mm宽的铸带，铸造速度为 2133.6 ~ 2438.4mm/min，铸带出口温度为549℃。

在没有二次冷却的条件下，铝及铝合金（低合金元素含量）铸坯的生产率保持在0.30t/[h·cm(宽)]。铸坯宽度为1379mm时，生产能力为30 ~32t/h。

十九、中间合金生产

316. 生产中间合金有哪些方法？

答：在铸造生产中，生产中间合金的基本方法通常有三种：(1) 铝与纯的原始组元熔化法；(2) 相应氧化物及卤盐的铝热还原法；(3) 氧化物电解还原法。

在电解铝厂，采用 (1) 和 (3) 两种方法较为方便。采用 (1) 方法时，可以直接利用电解槽产出的高温液态原铝，熔入相应的组元成分即可，便于控制合金组元成分。采用 (3) 方法时，可以将中间合金组元的氧化物直接加入铝电解槽内进行电解；但是，用此法难以获得高含量合金成分的中间合金，而且还会使铝电解槽内的电阻增加，电耗增大，很不经济。综合比较，采用 (1) 方法最为合适。

317. 常用的铝基中间合金有哪些？

答：在铝加工材早期生产过程中，铝基中间合金仅作为配制成品铝合金的自备中间产品。常用的铝基中间合金主要有：Al－Cu、Al－Ni、Al－Fe、Al－Si、Al－Mn、Al－Cr、Al－Ti 和 Al－Sb。对中间合金的基本要求是：熔点低，尽可能接近于成品合金的熔炼温度；含有适量的难熔元素；化学成分均匀；气体、非金属夹杂物含量应尽可能低；易于破碎，便于配料。常用的铝基中间合金的化学成分列于表 19－1 中。

随着社会生产的发展，铝基中间合金的品种及合金元素的含量均有所增加；不仅作为配制成品铝合金的自备中间产品，而且作为商品化的成品出厂。为此，还制定了行业标准。铝基中间合金锭的化学成分和物理性能列于表 19－2 中。

表 19 - 1 铝基中间合金的化学成分

中间合金名称	化学成分/%									
	Cu	Mg	Mn	Ni	Si	Fe	Zn	Cr	Ti	Sb
Al - Cu	40 ±3	<0.1	<0.1	<0.1	<0.6	<0.6	<0.3			
Al - Ni	<0.1	<0.1	<0.1	20 ±3	<0.6	<0.6	<0.3			
Al - Fe	<0.1	<0.1	<0.1	<0.1	<0.6	10 ±2	<0.3			
Al - Si	<0.1	<0.1	<0.1	<0.1	20 ±6	<0.6	<0.3			
Al - Mn	<0.1	<0.1	10 ±2	<0.1	<0.6	<0.6	<0.3			
Al - Cr	<0.1	<0.1	<0.1	<0.1	<0.6	<0.6	<0.3	3 ±1		
Al - Ti	<0.1	<0.1	<0.1	<0.1	<0.6	<0.6	<0.3		3 ±1	
Al - Sb	<0.1	<0.1	<0.1	<0.1	<0.6	<0.6	<0.3			2 ±1

318. 铝基中间合金的锭重多大合适?

答：在铝基中间合金中，合金成分含量比较高；而铝基中间合金作为配料使用，用量不是很大，为了便于搬运和小型熔炼设备使用，中间合金铸锭重量通常不大于10kg。重熔用铝锭的重量一般为20kg、15kg或22kg。中间合金铸锭重量小，外廓尺寸小，很容易与重熔用铝锭识别，以避免混料。

319. 使用什么熔炼设备生产铝基中间合金较为合适?

答：铝基中间合金作为配料使用，要求中间合金内的化学成分均匀；而合金组元的熔点比较高。因此，在铝基中间合金生产过程中，使用的炉温比较高，使用中频感应炉或煤气炉较为合适。

从保证中间合金铸锭质量和生产操作考虑，使用中频感应炉生产比较好，对于Al - Ti、Al - Ni和Al - Sb等中间合金更是如此。在感应炉内熔炼时，由于电磁力的搅拌作用，合金的化学成分较为均匀，无需人工搅拌；但是，不宜使用工频感应炉，因为工频感应炉的频率低，一般为50Hz，搅动熔体的波幅大，在高温

表 19－2 铝基中间合金锭的化学成分和物理性能（YS/T 282—2000）

序号	牌号	化学成分(质量分数)/%												物理性能	
		Cu	Si	Mn	Ti	Cr	Ni	Sb	Fe	Zn	Mg	Pb	Sn	熔化温度/℃	特性
1	AlCu50	48～52	0.40	0.35	0.10	0.10	0.20	—	0.45	0.30	0.20	0.10	0.10	570～600	脆
2	AlSi24	0.20	22～26	0.35	0.1	0.10	0.20	—	0.45	0.2	0.40	0.10	0.10	700～800	脆
3	AlSi20	0.20	18～21	0.35	0.1	0.10	0.20	—	0.45	0.2	0.40	0.10	0.10	640～700	脆
4	AlSi12	0.03	11.5～13.0	0.10	0.10	—	—	—	0.35	0.08	—	—	Ca0.1	560～620	脆
5	AlMn10	0.20	0.40	9～11	0.1	0.10	0.20	—	0.45	0.2	0.50	0.10	0.10	770～830	韧
6	AlTi4	—	0.2	—	3～5	—	—	—	0.3	0.1	—	—	—	1020～1070	易偏析
7	AlTi5	0.15	0.50	0.35	4.5～6	0.10	0.10	V0.25	0.45	0.15	0.50	0.10	0.10	1050～1100	
8	AlCr2	—	0.2	—	—	2～3	—	—	0.5	0.1	—	—	—	900～1000	
9	AlNi10	—	0.2	0.1	—	—	9～11	—	0.5	—	—	0.1	—	680～730	韧
10	AlB3	0.1	0.2	—	—	—	—	B2.5～3.5	0.4	0.1	—	—	—	800	韧
11	AlB1	0.1	0.2	—	—	—	—	B0.5～1.5	0.3	0.1	—	—	—	800	韧

续表 19－2

序号	牌号	化学成分(质量分数)/%												物理性能	
		Cu	Si	Mn	Ti	Cr	Ni	Sb	Fe	Zn	Mg	Pb	Sn	熔化温度/℃	特性
12	AlZr4	—	0.2	—	—	—	—	Zr 3～5	0.3	0.1	—	0.1	—	800～850	易偏析
13	AlSb4	—	0.2	—	—	—	—	3～5	0.3	—	—	—	—	660	
14	AlTi5B1	0.02	0.20	0.02	4.5～6	0.02	0.04	B0.9～1.2	0.30	0.03	0.02	Zr 0.02	—	800	
15	AlFe20	0.1	0.2	0.3	—	—	—	—	18～22	0.1	—	—	—	1020	脆
16	AlBe3	—	0.2	—	—	—	—	Be2～4	0.25	0.1	—	—	—	820	韧
17	AlSr5	0.01	—	—	—	—	—	Sr 4～6	0.2	0.05	0.05	—	Ca 0.05	680～750	韧
18	AlSr10	0.1	—	—	—	—	—	Sr 9～11	0.2	0.1	0.1	—	Ca 0.1	780～850	韧

注：1. 表中有上、下限范围的数值为主要成分含量，单个数值为杂质的最大允许含量；

2. 中间合金锭断口组织应致密，不允许有明显的熔渣和偏析；

3. 外形应便于包装、运输及使用；

4. 脆性合金锭成箱(桶)包装，每箱(桶)重量不大于50kg。

下铝液容易氧化而夹渣。中频感应炉的频率高，一般在2000Hz以上，搅动熔体的波幅小，在熔炼过程中既能搅拌熔体，又不至于冲破铝液表面的氧化膜。中频感应炉的容量一般比较小，目前国内产品的最大容量为3200kg。国产无芯中频感应熔铝炉的主要技术参数列于表19－3中。

表19－3 国产无芯中频感应熔铝炉的主要技术参数

型号	额定容量/t	额定功率/kW	额定频率/Hz	感应器电压/V	工频进线电压/V	工作温度/℃	熔化率/t·h⁻¹	冷却水耗量/t·h⁻¹
GWL0.3－160－1	0.3	160	1000	700	3N－380	780	0.2	5
GWL0.5－250－1	0.5	250	1000	1400	3N－380	780	0.33	8
GWL0.8－350－1	0.8	350	1000	1400	3N－380	780	0.48	12
GWL1－500－1	1	500	1000	1400	3N－380	780	0.71	15
GWL1.6－750－1	1.6	750/1000	1000	2000	3N－10kV	780	1.13～1.5	20
GWL3.15－1500－0.5	3.2	1500	500	2000	3N－10kV	780	2.1	25

使用煤气炉熔炼时，一次投料量多一些，可使用8t容量的煤气炉生产；在熔炼过程中，需要人工进行搅拌，劳动强度大。就一炉中物料化学成分的均匀性而言，以Al－Si合金最难保证。

320. 使用中频感应炉生产铝基中间合金时怎样进行操作？

答：生产操作前，应仔细检查电器设备的运行情况，炉衬是否完好，感应线圈的冷却水流是否通畅、冷却水压是否符合生产要求。

在电解铝厂生产铝基中间合金时，可以采用液态原铝作为原料，这样可以大大地提高设备的生产能力，并使电耗大幅度下降。生产过程中，按炉容量进行配料，例如容量为170kg的中频感应炉，炉料量在160kg左右。将电解槽生产的高温液态原铝直接倒入感应炉坩埚内。扒去铝液表面浮渣，并撒上一层干燥的覆盖剂。当铝液温度升高到900～1100℃时，再加入难熔合金成分。根据煤气炉熔炼铝基中间合金的生产实践，当难熔合金成分全部熔化后，进行扒渣和搅拌，然后向炉中加入冷却料并进行搅拌。冷却料量列于表 19－4 中。为了提高中间合金的纯洁度，待合金元素充分熔解后，进行适当的精炼处理。待熔体温度降到规定的铸造温度时，即可进行铸造。熔炼好的熔体，用合金锭铸造机铸成 10kg 重的合金锭。在浇铸过程中，取出铝试样，进行化学成分分析。铸好的合金锭，待完全凝固后，在每块铸锭上打上印记，标明牌号、炉号和熔次号。

表 19－4 冷却料量

合金名称	Al－Cu	Al－Si	Al－Mn	Al－Fe	Al－Ni	Al－Cr
冷却料量/%	8～10	4～6	0～2	0～2	0～4	0～2

冷却料，可以利用同等成分的重熔用铝锭超尺寸废锭。

170kg 容量的中频感应炉，电功率为 100kW，生产时一般保持在 70～80kW，开始控制为 50～60kW；不允许超过 100kW。固态冷料熔炼时，生产周期为 4h。采用液态原铝熔炼时，生产周期大大缩短了。

炉衬使用寿命一般为 150 炉次左右，最多 300 炉次，最差几十炉次。生产过程中，要注意炉衬的情况，谨防熔体穿炉而损坏感应器；同时要注意观察感应器的冷却水流是否正常，谨防断水而损坏感应器。

在火焰炉内熔制二元中间合金时，金属的烧损量将会高于中频感应炉内的烧损量，不同中间合金的烧损量也不相同。在火焰炉内熔制二元中间合金时的烧损率列于表 19－5 中。当直接采用金属锭在火焰炉内熔制二元中间合金时，中间合金的计算成分可参照表 19－6 的数据进行配料。

表 19－5 在火焰炉内制取中间合金时的烧损率[10]

中间合金		Al－Cu	Al－Mn	Al－Ti	Al－Ni	Al－Cr	Al－Fe
合金组元的名义含量/%		50	10	3	20	3	10
烧损率/%	全部炉料	5	7	10	7	7	10
	其中的合金组元	6	15	25	15	25	15

表 19－6 二元铝中间合金的配料标准[10]

中间合金	Al－Cu	Al－Fe	Al－Ni	Al－Sb	Al－Mn	Al－Si	Al－Cr	Al－Ti
元素名义含量/%	40	10	20	2	10	20	4	4
元素配料标准/%	42	11	21	2	11	22	4	4

321. 铝基中间合金的熔炼温度如何选定?

答：生产铝基中间合金的合金元素大都为高熔点难熔金属。为了获得合金元素含量高而成分均匀的中间合金锭，加入难熔成分时的熔体温度比较高，而且大都要分批加入。根据煤气炉熔炼铝基中间合金的生产实践，难熔成分加入时的温度及添加方法列于表 19－7 中。

表 19－7 难熔成分添加工艺制度

合金名称	Al－Cu	Al－Si	Al－Mn	Al－Fe	Al－Ni	Al－Cr
难熔成分加入时的温度/℃	750～850	900～1000	900～1000	900～1000	950～1000	1000～1100
分批数	2～3	1	2～3	2～3	2～3	2～3
每批间隔时间/min	1.0～1.3		1.30～2.0	1.30～2.0	1.30～2.0	1.30～2.0

322. 铝基中间合金的铸造温度如何选定?

答：为了获得良好质量的中间合金铸锭，应使熔炼好的熔体温度达到规定的铸造温度，再行铸造。中间合金的铸造温度高于成品铝合金锭的铸造温度；尽可能在较低温度下进行铸造，与重熔用铝锭生产一样，铸造温度过高，铸锭上表面中心部位容易出现收缩裂纹；有裂纹的铸锭在贮存和运输过程中，灰尘和水分容易积沉于裂缝内。根据煤气炉熔炼铝基中间合金的生产实践，各种铝基中间合金的铸造温度列于表19－8中。

表19－8　中间合金的铸造温度

合金名称	Al－Cu	Al－Si	Al－Mn	Al－Fe	Al－Ni	Al－Cr
铸造温度/℃	>700	750～800	900～980	1000～1050	800～850	950～1000

二十、熔剂生产

323. 变形铝及铝合金用熔剂的牌号是怎样表示的？

答：熔炼铝及铝合金用的熔剂，过去没有统一的产品牌号。2005 年，全国有色金属标准化技术委员会提出了 YS/T 491—2005《变形铝及铝合金用熔剂》中华人民共和国有色金属行业标准。按该标准规定，熔剂的牌号由两个汉语拼音字母和两位数字表示，两数字之间置一短横。第一个字母 R 代表熔剂统称；第二个字母代表产品代号，用以表示熔剂的种类；字母后的第一位数字代表用途分类，表示用于高镁铝合金与用于纯铝及其他铝合金的两种不同用途；横线后面的数字代表型号，表示同一种类熔剂有几种型号。用途分类代号中的 1、2，分别代表相当于原来的一号熔剂和二号熔剂。熔剂产品代号及用途分类代号的标识意义列于表 20－1 中。

表 20－1　熔剂产品代号及用途分类

产品代号	代表熔剂的种类	用途分类代号	适用的铝及铝合金范围
F	覆盖剂	1	纯铝及 Mg 质量分数小于 2% 的铝合金
J	精炼剂		
D	打渣剂（造渣剂）	2	Mg 质量分数不小于 2% 的铝合金
Q	清炉剂		

324. 在熔剂生产中采用什么熔炼炉？

答：在电解铝厂使用的固态熔剂，主要作为第一次精炼剂和覆盖剂。

固态熔剂的化学成分都是卤化物，在熔制过程中会产生卤素气体。因此，在熔剂生产中，通常使用镁砖内衬的煤气炉，而不使用电炉，以免腐蚀电热元件。熔剂必须在专用炉内制备，不允许使用合金熔炼炉熔制熔剂。

325. 熔剂的制备工艺制度有什么要求？

答：在铝及铝合金熔铸生产中，由于产品不同所用的熔剂也不完全相同。通常使用三种熔剂：一号熔剂、二号熔剂和三号熔剂。一号熔剂通常称为普通熔剂；二号熔剂不含钠盐，都必须配料重熔后使用；三号熔剂为普通的覆盖剂，煤气炉或天然气炉不经重熔，可用 KCl 和 NaCl 均匀混合使用。高镁合金用的覆盖剂（光卤石），也需要重熔后使用。在铝及铝合金生产中，一号熔剂用量比较多。常用熔剂组成原料的物理化学性质列于表 20－2 中。统一熔剂牌号以前，各种熔剂的化学成分与用途列于表 20－3中。按 YS/T 491—2005《变形铝及铝合金用熔剂》标准规定的各种熔剂的化学成分列于表 20－4 中。制备工艺条件列于表 20－5 中。

表 20－2 常用熔剂组成原料的物理化学性质

原料名称	分子式	相对分子质量	密度 /g·cm^{-3}	熔点/℃	沸点/℃	备注
氟化钠	NaF	41.99	2.79	992	1704	—
氟化钾	KF	58.10	2.50	857	1500	—
氟化钙	CaF_2	78.08	3.18	1360	2500	—
氟化铝	AlF_3	83.98	3.07	1040	1260	1280℃升华
氟化镁	MgF_2	62.30	3.148	1266	2239	—
氟化锂	LiF	25.94	2.64	845	1676	1100～1200℃挥发
氟铝酸钠	Na_3AlF_6	209.04	2.93	1011	—	
氟硅酸钠	Na_2SiF_6	188.06	2.68	灼热分解	—	
氟硅酸钾	K_2SiF_6	220.28	3.08	灼热分解	—	
氯化铝	$AlCl_3$	133.34	2.44	192.6	180 升华	
氯化钠	NaCl	58.45	2.165	801	1465	
氯化钾	KCl	74.55	1.99	776	约 1500	

续表 20-2

原料名称	分子式	相对分子质量	密度 /g·cm^{-3}	熔点/℃	沸点/℃	备注
氯化钙	$CaCl_2$	110.97	2.15	772	≥1600	
氯化镁	$MgCl_2$	95.21	2.32	707	1412	
氯化钡	$BaCl_2$	208.24	3.92	960	1560	
氯化锂	LiCl	42.39	2.068	614	1360	
五氯化磷	PCl_5	208.24	2.11	166.8	159 升华	
光卤石	$MgCl_2 \cdot KCl$	169.76	2.2	478	—	
六氯乙烷	C_2Cl_6	236.74	2.091	186.8	186.8 升华	
碳酸钠	Na_2CO_3	105.99	2.532	851	960 分解	
碳酸钾	K_2CO_3	138.21	2.428	891	—	
碳酸钙	$CaCO_3$	100.09	2.93	1339	825 分解	
硫酸钠	Na_2SO_4	142.05	2.698	加热膨胀	灼热分解	
赤磷	P_4	123.9	2.0~2.4	593	420 升华	

表 20-3 各种熔剂的化学成分与用途

熔剂名称	主要用途	化学成分/%					
		KCl	NaCl	Na_3AlF_6	$MgCl_2$	$BaCl_2$	H_2O
一号熔剂	除高镁合金以外的所有铝合金，用作精炼、覆盖	40~50	25~35	18~26			<1.5
二号熔剂	高镁合金精炼和覆盖		$NaCl+CaCl_2$，≤8		38~46	5~8	<2.0
三号熔剂	除高镁合金以外，用于煤气炉、高频炉、天然气炉覆盖熔炼成品合金及复化料时	50	50				<3.0
覆盖剂	覆盖中间合金	30	70				<3.0
覆盖剂（光卤石）	覆盖高镁合金	47~57	$NaCl+CaCl_2$，≤8		38~42		<2.0

表 20－4　统一熔剂牌号的化学成分（YS/T 491—2005）

牌号	质量分数/%												
	K	Na	Al	Si	Cl	F	Mg	Ba	Ca	C	N	O	其他
RF1－1	27～31	15～20	≤5	≤3	52～55	≤0.5	≤0.5	≤0.5	≤0.5	≤0.5	≤1.0	≤5	≤0.1
RF1－2	16～20	16～20	≤5	≤3	52～56	4～7	≤0.5	≤0.5	1～3	≤0.5	≤1.0	≤5	≤0.1
RF2－1	12～18	≤3	≤5	≤3	45～58	≤0.5	9～15	3～9	≤1	≤0.5	≤1.0	≤5	≤0.1
RJ1－1	21～26	16～23	≤5	≤8	34～45	9～14	≤0.5	≤0.5	≤0.5	≤0.5	≤1.0	≤5	≤0.1
RJ1－2	10～14	22～26	≤5	≤8	34～38	12～20	≤0.5	≤0.5	1～3	≤0.5	≤1.0	≤5	≤0.1
RJ2－1	10～16	≤3	≤5	≤8	40～55	3～6	8～12	2～8	1～3	≤0.5	≤1.0	≤5	≤0.1
RD1－1	13～17	20～24	≤8	≤12	32～36	12～16	≤0.5	≤0.5	2～5	≤0.5	≤1.0	≤5	≤0.1
RD2－1	10～20	≤3	≤8	≤12	40～50	7～12	6～10	2～6	1～3	≤0.5	≤1.0	≤5	≤0.1
RQ1－1	13～17	20～24	≤8	≤12	32～36	12～16	≤0.5	≤0.5	2～5	≤0.5	≤1.0	≤5	≤0.1
RQ2－1	12～16	≤3	≤8	≤12	42～55	12～20	8～10	2～6	1～3	≤0.5	≤1.0	≤5	≤0.1

注：1. 如果生产航天、航空或军工用料，其熔剂使用单位可要求生产单位提供熔剂配方，以便复验及确定是否有危害元素存在。

2. 如有特殊用途及特殊要求的熔剂，可供需双方协商并在合同中注明。

根据 YS/T 491—2005《变形铝及铝合金用熔剂》标准规定，熔剂的水含量要求 <0.5%。用于覆盖、喷粉精炼的熔剂，必须是粉状，其粒度要求筛网网孔尺寸 1.0mm 筛余物小于 2%，用于叠坝、精炼用熔剂，必须是块状，其几何尺寸可供需双方协商，并在合同中注明。纯铝及 Mg 质量分数小于 0.2% 的铝合金用熔剂中不允许配入游离状态的 NaF 等增加 Na、Li、Sr、SO_4^{2-}

等有害元素的物质。Mg 质量分数不小于2%的铝合金用熔剂中，($NaCl+CaCl_2$) 不大于10%；MgO 不大于1.5%；水不溶物不大于1.5%。

表 20－5 熔剂的制备工艺条件

熔剂种类	化学成分(配料比)/%						熔炼温度/℃	加难熔成分温度/℃	冷却料量(占总投料量)/%	出炉温度(不高于)/℃
	KCl	NaCl	Na_3AlF_6	$MgCl_2$	$BaCl_2$	NaCl + CaCl				
一号熔剂	56	22	22				800～850	(Na_3AlF_6) 800～850	(KCl) 15～20	850
二号熔剂	42			46	6	<6	750～800	($BaCl_2$) 750～800	(KCl) 15～20	750
光卤石型覆盖剂	50			44		<6	750～800		(KCl) 15～20	750

326. 熔剂生产过程中怎样进行操作?

答：熔剂生产前，应仔细检查燃气系统是否符合生产要求，谨防煤气泄漏。将盛熔剂的铁箱烘烤干燥。装炉前，炉子要清理干净，并将炉温升到900℃以上。

普通熔剂生产时，先将 KCl、NaCl 按表20－3或表20－4中的规定配料比装入炉内，点火升温熔化。冰晶石分三批加入，每批加入之后应彻底搅拌。为了减少冰晶石从烟道中抽走，应减少煤气或天然气及空气流量，并适当关闭烟道闸门。待所加的难熔成分全部熔化后，即可向炉中加入 KCl 冷却料。冷却料加入后，熔体温度合格，即可出炉注入已预热好的干燥铁箱中。出炉温度不应高于850℃。出炉时边流动边搅拌。出炉后应立即用干燥的样勺取一份试样，送化验室分析化学成分，并在铁箱上注明熔次号。每炉熔炼时间不应超过 6h，以防 KCl 挥发损失和冰晶石中的 AlF_3 分解氧化太多。

327. 熔剂破碎工艺制度有什么要求？

答：在铝及铝合金熔铸生产中，用于精炼的熔剂，必须是块状的，其块度为 50 ~ 80mm。用于覆盖和喷粉用的熔剂，必须是粉状的，其粒度要求筛网网孔尺寸 1.0mm 筛余物小于 2%（早期要求粒度小于 1.5mm）。

熔制好的熔剂熔体，通常注入大铁箱内冷凝成几大块。因此，必须将大块的熔剂按生产的要求进行破碎。首先将大块的熔剂从铁箱内取出，经人工锤击成小块，再经人工或机械破碎；通常采用颚式破碎机破碎成粒度为 50 ~ 80mm 的块料。破碎过程中产生的小碎块，可用轮碾机破碎成粒度小于 1.5mm 的细粉料。

328. 怎样妥善保管熔剂？

答：固态熔剂的化学成分都是卤化物，很容易吸潮。在生产和保管过程中应谨防潮湿。在铝厂自产自用时，首先应根据熔铸生产需要用量合理安排熔剂的生产进度；熔制好的熔剂，应在使用前才允许从铁箱内取出，最好在高于室温的情况下进行破碎。贮存或外销的熔剂，应在高于室温的情况下进行破碎，破碎好的熔剂应立即密封包装。外购的熔剂，不使用时严禁开封。根据 YS/T 491—2005《变形铝及铝合金用熔剂》标准规定，块状熔剂使用内衬塑料袋的铝桶、铁桶或编织袋包装，熔剂装好后扎住袋口并密封；铝桶或铁桶应坚固并密封，编织袋应结实耐用并能防止静电。粉末状熔剂用塑料袋包装，每袋净重 2kg，然后再装入硬纸板制纸箱内，每箱 10 袋；纸箱应结实耐用不易破损。

放置熔剂的地点必须通风、干燥，必须有专人负责保管。熔剂的含水量不应超过规定值；超过规定值时，必须重熔。如果发现熔剂潮湿，应及时取样分析；对于块状熔剂的取样地点，应选在熔剂的松散部位。所熔制的熔剂，应按制备的先后次序使用，放置时间不得超过半个月，对于地理纬度低的地区放置时间更应短一些；经检验含水量过多，不能使用，必须重熔。因此，从熔剂制备到使用之间的时间越短越好，最好现制现用。在湿度较大的地区应特别注意这一点。破碎的粉状光卤石熔剂和二号熔剂必须放在有密封盖的箱中，一次不要积压太多，以两日内能用完为原则。

当使用新炉或大、中修后的炉子制备熔剂时，第一炉熔剂不得作精炼剂使用，只能用作覆盖剂。洗过炉的熔剂，不能用作精炼剂，只能供煤气炉或天然气炉作覆盖剂使用。

二十一、铝渣处理

329. 铝渣中含有什么物质成分?

答：在铝及铝合金熔炼与铸造过程中，都会产生一些铝渣。在出铝过程中，出铝抬包中会吸入一些电解质。产生铝渣最多的部位在熔炼炉和复化炉内，其次在静置炉内和在线式精炼装置处，再次在铸造机旁。使用铝锭重熔时，每吨炉料产生的铝渣量通常为15～25kg，重熔薄废料时甚至达到50～100kg；在电炉中熔炼时金属烧损比较少，在火焰炉中熔炼时金属烧损比较多。

各部位所产生的铝渣中，共有的物质成分是金属氧化物和金属铝。在出铝抬包的铝渣中，还含有电解质。熔炼炉内产生的铝渣中，还含有电解质和熔剂。静置炉内产生的铝渣中，也还含有熔剂。铸造过程中产生的铝渣中不含电解质和熔剂。铝渣中的金属氧化物量通常称为金属烧损。实际生产中，金属烧损率按合金的总烧损量计算。各种铝合金的烧损率是不同的。根据西北铝加工厂早年生产实践，金属烧损的测定数据列于表21－1中。

表21－1　金属烧损的测定数据

电阻炉	合金牌号	工业纯铝	5A02（LF2）	5A06（LF6）	3A21（LF21）	2A11（LY11）	2A12（LY12）	2A80（LD8）	7A04（LC4）	
	测定值/%	0.78	2.5	2.2	1.26	1.93	1.52	1.38	2.17	
油炉	合金名称	Al－Mn	Al－Fe	Al－Ti	Al－Cu	Al－Si	Al－Ni	Al－Cr	碎屑	铝箔
	测定值/%	4.71	3.96	14.2	1.68	5.2	2.48	4.45	14.37	14.22

330. 铝渣中的金属量有多少？

答：根据铝加工厂的设计指标，在使用天然气反射炉熔炼铝及铝合金的炉渣中，金属含量为投料量的2.95%；在电阻炉熔炼铝合金的炉渣中，金属含量为投料量的1.89%，有的企业铝及铝合金的渣中金属含量为投料量的1.6%。

铝合金的炉渣经手工粗选、筛选，可回收85%。回收的金属经复化，复化过程中的实收率为80%。因此，铝合金炉渣中的金属可回收68%，渣中金属不可回收的损失率为0.6%（电阻炉中）~0.95%（天然气反射炉中）。

331. 怎样合理地收集高温铝渣？

答：铝合金渣中含有大量的金属。刚从炉内扒出来的炉渣，由于温度很高，渣中的大部分金属尚呈液态，便于分离。渣斗应作成上下两层，上层的底部应设有滤孔，下层为保温实体箱以承接高温液态金属。滤出的高温液态金属应立即返回当次熔炉内。当炉回收铝渣中的金属，化学成分相同，简化了操作程序，减少了混合金属量。这样，既可提高金属的实收率，又可减少铝渣的处理量。有的铝厂，在渣箱的一侧下端设一洞口，用一块石棉板挡住；倾出铝渣之前，用铁钎捅开石棉板，让铝液流出来。这样，虽然能直接回收部分金属，但是残留的金属量比较多，很不彻底。

铝渣中的金属氧化物主要是氧化铝。这种氧化铝都是在800℃以下生成的，其晶体结构大都为$\gamma-Al_2O_3$型。在固态和液态铝的表面上也都会形成薄薄的$\gamma-Al_2O_3$膜。这种薄薄的$\gamma-Al_2O_3$膜能很好地防止膜层下的铝被继续氧化。高温金属在空气中很容易氧化，氧化过程中会产生很大的热量，甚至燃烧起来，发出耀眼的白光。刚从炉内扒出来的炉渣，应静置于渣斗内，不要翻动，以减少渣中金属的氧化。待铝渣中液态金属滤净后，再送去进行渣处理。

332. 铝渣处理的方法有哪些？

答：目前，铝渣处理的方法有如下几种：熔化法、冷却筛分法和湿法处理。

（1）熔化法包括热态铝渣处理和冷态铝渣处理。热态铝渣处理：是将热铝渣投入一个转炉内，炉内温度控制在649～816℃范围内，使铝渣中的液态金属聚结起来，达到金属与铝渣分离的目的。铝渣在转炉内滚动的时间为1～10min，转动的速度为10～30r/min。停炉后，将液态金属放出来；并将炉内的灰渣迅速冷却到649℃，再将灰渣排出来。冷却灰渣的方法是往转炉内投入冷石子或粒状物，再启动转炉转动1～15min，然后将石子和灰渣一起排出来。

冷态铝渣处理方法为：将冷态废铝渣压成块，投入火焰炉内，用熔剂覆盖，熔炼后铸成再生铝锭。

（2）冷却筛分法。首先将热态铝渣投入冷却器内冷却，然后再进行筛分。冷却器可以是回转式冷却筒或振动式冷却机。贵州铝厂使用的铝渣处理设备是回转式冷却筒与振动筛分机组。这种铝渣处理设备按工艺流程大致分为三个部分：1）斗式提升机。斗式提升机将装有铝渣的渣箱提升到回转式冷却筒的入口端上方。2）冷却机。冷却机是一个回转式冷却筒，冷却筒外壁喷水冷却。冷却筒可以正反转动。冷却筒内设有螺旋筋板。3）振动筛。振动筛设在冷却筒出口的下方，筛网分为粗细两层。铝渣处理前，首先将渣箱内的液态金属放净。将渣箱送至斗式提升机上，启动斗式提升机和冷却筒，并使冷却筒的旋转方向与螺旋筋板反向运行，打开冷却水阀门冷却冷却筒外壁，将铝渣倒入冷却筒内。此时铝渣不会排出冷却筒外。待铝渣冷却后，停止冷却筒转动。然后先启动振动筛，再启动冷却筒，并使冷却筒的旋转方向与螺旋筋板同向运行，铝渣落入振动筛进行筛分。

（3）湿法处理。湿法处理包括泡沫浮选法、溶浸法和水解法。

在电解铝厂，有些铝渣可以直接返回铝电解槽内。

在各种铝渣的处理方法中，直接返回铝电解槽内是最好的；其次是熔化法，可回收的金属比较多一些。在电解铝厂，应优先考虑将铝渣直接返回铝电解槽内。

333. 哪些铝渣适合于直接返回铝电解槽内处理？

答：在电解铝厂，出铝抬包和重熔用铝锭生产过程中所产生的铝渣，只含有金属铝、氧化铝和电解质，均可直接返回铝电解槽内。在重熔用铝锭生产过程中，一般不使用熔剂进行精炼，所产生的铝渣中不含熔剂，其物相与铝电解槽内物质组成基本相同。

在变形铝及铝合金中，只含有硅铁元素的产品，在铸造过程中所产生的铝渣主要含有金属铝和氧化铝。这些铝渣中的物相也与铝电解槽内物质组成基本相同。在这些铝渣中所含的氧化铝，大都是 $\gamma-Al_2O_3$ 膜。$\gamma-Al_2O_3$ 比较容易溶解于铝电解槽内的电解质中，可以充作生产原料。因此，1×××系列和部分4×××系列铝合金，在铸造过程中所产生的铝渣，均可直接返回铝电解槽内。这些产品在熔炼过程中通常都要使用熔剂进行精炼，熔剂的成分与铝电解槽内电解质的成分不同；因此，这些产品在熔炼过程中产生的铝渣不宜直接返回铝电解槽内。

铝电解槽所生产的产品是工业基础原料。为了保证铝电解槽的产品质量，所有返炉的铝渣只宜直接加入到行将停产大修的铝电解槽内。正常生产的铝电解槽不应加入返炉的铝渣。

在电解铝厂，将熔铸生产过程中产生的铝渣直接返回铝电解槽内处理，可以将生产过程中产生的废渣在自身的生产系统中消化吸收，符合循环经济发展的原则，是值得倡导的。在铝合金板、带、箔材的产品中，1×××系列产品占大多数；在电解铝厂，实施循环经济发展是最为有利的。但是，变形铝合金中一般加入含钛的晶粒细化剂，加入铝渣的铝电解槽所生产的液态原铝，不应作为导电产品的原料。

334. 为什么要加强铝渣处理的生产管理?

答：在熔铸生产过程中产生的铝渣，虽然是废料，但是其中含有可回收的金属和氧化铝。为了使可回收的金属和氧化铝能产生合理的效益，必须加强管理：

（1）熔铸生产过程中产生的铝渣应当班处理。一是因为在固态和液态铝的表面上也都会形成薄薄的 $\gamma-Al_2O_3$ 膜；$\gamma-Al_2O_3$ 容易从空气中吸收水分，当班趁热处理，可以减少铝渣处理过程中金属的损耗，提高处理后的金属质量。冷却的电解质也会吸潮。吸潮的铝渣加入铝电解槽，还会增加电解质的消耗量。二是及时处理，避免铝渣混放，尽可能减少混合金属量。

（2）熔铸生产过程中产生的铝渣应分类按合金牌号堆放。处理前的铝渣和处理后的金属都应分类按合金牌号堆放，尽可能减少混合金属量。

（3）熔炼铝渣与铸造铝渣应分别集中。在熔炼过程中产生的铝渣，含有熔剂成分。在铸造过程中产生的铝渣，不含熔剂成分，可以在复化炉内经复化回收金属，提高金属的实收率。

（4）含有铍等有毒元素的铝渣应单独存放。在生产高镁含量的铝合金时，为了减少镁的烧损量，通常加入少量的铍。铍是活性元素，在金属液面优先氧化而聚集。因此，在铝渣中含有较多的氧化铍（BeO）。氧化铍是有毒的物质，应单独存放，妥善保管。处理后的废渣，应送往专门的堆场，谨防污染。操作过程中，应避免直接接触皮肤。

（5）妥善处理灰渣。铝渣处理后，其中大部分的金属可以回收，据报道，泡沫浮选法处理时铝的提取率大于70%。但是，剩余的灰渣中仍然含有不少的金属，不要随意丢弃。

335. 怎样减少铝渣的生成量?

答：无论从保护环境的角度还是从企业的经济效益考虑，都应该尽量减少铝渣的生成量，提高整个生产过程中金属的实收率。减少铝渣的生成量，应主要从如下几方面入手：

（1）选择合理的熔炼设备。火焰炉内金属的烧损量最大，生成的铝渣量最多。电炉内金属的烧损量较小，生成的铝渣量比较少。电磁感应炉内金属的烧损量最小，生成的铝渣量最少。从减少铝渣量考虑，应首选电炉熔炼铝合金。

（2）选择合理的炉料。在电解铝厂，应首选液态原铝作为炉料；利用液态原铝的高温余热熔化固态废料。这是最为合理的选择，可以大大地减少铝渣的生成量。以前，有的铝厂将液态原铝铸成重熔用铝锭，再熔化铝锭熔炼成铝合金；这样的工艺制度会造成金属和能源很大的浪费，而且成倍地增加铝渣的生成量。在电解铝厂，应充分利用高温液态原铝这一有利条件。

（3）选择合理的铝熔体精炼工艺。气体精炼时生成的铝渣量比熔剂精炼时要少一些。据报道[35]，熔炼炉底采用透气砖时，使用惰性气体精炼兼搅拌作用，熔炼过程的造渣量比现行精炼方式降低30%以上。使用氯气或氯化物精炼时，会产生大量的氯化铝。氯化铝（$AlCl_3$）的沸点为183℃，在铝液精炼温度条件下很容易挥发，造成大量的金属铝损耗，还造成环境污染。氯化铝虽然可以回收，但徒增生产工序，增加生产成本。因此，应选择无渣或少渣的精炼工艺。

（4）精心操作。精心操作是减少铝渣量的有效措施之一。精炼、搅拌和扒渣操作应平稳，避免铝液面产生大的波动；铝液转注过程中应避免明显的落差；铝液表面会形成一层薄薄的致密的氧化膜，能保护铝液被继续氧化，应避免破坏这层氧化膜，尽可能减少捞取铝皮的操作。

（5）加强循环经济的生产工艺研究。目前，铝合金精炼和覆盖用的熔剂以氯化物为主，加入少量氟化物；而铝电解槽内的电解质成分主要是氟化物，不含氯化物。因而铝合金熔炼过程中产生的铝渣不能直接返回铝电解槽。在电解铝厂，应研究合适的熔剂，以便充分发挥有利条件，发展循环经济生产。

二十二、生产检验与铸锭缺陷

336. 生产检验的目的是什么?

答：生产检验是铝及铝合金熔铸生产过程中的重要环节。生产检验按生产阶段可分为过程检验和产品检验；按工作内容可分为化学成分检验、金相组织检验、表面质量检验（外观检验）和性能检验等。生产检验的目的有三：

（1）保证熔铸产品符合一定的质量标准要求。生产实践表明，压力加工生产中产生的加工废品约有70%以上源于铸锭的质量不符合压力加工生产要求。例如，铸锭中的气孔、起皮、分层、表面夹渣、裂纹、力学性能不符或不均匀等现象，主要是由于铸锭中偏析、热脆、气体、氧化物夹杂、疏松、裂纹、晶粒组织不良及化学成分不符合规范要求引起的。从这种意义上来说，检验是熔铸产品的验收工序；也就是成品检验，包括全部检验工作内容以及铸锭尺寸检测。在正常生产中，力学性能和微观组织，没有特殊要求时一般不作常规检验，以严格控制生产工艺条件来保证。

（2）控制熔铸过程。在熔铸生产过程中，虽然采用适当的熔铸方法和良好的操作，但是难免一时的生产因素波动。例如，电解槽内液态原铝的化学成分和含气量是在一定范围内波动的；气体精炼剂中的含氧量和水分的波动。控制熔铸过程的着重点不仅在于使生产顺利地进行和产品质量的均一，而且还应能发现生产方法的弱点，核对生产中在改变原材料和操作过程时所发生的后果。控制熔铸过程的检验通常称为过程检验。在正常生产中，过程检验主要包括化学成分检验和气体含量检测。生产过程中的温度检测，由生产操作人员按规定要求严格监控。

（3）研究熔铸过程和铸锭的性能。这种检验对于研究新产品或新工艺时是必需的，包括全部检验工作内容。根据检验结果，确定合理的生产工艺制度。

各项检验的试样均由检验员按标准规定的要求进行选取，生产操作人员应积极配合工作。

337. 化学成分检验有哪些工作内容？

答：在电解铝厂，由于直接使用铝电解槽生产的液态原铝作为铝及铝合金铸锭的生产炉料，通常以前一天铝电解槽内的化学成分预分析结果作为配料依据。铝电解槽内的化学成分往往在一定范围内波动。因此，在整个熔铸生产过程中自始至终都应对铸造产品的化学成分监测检验。铝电解槽内的化学成分预分析是熔铸生产的过程检验。从熔炼好的铝熔体取样进行化学成分分析是产品检验，也可能是过程检验。如果化学成分符合国家规定的产品标准要求，则为产品检验；如果化学成分不符合国家规定的产品标准要求，则为过程检验，必须进行补救配料，直至符合国家规定的产品标准要求为止。

国家规定的产品标准，通常称为工业标准或外限标准，即为向用户保证的限度。外限标准根据试验研究的产品性能要求确定。为了确保工业标准，还制定企业内部标准，称为内限标准或制造标准。内限标准根据工厂的具体情况自行确定。通常内限标准的要求比外限标准更严一些。因此，化学成分分析结果既要符合外限标准，也要符合内限标准。对于常使用回炉废料生产的工厂，更应严格按内限标准来验收；主要目的是必须保证一般废料经过数次回炉之后使铸锭的化学成分仍旧不致超过工业标准，因为废料回炉会增加铸锭中的杂质成分。

338. 化学成分检验有哪些方法？

答：在电解铝厂，检验化学成分常用的方法有化学分析法、比色法和光谱分析法。在现代化的电解铝厂，只设化学分析法和光谱分析法。化学分析的结果比较精确，但操作繁杂，延时较长，不适应于常规生产；因其分析结果精确，故常用于校准其他分析方法的标样，仍然是企业不可缺少的基础分析方法。化学分析的试样为圆饼状块料。

光谱分析是仪器分析方法中的一种，由于其灵敏度高、速度快、选择性好、易于实现自动化记录连续测定等优点，正常生产过程中，大都使用光谱分析法。化学成分检验时，首先应从检验对象的代表部位进行取样。光谱分析用的试样为直径6mm和长60mm的棒料，将同一勺金属浇铸成两个同样规格的试样，互为备用；为便于液态金属凝固时充分补缩，两个试样的一端与同一个直径30mm左右、厚20mm左右的浇口相连，并兼作冒口。试样模为金属模。

在电解铝厂，化学成分检验的试样分两阶段选取。过程检验的试样，通常在出铝前一天从铝电解槽内选取。产品检验的试样，在铸造过程中从流槽或混合炉内选取。分析元素应每炉检验一次，控制元素定期检验。取样前必须将取样勺和试样模充分预热，预热温度应保持在150℃以上，除净水分。取样时，取样勺应浸入取样部位的金属液面下，避免氧化膜混入金属液中。

对于含铜等元素的铝合金，容易产生严重的偏析现象，在平均取样中往往不能觉察。必要时应在铸锭的表面及中心部位各取试样进行检验；此时可与组织检验取样同时进行。

化学成分检验在厂区中心化验室进行。

在电解铝厂，由于铝电解是连续生产过程，各电解槽中液态原铝的化学成分始终处于动态变化之中。过程检验的试样，通常在出铝前一天从铝电解槽内选取。为了便于精确配料，确保产品的化学成分很好地符合规定要求，应尽可能缩短预分析取样至出铝之间的时间间隔，出铝过程中不宜采取多槽混包吸取。

339. 怎样检验铝合金熔体中的含气量？

答：铝合金熔体中的气体主要是氢气。铝液精炼后必须取样进行测氢分析，以检验精炼效果。由于氢在铝熔体中的溶解度与熔体的温度密切相关，测氢分析必须在炉前进行。为此测氢室设在熔铸车间厂房内，紧邻熔炼炉区，或者就在炉前进行快速检测。当采用在线式精炼时，最好实施在线监测；根据在线监测结果，随时调整精炼工艺参数，确保铸造产品质量。

检测铝合金熔体中含氢量的方法很多，常用的快速测定法有定性法和定量法。市面上 CQY－01 型铝液测氢仪和 XPC－DETECTOR 测氢仪是定性法中一种（减压凝固法）。定量法中包括第一气泡法和气相色谱法。在变形铝及铝合金熔铸生产中，通常多采用气相色谱法检测铝合金熔体中的含氢量；大连第二仪表厂生产的 SQH－1 型测氢气相摄谱仪、西南铝加工厂开发的 ELH－Ⅲ、ELH－Ⅳ型铝熔体测氢仪和美国美铝公司的 TelegasⅡ测氢仪以及加拿大加铝公司的 AlscanⅡ测氢仪都属于气相色谱法。ELH－Ⅳ型铝熔体测氢仪是在 ELH－Ⅲ型基础上的改进型产品，是一种高智能化的铝熔体在线便携式测氢仪。

在气相色谱法中，假定熔体中的氢是均匀存在的，当向熔体中反复循环地通入一定量的惰性气体气泡时，熔体中的氢将在气泡自由表面上以 $2H \rightarrow H_2$ 的形式进入气泡内；使载体在由采气系统和熔体中构成的闭合回路中循环，因此，气相色谱法又称为封闭回路循环法。当氢在气泡内的浓度达到与熔体中的浓度相平衡的状态时，气泡内的氢分压与熔体中氢含量及熔体温度之间的关系服从气体溶解度方程式。采用分子筛色谱柱分离混合气体中的各组分，再相继送入热导池检测器进行检测，即可知道氢分压的大小。最后，将氢分压值和熔体温度值代入气体溶解度方程式便可求解出熔体中的氢含量。气相色谱法的优点是：测量快，一般测定时间为 3～5min；分析精度高，可达 ±0.01mL/100g；重现性好，相对平均误差小于 5%；测定结果不受熔体中有无夹杂物的影响。气相色谱法的缺点是：设备较复杂，操作熟练程度要求较高，定点采样，代表性差。

气相色谱测氢装置原理如图 22－1 所示。该装置主要由载体供给系统、探头循环采气系统、色谱柱分离系统和热导池检测系统四部分组成，它们通过三通阀和六通阀连接在一起。ELH－Ⅳ型铝熔体测氢仪和 Alscan Ⅱ 测氢仪的技术参数列于表 22－1中[76]。

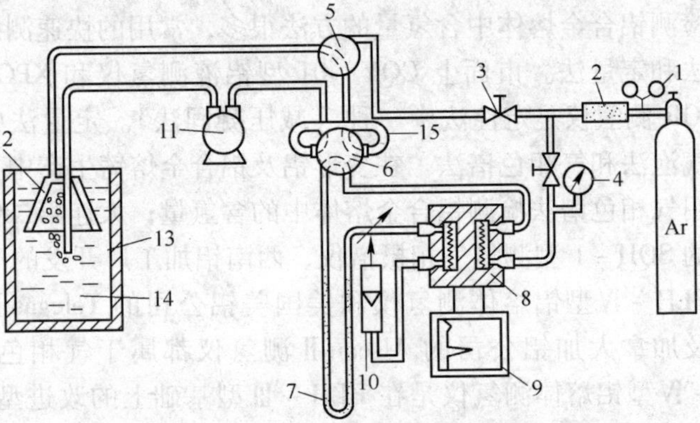

图 22－1 气相色谱测氢装置原理图[10]

1—减压阀；2—干燥器；3—稳压阀；4—压力表；5—三通阀；6—六通阀；7—分子筛色谱柱；8—热导池；9—记录仪；10—流量计；11—循环泵；12—探头；13—坩埚；14—铝液；15—取样管

表 22－1 ELH－Ⅳ型铝熔体测氢仪和 Alscan Ⅱ 测氢仪的技术参数[76]

项 目	测量范围 /cm^3·[100g(Al)]$^{-1}$	分辨率 /cm^3·[100g(Al)]$^{-1}$	体积 /cm×cm×cm	重量/kg
ELH－Ⅳ型	0.001～0.999	0.001	23×34×28	8
Alscan Ⅱ	0.001～9.99	0.001	38×24×31	16

载体供给系统的作用是供给载气——惰性气体（通常为氩气或氮气）。它由惰性气体源、减压阀 1、干燥器 2、稳压阀 3 和压力表 4 组成。氩气（或氮气）经干燥后分成两股，一股经稳压阀 3、三通阀 5 通向探头采气系统；另一股通向热导池 8 中的

参比池。

探头循环采气系统的作用是从熔体中采集氢样品。它由三通阀5、六通阀6、取样管15、循环泵11和探头12组成。由供气系统来的载气，由三通阀5控制清洗和循环两个动作；当清洗完毕后，将三通阀和六通阀旋至图示位置。开动循环泵11，使载体在由系统和熔体中构成的闭合回路中循环，直至载体中的氢和熔体中的氢建立浓度平衡为止，将六通阀旋至取样位置，在取样管15中便采集到了含有氢的混合气体样品。

色谱柱分离系统的作用是分离混合气体样品中的各组分。它由不锈钢管和管内的粉末状分子筛组成。当六通阀6旋至取样位置时，从热导池8中的参比池出来的氩气将取样管15中的混合气体样品带至色谱柱7中，经过分子筛（4A13X型）时，由于分子筛表面积很大，有极强的吸附作用，而各组分在分子筛上的吸附热和吸附速度不一样，因而在混合气体反复多次与各颗粒状分子筛接触时，就使组分间在移动速度上产生了很大的差别，从而使混合气体样品中的各组分气体达到完全分离。当使用4A13X型分子筛时，对混合气体的分离顺序是：H_2—O_2—N_2—CO。

热导池检测系统的作用是检测各组分气体的含量。它由热导池检测器、记录仪和流量计组成。热导池检测器是根据不同物质具有和载气不同的热导率制成的检测装置；它主要由池体（测量池和参比池）、热敏元件（电阻随温度升高而呈指数降低的元件）构成，在热导池的测量池和参比池内各装一根或两根阻值相同的铼钨热敏电阻构成惠斯顿电桥。在通入被测气体以前，两池均为载气流（氩）充满，在其他条件恒定时，电桥处于平衡状态，无讯号输出，电桥两端电压的记录仪毫伏读数为零。当被分离的气体按先后次序通过测量池时，由于气体组成及浓度发生了变化，热导率不同，因而从测量池中的热敏元件上带走的热量也不同，于是引起热敏元件的温度和阻值发生变化，使电桥失去平衡，产生不平衡电压输出讯号，在记录仪上出现峰值性变化；

该峰值称为色谱峰。色谱峰出现的前后次序和高度分别代表了被测气体的种类和含量。经检测的气体，最后由流量计10放空。

340. 怎样检验铝合金熔体中的氧化物含量?

答：在铸锭中往往会存在两种形式的非金属夹杂物类型的缺陷，即夹渣和氧化膜。混入铸锭中的熔渣或落入铸锭内的其他非金属杂质称为非金属夹杂，通常称为夹渣。夹渣的断口特征为黑色条状或片状，显微组织特征多为黑色线状、块状、絮状的紊乱组织，与基体色差明显。夹渣通常是由于在铸造过程中随液态金属一起掉入铸锭中的炉渣、炉衬碎块和块度较大的氧化物造成的；在水平连铸过程中，导流区的剥蚀碎块多嵌于铸锭表面层。夹渣是铝合金铸锭中出现频率最高的一种废品；根据生产统计，因夹渣而报废的铸锭约占废品总重量的10%～25%。

氧化膜是铸锭中存在的主要由氧化铝形成的非金属夹杂物和未排除的气体（主要是氢气），是铝及铝合金铸锭中一种特有的非金属夹杂物类型的缺陷。这种缺陷与夹渣有所不同，在铸锭的低倍试片和断口组织检查时不容易发现，只有采用特制的工艺试样（将铸锭试样镦粗后打断）才能发现。在锻件低倍试片上发现的氧化膜呈短线条裂缝，多集中在最大变形部位，并沿金属流线方向分布；在铸锭工艺试样断口上发现的氧化膜呈对称或对偶分布。大致可分为三种类型：第一类是呈浅黄色、褐色或暗褐色的片状氧化膜，这是由固态非金属夹杂物或具有氧化表面的气泡、疏松所形成的分层；第二类是表面形状与片状氧化膜相似但呈白色的“亮片”，这是由未被压合的疏松和气泡所形成的分层；第三类是带有银白色光泽的呈圆形或椭圆形的“小亮点”，这是由过饱和固溶体中析出的二次氢气泡。

铸锭中氧化膜的分布是不均匀的，也没有严格的规律性。根据生产实践，大致具有如下的倾向：

(1) 不同的合金，铸锭中出现的氧化膜类型不同。通常，片状氧化膜多见于2A12、7A04、2A11、5A06、2A14等合金铸锭中；亮片多见于6A02、2A50、2B50、2A14、2A02等合金铸锭中；小亮点多见于2A70、2A80等合金铸锭中。

（2）铸锭被氧化膜污染的倾向性随熔体转注的距离加长、铸锭规格减小、大气温度升高和空气绝对湿度增大而增大。

（3）铸锭被氧化膜污染的倾向性通常在首、尾铸次和铸锭的头、尾部较大。

（4）氧化膜在铸锭中的显现程度随铸锭单向变形比的增大而提高。

检验铝合金熔体中的氧化物含量，主要是针对氧化膜缺陷。目前，在变形铝及铝合金熔铸生产中，尚未能实施炉前快速检测铝熔体中的氧化物含量；通常使用氧化膜工艺试样法和溴-甲醇法或碘-甲醇法检验铝合金中的氧化物含量。

（1）氧化膜工艺试样法。氧化膜工艺试样法用固态试样断口单位面积上氧化膜的面积（cm^2/cm^2）来表示。这种试样通常在铸锭上切取。由于氧化膜在铸锭底部出现的几率最大，氧化膜试样都在铸锭底部选取。因此，这是一种准定量的方法。氧化膜工艺试样的选取部位如图22-2所示。

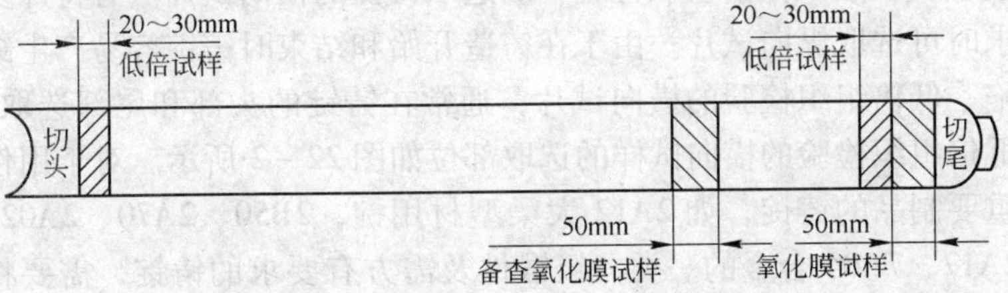

图22-2 低倍试片和氧化膜试样的切取部位

氧化膜工艺试样的制备过程如下：

1）在铸锭上切取的试样中心部位切取试样毛料；

2）将试样毛料加工成50mm×50mm×150mm的试样；

3）将上述试样由150mm镦粗成厚度为30mm±5mm的饼状；

4）沿饼面中心切成两半；

5）在半饼的侧面刨成V形槽，刨口深度以保证被检面积不小于$20mm^2$为准；

6）将加工好的试样进行淬火，6A02合金还要进行人工时效，以使试样发生脆性断裂；

7）沿V形槽劈开，检查断口。

（2）溴－甲醇法或碘－甲醇法。溴－甲醇法是采用溴－甲醇溶液在一定温度（30～40℃）下溶解铝及其合金元素的方法来分析Al_2O_3含量的。由于硅和Al_2O_3不溶于溴－甲醇溶液，将溶有铝合金的溴－甲醇溶液用过滤坩埚分离，残渣用无水乙醇充分洗涤后烘干，使用十万分之一分析天平称量后扣除硅的重量，即可得氧化铝杂质的含量。因此，溴－甲醇法或碘－甲醇法是一种定量的方法。

341. 怎样进行低倍组织检验？

答：低倍组织又称为宏观组织。低倍组织检验是用肉眼或借助于10倍以下的放大镜观察铸锭的浸蚀试片，检验铸锭的宏观组织和缺陷。低倍组织检验一般选取铸锭的横向试片。有特殊要求时可选取纵向试片。由于在铸造开始和结束时铸锭容易产生缺陷，低倍组织检验的横向试片，通常在铸锭的头部和尾部选取；低倍组织检验的横向试样的选取部位如图22－2所示。对于用作重要制品的铸锭，如2A12大梁型材用锭，2B50、2A70、2A02、2A17、7A04合金的一类一级锻件及需方有要求的铸锭，需要将每根毛料切取低倍组织检验的横向试片。

对低倍组织试样进行观察之前，要把试片放到有一定浓度的浸蚀剂中，由于浸蚀剂对试片表面各种组织的浸蚀速度不同，浸蚀后的试片表面呈现出高低不平和深浅不同的暗灰颜色。根据这些特征可分辨缺陷的性质。通常，浸蚀低倍检验所显示的组织和缺陷有裂纹、夹渣、气孔、白斑、疏松、晶粒大小、羽毛晶、金属间化合物和光亮晶等。

342. 怎样进行高倍显微检验？

答：高倍显微检验，通常是指在金相显微镜下观察、分析铸锭的组织状态和缺陷的一种金相检验方法。变形铝合金铸锭的高倍显微检验，主要用以鉴别铸锭的冶金质量、铸造工艺、均匀化工艺是否符合加工和制品的要求。主要应用于新合金、新规格铸锭的试制、质量全分析以及对新工艺或某个特定组织或缺陷的研究。通常采用这种方法检验铸锭的结晶组织情况，如结晶组织中的相组成及其分布、晶内结构的细薄程度、晶粒的形状、晶体位向、枝晶结构、铸锭均匀化的效果、组织过烧以及显微疏松等情况。

根据生产和研究的目的确定高倍显微检验用的试样。进行全质分析时，多在铸锭边部、中心和厚度的四分之一（圆铸锭半径的二分之一）处选取试样。用于显微镜观察的最终试样尺寸以高度为10~15mm、检验面的边长15~20mm为宜。

高倍显微检验之前，要制备好便于显微镜观察的最终试样。从铸锭上切取的试样要经过粗磨、细磨、抛光和浸蚀处理。在偏振光下观察时，还要进行阳极化处理。经过处理后的试样，由于不同组织被浸蚀的程度不同，试样表面呈现高低不平的状况，它们对光的反射和吸收也就不一样。因此，不同的组织在光学显微镜下很容易从某些特征上分辨出来。同时按规定的放大倍率在金相显微镜下对组织或缺陷进行测定，或者对照标准图片评级。

当需要对铸锭内部的细微组织进一步确定其形貌、结构或化学成分时，一般的光学显微镜和成分分析方法就显得无能为力了，而需要X射线衍射仪或电子显微镜（TEM透射电镜和SEM扫描电镜）或能谱式电子探针来进行检测。

343. 铸锭中的疏松和缩孔缺陷有什么特点？

答：液态金属在结晶过程中，由于树枝晶之间液态金属补充不足或由于存在未排除的气体，结晶后在枝晶内形成的微孔，称为疏松。由于补缩不足而形成的微孔称为收缩疏松；由于微量气体存在于树枝晶之间而形成的疏松称为气体疏松。疏松的宏观组织特征为黑色针孔，断口组织特征为组织粗糙，不致密，疏松严重时断口上有白色小亮点。显微组织特征为有棱角形的黑洞，疏松愈严重，黑洞数愈多，尺寸也愈大。

铝合金连续铸锭中的疏松总是分布在过渡带较宽的等轴晶区，而且总是为气体所填充。在通常条件下，扁铸锭的最大疏松区在宽面表皮层30mm以内的部位。圆铸锭的最大疏松区出现在铸锭中心部位，随着结晶器高度增加而向边部发展。向结晶器内供流的条件对疏松的分布有很大的影响，在供流部位容易造成最大的疏松。

铝合金铸锭中疏松的程度一般可以通过测定试样的密度与该合金的理论密度进行对比来确定。在实际生产中，为了方便起见，通常根据四级标准图片（按低倍试片单位面积上疏松孔洞的大小和数目来制定）对照评定疏松等级并确定是否为废品。对于一般用途的铝合金铸锭，直径大于290mm时允许3级疏松，直径小于290mm时允许2级疏松；对于重要制品用的铸锭，不允许有疏松存在。

液态金属凝固时，由于体积收缩而液态金属补缩不足，在铸锭最后凝固部位形成的空腔称为缩孔。在连续铸锭过程中，由于浇口部的补缩条件比较好，一般不会出现明显的缩孔。

根据疏松的形成过程和影响因素，防止铸锭产生疏松的办法是：首先在熔炼过程中应降低熔体中气体的含量；在铸造过程中，应均匀供流、避免集中导流，适当降低结晶器的有效高度，适当降低铸造速度，以缩小铸锭中过渡带的尺寸。

344. 铸锭中的气孔缺陷有什么特点？

答：当熔体中残留较多的气体，金属凝固时气体聚集保留在铸锭中而形成的球形空腔，称为气孔。气孔的组织特点为圆孔状，内表面光滑明亮。

影响气孔形成的主要原因是：

（1）铸造时熔体中的含气量。在熔炼过程中，由于精炼不彻底或精炼后在大气中停留的时间过长，铸造时熔体中的含气量较多，结晶界面上液相中气体的浓度增大，导致形成气泡的过饱和区域扩大，促使气泡的形成。

（2）合金成分。合金成分主要影响熔体的含氢量、氢在合金中的扩散系数、分配系数和结晶区间的大小改变气泡形成的倾向性。

（3）铸锭工艺条件。铸锭工艺条件主要通过改变结晶方式、过渡区尺寸影响气孔的形成和分布。例如，铸锭的冷却速度快，过渡区尺寸窄，枝晶不易封闭液相；同时，气体扩散不充分，来不及析出，气体不易聚集，因而能降低气泡形成的倾向。

（4）非金属夹杂物的含量。在熔体中，氢气往往与非金属夹杂物（氧化铝）共生，非金属夹杂物含量愈少，允许产生气孔的临界含氢量愈高。

防止铸锭中产生气孔的措施是：

（1）在熔炼过程中采取严格的工艺措施，降低熔体中的含氢量；缩短熔体精炼后在大气中的停留时间。

（2）在铸造过程中，适当提高铸造温度，适当降低铸造速度，建立良好的析气条件，便于气泡浮出熔体表面。

（3）适当提高铸锭的冷却速度，抑制气体聚集。

345. 铸锭中的白点缺陷有什么特点？

答：在铝合金铸锭的断口组织中一种没有光线选择的灰白色点状薄膜，称为白点。白点通常分布在铸锭底部、浇口部和横断面的边部。初步研究表明，白点有如下特点：

（1）在含镁量高的铝合金中容易出现。

（2）呈碱性。

（3）性脆。当白点严重时，显著降低铸锭的塑性。

（4）白点通常分布在铸锭底部、浇口部和横断面的边部。

（5）白点的产生主要取决于熔体的含气量和铸锭的冷却条件。熔体含气量愈高，铸锭的冷却强度愈小，形成白点的倾向性愈大。

防止白点的办法是，首先在熔炼过程中应降低熔体中的含气量，在铸造过程中提高铸锭的结晶速度。

346. 铝合金铸锭中的裂纹有什么特点？

答：铸锭中的裂纹是铸造车间的主要废品之一。其中以7A04（LC4）、2A12（LY12）、2A11（LY11）、3A21（LF21）和1070A（L1）等合金最为严重。

铸锭中的裂纹是由于应力集中而产生的。按照裂纹形成的内在原因通常将裂纹分为“热裂纹”和“冷裂纹”两大类。线收缩开始温度和不平衡固相线温度之间的温度区间称为有效结晶区间。在有效结晶区间内，由于阻碍收缩所产生的裂纹称为热裂纹，又称为结晶裂纹。铸锭在冷凝后产生的裂纹称为冷裂纹。热裂纹是一种最普通而又很难消除的铸锭缺陷；除了Al－Si合金之外，几乎在所有变形铝合金铸锭中都能发现。热裂纹的发生是由于合金在固－液区内（固－液区大于或等于有效结晶区）的塑性低，液膜的厚度与晶间收缩变形不相适应所引起的。В. И. Добаткин 指出[24]，如果合金在固－液状态下，其伸长率超过0.3%时将不会发生热裂纹。铝合金铸锭的冷裂纹通常在50～300℃范围内，因铸锭不能承受内应力的拉伸变形而引起的。冷裂纹的倾向性取决于合金在低温时的塑性。根据铁依捷尔的数据[24]，在连续铸造的铸锭中，当室温时的伸长率小于1.5%时，便可能发生冷裂纹。部分直径370mm的铝合金铸锭在室温时的铸态伸长率列于表22－2中。热裂纹对冷裂纹的形成有很大影响，在热裂纹处能引起应力集中。实际生产中，常见由典型的热裂纹而发展成为典型冷裂纹的情况。冷裂纹通常发生在高成分铝合金的扁铸锭和大直径的圆铸锭中。

表 22－2 直径 370mm 铸锭在铸态下的塑性[7]

合金	6A02 (LD2)	2A50 (LD5)	2A70 (LD7)	2A11 (LY11)	2A02 (LY2)	2A80 (LD8)	2A12 (LY12)	7A04 (LC4)
相对伸长率/%	9.3	4.9	6.2	3.4	3.1	2.9	2.7	1.7

热裂纹有如下特点：（1）沿晶界裂开；（2）裂纹断口处有明显的黄褐色的氧化色；（3）在显微镜下裂纹处常发现低熔点共晶填充物；（4）裂纹走向曲折而不规则，常有分叉。

冷裂纹有如下特点：（1）穿晶断裂；（2）断口比较整齐，通常呈亮灰色或浅灰色；（3）裂纹形成时伴有巨大的响声；（4）通常发生在内应力最大的区域及有缺陷处。

347. 扁铸锭中的裂纹有什么特点？

答：铝合金扁铸锭中常见的裂纹有四种形式：侧面裂纹、底部裂纹、浇口部裂纹和表面裂纹。

侧面裂纹有如下特点：

（1）铸锭凝固壳形成后在继续冷却的过程中产生的裂纹，属于冷裂纹。

（2）通常发生于硬铝合金铸锭中，如 7A04、2A12 铝合金扁铸锭。

（3）在直接水冷连续铸锭过程中，多发生在铸锭长度达 1.5m 以后。

（4）裂纹起始处常伴有夹渣、成层、拉裂或结晶微裂纹。

（5）裂纹平面与水平面夹角的大小取决于铸造速度和铸锭宽厚比；铸造速度愈小，铸锭宽厚比愈大，夹角愈小。

根据侧面裂纹的产生特点，预防的办法：一是控制合金的化学成分，提高合金在高温和低温时的塑性，即提高抗热裂纹和冷裂纹的能力；二是消除应力集中源，包括夹渣、漏斗底结物、成层、拉裂或结晶微裂纹等；三是降低小面区的拉应力。降低小面区拉应力的措施是合理地调整铸锭内的温度分布和应力分布，其具体措施如下：

（1）选择适当的铸锭截面。小面区的拉应力，当铸锭厚度一定时，随铸锭的宽厚比增大而增加；当宽厚比一定时，拉应力随厚度增大而增加。对于冷裂纹倾向大的合金，应选择较小的铸锭宽厚比。

（2）使用小面带切口的结晶器。扁铸锭的凝固壳与结晶器壁之间形成稳定间隙的时间，小面先于大面；扁铸锭结晶器小面若不带切口，铸锭出结晶器瞬间铸锭小面的表面温度很高，在二次冷却水的快速冷却条件下，外表层急剧收缩，而内层则阻碍收缩；在结晶器内小面凝固壳的厚度愈大，在二次冷却区，内层对外层的收缩阻力愈大。

（3）使用小面带切口的结晶器时，适当地提高小面的冷却水压。

（4）正确地安装结晶器，采取液面自动控制，保证金属液流分布均匀、液面平稳，均匀润滑，谨防冷隔形成、小面拉裂和夹渣。

（5）适当地提高铸造速度。铸造速度提高，凝固壳的厚度相应减薄，可减弱冷隔的形成。

底部裂纹有如下特点：

（1）在软合金和硬合金铸锭底部均有可能产生。

（2）软合金的底部裂纹属于热裂纹，裂纹扩展长度多在100mm以内，并可在底部沿宽度方向的任何部位发生。

（3）硬合金的底部裂纹属于冷裂纹，多产生于底部夹渣或结晶裂纹处，特别是铸锭宽面中心线附近，经常以突然爆发的形式将整块铸锭撕裂。

底部裂纹是由于铸锭底部相邻上下两层金属的冷却时间和冷却速度不一致、收缩时受阻而造成的。铸造开始时，在结晶器内液态金属与底座直接接触而形成凝固壳，下层金属冷却速度快，上层金属冷却速度小；当铸锭进入二次直接水冷区时，上层金属的收缩受到下层金属的阻碍，上层金属受拉，下层金属受压，沿铸锭宽度方向的绝对收缩量比较大，使铸锭底部的两端向上翘曲。如果此时由于热应力引起的变形大于铸锭所能承受的变形时，便会产生底部裂纹。对于软合金，由于对缺口的敏感性小，当铸造过程进入正常状态时，裂纹会终止发展。对于硬合金，随着铸锭不断冷却而温度下降，对缺口的敏感性不断增大，铸造开始形成的裂纹会成为应力集中源而导致铸锭突然沿底部裂开。根据底部裂纹的形成特点，消除底部裂纹的主要措施是：一是控制合金的化学成分，提高合金在高温和低温时的塑性，即提高抗热裂纹和冷裂纹的能力；二是消除应力集中源，包括夹渣、漏斗底结物、成层、拉裂或结晶微裂纹等；三是降低铸锭底部的拉应力。降低铸锭底部拉应力的措施是合理地调整铸锭内的温度分布和应力分布，其具体措施如下：

(1) 底座的上表面应保持光滑的凹形，以降低铸锭底部的收缩阻力。

(2) 充分预热工具；铸造开始时，彻底捞净结晶器内熔体表面的浮渣，消除应力集中源。

(3) 对缺口的敏感性大的铝合金，采用纯铝铺底，铺底纯铝的温度最好不高于720℃、不低于690℃，铺底铝的厚度应保证结晶器两端头厚度不少于20mm。

(4) 铸造开始时，供流不要太快，结晶器内的金属水平不要太高，以降低底部的总拉应力；谨防出现悬挂现象。

(5) 铸造开始时，在铸锭形成正常的液相穴之前，适当降低冷却水压和铸造速度。

(6) 铸造过程中，应保证均匀供给金属液流和冷却水。

浇口部裂纹有如下特点：

(1) 在软合金和硬合金的浇口部均有可能产生。

(2) 软合金的浇口部裂纹属于热裂纹，裂纹扩展长度多在50mm以内。

(3) 硬合金的浇口部裂纹属于冷裂纹，可以在铸造过程中或者收尾时或者铸造结束后产生，在任何时候开裂都带有很大的危险性。

（4）浇口部裂纹主要产生于金属液流注入的地方，并多因浇口部的夹渣或结晶裂纹而引起。

浇口部裂纹是在铸锭顶部金属凝固收缩时受到已凝固部分的阻碍，使顶部金属产生很大的拉应力而造成的。如果铸锭浇口部的金属在较高温度下就产生了微小的收缩裂纹，在铸锭继续快冷时，它将引起应力集中，会促使整个铸锭迸裂。浇口部裂纹多因浇口部夹渣、漏斗底结物掉入、表面裂纹、水冷不均、收尾操作不当等因素而造成。对于软合金由于塑性好、对缺口的敏感性差，所产生的拉应力因塑性变形而消减，使裂纹很难扩展。浇口部裂纹在任何时候发生都会产生很大的危险性，往往使铸造工具损坏，甚至造成安全事故。根据浇口部裂纹的形成特点，防止浇口部裂纹产生的主要措施是：一是控制合金的化学成分，提高合金在高温和低温时的塑性，即提高抗热裂纹和冷裂纹的能力；二是消除应力集中源，包括夹渣、漏斗底结物、成层、拉裂或结晶微裂纹等；三是降低或消除浇口部的拉应力。降低或消除浇口部拉应力的措施是合理地调整铸锭内的温度分布和应力分布，其具体措施如下：

（1）谨防浇口部夹渣、漏斗底结物掉入和产生表面热裂纹。

（2）对于2A12和7A04等低温塑性较差的铝合金大型扁铸锭，应采取浇口部自回火处理。

（3）在生产过程中，应保证供流均匀和水冷均匀，避免铸锭表面“白道”产生。

（4）铸造结尾时，在停止供流的同时，适当降低小面的冷却水压和铸造速度；如果小面冷却水过晚减压，产生这种危险性裂纹几乎是不可避免的。

（5）对于浇口部不回火处理的铝合金铸锭，不能过早停车，应待浇口部凉透后再停水。

表面裂纹有如下特点：

（1）表面裂纹属于热裂纹。

（2）表面裂纹仅发生在宽面上，沿轴线裂开；其长度不等，宽度不大于0.5mm，深度通常不大于20mm。

（3）表面裂纹主要分布在水冷较弱或金属液流注入的地方或铸锭厚度上收缩最大的部位，裂纹处多伴随有“白道”现象。

（4）表面裂纹在软合金和硬合金铸锭上均可发生，尤其是具有较大热脆性的铝合金铸锭更容易发生。

表面裂纹的成因，是由于铸锭凝固壳与结晶器之间形成稳定空隙之后，铸锭表面温度回升，当铸锭从结晶器内出来的瞬间高温的表层受到强冷而急剧收缩，铸锭内层金属却阻碍表层金属的收缩，在铸锭的横向上产生拉应力，铸锭横断面上表层温度和冷却强度不均匀会造成局部应力集中，使铸锭表层被拉裂。此时，铸锭内层金属承受压应力，能抑制裂纹的扩展，因此表面裂纹的扩展深度有限。根据表面裂纹形成的特点，防止表面裂纹产生的主要措施：一是控制合金的化学成分，提高合金在高温和低温时的塑性，即提高抗热裂纹和冷裂纹的能力；二是消除应力集中源，包括夹渣、漏斗底结物、成层、拉裂或结晶微裂纹等；三是降低或消除宽面横断面上的拉应力。降低或消除宽面横断面上拉应力的措施是合理地控制铸锭宽面横断面上的温度分布均匀性和降低铸锭出结晶器瞬间的温度，其具体措施如下：

（1）适当减小结晶器内表面的锥度，延长凝固壳与结晶器壁的波动性接触区域，降低铸锭表面温度。

（2）适当降低结晶器内的金属液面高度、铸造速度和铸造温度，充分发挥二次冷却的逆流导热作用，使逆流导热距离能伸入到波动性接触区域的边沿。

（3）均匀分配金属液流，防止漏斗歪斜。

（4）结晶器要放平、不许斜置，两侧的挡水板水缝要均匀、水平一致，保证宽面两侧的水冷均匀。

（5）适当降低小面的冷却水压力，以便减小宽面两端与中心的温差。

（6）铸造过程中，谨防铸锭表面夹渣和拉裂。

348. 圆铸锭中的裂纹有什么特点?

答：铝合金圆铸锭中常见的裂纹形式有：中心裂纹、表面裂纹、环状裂纹和横向裂纹。

中心裂纹有如下特点：

(1) 在所有工业变形铝合金中均可能产生，是圆铸锭中最常见的一种裂纹形式。

(2) 中心裂纹可能是热裂纹，也可能是冷裂纹。在塑性好的软合金铸锭中表现为热裂纹；在硬合金铸锭中通常表现出中心为热裂纹，而外围为冷裂纹的混合型裂纹。在高成分合金铸锭中，这种混合型裂纹首先在铸锭中心形成热裂纹，而后成为应力集中源，导致铸锭在低温时形成冷裂纹，并可能使整个铸锭在径向上沿开裂面发生破裂。

(3) 裂纹沿铸锭直径平面发展，多数在铸锭中心面相当于直径 1/3~1/2 的范围内，但有时也可能发展成沿整个直径破裂的通心裂纹。

(4) 裂纹可在铸锭全长中心部位出现，从铸锭底部直到浇口部。

产生中心裂纹的基本原因是铸锭内外层金属温差大，当铸锭内层冷却速度大于其外层冷却速度时，内层金属收缩受到以凝固的外层金属的阻碍，使铸锭中心部位产生拉应力。这种应力从结晶瞬间到铸锭完全冷却的过程中不断增强，当变形超过金属当时的允许变形值时，便产生中心裂纹。在铸锭开头或结尾时，由于正常的铸造条件遭到破坏，冷却条件不均一，容易产生附加的热应力，也是导致产生中心裂纹的重要因素。根据中心裂纹形成的特点，防止中心裂纹产生的主要措施：一是控制合金的化学成分，提高合金在高温和低温时的塑性，即提高抗热裂纹和冷裂纹的能力；二是防止熔体过热或在炉内停留时间过长，谨防铸锭底部和浇口部存在夹渣；三是降低铸锭内外层金属的温差。降低铸锭内外层金属温差的措施是控制液相穴的深度，合理地调整铸锭内的温度分布和应力分布，其具体措施如下：

（1）采用合适的漏斗，使液态金属均匀对称地流向铸锭周边；漏斗直径不许过大或过小。

（2）适当降低铸造速度，适当提高冷却水压，使液相穴底部提高到直接水冷带以上。

（3）对于裂纹倾向较大的大直径硬合金铸锭，应采取铺底（或在底座上铺一层2～3mm厚的隔热毡）和浇口回火处理，防止底部裂纹和浇口裂纹的产生。

（4）适当提高结晶器高度和结晶器内的金属液水平。

表面裂纹有如下特点：

（1）表面裂纹通常都是热裂纹。

（2）裂纹方向平行于铸锭轴线，在铸锭横截面上裂纹沿径向呈放射状分布，所以，这种裂纹又称径向裂纹或外圆放射状裂纹。

（3）表面裂纹一般不在铸锭底部和浇口部出现，主要分布在铸锭中部，且多被紧密压合。

（4）在软合金和硬合金铸锭中均可产生。

（5）主要分布在水冷较弱的地方。

圆铸锭表面裂纹类似淬火裂纹。表面裂纹是在铸锭液相穴底部高于（立式连铸）直接水冷带时，铸锭从结晶器内出来的瞬间其表面受到急剧冷却，外层金属收缩受到已经凝固的中心层阻碍，使外层产生拉应力，以致开裂；随后在铸锭向下运动的过程中继续冷却，外层金属温度已经较低，当内层金属的冷却速度超过外层金属的冷却速度时，外层金属承受压应力，而内层金属承受拉应力，表面裂纹被逐步紧密压合。所以，这种裂纹只有对宏观组织试片仔细观察时才能发现，检查表面裂纹，应在铸锭中部去寻找。根据表面裂纹的形成特点，防止表面裂纹产生的主要措施是：一是控制合金的化学成分和杂质含量，提高合金抗裂纹的能力；二是控制液相穴的深度，充分发挥二次冷却的逆流导热作用，使逆流导热距离能伸入到波动性接触区域的边沿，降低铸锭出结晶器瞬间的表层温度，合理地调整铸锭内的温度分布和应力分布，其具体措施如下：

（1）使用锥度较小的结晶器。

（2）均匀分布金属液流。

（3）适当地降低结晶器内的金属水平，有利于缩小稳定性空隙区的面积，降低铸锭出结晶器瞬间的表层温度。

（4）适当地提高铸造速度，增加凝固壳与结晶器壁之间波动性接触区的面积，增加液相穴的深度。

（5）均匀地供应冷却水。

环状裂纹有如下特点：

（1）属于热裂纹。

（2）通常在距离铸锭边缘 20 ~ 40mm 处呈环状或半环状分布。

（3）常在具有柱状晶组织的铸锭中发现。

圆铸锭环状裂纹是当铸锭中间层的冷却速度大大超过外层的冷却速度时在过渡带转折处产生的。此时，铸锭凝固壳既薄又陡，而液相穴平坦，很容易促使柱状晶生长。当铸锭中间层的冷却速度超过外层的冷却速度时，中间层金属的收缩受到表层金属的阻碍，在液相穴转折处产生径向拉应力集中而开裂。如果铸锭表面均匀冷却，液相穴转折处沿铸锭同心圆分布，所产生的裂纹呈环状分布。如果铸锭表面冷却不均匀，或者铸锭偏移一面，或者漏斗供流不均匀，液相穴转折处与铸锭不呈同心圆分布，所产生的裂纹呈半环状分布，这是生产中出现最普遍的情况。环状裂纹在浇口部也会出现，并随液相穴转折处的变化从铸锭边缘向中心自下而上延伸发展。在高镁铝合金铸锭中，当钠含量超过临界值时，曾出现过类似液相穴形状（锥体）的环状裂纹，在铸锭中周期出现。根据环状裂纹的形成特点，防止环状裂纹产生的主要措施：一是控制合金的化学成分和杂质含量，特别是易熔杂质（如高镁铝合金中的钠）的含量，提高合金抗热裂纹的能力；二是降低配料时新铝用量，控制熔体过热和熔体的停留时间，消除柱状晶；对熔体进行细化处理和脆性相的变质处理，强化晶间联系；三是调整铸造工艺参数以控制液相穴的形状，消除陡峭的液相穴转折面，使结晶前沿从铸锭边部向中心平滑过渡，其具体措施如下：

(1) 适当降低结晶器的高度和结晶器内金属液面的高度。

(2) 正确安装结晶器，避免偏斜；保证水冷均匀。

(3) 选用较小型号的漏斗，正确安放，置于结晶器中心，保证均匀供流。

(4) 适当降低铸造温度。

(5) 停止供流后不要立即停车，待结晶器内金属液水平位于水冷带上面 60 ~ 70mm 时再停车。

横向裂纹有如下特点：

(1) 属于冷裂纹。

(2) 主要产生于高强度铝合金的大直径圆铸锭中。

(3) 一般表现为内部裂纹，但偶然也扩展到铸锭外侧。

(4) 在铸锭中周期性出现。

横向裂纹是在低塑性铝合金（如 7A04、2A12）大直径铸锭中于较低温度下由于铸造速度过低造成的。铸锭直径愈大，铸造速度愈低，轴向的温度梯度愈大，发生横向裂纹的几率愈大。如果铸锭在结晶末期就产生了结晶裂纹，或者有成层、夹渣等诱发因素存在，更易产生横向裂纹。В. И. Добаткин 指出[24]，这类裂纹比其他类型的裂纹具有较大的偶然性，它们主要是在一定的铸造速度区间，即这时结晶面与水平面的倾斜角接近 30°时产生的，很难用宏观检查方法确定横向裂纹废品。根据横向裂纹的形成特点，防止表面裂纹产生的主要措施：一是控制合金的化学成分和杂质含量，提高合金的低温塑性；二是合理调控铸造工艺条件，其具体措施如下：

(1) 适当提高铸造速度。

(2) 保证供流和冷却均匀。

(3) 防止铸锭表面成层和夹渣。

349. 空心圆铸锭中的裂纹有什么特点？

答：铝合金空心圆铸锭中常见的裂纹有：内孔放射状裂纹、环状裂纹和横向裂纹三种形式。

内孔放射状裂纹是在铸锭内表面急剧冷却、芯子妨碍铸锭收缩时出现的；是空心圆铸锭中最常见的废品形式。尤其是在6A02（LD2）、2A11（LY11）铝合金铸锭中较常见。这种裂纹属于热裂纹，多分布在内孔表面冷却较弱的地方，内表面光亮处很少见。

环状裂纹属于热裂纹，多沿液相穴底部分布。当采用单点供流时，环状裂纹发生在液态金属注入点；当采用双点供流时，环状裂纹发生在两个液态金属注入点之间。环状裂纹的成因是芯子的给水水位高于结晶器给水水位时，使铸锭内表面急剧凝固，液相穴底部接近厚度中心，当厚度中心层的金属以较大的冷却速度收缩时，受到已经冷凝的铸锭内外层金属阻碍，在铸锭壁厚中心造成很大的径向拉应力，在液相穴底部最凹处产生裂纹。

横向裂纹属于冷裂纹，通常在铸态塑性低的高成分合金铸锭中低速铸造时出现；多产生于高强铝合金的大直径而壁薄的铸锭中。在铸造速度较慢的情况下，铸锭内轴向温度梯度加大，沿轴向产生拉应力，以致产生裂纹。空心圆铸锭的横向裂纹与实心圆铸锭的横向裂纹有所不同，不是内部裂纹，而是以对铸锭横断面呈不大角度通过整个壁厚的贯穿性裂纹。

除了上述三种类型的空心圆铸锭裂纹形式外，对于某些铝合金的大规格空心圆铸锭，不铺底或不回火处理时，由于开头或结尾时所产生的附加应力作用，也会产生如实心圆铸锭一样的底部或浇口部通心裂纹，甚至裂成数瓣。

根据空心圆铸锭裂纹形成的特点，防止空心圆铸锭裂纹产生的主要措施：一是控制合金的化学成分和杂质含量，提高合金抗裂纹的能力；二是消除应力集中源，包括夹渣、漏斗底结物、成层、拉裂或结晶微裂纹等；三是对于硬合金大直径的空心圆铸锭应采取铺底和浇口回火处理。此外，对于不同类型的裂纹缺陷还应采取如下措施：

对于内孔放射状裂纹，具体为：

（1）选用合适的芯子锥度，不能太小，也不能太大；应使锥度沿高度方向上逐渐减小，其减小值应大于金属收缩时铸锭内径的收缩值。芯子上下直径之差为铸锭内径7%～10%即可[24]。适当增加芯子高度，以便适当降低芯子的给水水位。

（2）正确安装芯子，避免芯杆偏斜，保证芯子水冷却均匀，防止铸锭内孔的不均匀收缩。

（3）适当降低芯子的水冷强度，降低铸锭内表面脱模前的线收缩量。

对于环状裂纹，具体为：

（1）提高铸锭外表面冷却水位或降低内表面冷却水位，使内外冷却水位处于同一水平上。

（2）均匀供给金属液流。

（3）适当降低铸造速度和铸造温度。

对于横向裂纹，具体为：

（1）提高铸造速度，降低芯子冷却水压。

（2）正确安装芯子，保证铸锭壁厚均匀。

（3）防止内外表面出现成层缺陷。

350. 晶层分裂有什么特点？

答：在铸锭边部断口上沿柱状晶轴产生的层状裂开称为晶层分裂。晶层分裂的特点是：

（1）晶层分裂是铸锭断口的一种分层现象，分层面与晶界吻合，在其低倍试片上，经仔细研磨和腐蚀后，也能沿晶界发现裂纹。

（2）裂口多为母液所填充。

（3）常常在柱状晶区发现。

晶层分裂是当熔体中含气量较大、铸造温度较高而铸锭的冷却速度较弱时，由于晶界联系大大减弱的结果，是在铸锭结晶末期形成的。晶层分裂的预防重点是消除柱状晶产生的条件；同时，还应采取如下措施：

（1）适当降低结晶器的有效高度。

（2）防止熔体过热和在炉内停留时间过长。

（3）彻底精炼，降低熔体中的气体含量。

（4）适当提高铸锭的冷却强度，及时清除结晶器内的水垢。

（5）铸造收尾时不要过早停车。

351. 晶内偏析有什么特点？

答：铸锭各部分化学成分的不均匀称为成分偏析。成分偏析分微观偏析和宏观偏析。微观偏析又称晶内偏析或枝晶偏析，是一个晶粒内化学成分不均匀的短程现象。晶内偏析是不平衡结晶造成的。晶内偏析的产生及其结晶过程中，与在固相内和在固液相之间发生不完全扩散有关。在连续铸锭过程中，晶内偏析是不可避免的。

晶内偏析的存在，使晶粒内部的化学成分和铸锭组织都不均匀，不仅晶内显微硬度不均等（晶粒中心低，晶界附近高），而且使整个铸锭的性能严重恶化，其主要危害是：

（1）固溶体晶内偏析造成的化学成分不均匀性和出现的不平衡过剩相，使合金抵抗电化学腐蚀的稳定性降低。

（2）非平衡共晶或低熔组成物的出现，使合金的开始熔化温度降低，使铸锭在随后的热变形或淬火的加热过程中容易产生过烧。

（3）晶内偏析不仅造成非平衡相出现和第二相数量增加，而且这些低熔相在晶枝周围组成硬而脆的枝晶网络，使铸锭的塑性和加工性能降低。

（4）晶内偏析造成的化学成分不均匀性会遗传到半制品中，导致退火后在加工材中形成粗大晶粒。

消除晶内偏析的有效方法是对铸锭进行长时间均匀化热处

理。在连续铸锭过程中，削弱晶内偏析的方法：一是提高冷却速度，采用变质处理以细化晶粒和晶内结构，缩小晶内偏析的范围；二是降低冷却速度，仿锭模铸造时的深液相穴铸造，以降低铁、锰等元素的过饱和程度，减轻偏析程度；三是选用合适的添加剂，适当地改变合金的结晶性质；例如，3A21 合金中加入适量的铁，使固溶体中锰的浓度降低，从而减少锰在晶粒内部分布的不均匀性。实际生产中，杂质铁的存在，添加钛对减轻 3A21 合金固溶体晶粒中的偏析有好处，因为钛偏析和锰偏析的方向正好相反，树枝状晶的中心含钛高，从而可减少铸态晶粒中心和边缘部分的固溶体浓度之差。

352. 宏观偏析有什么特点？

答：在铸锭整个体积内不同位置的成分上存在显著差别的现象，称为宏观偏析。宏观偏析表现为成分的长程变化，大范围的成分不均匀。这种偏析不能用高温退火消除。铝合金中常出现的宏观偏析有：密度偏析、反偏析、偏析瘤。

（1）密度偏析。当和液体共存的固体或互不相溶的液相之间存在密度差别时，则容易产生密度偏析。例如，硬铝合金 α－Al 初晶较轻往往容易上浮，较重的金属间化合物容易下沉。提高冷却速度和进行细化处理，可减少密度偏析。

（2）反偏析。反偏析又称为逆偏析。含溶质分配系数 $K<1$ 的合金凝固时，部分溶质向凝固界面前的溶体中析出，未凝固溶体中溶质浓度增加，致使后结晶的铸锭中心含有较高的溶质浓度，这种成分不均匀现象称为正偏析。与之相反，铸锭外层溶质浓度高于中心时，称为反偏析。

反偏析的成因，传统解释认为，随着凝固的进行，残余液体中溶质富集，由于凝固壳的收缩或残余液体中析出的气体压力，溶质富集相穿过形成凝固壳的树枝晶的枝干和分枝缝隙，并向表面移动。后来大野笃美等人的解释认为，凝固初期在型壁上形成根部“颈缩”形状的晶体，靠近型壁的表面层为溶质的富集带，这些晶体继续长大，当相邻的晶粒互相接触时，溶质富集的熔液被封闭在根部而形成。

反偏析是铝合金连续铸锭过程中一种伴生现象，尚无法完全避免，也不能采用高温均匀化使之消除。反偏析是使铸锭及其压力加工制品在力学性能和物理性能方面产生很大差异的重要原因，在铸造过程中必须严格控制。在铝合金连续铸锭内，反偏析发展的程度主要取决于过渡带的形状和尺寸。通过调整过渡带的形状和尺寸，可以把合金元素的偏析程度控制在允许的范围内，其具体措施是：

1）在熔炼过程中很好地进行晶粒细化处理。

2）适当提高铸锭的冷却强度，或采用低液位铸造，使结晶前沿变得比较平缓，既可以明显降低反偏析程度，又可以缩小偏析层厚度。

3）适当降低铸造速度，使液相穴变浅，既可缩小过渡带对敞露液面的倾斜角，又可起到降低反偏析程度、缩小偏析层厚度的作用。

4）适当提高铸造温度，有利于缩小铝基固溶体树枝晶的生成区域，减轻反偏析的程度。

5）采用合适的铸造漏斗，均匀供流，并使熔体流向铸锭边缘，可避免局部形成反偏析程度超标。

（3）偏析瘤。在铝合金铸锭表面上，常常出现凸出于表面的珠状或带状的析出物，称为偏析瘤，又称为偏析浮出物或偏析结疤，是铸锭中一种表面缺陷。偏析瘤多由低熔点共晶组成，深度一般为0.5～15mm。在水平连续铸锭过程中，铸锭下表面的偏析瘤远多于其上表面，当铸锭直径较大时，上表面往往比较光亮，少有偏析瘤出现。偏析瘤是在凝固壳与结晶器壁波动性接触区内形成的；当铸锭凝固壳冷凝收缩时，在凝固壳与结晶器壁之间产生空隙，同时凝固壳层的温度急剧回升，在液态金属静压力作用下随即又与结晶器壁接触，由于凝固壳与结晶器壁之间的滑动摩擦作用，使局部接触点被磨破，易熔组成物渗出而滞凝于凝固壳与结晶器壁之间的间隙处。因此，偏析瘤是一种反偏析现象。铸锭表面偏析瘤的大小除了与收缩间隙大小有关之外还与合金成分有关。2A12（LY12）、7A04（LC4）等高成分铸锭表面，可以看到大量的偏析瘤。合金处于固液区时，液相的相对数量愈多，则偏析瘤显现得愈严重。

偏析瘤在加工过程中产生开裂，因此加工前必须铣掉，造成一定量的金属损失。消除或减少偏析瘤的主要措施是：

1）采用矮结晶器，适当降低铸造温度，适当提高冷却水压力。

2）适当减小结晶器的锥度，缩小铸锭与结晶器壁之间的间隙。

3）均匀润滑，减少凝固壳与结晶器壁之间的摩擦，防止氧化膜破裂；采用合适的铸造速度，降低凝固壳层的平均温度，增加凝固壳层的平均抗拉强度，防止凝固壳层被磨破。

4）均匀供流，均匀冷却，谨防凝固壳局部过热。

353. 羽毛状晶有什么特点？

答：铸锭中类似于羽毛状的金属组织称为羽毛状晶，又称花边状组织。羽毛状晶是择优取向的孪晶，其生长方向与热流平行，厚度为30～100μm的片状积层组织，是柱状晶的变种。羽毛状晶尺寸较大，在铸锭低倍试片上表现为许多平行的细条组织物，分布有时分散，有时连成一片。断口组织呈片状。显微偏光组织为粗大孪晶组织，其枝晶网络细而连续，枝晶一边为直线孪晶晶轴，另一边为锯齿状晶界。孪晶面是（111），可以看成是晶体的主轴，（100）面与其夹角54.7°成对称生长。孪晶方向是[112]。

羽毛状晶是在结晶前沿液体中的温度梯度十分陡峭、过冷带极为窄小的情况下生成的，是强烈的定向结晶。当熔体的过热温度很高、铸锭的冷却速度极快、向结晶面直接供给金属液流以及熔体中的有效活性质点极少时很容易产生。

羽毛状晶，605℃时均匀化 10h 仍不能消除。羽毛状晶和柱状晶的力学性能，虽然不低于等轴晶，但晶粒组织存在着很强的方向性，纵向和横向的力学性能差异较大，羽毛状晶的双晶面是弱面，在轧制和锻造时的工艺塑性不好，容易沿弱面产生裂纹。铸锭中存在羽毛状晶时，其制品阳极氧化处理后，羽毛状晶和粒状晶的边界、羽毛状晶的双晶晶界呈条状花纹缺陷。为了保证材料的加工稳定性，提高制品的最终性能，对铸锭中的羽毛状晶和柱状晶要进行严格控制。根据 YS/T 67—2005《变形铝及铝合金圆铸锭》和 YS/T 590—2006《变形铝及铝合金扁铸锭》的有色金属行业标准要求，铸锭中不允许存在羽毛状晶。

消除羽毛状晶和柱状晶的办法是控制其形成条件，降低结晶前沿熔体中的温度梯度，扩大过冷带和两相区的宽度，增大浓度过冷，碎化结晶骨架，提高合金中活性质点的数量。其具体措施是：

(1) 采用高效变质剂，对熔体进行变质处理。在采用泡沫陶瓷过滤的条件下，宜在过滤后进行变质处理。

(2) 严格控制熔体的熔炼温度和铸造温度，严格控制熔体在熔炼炉和静置炉内的总停留时间。

(3) 适当提高结晶器的有效高度，适当降低冷却水压；在矮结晶器和热顶铸造时，应适当调整 G/R 的比值，使之尽可能小一些。

(4) 合理设计和安装漏斗，保证供流均匀，避免热流沿切向导入结晶面。

(5) 配料时应控制新旧料比，适当降低新料比例；对于旧料，应考虑废料的遗传性影响，适当补加有效钛的含量。

根据西北铝加工厂对 7A19 铝合金熔铸工艺研究结果[41]，防止 7A19 铝合金圆铸锭产生羽毛状晶缺陷的措施是增加熔体的结晶核心和降低结晶前沿的温度梯度。增加熔体的结晶核心，细化晶粒，阻止晶粒长大。采用 Al－Ti 中间合金和 Al－5Ti－B 丝作细化剂，试验结果 Al－5Ti－B 丝的细化效果显著；在流槽内加入 Al-5Ti-B 丝的细化效果优于静置炉内加入；在流槽内加入0.02% Ti 含量的 Al-5Ti-B 丝，可获得组织均匀细小的铸锭。影响结晶前沿温度梯度的因素主要是：铸造工艺参数和结晶器的性能。铸造工艺参数包括冷却水压、铸造温度和铸造速度，这三个工艺参数增大均导致结晶前沿温度梯度增大；根据试验结果，适宜的铸造工艺参数列于表22-3中。在铸造 ϕ192mm 铝合金铸锭时，对铝合金结晶器和铜结晶器进行对比，试验结果使用铝合金结晶器生产的铸锭比铜结晶器生产的铸锭组织均匀，因为铝合金结晶器比铜结晶器的热传导效率低，减小了结晶前沿的温度梯度。

表22-3 7A19 铝合金圆铸锭的铸造工艺参数[41]

铸锭直径/mm	铸造温度/℃	铸造速度/$mm \cdot min^{-1}$	冷却水压/MPa	铺 底	回 火
192	710~740	65~80	0.05~0.10	+	-
350	720~750	20~60	0.05~0.10	+	+
485	725~755	10~40	0.05~0.10	+	+

354. 光亮晶粒有什么特点？

答：在铸锭宏观组织中存在的色泽光亮的树枝状组织，称为光亮晶粒。其显微组织特征为粗大枝晶网状组织，枝晶尺寸比正常组织大10倍以上。光亮晶粒是宏观偏析的一种表现形式。

光亮晶粒是在漏斗底部（立式连铸时）或导流区（水平连铸时）与结晶器结合部的流口下边形成的一种先期凝结物，是一种贫乏的铝固溶体。光亮晶粒的形成需具备两个条件：熔体的局部低温条件和不平的依附条件。在漏斗底部或导流区与结晶器结合部的流口下边存在局部弱低温区，液态金属首先在漏斗底部或导流区不平整的表面上形成树枝状晶，在过冷度极小的情况下，这些悬挂的枝晶在熔体中长时间缓慢地长大，其周围的液态金属不断更新，使该处的液相成分在结晶的过程中没有大的变化，固液相间始终保持着开始结晶时的浓度差，因而使得光亮晶粒成为贫乏的铝固溶体。在立式连铸过程中，当这些枝晶成长到一定尺寸时，脱落于液相穴底部，分布于相当于漏斗口径的范围；在水平连铸过程中，根据王宝让先生等人对2A12（LY12）铝合金 ϕ120mm 铸锭的研究[77]，在液相穴下部有一低温区（638～636℃），光亮晶粒在喇叭碗下沿的表面上形核并生长，当这些枝晶成长到一定尺寸时，与液相穴的结晶前沿相接，凝入凝固壳中被拉脱，随即继续形成并长大，在铸锭的底部呈现周期性分布的特点。因此，光亮晶粒有如下特点：

（1）在以 α 固溶体树枝晶作为一次晶的所有铝合金铸锭中，均有可能产生。

（2）在光亮晶粒内，降低合金熔点的元素如铜、镁、锌的含量低于该合金的平均成分。

（3）光亮晶粒在过冷度极小的情况下生长，结晶热的散发极其缓慢，因此光亮晶粒的晶内结构粗大。

（4）由于光亮晶粒中合金元素贫乏，光亮晶粒区域的硬度、屈服强度和抗拉强度均有所降低；由于光亮晶粒的晶内结构粗大，与基体金属之间的边界结合不完善，其伸长率也有所降低。

（5）在立式连铸过程中，光亮晶粒沿铸锭横截面的分布与漏斗位置及大小相对应，沿铸锭纵向的分布没有规律，存在着偶然性；在水平连铸过程中，光亮晶粒沿铸锭下部呈间断周期性分布。

光亮晶粒的出现，破坏了铸锭组织的均一性，影响制品的性能；因此，必须严格控制。根据 YS/T 67—2005《变形铝及铝合金圆铸锭》的有色金属行业标准要求，2×××、5×××、7×××系列合金圆铸锭中不允许存在光亮晶粒。其他系列合金圆铸锭中，光亮晶粒不允许多于 10 点，每点平均直径不大于 3mm；或不多于 2 点，每点平均直径不大于 10mm。消除光亮晶粒的根本办法，是消除产生光亮晶粒的温度条件和光亮晶粒的依附条件。在立式连铸过程中，其具体措施如下：

（1）适当提高铸造温度和铸造速度。

（2）漏斗表面涂料并保持光滑平整，使用前充分预热漏斗。

（3）漏斗不要太大，不要放置过深，漏斗孔距漏斗底不要过高，避免漏斗接近液相穴的结晶前沿。

（4）防止结晶器内金属液面波动和液流分配不均。

（5）当铸锭直径大于600mm时，对结晶器内的敞露液面，应采取加热和防止热量散失的措施。

在水平连铸过程中，其具体措施如下：

（1）适当提高铸造温度和铸造速度。

（2）导流区采用导热性能良好的材料制作，出口端面保持光滑平整。

（3）导流区的流口偏于铸锭中心线下方，消除导流区与结晶器交接处下部的低温区。

（4）充分预热中间包和导流区。

355. 白斑有什么特点？

答：在宏观组织中存在的白色块状物称为白斑，它属于金属夹杂。白斑的实质是纯铝，与金属组织有明显的色差，但不破坏金属的连续性。白斑通常出现于采用纯铝铺底的合金铸锭底部；漏斗底部的底结物散落于凝固前沿时也会形成白斑。

采用纯铝铺底的合金铸锭，纯铝在底座上首先冷凝形成一定厚度的凝固壳，在铝合金开始铸造时，由于合金熔体冲击纯铝凝固前沿会产生纯铝悬浮晶体而卷入合金熔体并凝固于铸锭中，因而容易在铸锭底部出现白斑。漏斗底部偶然出现的底结物散落于凝固前沿形成的白斑，不局限于铸锭底部。

白斑的显微硬度很低，对产品的影响与光亮晶粒相同。当白斑呈分散状态时，按夹渣标准处理；其他状态一律报废相连毛坯。

防止白斑的方法是适当提高铺底铝的温度，打净底结物及浮渣，向结晶器内注入合金熔体的时间不要太迟、避免液流冲击过猛，保证漏斗表面光洁，铸造前充分预热漏斗。

356. 枞树状组织有什么特点?

答：Al－Fe－Si 系（1100、1050 等）及 Al－Mg－Fe－Si 系（5005 等）合金的连续铸锭，进行阳极氧化后在铸锭的断面上出现色泽不一的条纹，与铸造方向平行的断面，其色调不同的花纹形如枞树的木纹，称为枞树组织。

上述合金在结晶过程中，都生成 Al－Fe 系化合物，这些化合物的形成与凝固时的冷却速度有直接关系。随着冷却速度的提高，从稳定相 Al_3Fe 向亚稳相 Al_6Fe、Al_mFe（$m>6$）变化，这些不同的析出相边界就成了枞树组织的边界。Al－Fe－Si 系合金铸锭的外部主要是 Al_3Fe 和内部 Al_6Fe 形成枞树组织界面；Al－Mg－Fe－Si 系合金铸锭，外部是 Al_mFe 和内部 Al_3Fe+Al_6Fe 形成枞树组织界面。由于各种铝铁化合物的电化学性质不同，阳极氧化后色调产生差别，形成枞树组织花样。

带有枞树组织的铸锭，轧制后的板材进行阳极氧化时也会显现出来，影响制品的美观，使成品率降低，因此，应消除枞树状组织缺陷。枞树组织的生成与主要添加元素、微量元素、铸锭结晶组织、晶粒细化程度和铸造条件等都有密切关系，因此，目前还很难把枞树组织的生成原因和预防措施完全解释清楚。防止的办法，主要使其在结晶过程中各部分生成一种化合物。其具体措施，一是适当调整化学成分、控制铸造条件（特别是铸造速度），使其不生成枞树组织，或者使枞树组织移向铸锭相当深的部位。二是把产生枞树组织的铸锭在 500～600℃ 的高温下进行退火，使亚稳相转变为 Al_3Fe 稳定相。

357. 粗大金属间化合物有什么特点?

答：在 Al－Cu－Mg 系、Al－Mg 系、Al－Mn 系、Al－Mg－Si 系 Al－Zn－Mg 系等铝合金中，为了控制再结晶和使再结晶晶粒细化、提高强度和防止应力腐蚀裂纹等目的，添加了 Mn、Cr、

Zr 等过渡元素。当成分选择和铸造条件控制不当时，在铸锭凝固过程中会产生粗大的金属间化合物（常大于 100μm），称为粗大金属间化合物，又称初晶化合物或金属间化合物一次晶。粗大金属间化合物是宏观偏析的一种表现形式。在立式连续铸锭过程中，液相穴中自由长大的金属间化合物，多以单个质点间断地、没有规律地散落在整个铸锭截面上；当液相穴中结晶前沿倾斜度很大时会在铸锭中心部位造成偏析。在连续铸锭中，粗大金属间化合物的形成和分布具有以下特点：

（1）粗大金属间化合物只出现在含有难熔组元较多的合金中，如 4A11、4032、2A70、2A80、2A90、3A21、5A06、5A12、5B06、7A04 等合金。

（2）液相穴中自由长大的金属间化合物一次晶尺寸主要取决于它本身的结晶速度和成长时间。漏斗底结物的生长条件与光亮晶粒底结物相似。

（3）金属间化合物的长大速度与其本性及液相穴中熔体的过冷度有关。提高铸造温度使液相穴中熔体温度升高，过冷度减小，既提高了出现金属间化合物一次晶难熔组元的浓度，又降低了结晶速度，有利于一次晶细化。

（4）金属间化合物的成长时间即在液相穴中以悬浮状态存在的时间，从铸锭边部向中心不断增加，并与铸锭的凝固时间成正比。因此，金属间化合物的尺寸相应地从铸锭边部向中心增大，并随铸锭截面增大而增大。

（5）只有在铸锭基体部分存在分散的金属间化合物时，才会在铸锭断口检查中发现金属间化合物的偏析聚集物；分散质点越多，在铸锭的某些部分产生局部偏析的几率越大。

（6）对于直径相同的铸锭，当使用矮结晶器铸造时，出现金属间化合物的倾向性增大。

粗大金属间化合物的形成机理与光亮晶的形成机理基本相同，必须具备金属间化合物形成的温度条件和依附条件；不同之处在于光亮晶粒是合金化元素贫乏的 α 铝固溶体，粗大金属间化合物是高熔点金属的化合物。因此，粗大金属间化合物的形成原因为：添加元素达到生成初晶化合物的成分范围（合金成分接近共晶点的过共晶合金和成分接近包晶点的合金）；液相穴中熔体局部温度处于金属间化合物的生成温度范围（接近于二元共晶点或二元包晶点的温度，即低于该合金液相线温度）；有适于金属间化合物的依附条件，使金属间化合物有充分的生长时间，是粗大金属间化合物的生成条件。在立式连续铸锭过程中，漏斗底部往往具备粗大金属间化合物的生成条件。

粗大金属间化合物是破坏铸锭组织均一性的一种重要的组织缺陷，不能采用加工或热处理的方法使其消除。通常金属间化合物硬度高、性脆，特别是当它们在铸锭中形成偏析聚集物时，不仅急剧降低铸锭的力学性能，而且加工变形时在制品中造成分层缺陷，是降低半制品横向性能的主要原因。因此，在熔铸生产过程中，必须对铝合金铸锭中的粗大金属间化合物进行严格控制。根据粗大金属间化合物的形成特点，消除粗大金属间化合物的有效方法，首先是减少容易形成高熔点金属化合物的合金组元和杂质的允许范围，靠近下限，使其不超过金属间化合物初晶的生成界限。不同铝合金系的金属间化合物初晶的生成界限如下：

Al－Mn 系合金，（Fe、Mn）Al_6 生成界限为：$[Fe]+1.07[Mn]<1.707$；

Al－Mg 系合金，（Cr、Mn）Al_7 生成界限为：$[Mn]+3.18[Cr]<0.805$；

Al－Zn－Mg 系合金，$ZrAl_3$ 生成界限为：$[Zr]<0.11$；

在 Al－Zn－Mg 系合金中，加入 Ti 促进了粗大金属间化合物的形成，含有 Ti 和 V 时的 $ZrAl_3$ 生成界限为：$[Zr]<0.14$。

消除粗大金属间化合物，在熔铸过程中还应采取如下主要措施：

（1）使用低熔点的中间合金向熔体中加入难熔组元，以保证难熔组元在合金熔体中充分溶解；避免使用合金组元高含量的中间合金，防止中间合金带入金属间化合物一次晶。

(2) 采用合适的细化变质剂对熔体进行变质处理，抑制金属化合物的形成。

(3) 适当提高熔炼温度和铸造温度；采用中、上限温度进行铸造。

(4) 使用导热性能好的材料制作漏斗，并使其表面光滑，使用前必须充分预热。

(5) 适当提高结晶器的有效高度，适当提高结晶器内的金属液水平。

(6) 对于生成金属间化合物倾向很大的铝合金，在采用上述工艺措施收效不大的情况下，可以考虑缩小铸锭截面尺寸。

(7) 对于小规格的圆铸锭，应优先选用热顶铸造方法生产。

根据杨荣东等人对7039铝合金圆铸锭的研究[78]，粗大金属间化合物是由于Mn、Cr、Ti元素偏聚，形成MnAl、CrAl、TiAl等金属间化合物及铝基体组成的混合组织。在普通的立式连续铸锭过程中，沿漏斗边部分布的漏斗底结物明显偏多，厚度可达10mm左右；漏斗中部底结物生长较慢，呈薄片状；底结物靠近液相穴面呈自由长大状态，凹凸不平；在漏斗底部存在Mn、Cr、Ti元素的严重偏聚，其中在靠漏斗方面三元素偏聚程度是Ti > Cr > Mn，靠液相穴方面三元素偏聚程度是Cr > Ti > Mn，在尖状物中Cr元素浓度超过标准含量算术平均值的20倍，Mn基本正常；这表明Ti更易于紧贴漏斗聚集，而Cr更倾向于液相穴方向聚集。控制圆铸锭粗大金属间化合物的措施是：合金中Mn、Cr、Ti含量按标准下限确定，7039合金的本身废料使用量不应超过30%。实践表明，漏斗直径约为铸锭直径的20% ~40%为宜，铸造时漏斗沉入液相穴的深度应不超过20mm。ϕ405mm圆铸锭以23mm/min的铸造速度铸造时，漏斗底部和结晶前沿之间的熔体区温度比较低（低于639℃），液相穴的深度比较浅（75mm左右）；以35mm/min的铸造速度铸造时，液相穴的深度达到170mm，漏斗底部以下温度提高2℃，达到641℃，延缓了液相穴内、漏斗底部特别是漏斗边部金属间化合物的生长。7039

铝合金圆铸锭液相穴内主要参数列于表22－4中。在铸造温度一定时，铸锭长度在600mm以前和铸造收尾停止供流后的300mm长度范围内均有一个低于670℃的低温段，使得高熔点组元在流槽、漏斗内有先期结晶的可能，形成小团聚集物，并随着供流熔体流入温度更低的液相穴内，在液相穴内特别是在漏斗底部有长大形成粗大金属间化合物的趋势；这也是生产中铸锭头尾毛坯出现粗大金属间化合物的几率远大于其他部位的原因。ϕ270mm圆铸锭采用热顶铸造时，液相穴内主要参数列于表22－4中。液相穴的深度、液相穴内熔体温度、漏斗底部温度均高于普通的立式连续铸造ϕ405mm圆铸锭时；特别是漏斗底部温度高出55～57℃。在热顶铸造整个过程中，流盘流体温度、液相穴液面下30mm处熔体温度和漏斗下熔体温度都高于普通的立式连续铸造，在相同铸锭长度时，其温度平均高出20℃以上。因此，热顶铸造有利于减小粗大金属间化合物产生的倾向性，是圆铸锭生产时的优选方法。

表22－4　7039铝合金圆铸锭液相穴内主要参数[78]

铸造方法	铸锭直径/mm	铸造速度/mm·min^{-1}	液相穴近似深度/mm	液相穴内熔体温度/℃①	漏斗下熔体温度/℃
普通立式连铸	405	23	75	640～637	639②
		35	190	650～638	641②
热顶铸造	270		295	695～641	696③

①结晶器内液面下30mm处；②漏斗在液相穴内；③漏斗前移至分配盘内。

358. 怎样进行表面质量检验？

答：铸锭表面往往存在各种各样的缺陷。表面检验的范围包括：铸锭表面形状（如冷隔、结疤等）、缩孔、气孔、氧化夹杂物和表面裂纹等。铸锭内部的缺陷也多集中于表面近层，有时显现于表皮之外。如果铸锭内部有严重的气孔、夹杂物及裂纹等缺陷，大部分可以从表面检查出来。必要时可将表面刨去一层，用氢氧化钠（NaOH）溶液擦洗，即可显露。

冷隔又称为成层，它是铸锭表面上存在的有规律性的重叠或内部形成隔层的现象。它是弯月面固化的结果。冷隔常常是铸锭裂纹的起因，并增大了铸锭的铣面和车皮的几何废品。

连续铸造的许多铝合金铸锭，其表面往往存在许多结疤（偏析瘤、偏析浮出物、发汗现象），即使工业纯铝铸锭的表面也或多或少存在这种缺陷。这种缺陷多与逆偏析及内部有连带关系。偏析浮出物是从铸锭内部渗出来并在铸锭表面呈瘤状或小球状凝结的易熔析出物。因此，当结疤严重时，应进行刨皮检查，乃至断面检查。

表面检验属于产品检查，由检验人员在生产现场逐件进行检查。表面检验可与化学成分检验同步进行。

对于铸锭表面的各种缺陷，不同的产品有不同的要求。圆铸锭应按 YS/T 67—2005《变形铝及铝合金圆铸锭》标准执行。扁铸锭应按 YS/T 590—2006《变形铝及铝合金扁铸锭》标准执行。重熔用铝锭应按 GB/T 1196—2008《重熔用铝锭》标准执行。

359. 冷隔有什么特点？

答：在连续铸锭过程中，铸锭表面上沿轴向存在有规律的重叠或内部形成隔层的现象，称为冷隔，又称为成层。冷隔保持了铝合金熔体与结晶器壁接触时熔体弯月面的形貌，沿着铸锭的轴向分布。在铸造工艺条件稳定的情况下，冷隔的宽度基本上相等。在方形铸锭表面上，角部的冷隔比平面内严重，角部的冷隔深度大于平面内。在水平连续铸造的铸锭表面上，下部的冷隔宽度小于其上部，下部的冷隔深度大于其上部。

在连续铸锭过程中，液态金属与结晶器壁接触时形成一定曲率半径的弯月面，随着铸锭的冷凝，弯月面也受到冷却，从弯月面根部开始也会逐步发生凝固现象，使弯月面固化。当弯月面获得的热流大于散失的热流时，高温液态金属流向结晶器壁，形成新的弯月面。由此周而复始，形成有规律的固化弯月面。因此，冷隔的形成受制于弯月面获得热流和散失热流的平衡，散失的热流大于获得的热流时，就会产生冷隔。扁铸锭的冷隔首先在窄面形成，就是因为窄面冷却强度大，距离供流点最远。

冷隔常常是铸锭裂纹的起因，并增大了铸锭铣面或车皮的几何废品量，降低了成品率。因此，应尽可能减少或消除冷隔缺陷。为了减少或消除冷隔，从增加弯月面获得的热流和减少弯月面散失的热流两方面着手，应采取如下措施：

(1) 对于圆铸锭，采用内套带锥度的结晶器。

(2) 适当提高铸造温度。

(3) 对于裂纹倾向性较小的铝合金铸锭，适当提高铸造速度。

(4) 适当降低冷却水压。

(5) 合理分配结晶器内的金属液流，防止液面波动。

360. 怎样进行力学性能检验？

答：力学性能是反映金属内部组织结构变化的重要表征参数。在金属材料研究中，力学性能是合金成分设计和显微组织结构控制所要达到的目的之一。它直接影响到金属材料的使用性能。对于铸坯来说，它还影响到后续加工过程的稳定性。金属材料的力学性能包括强度、塑性、韧性（脆性）和硬度等。

抗拉试验是生产中最常用的力学性能检验方法。通过抗拉试验主要检验铸坯常温时在外力作用下抵抗变形和断裂的能力，即铸坯的屈服强度、抗拉强度和伸长率（塑性）。抗拉试验用的试样可以是被检材料的全断面试样，也可以加工成圆形或矩形的长（或短）试样。前者用于不经切削加工即行使用的材料，如线材和板材。后者用于经切削加工后使用或再进行处理的材料，如铸锭；抗拉试验用试样的形状和尺寸如图 22－3 所示，圆形试样的基本尺寸列于表 22－5 中。试样应具有代表性，根据试验目的和相应标准来选取。按表 22－5 中数据，尽可能选取 5 号标准圆试样。具体试验方法应按 GB/T 228《金属材料室温拉伸试验方法》执行。在试样制备过程中，应避免组织受冷、热加工的影响，保证较低的粗糙度。图 22－3 中，D_a 为试验机卡头固定区，L_0 为测定伸长率的基准长度尺寸。

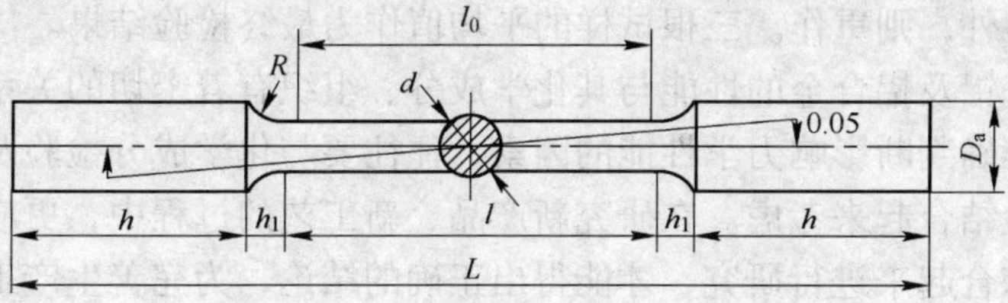

图 22－3　抗拉试验用试样图

表 22－5　铝合金拉力圆形试样的基本尺寸[10]

试样种类		短试样				
编　号		1	2	3	4	5
基本尺寸	长度 L/ mm	65	90	90	118	150
	直径 D_a/ mm	6	8	10	12	14

对于连铸连轧和水平连铸生产的铝线坯（ϕ10mm 的铝杆）试样，可以采用材料全断面试样；切取直段长度 300mm（或 400mm），测试前在工作台上用木槌轻击铝杆以调直；并在杆面上量取 200mm（或 300mm）的标定长度，作为测定伸长率的基准尺寸，试样两端各余 50mm 作为试验机卡头固定区。然后用卡尺测定铝杆的直径并记录其平均值。

常规力学性能检验通常只测试其抗拉强度和伸长率。为了测试结果的精确度，试验前应根据试样的承载能力，选定试验机适当的预加载荷使测试时载荷的指数在量程的 1/3～2/3 范围变化。试验时，将试样的固定区装入试验机的卡头内。卡头应在基准尺寸的标线外。试样在负荷的平稳作用下被拉伸而产生塑性变形，直至断裂；此时表盘上动、定两指针的指数不断同步升高，至试样断裂时定针不动而动针回落到零位。记录最高的定针指数，即为试样断裂时的载荷数；除以试样的平均断面数值，则为试样的抗拉强度。然后把断开的两截试样按断口对齐放在一条直线上，量取试样中间两条标线的距离，将其与标定长度的差值除以标定长度值，即可得到该试样的伸长率。如果断口出现在标定长度之外，则重作。三根试样的平均值作为最终检验结果。

铝及铝合金的性能与其化学成分、组织有着密切的关系，为了准确判断影响力学性能的因素，往往要与化学成分检验及组织检验结合起来考虑。在研究新产品、新工艺的过程中，更应将它们综合起来进行研究，才能得出正确的结论，为完善生产工艺提供可靠的依据。

361. 怎样进行导电性能检验？

答：在电解铝厂，生产 Al 99.7E、Al 99.6E、1A60 和 1R50 等铝线坯产品时，需要做导电性能检验。这些产品是用来生产电线电缆等导电体材料的。导电性能是导电体材料的主要物理性能。

金属及其合金的导电性能一般用电阻率 ρ 来评估，而不用电阻 R，这是因为导体的全电阻 R 不仅与电阻率 ρ 有关，还决定于导体的几何因素（导体的体积尺寸）。有时也用电导率 γ 来估量。电导率与电阻率互为倒数关系。金属及其合金的电阻率与金属的成分、组织及所处的温度有关。凡是能阻碍金属中自由电子移动的因素均使金属的电阻率增高，如增加杂质含量和提高温度等都会使金属的电阻率增高。反之，可使金属的电阻率降低。因此，导电性能检验往往要与化学成分检验及组织检验综合起来考虑，才能得出正确的结论。

评价金属及其合金的导电性能虽然以电阻率 ρ 为依据，但是在导电性能检验过程中必须测量试样的电阻值。测量金属及其合金电阻的方法有单电桥和双电桥等。单电桥的工作原理如图 22－4所示。双电桥的工作原理如图 22－5 所示。

当被测材料的电阻较大时，可使用单电桥检验导电性。在图 22－4 中，R_x 为被测电阻，N、R_1 及 R_2 均为已知电阻。调节接触点 D 的位置使通过电流计 G 的电流为零，则 R_x 可用下式表示：

$$R_x = N R_1 / R_2 \quad (22-1)$$

实际上，$N R_1 / R_2$ 并非真正的被测电阻，而是 A 与 C 两点之间的电阻，其中包括被测电阻 R_x 和两端连接导线的电阻以及 A、C 两点处

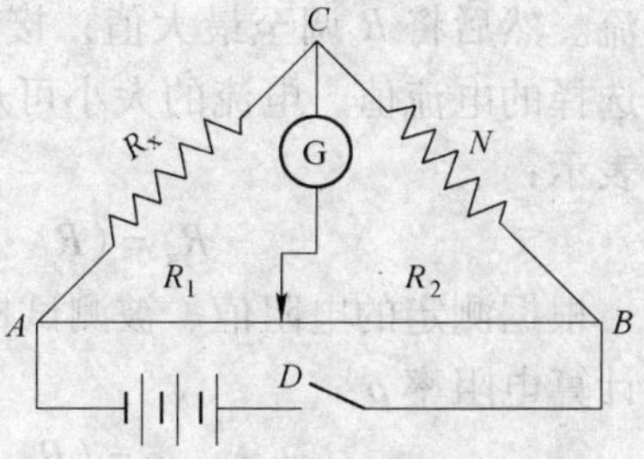

图 22-4　单电桥线路图

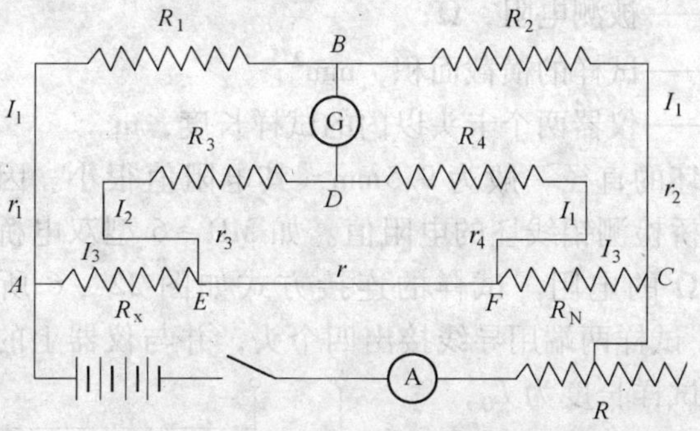

图 22-5　双电桥线路图

的接触电阻。一般来说，导线电阻和接触电阻都极小；当被测电阻相当大时，由于导线电阻和接触电阻所产生的误差并不大，$N R_1/R_2$ 接近于 R_x。若被测电阻极小时，则导线电阻和接触电阻的影响就显著了。因此，单电桥只适于测量较大的电阻值。

测量小电阻最普通的方法是用双电桥。在图 22-5 中，R_x 为被测电阻；R_1、R_2、R_3 和 R_4 是可调电阻，通常 R_1 和 R_2 均采用大于 10Ω 的电阻值。在实际仪器中，R_N 也是可调电阻，以适应不同的测试对象。r_1、r_2、r_3、r_4 和 r 是各部分的导线电阻与接触电阻之和。R 的设置是为了限制工作电流不至于过大，以免损坏仪器。测量时，调节 R_1、R_2、R_3 和 R_4 四个电阻的大小，使电桥达到平衡状态，即使流过电流计 G 的电流为零。并根据估计所得的 R_N，从仪器的附表中选择适当的 R_N 和电路中的工作

电流。然后将 R 调至最大值；接通电路后，再调节 R 使其达到所选择的电流值，电流的大小可从电流计 A 中读出。R_x 可用下式表示：

$$R_x = (R_1 \cdot R_N)/R_2 \tag{22-2}$$

根据测定的电阻值、被测试样的横截面积及其长度，可按下式计算电阻率 ρ：

$$\rho = (R_x \cdot S)/L \tag{22-3}$$

式中　ρ——电阻率，$\Omega \cdot mm^2/m$；

R_x——被测电阻，Ω；

S——试样的横截面积，mm^2；

L——仪器两个卡头以内的试样长度，m。

铝线坯的直径一般为 9.5mm，其电阻值很小。因此，通常采用双电桥检测铝线坯的电阻值。如 MD－6 型双电桥可以测量 10^{-5} ~ 11Ω 的电阻。试样的连接方式如图 22－6 所示。在图 22－6中，试样两端用导线接出四个头，并与仪器上的四个接线柱相连。试样长度为 L_0，所测得的电阻仅为 X_1 与 X_2 两点之间（长度为 L）的电阻，而不是整个试样长度的电阻。在试样两端留出 25mm 的长度（aX_1 或 X_2b），以便流经试样的电流在 X_1 与 X_2 两点之间能均匀分布。

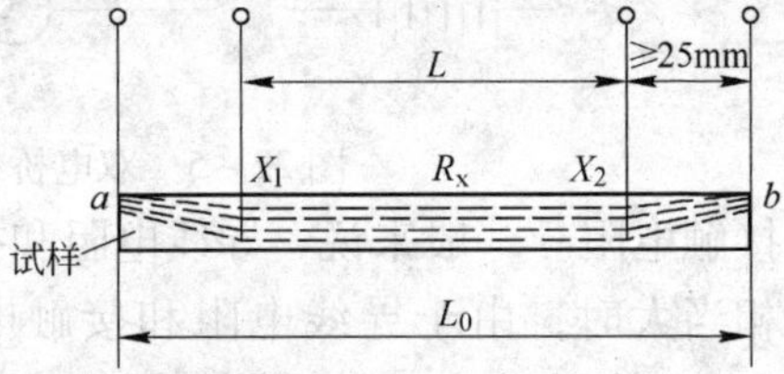

图 22－6　双电桥试样连接图

通常标准状态下的电阻率是在 20℃ 时的数值。为此，将试样置于绝缘油恒温槽内；油温恒定于（20 ± 0.05）℃。这样可以直接算出数值，而免去了换算的程序。绝缘油恒温槽的长度为 1400mm。对于 9.5mm 的铝线坯，为了计算方便，一般 L_0 = 1300mm，L = 1000mm；用称量法计算试样的横截面积。

生产过程中，每 2t（一卷）铝线坯产品取一组试样。

附　　录

附录 I　变形铝及铝合金牌号和化学成分（GB/T 3190—2008）

附表 1　四位数字符牌号变形铝及铝合金的化学成分

序号	牌号	化学成分（质量分数）/%													
		Si	Fe	Cu	Mn	Mg	Cr	Ni	Zn		Ti	Zr	其他		Al
													单个	合计	
1	1035	0.35	0.6	0.10	0.05	0.05	—	—	0.10	0.05V	0.03	—	0.03	—	99.35
2	1040	0.30	0.50	0.10	0.05	0.05	—	—	0.10	0.05V	0.03	—	0.03	—	99.40
3	1045	0.30	0.45	0.10	0.05	0.05	—	—	0.05	0.05V	0.03	—	0.03	—	99.45
4	1050	0.25	0.40	0.05	0.05	0.05	—	—	0.05	0.05V	0.03	—	0.03	—	99.50
5	1050A	0.25	0.40	0.05	0.05	0.05	—	—	0.07	—	0.05	—	0.03	—	99.50
6	1060	0.25	0.35	0.05	0.03	0.03	—	—	0.05	0.05V	0.03	—	0.03	—	99.60
7	1065	0.25	0.30	0.05	0.03	0.03	—	—	0.05	0.05V	0.03	—	0.03	—	99.65

续附表 1

序号	牌号	化学成分（质量分数）/%													
		Si	Fe	Cu	Mn	Mg	Cr	Ni	Zn		Ti	Zr	其他 单个	其他 合计	Al
8	1070	0.20	0.25	0.04	0.03	0.03	—	—	0.04	0.05V	0.03	—	0.03	—	99.70
9	1070A	0.20	0.25	0.03	0.03	0.03	—	—	0.07	—	0.03	—	0.03	—	99.70
10	1080	0.15	0.15	0.03	0.02	0.02	—	—	0.03	0.03Ga，0.05V	0.03	—	0.02	—	99.80
11	1080A	0.15	0.15	0.03	0.02	0.02	—	—	0.06	0.03Ga (1)	0.02	—	0.02	—	99.80
12	1085	0.10	0.12	0.03	0.02	0.02	—	—	0.03	0.03Ga，0.05V	0.02	—	0.01	—	99.85
13	1100	0.95Si + Fe		0.05～0.20	0.05	—	—	—	0.10	(1)	—	—	0.05	0.15	99.00
14	1200	1.00Si + Fe		0.05	0.05	—	—	—	0.10	—	0.05	—	0.05	0.15	99.00
15	1200A	1.00Si + Fe		0.10	0.30	0.30	0.10	—	0.10	—	—	—	0.05	0.15	99.00

续附表 1

序号	牌号	化学成分（质量分数）/%											其他		Al
		Si	Fe	Cu	Mn	Mg	Cr	Ni	Zn		Ti	Zr	单个	合计	
16	1120	0.10	0.40	0.05 ~ 0.35	0.01	0.20	0.01	—	0.05	0.03Ga, 0.05B, 0.02V + Ti	—	—	0.03	0.10	99.20
17	1230（2）	0.70Si + Fe		0.10	0.05	0.05	—	—	0.10	0.05V	0.03	—	0.03	—	99.30
18	1235	0.65Si + Fe		0.05	0.05	0.05	—	—	0.10	0.05V	0.06	—	0.03	—	99.35
19	1435	0.15	0.30 ~ 0.50	0.02	0.05	0.05	—	—	0.10	0.05V	0.03	—	0.03	—	99.35
20	1145	0.55Si + Fe		0.05	0.05	0.05	—	—	0.05	0.05V	0.03	—	0.03	—	99.45
21	1345	0.30	0.40	0.10	0.05	0.05	—	—	0.05	0.05V	0.03	—	0.03	—	99.45
22	1350	0.10	0.40	0.05	0.01	—	0.01	—	0.05	0.03Ga, 0.05B, 0.02V + Ti	—	—	0.03	0.10	99.50

续附表 1

序号	牌号	化学成分（质量分数）/%											其他		
		Si	Fe	Cu	Mn	Mg	Cr	Ni	Zn		Ti	Zr	单个	合计	Al
23	1450	0.25	0.40	0.05	0.05	0.05	—	—	0.07	（1）	0.10~0.20	—	0.03	—	99.5
24	1260	0.40Si+Fe		0.04	0.01	0.03	—	—	0.05	0.05V	0.03	—	0.03	—	99.60
25	1370	0.10	0.25	0.02	0.01	0.02	0.01	—	0.04	0.03Ga，0.02B，0.02V+Ti	—	—	0.02	0.10	99.70
26	1275	0.08	0.12	0.05~1.10	0.02	0.02	—	—	0.03	0.03Ga，0.03V	0.02	—	0.01	—	99.75
27	1185	0.15Si+Fe		0.01	0.02	0.02	—	—	0.03	0.03Ga，0.05V	0.02	—	0.01	—	99.85
28	1285	0.08（3）	0.08（3）	0.02	0.01	0.01	—	—	0.03	0.03Ga，0.05V	0.02	—	0.01	—	99.85

续附表 1

序号	牌号	化学成分（质量分数）/%											其他		Al
		Si	Fe	Cu	Mn	Mg	Cr	Ni	Zn		Ti	Zr	单个	合计	
29	1385	0.05	0.12	0.02	0.01	0.02	0.01	—	0.03	0.03Ga，0.03V + Ti（4）	—	—	0.01	—	99.85
30	2004	0.20	0.20	5.5 ~ 6.5	0.10	0.50	—	—	0.10	—	0.05	0.30 ~ 0.50	0.05	0.15	余量
31	2011	0.40	0.7	5.0 ~ 6.0	—	—	—	—	0.30	（5）	—	—	0.05	0.15	余量
32	2014	0.50 ~ 1.2	0.7	3.9 ~ 5.0	0.40 ~ 1.2	0.20 ~ 0.8	0.10	0.10	0.25	（6）	0.15	—	0.05	0.15	余量
33	2014A	0.50 ~ 0.9	0.50	3.9 ~ 5.0	0.40 ~ 1.2	0.20 ~ 0.8	0.10	0.10	0.25	—	0.15	0.20 Zr + Ti	0.05	0.15	余量
34	2214	0.50 ~ 1.2	0.30	3.9 ~ 5.0	0.40 ~ 1.2	0.20 ~ 0.8	0.10	—	0.25	（6）	0.15	—	0.05	0.15	余量

续附表1

序号	牌号	化学成分（质量分数）/%													
		Si	Fe	Cu	Mn	Mg	Cr	Ni	Zn		Ti	Zr	其他 单个	其他 合计	Al
35	2017	0.20 ~ 0.8	0.7	3.5 ~ 4.5	0.40 ~ 1.0	0.20 ~ 0.8	0.10	—	0.25	(6)	0.15	—	0.05	0.15	余量
36	2017A	0.20 ~ 0.8	0.7	3.5 ~ 4.5	0.40 ~ 1.0	0.20 ~ 1.0	0.10	—	0.25	—	0.15	0.25 Zr + Ti	0.05	0.15	余量
37	2117	0.8	0.7	2.2 ~ 3.0	0.20	0.20 ~ 0.50	0.10	—	0.25	—	—	—	0.05	0.15	余量
38	2218	0.9	1.0	3.5 ~ 4.5	0.20	1.2 ~ 1.8	0.10	1.7 ~ 2.3	0.25	—	—	—	0.05	0.15	余量
39	2618	0.10 ~ 0.25	0.9 ~ 1.3	1.9 ~ 2.7	—	1.3 ~ 1.8	—	0.9 ~ 1.2	0.10	—	0.04 ~ 0.10	—	0.05	0.15	余量
40	2618A	0.15 ~ 0.25	0.9 ~ 1.4	1.8 ~ 2.7	0.25	1.2 ~ 1.8	—	0.8 ~ 1.4	0.15	—	0.20	0.25 Zr + Ti	0.05	0.15	余量
41	2219	0.20	0.30	5.8 ~ 6.8	0.20 ~ 0.40	0.02	—	—	0.10	0.05 ~ 0.15V	0.02 ~ 0.10	0.10 ~ 0.25	0.05	0.15	余量

续附表 1

序号	牌号	化学成分（质量分数）/%													
		Si	Fe	Cu	Mn	Mg	Cr	Ni	Zn		Ti	Zr	其他		Al
													单个	合计	
42	2519	0.25 (7)	0.30 (7)	5.3 ~ 6.4	0.10 ~ 0.50	0.05 ~ 0.40	—	—	0.10	0.05 ~ 0.15V	0.02 ~ 0.10	0.10 ~ 0.25	0.05	0.15	余量
43	2024	0.50	0.50	3.8 ~ 4.9	0.30 ~ 0.9	1.2 ~ 1.8	0.10	—	0.25	(6)	0.15	—	0.05	0.15	余量
44	2024A	0.15	0.20	3.7 ~ 4.5	0.15 ~ 0.8	1.2 ~ 1.5	0.10	—	0.25	—	0.15	—	0.05	0.15	余量
45	2124	0.20	0.30	3.8 ~ 4.9	0.30 ~ 0.9	1.2 ~ 1.8	0.10	—	0.25	(6)	0.15	—	0.05	0.15	余量
46	2324	0.10	0.12	3.8 ~ 4.4	0.30 ~ 0.9	1.2 ~ 1.8	0.10	—	0.25	—	0.15	—	0.05	0.15	余量
47	2524	0.06	0.12	4.0 ~ 4.5	0.45 ~ 0.7	1.2 ~ 1.6	0.05	—	0.15	—	0.10	—	0.05	0.15	余量
48	3002	0.08	0.10	0.15	0.05 ~ 0.25	0.05 ~ 0.20	—	—	0.05	0.05V	0.03	—	0.03	0.10	余量

续附表1

序号	牌号	化学成分（质量分数）/%													
		Si	Fe	Cu	Mn	Mg	Cr	Ni	Zn		Ti	Zr	其他		Al
													单个	合计	
49	3102	0.40	0.7	0.10	0.05～0.40	—	—	—	0.30	—	0.10	—	0.05	0.15	余量
50	3003	0.6	0.7	0.05～0.20	1.0～1.5	—	—	—	0.10	—	—	—	0.05	0.15	余量
51	3103	0.50	0.7	0.10	0.9～1.5	0.30	0.10	—	0.20	(1)	—	0.10 Zr+Ti	0.05	0.15	余量
52	3103A	0.50	0.7	0.10	0.7～1.4	0.30	0.10	—	0.20	—	—	0.10 Zr+Ti	0.05	0.15	余量
53	3203	0.6	0.7	0.05	1.0～1.5	—	—	—	0.10	(1)	—	—	0.05	0.15	余量
54	3004	0.30	0.7	0.25	1.0～1.5	0.8～1.3	—	—	0.25	—	—	—	0.05	0.15	余量
55	3004A	0.40	0.7	0.25	0.8～1.5	0.8～1.5	0.10	—	0.25	0.03Pb	0.05	—	0.05	0.15	余量

续附表 1

序号	牌号	化学成分（质量分数）/%												
		Si	Fe	Cu	Mn	Mg	Cr	Ni	Zn		Ti	Zr	其他		Al
													单个	合计	
56	3104	0.6	0.8	0.05 ~ 0.25	0.8 ~ 1.4	0.8 ~ 1.3	—	—	0.25	0.05Ga，0.05V	0.10	—	0.05	0.15	余量
57	3204	0.30	0.7	0.10 ~ 0.25	0.8 ~ 1.5	0.8 ~ 1.5	—	—	0.25	—	—	—	0.05	0.15	余量
58	3005	0.6	0.7	0.30	1.0 ~ 1.5	0.20 ~ 0.6	0.10	—	0.25	—	0.10	—	0.05	0.15	余量
59	3105	0.6	0.7	0.30	0.30 ~ 0.8	0.20 ~ 0.8	0.20	—	0.40	—	0.10	—	0.05	0.15	余量
60	3105A	0.6	0.7	0.30	0.30 ~ 0.8	0.20 ~ 0.8	0.20	—	0.25	—	0.10	—	0.05	0.15	余量
61	3006	0.50	0.7	0.10 ~ 0.30	0.50 ~ 0.8	0.30 ~ 0.6	0.20	—	0.15 ~ 0.40	—	0.10	—	0.05	0.15	余量
62	3007	0.30	0.45	0.10	0.40 ~ 0.8	0.10	—	—	0.10	—	0.10	—	0.05	0.15	余量

续附表 1

序号	牌号	化学成分（质量分数）/%													
		Si	Fe	Cu	Mn	Mg	Cr	Ni	Zn		Ti	Zr	其他		Al
													单个	合计	
63	3107	0.6	0.7	0.05 ~ 0.15	0.40 ~ 0.9	—	—	—	0.20	—	0.10	—	0.05	0.15	余量
64	3207	0.30	0.45	0.10	0.40 ~ 0.8	0.10	—	—	0.10	—	—	—	0.05	0.15	余量
65	3207A	0.35	0.6	0.25	0.30 ~ 0.8	0.40	0.20	—	0.25	—	—	—	0.05	0.15	余量
66	3307	0.6	0.8	0.30	0.50 ~ 0.9	0.30	0.20	—	0.10	—	0.10	—	0.05	0.15	余量
67	4004 (2)	9.0 ~ 10.5	0.8	0.25	0.10	1.0 ~ 2.0	—	—	0.20	—	—	—	0.05	0.15	余量
68	4032	11.0 ~ 13.5	1.0	0.50 ~ 1.3		0.8 ~ 1.3	0.10	0.50 ~ 1.3	0.25	—	—	—	0.05	0.15	余量
69	4043	4.5 ~ 6.0	0.8	0.30	0.05	0.05	—	—	0.10	(1)	0.20	—	0.05	0.15	余量

续附表1

序号	牌号	化学成分（质量分数）/%													
		Si	Fe	Cu	Mn	Mg	Cr	Ni	Zn		Ti	Zr	其他		Al
													单个	合计	
70	4043A	4.5～6.0	0.6	0.30	0.15	0.20	—	—	0.10	(1)	0.15	—	0.05	0.15	余量
71	4343	6.8～8.2	0.8	0.25	0.10	—	—	—	0.20	—	—	—	0.05	0.15	余量
72	4045	9.0～11.0	0.8	0.30	0.05	0.05	—	—	0.10	—	0.20	—	0.05	0.15	余量
73	4047	11.0～13.0	0.8	0.30	0.15	0.10	—	—	0.20	(1)	—	—	0.05	0.15	余量
74	4047A	11.0～13.0	0.6	0.30	0.15	0.10	—	—	0.20	(1)	0.15	—	0.05	0.15	余量
75	5005	0.3	0.7	0.20	0.20	0.50～1.1	0.10	—	0.25	—	—	—	0.05	0.15	余量
76	5005A	0.3	0.45	0.05	0.15	0.7～1.1	0.10	—	0.20	—	—	—	0.05	0.15	余量

续附表1

序号	牌号	化学成分（质量分数）/%													
		Si	Fe	Cu	Mn	Mg	Cr	Ni	Zn		Ti	Zr	其他		Al
													单个	合计	
77	5205	0.15	0.7	0.03 ~ 0.10	0.10	0.6 ~ 1.0	0.10	—	0.05	—	—	—	0.05	0.15	余量
78	5006	0.40	0.8	0.10	0.40 ~ 0.8	0.8 ~ 1.3	0.10	—	0.25	—	0.10	—	0.05	0.15	余量
79	5010	0.40	0.7	0.25	0.10 ~ 0.30	0.20 ~ 0.6	0.15	—	0.25	—	0.10	—	0.05	0.15	余量
80	5019	0.40	0.50	0.10	0.10 ~ 0.6	4.5 ~ 5.6	0.20	—	0.20	0.10 ~ 0.6 Mn + Cr	0.20	—	0.05	0.15	余量
81	5049	0.40	0.50	0.10	0.50 ~ 1.1	1.6 ~ 2.5	0.30	—	0.20	—	0.10	—	0.05	0.15	余量
82	5050	0.40	0.7	0.20	0.10	1.1 ~ 1.8	0.10	—	0.25	—	—	—	0.05	0.15	余量
83	5050A	0.40	0.7	0.20	0.30	1.1 ~ 1.8	0.10	—	0.25	—	—	—	0.05	0.15	余量

续附表1

序号	牌号	化学成分（质量分数）/%													
		Si	Fe	Cu	Mn	Mg	Cr	Ni	Zn		Ti	Zr	其他 单个	其他 合计	Al
84	5150	0.08	0.10	0.10	0.03	1.3~1.7	—	—	0.10	—	0.06	—	0.03	0.10	余量
85	5250	0.08	0.10	0.10	0.04~0.15	1.3~1.8	—	—	0.05	0.03Ga，0.05V	—	—	0.03	0.10	余量
86	5051	0.40	0.7	0.25	0.20	1.7~2.2	0.10	—	0.25	—	0.10	—	0.05	0.15	余量
87	5251	0.40	0.50	0.15	0.10~0.50	1.7~2.4	0.15	—	0.15	—	0.15	—	0.05	0.15	余量
88	5052	0.25	0.40	0.10	0.10	2.2~2.8	0.15~0.35	—	0.10	—	—	—	0.05	0.15	余量
89	5154	0.25	0.40	0.10	0.10	3.1~3.9	0.15~0.35	—	0.20	(1)	0.20	—	0.05	0.15	余量

续附表 1

序号	牌号	化学成分（质量分数）/%													
		Si	Fe	Cu	Mn	Mg	Cr	Ni	Zn		Ti	Zr	其他		Al
													单个	合计	
90	5154A	0.50	0.50	0.10	0.50	3.1 ~ 3.9	0.25	—	0.20	0.10 ~ 0.50 Mn + Cr	0.20	—	0.05	0.15	余量
91	5454	0.25	0.40	0.10	0.50 ~ 1.0	2.4 ~ 3.0	0.05 ~ 0.20	—	0.25	—	0.20	—	0.05	0.15	余量
92	5554	0.25	0.40	0.10	0.50 ~ 1.0	2.4 ~ 3.0	0.05 ~ 0.20	—	0.25	(1)	0.05 ~ 0.20	—	0.05	0.15	余量
93	5754	0.40	0.40	0.10	0.50	2.6 ~ 3.6	0.30	—	0.20	0.10 ~ 0.6 Mn + Cr	0.15	—	0.05	0.15	余量
94	5056	0.30	0.40	0.10	0.05 ~ 0.20	4.5 ~ 5.6	0.05 ~ 0.20	—	0.10	—	—	—	0.05	0.15	余量
95	5356	0.25	0.40	0.10	0.05 ~ 0.20	4.5 ~ 5.5	0.05 ~ 0.20	—	0.10	(1)	0.05 ~ 0.20	—	0.05	0.15	余量

续附表 1

序号	牌号	化学成分（质量分数）/%													
		Si	Fe	Cu	Mn	Mg	Cr	Ni	Zn		Ti	Zr	其他		Al
													单个	合计	
96	5456	0.25	0.40	0.10	0.05 ~ 1.0	4.7 ~ 5.5	0.05 ~ 0.20	—	0.25	—	0.20	—	0.05	0.15	余量
97	5059	0.45	0.50	0.25	0.6 ~ 1.2	5.0 ~ 6.0	0.25	—	0.40 ~ 0.9	—	0.20	0.05 ~ 0.25	0.05	0.15	余量
98	5082	0.20	0.35	0.15	0.15	4.0 ~ 5.0	0.15	—	0.25	—	0.10	—	0.05	0.15	余量
99	5182	0.20	0.35	0.15	0.20 ~ 0.50	4.0 ~ 5.0	0.10	—	0.25	—	0.10	—	0.05	0.15	余量
100	5083	0.40	0.40	0.10	0.40 ~ 1.0	4.0 ~ 4.9	0.05 ~ 0.25	—	0.25	—	0.15	—	0.05	0.15	余量
101	5183	0.40	0.40	0.10	0.50 ~ 1.0	4.3 ~ 5.2	0.05 ~ 0.25	—	0.25	(1)	0.15	—	0.05	0.15	余量
102	5383	0.25	0.25	0.20	0.7 ~ 1.0	4.0 ~ 5.2	0.25	—	0.40	—	0.15	0.20	0.05	0.15	余量

续附表 1

序号	牌号	化学成分（质量分数）/%													
		Si	Fe	Cu	Mn	Mg	Cr	Ni	Zn		Ti	Zr	其他		Al
													单个	合计	
103	5086	0.40	0.50	0.10	0.20 ~ 0.7	3.5 ~ 4.5	0.05 ~ 0.25	—	0.25	—	0.15	—	0.05	0.15	余量
104	6101	0.30 ~ 0.7	0.50	0.10	0.03	0.35 ~ 0.8	0.03	—	0.10	0.06B	—	—	0.03	0.10	余量
105	6101A	0.30 ~ 0.7	0.40	0.05	—	0.40 ~ 0.9	—	—	—	—	—	—	0.03	0.10	余量
106	6101B	0.30 ~ 0.6	0.10 ~ 0.30	0.05	0.05	0.35 ~ 0.6	—	—	0.10	—	—	—	0.03	0.10	余量
107	6201	0.50 ~ 0.9	0.50	0.10	0.03	0.6 ~ 0.9	0.03	—	0.10	0.06B	—	—	0.03	0.10	余量
108	6005	0.6 ~ 0.9	0.35	0.10	0.10	0.40 ~ 0.6	0.10	—	0.10	—	0.10	—	0.05	0.15	余量

续附表1

序号	牌号	化学成分（质量分数）/%												
		Si	Fe	Cu	Mn	Mg	Cr	Ni	Zn		Ti	Zr	其他		Al
													单个	合计	
109	6005A	0.50~0.9	0.35	0.30	0.50	0.40~0.7	0.20	—	0.20	0.12~0.50 Mn+Cr	0.10	—	0.05	0.15	余量
110	6105	0.6~1.0	0.35	0.10	0.15	0.45~0.8	0.10	—	0.10	—	0.10	—	0.05	0.15	余量
111	6106	0.30~0.6	0.35	0.25	0.05~0.20	0.40~0.8	0.20	—	0.10	—	—	—	0.05	0.10	余量
112	6009	0.6~1.0	0.50	0.15~0.6	0.20~0.8	0.40~0.8	0.10	—	0.25	—	0.10	—	0.05	0.15	余量
113	6010	0.8~1.2	0.50	0.15~0.6	0.20~0.8	0.6~1.0	0.10	—	0.25	—	0.10	—	0.05	0.15	余量
114	6111	0.6~1.1	0.40	0.50~0.9	0.10~0.45	0.50~1.0	0.10	—	0.15	—	0.10	—	0.05	0.15	余量

续附表1

序号	牌号	化学成分（质量分数）/%												
		Si	Fe	Cu	Mn	Mg	Cr	Ni	Zn		Ti	Zr	其他		Al
													单个	合计	
115	6016	1.0~1.5	0.50	0.20	0.20	0.25~0.6	0.10	—	0.20	—	0.15	—	0.05	0.15	余量
116	6043	0.4~0.9	0.50	0.3~0.9	0.35	0.6~1.2	0.15	—	0.20	0.40~0.7Bi 0.20~0.40Sn	0.15	—	0.05	0.15	余量
117	6351	0.7~1.3	0.50	0.10	0.40~0.8	0.40~0.8	—	—	0.20	—	0.20	—	0.05	0.15	余量
118	6060	0.3~0.6	0.10~0.30	0.10	0.10	0.35~0.6	0.05	—	0.15	—	0.10	—	0.05	0.15	余量
119	6061	0.4~0.8	0.7	0.15~0.40	0.15	0.8~1.2	0.04~0.35	—	0.25	—	0.15	—	0.05	0.15	余量
120	6061A	0.4~0.8	0.7	0.15~0.40	0.15	0.8~1.2	0.04~0.35	—	0.25	(8)	0.15	—	0.05	0.15	余量

续附表 1

序号	牌号	化学成分（质量分数）/%											其他		
		Si	Fe	Cu	Mn	Mg	Cr	Ni	Zn		Ti	Zr	单个	合计	Al
121	6262	0.4 ~ 0.8	0.7	0.15 ~ 0.40	0.15	0.8 ~ 1.2	0.04 ~ 0.14	—	0.25	(9)	0.15	—	0.05	0.15	余量
122	6063	0.2 ~ 0.6	0.35	0.10	0.10	0.45 ~ 0.9	0.10	—	0.10	—	0.10	—	0.05	0.15	余量
123	6063A	0.2 ~ 0.6	0.15 ~ 0.35	0.10	0.15	0.6 ~ 0.9	0.05	—	0.15	—	0.10	—	0.05	0.15	余量
124	6463	0.2 ~ 0.6	0.15	0.20	0.05	0.45 ~ 0.9	—	—	0.05	—	—	—	0.05	0.15	余量
125	6463A	0.2 ~ 0.6	0.15	0.25	0.05	0.30 ~ 0.9	—	—	0.05	—	—	—	0.05	0.15	余量
126	6070	1.0 ~ 1.7	0.50	0.15 ~ 0.40	0.40 ~ 1.0	0.50 ~ 1.2	0.10	—	0.25	—	0.15	—	0.05	0.15	余量
127	6181	0.8 ~ 1.2	0.45	0.10	0.15	0.6 ~ 1.0	0.10	—	0.20	—	0.10	—	0.05	0.15	余量

续附表 1

序号	牌号	化学成分（质量分数）/%													
		Si	Fe	Cu	Mn	Mg	Cr	Ni	Zn		Ti	Zr	其他 单个	其他 合计	Al
128	6181A	0.7 ~ 1.1	0.15 ~ 0.50	0.25	0.40	0.6 ~ 1.0	0.15	—	0.30	0.10V	0.25	—	0.05	0.15	余量
129	6082	0.7 ~ 1.3	0.50	0.10	0.40 ~ 1.0	0.6 ~ 1.2	0.25	—	0.20	—	0.10	—	0.05	0.15	余量
130	6082A	0.7 ~ 1.3	0.50	0.10	0.40 ~ 1.0	0.6 ~ 1.2	0.25	—	0.20	8	0.10	—	0.05	0.15	余量
131	7001	0.35	0.40	1.6 ~ 2.6	0.20	2.6 ~ 3.4	0.18 ~ 0.35	—	6.8 ~ 8.0	—	0.20	—	0.05	0.15	余量
132	7003	0.30	0.35	0.20	0.30	0.50 ~ 1.0	0.20	—	5.0 ~ 6.5	—	0.20	0.05 ~ 0.25	0.05	0.15	余量
133	7004	0.25	0.35	0.05	0.20 ~ 0.7	1.0 ~ 2.0	0.05	—	3.8 ~ 4.6	—	0.05	0.10 ~ 0.20	0.05	0.15	余量
134	7005	0.35	0.40	0.10	0.20 ~ 0.7	1.0 ~ 1.8	0.06 ~ 0.20	—	4.0 ~ 5.0	—	0.01 ~ 0.06	0.08 ~ 0.20	0.05	0.15	余量

续附表 1

序号	牌号	化学成分（质量分数）/%													
		Si	Fe	Cu	Mn	Mg	Cr	Ni	Zn		Ti	Zr	其他		Al
													单个	合计	
135	7020	0.35	0.40	0.20	0.05 ~ 0.50	1.0 ~ 1.4	0.10 ~ 0.35	—	4.0 ~ 5.0	(10)	—	—	0.05	0.15	余量
136	7021	0.25	0.40	0.25	0.10	1.2 ~ 1.8	0.05	—	5.0 ~ 6.0	—	0.10	0.08 ~ 0.18	0.05	0.15	余量
137	7022	0.50	0.50	0.50 ~ 1.0	0.10 ~ 0.40	2.6 ~ 3.7	0.10 ~ 0.30	—	4.3 ~ 5.2	—	—	0.20 Ti + Zr	0.05	0.15	余量
138	7039	0.30	0.40	0.10	0.10 ~ 0.40	2.3 ~ 3.3	0.15 ~ 0.25	—	3.5 ~ 4.5	—	0.10	—	0.05	0.15	余量
139	7049	0.25	0.35	1.2 ~ 1.9	0.20	2.0 ~ 2.9	0.10 ~ 0.22	—	7.2 ~ 8.2	—	0.10	—	0.05	0.15	余量
140	7049A	0.40	0.50	1.2 ~ 1.9	0.50	2.1 ~ 3.1	0.05 ~ 0.25	—	7.2 ~ 8.4	—	—	0.25 Ti + Zr	0.05	0.15	余量
141	7050	0.12	0.15	2.0 ~ 2.6	0.10	1.9 ~ 2.6	0.04	—	5.7 ~ 6.7	—	0.06	0.08 ~ 0.15	0.05	0.15	余量
142	7150	0.12	0.15	1.9 ~ 2.5	0.10	2.0 ~ 2.7	0.04	—	5.9 ~ 6.9	—	0.06	0.08 ~ 0.15	0.05	0.15	余量

续附表 1

序号	牌号	化学成分（质量分数）/%											其他		Al
		Si	Fe	Cu	Mn	Mg	Cr	Ni	Zn		Ti	Zr	单个	合计	
143	7055	0.10	0.15	2.0 ~ 2.6	0.05	1.8 ~ 2.3	0.04	—	7.6 ~ 8.4	—	0.06	0.08 ~ 0.25	0.05	0.15	余量
144	7072 (2)	0.75Si + Fe		0.10	0.10	0.10	—	—	0.8 ~ 1.3	—	—	—	0.05	0.15	余量
145	7075	0.40	0.50	1.2 ~ 2.0	0.30	2.1 ~ 2.9	0.18 ~ 0.28	—	5.1 ~ 6.1	(11)	0.20	—	0.05	0.15	余量
146	7175	0.15	0.20	1.2 ~ 2.0	0.10	2.1 ~ 2.9	0.18 ~ 0.28	—	5.1 ~ 6.1	—	0.10	—	0.05	0.15	余量
147	7475	0.10	0.12	1.2 ~ 1.9	0.06	1.9 ~ 2.6	0.18 ~ 0.25	—	5.2 ~ 6.2	—	0.06	—	0.05	0.15	余量
148	7085	0.06	0.08	1.3 ~ 2.0	0.04	1.2 ~ 1.8	0.04	—	7.0 ~ 8.0	—	0.06	0.08 ~ 0.15	0.05	0.15	余量
149	8001	0.17	0.45 ~ 0.7	0.15	—	—	—	0.9 ~ 1.3	0.05	(12)	—	—	0.05	0.15	余量
150	80060	0.40	1.2 ~ 2.0	0.30	0.08 ~ 1.0	0.10	—	—	0.10	—	—	—	0.05	0.15	余量

续附表 1

序号	牌号	化学成分（质量分数）/%													
		Si	Fe	Cu	Mn	Mg	Cr	Ni	Zn		Ti	Zr	其他		Al
													单个	合计	
151	8011	0.50 ~ 0.9	0.6 ~ 1.0	0.10	0.20	0.05	0.05	—	0.10	—	0.08	—	0.05	0.15	余量
152	8011A	0.40 ~ 0.8	0.50 ~ 1.0	0.10	0.10	0.10	0.10	—	0.10	—	0.05	—	0.05	0.15	余量
153	8014	0.30	1.2 ~ 1.6	0.20	0.20 ~ 0.6	0.10	—	—	0.10	—	0.10	—	0.05	0.15	余量
154	8021	0.15	1.2 ~ 1.7	0.05	—	—	—	—	—	—	—	—	0.05	0.15	余量
155	8021B	0.40	1.1 ~ 1.7	0.05	0.03	0.01	0.03	—	0.05	—	0.05	—	0.03	0.10	余量
156	8050	0.15 ~ 0.30	1.1 ~ 1.2	0.05	0.45 ~ 0.55	0.05	0.05	—	0.10	—	—	—	0.05	0.15	余量
157	8150	0.30	0.9 ~ 1.3	—	0.20 ~ 0.7	—	—	—	—	—	0.05	—	0.05	0.15	余量

续附表1

序号	牌号	化学成分（质量分数）/%													
		Si	Fe	Cu	Mn	Mg	Cr	Ni	Zn		Ti	Zr	其他		Al
													单个	合计	
158	8079	0.05～0.30	0.7～1.3	0.05	—	—	—	—	0.10	—	—	—	0.05	0.15	余量
159	8090	0.20	0.30	1.0～1.6	0.10	0.6～1.3	0.10	—	0.25	(13)	0.10	0.04～0.16	0.05	0.15	余量

（1）焊接电极及填料焊丝的 $w(Be) \leqslant 0.0003\%$。

（2）主要用作包覆材料。

（3）$w(Si+Fe) \leqslant 0.14\%$。

（4）$w(B) \leqslant 0.02\%$。

（5）$w(Bi)$：0.20%～0.6%，$w(Pb)$：0.20%～0.6%。

（6）经供需双方协商并同意，挤压产品与锻件的 $w(Zr+Ti)$ 最大可达0.20%。

（7）$w(Si+Fe) \leqslant 0.40\%$。

（8）$w(Pb) \leqslant 0.003\%$。

（9）$w(Bi)$：0.40%～0.7%，$w(Pb)$：0.40%～0.7%。

（10）$w(Zr)$：0.08%～0.20%，$w(Zr+Ti)$：0.08%～0.25%。

（11）经供需双方协商并同意，挤压产品与锻件的 $w(Zr+Ti)$ 最大可达0.25%。

（12）$w(B) \leqslant 0.001\%$，$w(Cd) \leqslant 0.003\%$，$w(Co) \leqslant 0.001\%$，$w(Li) \leqslant 0.008\%$。

（13）$w(Li)$：2.2%～2.7%。

附表 2 四位字符牌号变形铝及铝合金的化学成分

序号	牌号	化学成分（质量分数）/%											其他		
		Si	Fe	Cu	Mn	Mg	Cr	Ni	Zn		Ti	Zr	单个	合计	Al
1	1A99	0.003	0.003	0.005	—	—	—	—	0.001	—	0.002	—	0.002	—	99.99
2	1B99	0.0013	0.0015	0.0030	—	—	—	—	0.001	—	0.001	—	0.001	—	99.993
3	1C99	0.0010	0.0010	0.0015	—	—	—	—	0.001	—	0.001	—	0.001	—	99.995
4	1A97	0.015	0.015	0.005	—	—	—	—	0.001	—	0.002	—	0.005	—	99.97
5	1B97	0.015	0.030	0.005	—	—	—	—	0.001	—	0.005	—	0.005	—	99.97
6	1A95	0.030	0.030	0.010	—	—	—	—	0.003	—	0.008	—	0.005	—	99.95
7	1B95	0.030	0.040	0.010	—	—	—	—	0.003	—	0.008	—	0.005	—	99.95
8	1A93	0.040	0.040	0.010	—	—	—	—	0.005	—	0.010	—	0.007	—	99.93
9	1B93	0.040	0.050	0.010	—	—	—	—	0.005	—	0.010	—	0.007	—	99.93
10	1A90	0.060	0.060	0.010	—	—	—	—	0.008	—	0.015	—	0.01	—	99.90
11	1B90	0.060	0.060	0.010	—	—	—	—	0.008	—	0.010	—	0.01	—	99.90
12	1A85	0.08	0.10	0.01	—	—	—	—	0.01	—	0.01	—	0.01	—	99.85
13	1A80	0.15	0.15	0.03	0.02	0.02	—	—	0.03	0.03Ga 0.05V	0.03	—	0.02	—	99.80

续附表 2

序号	牌号	化学成分（质量分数）/%													
		Si	Fe	Cu	Mn	Mg	Cr	Ni	Zn		Ti	Zr	其他		Al
													单个	合计	
14	1A80A	0.15	0.15	0.03	0.02	0.02	—	—	0.06	0.03Ga	0.03	—	0.02	—	99.80
15	1A60	0.11	0.25	0.01	—	—	—	—	—	—	0.02V + Ti + Mn + Cr	—	0.03	—	99.60
16	1A50	0.30	0.30	0.01	0.05	0.05	—	—	0.03	0.45 Fe + Si	—	—	0.03	—	99.50
17	1R50	0.11	0.25	0.01	—	—	—	—	—	0.03 ~ 0.30RE	0.02V + Ti + Mn + Cr	—	0.03	—	99.50
18	1R35	0.25	0.35	0.05	0.03	0.03	—	—	0.05	0.05V, 0.10 ~ 0.25RE	0.03	—	0.03	—	99.35
19	1A30	0.10 ~ 0.20	0.15 ~ 0.30	0.05	0.01	0.01	—	0.01	0.02	—	0.02	—	0.03	—	99.30
20	1B30	0.05 ~ 0.15	0.20 ~ 0.30	0.03	0.12 ~ 0.18	0.03	—	—	0.03	—	0.02 ~ 0.05	—	0.03	—	99.30

续附表2

序号	牌号	化学成分（质量分数）/%													
		Si	Fe	Cu	Mn	Mg	Cr	Ni	Zn		Ti	Zr	其他		Al
													单个	合计	
21	2A01	0.50	0.50	2.2～3.0	0.20	0.20～0.50	—	—	0.10	—	0.15	—	0.05	0.10	余量
22	2A02	0.30	0.30	2.6～3.2	0.45～0.7	2.0～2.4	—	—	0.10	—	0.15	—	0.05	0.10	余量
23	2A04	0.30	0.30	3.2～3.7	0.50～0.8	2.1～2.6	—	—	0.10	0.001～0.01Be（1）	0.05～0.40	—	0.05	0.10	余量
24	2A06	0.50	0.50	3.8～4.3	0.50～1.0	1.7～2.3	—	—	0.10	0.001～0.005Be（1）	0.03～0.15	—	0.05	0.10	余量
25	2B06	0.20	0.30	3.8～4.3	0.40～0.9	1.7～2.3	—	—	0.10	0.0002～0.005Be	0.10	—	0.05	0.10	余量
26	2A10	0.25	0.20	3.9～4.5	0.30～0.50	0.15～0.30	—	—	0.10	—	0.15	—	0.05	0.10	余量

续附表 2

序号	牌号	化学成分（质量分数）/%											其他		
		Si	Fe	Cu	Mn	Mg	Cr	Ni	Zn		Ti	Zr	单个	合计	Al
27	2A11	0.7	0.7	3.8 ~ 4.8	0.40 ~ 0.8	0.40 ~ 0.8	—	0.10	0.30	0.7Fe + Ni	0.15	—	0.05	0.10	余量
28	2B11	0.50	0.50	3.8 ~ 4.8	0.40 ~ 0.8	0.40 ~ 0.8	—	—	0.10	—	0.15	—	0.05	0.10	余量
29	2A12	0.50	0.50	3.8 ~ 4.9	0.30 ~ 0.9	1.2 ~ 1.8	—	0.10	0.30	0.50Fe + Ni	0.15	—	0.05	0.10	余量
30	2B12	0.50	0.50	3.8 ~ 4.5	0.30 ~ 0.7	1.2 ~ 1.6	—	—	0.10	—	0.15	—	0.05	0.10	余量
31	2D12	0.20	0.30	3.8 ~ 4.9	0.30 ~ 0.9	1.2 ~ 1.8	—	—	0.10	—	0.10	—	0.05	0.10	余量
32	2E12	0.06	0.12	4.0 ~ 4.6	0.40 ~ 0.7	1.2 ~ 1.8	—	—	0.15	0.0002 ~ 0.005Be	0.10	—	0.10	0.15	余量
33	2A13	0.7	0.6	4.0 ~ 5.0	—	0.30 ~ 0.50	—	—	0.6	—	0.15	—	0.05	0.10	余量

续附表2

序号	牌号	化学成分（质量分数)/%												
		Si	Fe	Cu	Mn	Mg	Cr	Ni	Zn		Ti	Zr	其他		Al
													单个	合计	
34	2A14	0.6~1.2	0.7	3.9~4.8	0.40~1.0	0.40~0.8	—	0.10	0.30	—	0.15	—	0.05	0.10	余量
35	2A16	0.30	0.30	6.0~7.0	0.40~0.8	0.05	—	—	0.10	—	0.10~0.20	0.20	0.05	0.10	余量
36	2B16	0.25	0.30	5.8~6.8	0.20~0.40	0.05	—	—	—	0.05~0.15V	0.08~0.20	0.10~0.25	0.05	0.10	余量
37	2A17	0.30	0.30	6.0~7.0	0.20~0.40	0.25~0.45	—	—	0.10	—	0.10~0.20	—	0.05	0.10	余量
38	2A20	0.20	0.30	5.8~6.8	—	0.02	—	—	0.10	0.05~0.15V 0.001~0.01B	0.07~0.16	0.10~0.25	0.05	0.15	余量
39	2A21	0.20	0.20~0.6	3.0~4.0	0.05	0.8~1.2	—	1.8~2.3	0.20	—	0.05	—	0.05	0.10	余量
40	2A23	0.05	0.06	1.8~2.8	0.20~0.6	0.6~1.2	—	—	0.15	0.30~0.9Li	0.15	0.06~0.16	0.10	0.15	余量

续附表2

序号	牌号	化学成分（质量分数）/%													
		Si	Fe	Cu	Mn	Mg	Cr	Ni	Zn		Ti	Zr	其他 单个	其他 合计	Al
41	2A24	0.20	0.30	3.8~4.8	0.6~0.9	1.2~1.8	0.10	—	0.25	—	0.2 Ti+Zr	0.08~0.12	0.05	0.15	余量
42	2A25	0.06	0.06	3.6~4.2	0.50~0.7	1.0~1.5	—	0.06	—	—	—	—	0.05	0.10	余量
43	2B25	0.05	0.15	3.1~4.0	0.20~0.8	1.2~1.8	—	0.15	0.10	0.0003~0.0008Be	0.03~0.07	0.08~0.25	0.05	0.10	余量
44	2A39	0.05	0.06	3.4~5.0	0.30~0.8	0.30~0.8	—	—	0.20	0.30~0.6Ag	0.15	0.10~0.25	0.10	0.15	余量
45	2A40	0.25	0.35	4.5~5.2	0.40~0.6	0.50~1.0	0.10~0.20	—	—	—	0.04~0.12	0.10~0.25	0.05	0.15	余量
46	2A49	0.25	0.8~1.2	3.2~3.8	0.30~0.6	1.8~2.2	—	0.8~1.2	—	—	0.08~1.2	—	0.05	0.15	余量
47	2A50	0.7~1.2	0.7	1.8~2.6	0.40~0.8	0.40~0.8	—	0.10	0.30	0.7Fe+Ni	0.15	—	0.05	0.10	余量

续附表 2

序号	牌号	化学成分（质量分数）/%													
		Si	Fe	Cu	Mn	Mg	Cr	Ni	Zn		Ti	Zr	其他 单个	其他 合计	Al
48	2B50	0.7 ~ 1.2	0.7	1.8 ~ 2.6	0.40 ~ 0.8	0.40 ~ 0.8	0.01 ~ 0.20	0.10	0.30	0.7Fe + Ni	0.02 ~ 0.10	—	0.05	0.10	余量
49	2A70	0.35	0.9 ~ 1.5	1.9 ~ 2.5	0.20	1.4 ~ 1.8	—	0.9 ~ 1.5	0.30	—	0.02 ~ 0.10	—	0.05	0.10	余量
50	2B70	0.25	0.9 ~ 1.4	1.8 ~ 2.7	0.20	1.2 ~ 1.8	—	0.8 ~ 1.4	0.15	0.05Pb, 0.05Sn	0.10	0.20 Ti + Zr	0.05	0.10	余量
51	2D70	0.10 ~ 0.25	0.9 ~ 1.4	2.0 ~ 2.6	0.10	1.2 ~ 1.8	0.10	0.9 ~ 1.4	0.10	—	0.05 ~ 0.10	—	0.05	0.10	余量
52	2A80	0.50 ~ 1.2	1.0 ~ 1.6	1.9 ~ 2.5	0.20	1.4 ~ 1.8	—	0.9 ~ 1.5	0.30	—	0.15	—	0.05	0.10	余量
53	2A90	0.50 ~ 1.0	0.50 ~ 1.0	3.5 ~ 4.5	0.20	0.40 ~ 0.8	—	1.8 ~ 2.3	0.30	—	0.15	—	0.05	0.10	余量
54	2A97	0.15	0.15	2.0 ~ 3.2	0.20 ~ 0.6	0.25 ~ 0.50	—	—	0.17 ~ 1.0	0.001 ~ 0.10Be 0.08 ~ 2.3Li	0.001 ~ 0.10	0.08 ~ 0.20	0.05	0.15	余量

续附表 2

序号	牌号	化学成分（质量分数）/%											其他		
		Si	Fe	Cu	Mn	Mg	Cr	Ni	Zn		Ti	Zr	单个	合计	Al
55	3A21	0.6	0.7	0.20	1.0 ~ 1.6	0.05	—	—	0.10 (2)	—	0.15	—	0.05	0.10	余量
56	4A01	4.5 ~ 6.0	0.6	0.20	—	—	—	—	0.10 Zn + Sn	—	0.15	—	0.05	0.15	余量
57	4A11	11.5 ~ 13.5	1.0	0.50 ~ 1.3	0.20	0.8 ~ 1.3	0.10	0.50 ~ 1.3	0.25	—	0.15	—	0.05	0.15	余量
58	4A13	6.8 ~ 8.2	0.50	0.15 Cu + Zn	0.50	0.05	—	—	—	0.10Ca	0.15	—	0.05	0.15	余量
59	4A17	11.0 ~ 12.5	0.50	0.15 Cu + Zn	0.50	0.05	—	—	—	0.10Ca	0.15	—	0.05	0.15	余量
60	4A91	1.0 ~ 4.0	0.7	0.7	1.2	1.0	0.20	0.20	1.2	—	0.20	—	0.05	0.15	余量
61	5A01	0.40Si + Fe		0.10	0.30 ~ 0.7	6.0 ~ 7.0	0.10 ~ 0.20	—	0.25	—	0.15	0.10 ~ 0.20	0.05	0.15	余量

续附表 2

序号	牌号	化学成分（质量分数）/%												
		Si	Fe	Cu	Mn	Mg	Cr	Ni	Zn		Ti	Zr	其他 单个	其他 合计	Al
62	5A02	0.40	0.40	0.10	或 Cr 0.15 ~ 0.40	2.0 ~ 2.8	—	—	—	0.6Si + Fe	0.15	—	0.05	0.15	余量
63	5B02	0.40	0.40	0.10	0.20 ~ 0.6	1.8 ~ 2.6	0.05	—	0.20	—	0.10	—	0.05	0.10	余量
64	5A03	0.50 ~ 0.8	0.50	0.10	0.30 ~ 0.6	3.2 ~ 3.8	—	—	0.20	—	0.15	—	0.05	0.10	余量
65	5A05	0.50	0.50	0.10	0.30 ~ 0.6	4.8 ~ 5.5	—	—	0.20	—	—	—	0.05	0.10	余量
66	5B05	0.40	0.40	0.20	0.20 ~ 0.6	4.7 ~ 5.7	—	—	—	0.6Si + Fe	0.15	—	0.05	0.10	余量
67	5A06	0.40	0.40	0.10	0.50 ~ 0.8	5.8 ~ 6.8	—	—	0.20	0.0001 ~ 0.005 Be（1）	0.02 ~ 0.10	—	0.05	0.10	余量

续附表2

序号	牌号	化学成分（质量分数）/% Si	Fe	Cu	Mn	Mg	Cr	Ni	Zn		Ti	Zr	其他 单个	其他 合计	Al
68	5B06	0.40	0.40	0.10	0.50～0.8	5.8～6.8	—	—	0.20	0.0001～0.005 Be（1）	0.10～0.30	—	0.05	0.10	余量
69	5A12	0.30	0.30	0.05	0.40～0.8	8.3～9.6	—	0.10	0.20	0.005Be 0.004～0.05Sb	0.05～0.15	—	0.05	0.10	余量
70	5A13	0.30	0.30	0.05	0.40～0.8	9.2～10.5	—	0.10	0.20	0.005Be 0.004～0.05Sb	0.05～0.15	—	0.05	0.10	余量
71	5A25	0.20	0.30	—	0.05～0.50	5.0～6.3	—	—	—	0.0002～0.002Be 0.10～0.40Sc	0.05～0.20	—	0.10	0.15	余量

续附表2

序号	牌号	化学成分（质量分数）/%											其他		Al
		Si	Fe	Cu	Mn	Mg	Cr	Ni	Zn		Ti	Zr	单个	合计	
72	5A30	0.40 Si + Fe		0.10	0.50 ~ 1.0	4.7 ~ 5.5	—	—	0.25	0.05 ~ 0.20Cr	0.03 ~ 0.15	—	0.05	0.10	余量
73	5A33	0.35	0.35	0.10	0.10	6.0 ~ 7.5	—	—	0.50 ~ 1.5	0.0005 ~ 0.005 Be（1）	0.05 ~ 0.15	—	0.05	0.10	余量
74	5A41	0.40	0.40	0.10	0.30 ~ 0.6	6.0 ~ 7.0	—	—	—		0.02 ~ 0.10	—	0.05	0.10	余量
75	5A43	0.40	0.40	0.10	0.15 ~ 0.40	0.6 ~ 1.4	—	—	—	—	0.15	—	0.05	0.15	余量
76	5A56	0.15	0.20	0.10	0.30 ~ 0.40	5.5 ~ 6.5	0.10 ~ 0.20	—	0.50 ~ 1.0		0.10 ~ 0.18	—	0.05	0.10	余量
77	5A66	0.005	0.01	0.005	—	1.5 ~ 2.0	—	—	—		0.02 ~ 0.10	—	0.005	0.01	余量

续附表 2

序号	牌号	化学成分（质量分数）/%													
		Si	Fe	Cu	Mn	Mg	Cr	Ni	Zn		Ti	Zr	其他		Al
													单个	合计	
78	5A70	0.15	0.25	0.05	0.30 ~ 0.7	5.5 ~ 6.3	—	—	0.05	0.15 ~ 0.30Sc 0.0005 ~ 0.005Be	0.02 ~ 0.05	0.05 ~ 0.15	0.05	0.15	余量
79	5B70	0.10	0.20	0.05	0.15 ~ 0.40	5.5 ~ 6.5	—	—	0.05	0.20 ~ 0.40Sc 0.0005 ~ 0.005Be	0.02 ~ 0.05	0.10 ~ 0.20	0.05	0.15	余量
80	5A71	0.20	0.30	0.05	0.30 ~ 0.7	5.8 ~ 6.8	0.10 ~ 0.20	—	0.05	0.20 ~ 0.35Sc 0.0005 ~ 0.005Be	0.05 ~ 0.15	0.05 ~ 0.15	0.05	0.15	余量

续附表 2

序号	牌号	化学成分（质量分数）/%											其他		
		Si	Fe	Cu	Mn	Mg	Cr	Ni	Zn		Ti	Zr	单个	合计	Al
81	5B71	0.20	0.30	0.10	0.30	5.8 ~ 6.8	0.30	—	0.30	0.30 ~ 0.50Sc 0.0005 ~ 0.005Be 0.003B	0.02 ~ 0.05	0.08 ~ 0.15	0.05	0.15	余量
82	5A90	0.15	0.20	0.05	—	4.5 ~ 6.0	—	—	—	0.005Na 1.9 ~ 2.3Li	0.10	0.08 ~ 0.15	0.05	0.15	余量
83	6A01	0.40 ~ 0.9	0.35	0.35	0.50	0.40 ~ 0.8	0.30	—	0.25	0.50Mn + Cr	—	—	0.05	0.10	余量
84	6A02	0.50 ~ 1.2	0.50	0.20 ~ 0.6	或 Cr 0.15 ~ 0.35	0.45 ~ 0.9	—	—	0.20	—	0.15	—	0.05	0.10	余量
85	6B02	0.7 ~ 1.1	0.40	0.10 ~ 0.40	0.10 ~ 0.30	0.40 ~ 0.8	—	—	0.15		0.01 ~ 0.04	—	0.05	0.10	余量

续附表2

序号	牌号	化学成分（质量分数）/%													
		Si	Fe	Cu	Mn	Mg	Cr	Ni	Zn		Ti	Zr	其他		Al
													单个	合计	
86	6R05	0.40~0.9	0.30~0.50	0.15~0.25	0.10	0.20~0.6	0.10	—	—	0.10~0.20 Re	0.10	—	0.05	0.15	余量
87	6A10	0.7~1.1	0.50	0.30~0.8	0.30~0.9	0.7~1.1	0.05~0.25	—	0.20	—	0.02~0.10	0.04~0.20	0.05	0.15	余量
88	6A51	0.50~0.7	0.50	0.15~0.35	—	0.45~0.6	—	—	0.25	0.15~0.35 Sn	0.01~0.04	—	0.05	0.15	余量
89	6A60	0.7~1.1	0.30	0.6~0.8	0.50~0.7	0.7~1.0	—	—	0.20~0.40	0.30~0.50Ag	0.04~0.12	0.10~0.20	0.05	0.15	余量
90	7A01	0.30	0.30	0.01	—	—	—	—	0.9~1.3	0.45Si+Fe	—	—	0.03	—	余量
91	7A03	0.20	0.20	1.8~2.4	0.10	1.2~1.6	0.05	—	6.0~6.7	—	0.02~0.08	—	0.05	0.10	余量

续附表 2

序号	牌号	化学成分（质量分数）/%												
		Si	Fe	Cu	Mn	Mg	Cr	Ni	Zn		Ti	Zr	其他		Al
													单个	合计	
92	7A04	0.50	0.50	1.4 ~ 2.0	0.20 ~ 0.6	1.8 ~ 2.8	0.10 ~ 0.25	—	5.0 ~ 7.0	—	0.10	—	0.05	0.10	余量
93	7B04	0.10	0.05 ~ 0.25	1.4 ~ 2.0	0.20 ~ 0.6	1.8 ~ 2.8	0.10 ~ 0.25	0.10	5.0 ~ 6.5	—	0.05	—	0.05	0.10	余量
94	7C04	0.30	0.30	1.4 ~ 2.0	0.30 ~ 0.50	2.0 ~ 2.6	0.10 ~ 0.25	—	5.5 ~ 6.5	—	—	—	0.05	0.10	余量
95	7D04	0.10	0.15	1.4 ~ 2.2	0.10	2.0 ~ 2.6	0.05	—	5.5 ~ 6.7	0.02 ~ 0.07 Be	0.10	0.08 ~ 0.16	0.05	0.10	余量
96	7A05	0.25	0.25	0.20	0.15 ~ 0.40	1.1 ~ 1.7	0.05 ~ 0.15	—	4.4 ~ 5.0	—	0.02 ~ 0.06	0.10 ~ 0.25	0.05	0.15	余量

续附表 2

序号	牌号	化学成分（质量分数）/%													
		Si	Fe	Cu	Mn	Mg	Cr	Ni	Zn		Ti	Zr	其他 单个	其他 合计	Al
97	7B05	0.30	0.35	0.20	0.20 ~ 0.7	1.0 ~ 2.0	0.30	—	4.0 ~ 5.0	0.10V	0.20	0.25	0.05	0.10	余量
98	7A09	0.50	0.50	1.2 ~ 2.0	0.15	2.0 ~ 3.0	0.16 ~ 0.30	—	5.1 ~ 6.1	—	0.10	—	0.05	0.10	余量
99	7A10	0.30	0.30	0.50 ~ 1.0	0.20 ~ 0.35	3.0 ~ 4.0	0.10 ~ 0.20	—	3.2 ~ 4.2	—	0.10	—	0.05	0.10	余量
100	7A12	0.10	0.06 ~ 0.15	0.8 ~ 1.2	0.10	1.6 ~ 2.2	0.05	—	6.3 ~ 7.2	0.0001 ~ 0.02Be	0.03 ~ 0.06	0.10 ~ 0.18	0.05	0.10	余量
101	7A15	0.50	0.50	0.50 ~ 1.0	0.10 ~ 0.40	2.4 ~ 3.0	0.10 ~ 0.30	—	4.4 ~ 5.4	0.005 ~ 0.01Be	0.05 ~ 0.15	—	0.05	0.15	余量

续附表 2

序号	牌号	化学成分（质量分数）/%											其他		Al
		Si	Fe	Cu	Mn	Mg	Cr	Ni	Zn		Ti	Zr	单个	合计	
102	7A19	0.30	0.40	0.08～0.30	0.30～0.50	1.3～1.9	0.10～0.20	—	4.5～5.3	0.0001～0.004 Be（1）	—	0.08～0.20	0.05	0.15	余量
103	7A31	0.30	0.6	0.10～0.40	0.20～0.40	2.5～3.3	0.10～0.20	—	3.6～4.5	0.0001～0.001 Be（1）	0.02～0.10	0.08～0.20	0.05	0.15	余量
104	7A33	0.25	0.30	0.25～0.55	0.05	2.2～2.7	0.10～0.20	—	4.6～5.4	—	0.05	—	0.05	0.10	余量
105	7B50	0.12	0.15	1.8～2.6	0.10	2.0～2.8	0.04	—	6.0～7.0	0.0002～0.002 Be	0.10	0.08～0.16	0.10	0.15	余量

续附表2

序号	牌号	化学成分（质量分数）/%											其他		
		Si	Fe	Cu	Mn	Mg	Cr	Ni	Zn		Ti	Zr	单个	合计	Al
106	7A52	0.25	0.30	0.05～0.20	0.20～0.50	2.0～2.8	0.15～0.25	—	4.0～4.8	—	0.05～0.18	0.05～0.15	0.05	0.15	余量
107	7A55	0.10	0.10	1.8～2.5	0.05	1.8～2.8	0.04	—	7.5～8.5	—	0.01～0.05	0.08～0.20	0.10	0.15	余量
108	7A68	0.15	0.35	2.0～2.6	0.15～0.40	1.6～2.5	0.10～0.20	—	6.5～7.2	0.005Be	0.05～0.20	0.05～0.20	0.05	0.15	余量
109	7B68	0.05	0.05	2.0～2.6	0.05	1.8～2.8	0.04	—	7.8～9.0	—	0.01～0.05	0.08～0.25	0.10	0.15	余量

续附表 2

序号	牌号	化学成分（质量分数）/%													
		Si	Fe	Cu	Mn	Mg	Cr	Ni	Zn		Ti	Zr	其他 单个	其他 合计	Al
110	7D68	0.12	0.25	2.0 ~ 2.6	0.10	2.3 ~ 3.0	0.05	—	8.0 ~ 9.0	0.0002 ~ 0.002Be	0.03	0.10 ~ 0.20	0.05	0.10	余量
111	7A85	0.05	0.08	1.2 ~ 2.0	0.10	1.2 ~ 2.0	0.05	—	7.0 ~ 8.2	—	0.05	0.08 ~ 0.16	0.05	0.15	余量
112	7A88	0.50	0.75	1.0 ~ 2.0	0.20 ~ 0.6	1.5 ~ 2.8	0.05 ~ 0.20	0.20	4.5 ~ 6.0	—	0.10	—	0.10	0.20	余量
113	8A01	0.05 ~ 0.30	0.18 ~ 0.40	0.15 ~ 0.35	0.08 ~ 0.35	—	—	—	—	—	0.01 ~ 0.03	—	0.05	0.15	余量
114	8A06	0.55	0.50	0.10	0.10	0.10	—	—	0.10	1.0Si + Fe	—	—	0.005	0.15	余量

（1）铍含量均按规定加入，可不作分析。

（2）做铆钉线材的 3A21 合金，锌含量不大于 0.03%。

附表 3　附表 1 所涉数字牌号与其曾用牌号对照表

数字牌号	1070A	1060	1050A	1035	1200	1100	5083	5056	5456	6061	6063	6070	8011
曾用牌号	L1	L2	L3	L4	L5	L5－1	LF4	LF5－1	LF11	LD30	LD31	LD2－2	LT98

附表 4　附表 2 所涉字符牌号与其曾用牌号对照表

附表 2 所涉字符牌号	曾用牌号	附表 2 所涉字符牌号	曾用牌号	附表 2 所涉字符牌号	曾用牌号
1A99	LG5	2A21	214	5A66	LT66
1B99	—	2A23	—	5A70	—
1C99	—	2A24	—	5B70	—
1A97	LG4	2A25	225	5A71	—
1B97	—	2B25	—	5B71	—
1A95	—	2A39	—	5A90	—
1B95	—	2A40	—	6A01	6N01
1A93	LG3	2A49	149	6A02	LD2
1B93	—	2A50	LD5	6B02	LD2－1
1A90	LG2	2B50	LD6	6R05	—
1B90	—	2A70	LD7	6A10	—

续附表 4

附表 2 所涉字符牌号	曾用牌号	附表 2 所涉字符牌号	曾用牌号	附表 2 所涉字符牌号	曾用牌号
1A85	LG1	2B70	LD7－1	6A51	651
1A80	—	2D70	—	6A60	—
1A80A	—	2A80	LD8	7A01	LB1
1A60	—	2A90	LD9	7A03	LC3
1A50	LB2	2A97	—	7A04	LC4
1R50	—	3A21	LF21	7B04	—
1R35	—	4A01	LT1	7C04	—
1A30	L4－1	4A11	LD11	7D04	—
1B30	—	4A13	LT13	7A05	705
2A01	LY1	4A17	LT17	7B05	7NO1
2A02	LY2	4A91	491	7A09	LC9
2A04	LY4	5A01	2102、LF15	7A10	LC10
2A06	LY6	5A02	LF2	7A12	—
2B06	—	5B02	—	7A15	LC15、157

续附表 4

附表 2 所涉字符牌号	曾用牌号	附表 2 所涉字符牌号	曾用牌号	附表 2 所涉字符牌号	曾用牌号
2A10	LY10	5A03	LF3	7A19	919、LC19
2A11	LY11	5A05	LF5	7A31	183 -1
2B11	LY8	5B05	LF10	7A33	LB733
2A12	LY12	5A06	LF6	7B50	—
2B12	LY9	5B06	LF14	7A52	LC52、5210
2D12	—	5A12	LF12	7A55	—
2E12	—	5A13	LF13	7A68	—
2A13	LY13	5A25	—	7B68	—
2A14	LD10	5A30	2103、LF16	7D68	7A60
2A16	LY16	5A33	LF33	7A85	—
2B16	LY16 -1	5A41	LT41	7A88	—
2A17	LY17	5A43	LF43	8A01	—
2A20	Y20	5A56	—	8A06	L6

在 GB 3190—1996 和 GB 3190—2008 标准中，GB 3190—82 中的曾用牌号 LT62 和 LT75 停止使用；曾用牌号 LF11 并入 LF5；钎接用的曾用牌号 LQ1 和 LQ2 系双金属，直接列入钎接板标准中，不再列入本标准。

附录Ⅱ　铝及铝合金废料分类

附表5　铝及铝合金废料分类表（GB/T 13586—1992）

类　别	组　别	原金属标准号	原金属名称	原金属代表牌号	级　别	典型举例
1. 铝及铝合金块状废料、废件	1. 金属铝废料、废件	GB/T 1197 GB/T 3190	工业高纯铝	1A99、1A97、1A95、1A93、1A90、1A85	1级：同一牌号的金属铝，无腐蚀、无夹杂； 2级：同一牌号的金属铝，夹杂率不大于2%； 3级：同一金属名称的金属铝，无腐蚀、无夹杂； 4级：同一金属名称的金属铝，夹杂率不大于2%； 5级：同一组的金属铝，无腐蚀、无夹杂； 6级：同一组的金属铝，夹杂率不大于2%	1. 废旧的电容器、垫片电子管隔离器、导电体和装饰件、牙膏皮及其他报废的设备和零部件； 2. 废旧电线电缆； 3. 各种牌号的铝板、铝管、铝棒、铝箔、铝带、铝型材等在加工过程中产生的边角料和废品
			工业纯铝	1070、1060、1050、1A50、1145、1035、1A30、1100、8A06		

续附表5

类别	组别	原金属标准号	原金属名称	原金属代表牌号	级别	典型举例
1. 铝及铝合金块状废料、废件	2. 变形铝合金废料、废件	GB/T 3190	铝镁合金	5A02、5A03、5083、5A05、5B05、5A06、5B06、5A12、5A13、5A30、5A33、5A41、5A43、5A66、5056	1级：同一牌号的变形铝合金，无腐蚀、无夹杂； 2级：同一牌号的变形铝合金，夹杂率不大于4%； 3级：同一金属名称的变形铝合金，无腐蚀、无夹杂； 4级：同一金属名称的变形铝合金，夹杂率不大于4%； 5级：同一组的变形铝合金，无腐蚀、无夹杂； 6级：同一组的变形铝合金，夹杂率不大于4%	1. 废旧的低压容器，铆钉、焊条、冷冲压件及骨架，受力元件、焊接容器、油箱、导管、空压机叶轮盘、建筑结构件及复杂的结构件、锻件承力结构件、飞机、汽车结构件、家用电器箱体及其他报废的设备和零部件； 2. 各种变形铝合金板、棒、带、箔、型材等在加工过程中产生的边角料和废品
			铝锰合金	3A21		
			铝铜合金	2A01、2A02、2A04、2A06、2B11、2B12、2A10、2A11、2A12、2A13、2A16、2A17、2A50、2B50、2A70、2A80、2A90、2A14		
			铝镁硅合金	6A02、6B02、6061、6063、6070		
			铝硅合金	4A01、4A13、4A17、4A11		
			铝锌合金	7A03、7A04、7A09、7A10、7003、7A01		
			易拉罐合金	3004、5083、5086		

续附表5

类别	组别	原金属标准号	原金属名称	原金属代表牌号	级别	典型举例
1. 铝及铝合金块状废料、废件	3. 铸造铝合金废料、废件	GB/T 1173 GB/T 8733	略	略	略	略
	4. 混合铝及铝合金废料、废件	—	—	—	1 级：铝含量不小于98%的铝； 2 级：铝含量不小于85%的铝及铝合金； 3 级：铝含量不小于80%的铝及铝合金	各种混杂铝及铝合金废料、废件

续附表 5

类　别	组　别	原金属标准号	原金属名称	原金属代表牌号	级　别	典型举例
2. 铝及铝合金屑料	5. 金属铝屑料	GB/T 3190	工业高纯铝	1A85、1A90、1A93、1A95、1A97、1A99	1 级：同一牌号的金属铝屑，无腐蚀、无夹杂； 2 级：同一牌号的金属铝屑，夹杂率不大于 5%； 3 级：同一金属名称的金属屑，无腐蚀、无夹杂； 4 级：同一金属名称的金属铝屑，夹杂率不大于 5%； 5 级：同一组的金属铝屑，无腐蚀、无夹杂； 6 级：同一组的金属铝屑，夹杂率不大于 5%	各种金属屑
			工业纯铝	1070A、1060、1050A、1035、1A30、1200、1100、8A06、1A50		

续附表 5

类　别	组　别	原金属标准号	原金属名称	原金属代表牌号	级　别	典型举例
2. 铝及铝合金屑料	6. 变形铝及铝合金屑料	GB/T 3190	铝镁合金	5A02、5A03、5083、5A05、5056、5A06、5B05、5A12、5A13、5B06、5A33、5A43、5A41、5A66	1 级：同一牌号的变形铝合金铝屑，无腐蚀、无夹杂； 2 级：同一牌号的变形铝合金铝屑，夹杂率不大于 5%； 3 级：同一金属名称的变形铝合金铝屑，无腐蚀、无夹杂； 4 级：同一金属名称的变形铝合金铝屑，夹杂率不大于 5%； 5 级：同一组的变形铝合金铝屑，无腐蚀、无夹杂； 6 级：同一组的变形铝合金铝屑，夹杂率不大于 5%	各种变形铝合金屑
			铝锰合金	3A21		
			铝铜合金	2A01、2A02、2A04、2A06、2B11、2B12、2A10、2A11、2A12、2A13、2A16、2A17、2A50、2B50、2A70、2A80、2A90、2A14		
			铝镁硅合金	6A02、6B02、6061、6063、6070		
			铝硅合金	4A01、4A13、4A17、4A11		
			铝锌合金	7A03、7A04、7A09、7A10、7003、7A01		

续附表 5

类别	组别	原金属标准号	原金属名称	原金属代表牌号	级别	典型举例
2. 铝及铝合金屑料	7. 铸造铝合金屑料	GB/T1173 GB/T8733	略	略	略	略
	8. 混合铝及铝合金屑料	—	—	—	1 级：铝含量不小于98%的铝屑； 2 级：铝含量不小于85%的铝屑； 3 级：铝含量不小于80%的铝屑	各种铝及铝合金屑
3. 铝及铝合金渣、灰废料	9. 铝及铝合金渣、灰	—	—	—	1 级：金属铝含量不小于55%的铝及铝合金渣灰； 2 级：金属铝含量不小于40%的铝及铝合金渣灰； 3 级：金属铝含量不小于20%的铝及铝合金渣灰； 4 级：金属铝含量不小于10%的铝及铝合金渣灰； 5 级：金属铝含量不小于5%的铝及铝合金渣灰	各种铝及铝合金的炉底结块、渣、烟灰、垃圾等废料。

注：1. 未列入表中的牌号，可视其成分归入化学成分相同或相近的组中；

2. 块状废料的最大外形尺寸一般不大于300mm，单块重量不大于50kg；

3. 废料中不允许混有密封容器、易燃、易爆物和有毒物品，且应由供方做安全检查处理。

附录Ⅲ 铸造铝合金

附表 6 铸造铝合金牌号和化学成分（GB/T 8733—2007）

序号	合金牌号	质量分数/%														原合金代号
		Si	Fe	Cu	Mn	Mg	Ni	Zn	Sn	Ti	Zr	Pb	其他杂质①单个	其他杂质①合计	Al②	
1	201Z. 1	0. 30	0. 20	4. 5 ~ 5. 3	0. 6 ~ 1. 0	0. 05	0. 10	0. 20	—	0. 15 ~ 0. 35	0. 20	—	0. 05	0. 15	余量	ZLD201
2	201Z. 2	0. 05	0. 10	4. 8 ~ 5. 3	0. 6 ~ 1. 0	0. 05	0. 05	0. 10	—	0. 15 ~ 0. 35	0. 15	—	0. 05	0. 15		ZLD201A
3	201Z. 3	0. 20	0. 15	4. 5 ~ 5. 1	0. 35 ~ 0. 8	0. 05	—	—	Cd: 0. 07 ~ 0. 35	0. 15 ~ 0. 35	0. 15	—	0. 05	0. 15		ZLD210A
4	201Z. 4	0. 05	0. 13	4. 6 ~ 5. 3	0. 6 ~ 0. 9	0. 05	—	0. 10	Cd: 0. 15 ~ 0. 25	0. 15 ~ 0. 35	0. 15	—	0. 05	0. 15		ZLD204A

续附表6

序号	合金牌号	质量分数/%														原合金代号
		Si	Fe	Cu	Mn	Mg	Ni	Zn	Sn	Ti	Zr	Pb	其他杂质① 单个	其他杂质① 合计	Al②	
5	201Z.5	0.05	0.10	4.6~5.3	0.30~0.50	0.05	B: 0.01~0.06	0.10	Cd: 0.15~0.25	0.15~0.35	0.05~0.20	V: 0.05~0.30	0.05	0.15	余量	ZLD205A
6	210Z.1	4.0~6.0	0.50	5.0~8.0	0.50	0.30~0.50	0.30	0.50	0.01	—	—	0.05	0.05	0.20		ZLD110
7	295Z.1	1.2	0.6	4.0~5.0	0.10	0.03	—	0.20	0.01	0.20	0.10	0.05	0.05	0.15		ZLD203
8	304Z.1	1.6~2.4	0.50	0.08	0.30~0.50	0.50~0.65	0.05	0.10	0.05	0.07~0.15	—	0.05	0.05	0.15		—
9	312Z.1	11.0~13.0	0.40	1.0~2.0	0.30~0.9	0.50~1.0	0.30	0.20	0.01	0.20	—	0.05	0.05	0.20		ZLD108
10	315Z.1	4.8~6.2	0.25	0.10	0.10	0.45~0.7	Sb: 0.10~0.25	1.2~1.8	0.01	—	—	0.05	0.05	0.20		ZLD115

续附表 6

序号	合金牌号	质量分数/%														原合金代号
		Si	Fe	Cu	Mn	Mg	Ni	Zn	Sn	Ti	Zr	Pb	其他杂质[①]		Al[②]	
													单个	合计		
11	319Z. 1	4. 0 ~ 6. 0	0. 7	3. 0 ~ 4. 5	0. 55	0. 25	0. 30	0. 55	0. 05	0. 20	Cr：0. 15	0. 15	0. 05	0. 20	余量	—
12	319Z. 2	5. 0 ~ 7. 0	0. 8	2. 0 ~ 4. 0	0. 50	0. 50	0. 35	1. 0	0. 10	0. 20	Cr：0. 20	0. 20	0. 10	0. 30		—
13	319Z. 3	6. 5 ~ 7. 5	0. 40	3. 5 ~ 4. 5	0. 30	0. 10	—	0. 20	0. 01	—	—	0. 05	0. 05	0. 20		ZLD107
14	328Z. 1	7. 5 ~ 8. 5	0. 50	1. 0 ~ 1. 5	0. 30 ~ 0. 50	0. 35 ~ 0. 55	—	0. 20	0. 01	0. 10 ~ 0. 25	—	0. 05	0. 05	0. 20		ZLD106
15	333Z. 1	7. 0 ~ 10. 0	0. 8	2. 0 ~ 4. 0	0. 50	0. 50	0. 35	1. 0	0. 10	0. 20	Cr：0. 20	0. 20	0. 10	0. 30		—
16	336Z. 1	11. 0 ~ 13. 0	0. 40	0. 50 ~1. 5	0. 20	0. 9 ~1. 5	0. 8 ~1. 5	0. 20	0. 01	0. 20	—	0. 05	0. 05	0. 20		ZLD109
17	336Z. 2	11. 0 ~ 13. 0	0. 7	0. 8 ~1. 3	0. 15	0. 8 ~1. 3	0. 8 ~1. 5	0. 15	0. 05	0. 20	Cr：0. 10	0. 05	0. 05	0. 20		—

续附表 6

序号	合金牌号	质量分数/%														原合金代号
		Si	Fe	Cu	Mn	Mg	Ni	Zn	Sn	Ti	Zr	Pb	其他杂质① 单个	其他杂质① 合计	Al②	
18	354Z. 1	8.0 ~ 10.0	0. 35	1. 3 ~ 1. 8	0. 10 ~ 0. 35	0. 45 ~ 0. 65	—	0. 10	0. 01	0. 10 ~ 0. 35	—	0. 05	0. 05	0. 20	余量	ZLD111
19	355Z. 1	4. 5 ~ 5. 5	0. 45	1. 0 ~ 1. 5	0. 50	0. 45 ~ 0. 65	Be: 0. 10	0. 20	0. 01	Ti + Zr 0. 15	—	0. 05	0. 05	0. 15		ZLD105
20	355Z. 2	4. 5 ~ 5. 5	0. 15	1. 0 ~ 1. 5	0. 10	0. 50 ~ 0. 65	—	0. 10	0. 01	—	—	0. 05	0. 05	0. 15		ZLD105A
21	356Z. 1	6. 5 ~ 7. 5	0. 45	0. 20	0. 35	0. 30 ~ 0. 50	Be: 0. 10	0. 20	0. 01	Ti + Zr 0. 15	—	0. 05	0. 05	0. 15		ZLD101
22	356Z. 2	6. 5 ~ 7. 5	0. 12	0. 10	0. 05	0. 30 ~ 0. 50	0. 05	0. 05	0. 01	0. 08 ~ 0. 20	—	0. 05	0. 05	0. 15		ZLD101A
23	356Z. 3	6. 5 ~ 7. 5	0. 12	0. 05	0. 05	0. 30 ~ 0. 40	—	0. 05	—	0. 10 ~ 0. 20	—	—	0. 05	0. 15		—

续附表 6

序号	合金牌号	质量分数/%														原合金代号
		Si	Fe	Cu	Mn	Mg	Ni	Zn	Sn	Ti	Zr	Pb	其他杂质①		Al②	
													单个	合计		
24	356Z.4	6.8 ~ 7.3	0.10	0.02	0.02	0.30 ~ 0.40	Sr: 0.020 ~ 0.035	0.10	—	0.10 ~ 0.15	Ca: 0.003	—	0.05	0.15	余量	—
25	356Z.5	6.5 ~ 7.5	0.15	0.20	0.05	0.30 ~ 0.45	—	0.10	—	0.10 ~ 0.20	—	—	0.05	0.15		—
26	356Z.6	6.5 ~ 7.5	0.40	0.20	0.6	0.25 ~ 0.40	0.05	0.30	0.05	0.20	—	0.05	0.05	0.15		—
27	356Z.7	6.5 ~ 7.5	0.15	0.10	0.10	0.50 ~ 0.65	—	—	—	0.10 ~ 0.20	—	—	0.05	0.15		ZLD114A
28	356Z.8	6.5 ~ 8.5	0.50	0.30	0.10	0.40 ~ 0.6	Be: 0.15 ~ 0.40	0.30	0.01	0.10 ~ 0.30	Zr: 0.20 B: 0.10	0.05	0.05	0.20		ZLD116
29	A356.2	6.5 ~ 7.5	0.12	0.10	0.05	0.30 ~ 0.45	—	0.05	—	0.20	—	—	0.05	0.15		—

续附表6

序号	合金牌号	质量分数/%														原合金代号
		Si	Fe	Cu	Mn	Mg	Ni	Zn	Sn	Ti	Zr	Pb	其他杂质①		Al②	
													单个	合计		
30	360Z.1	9.0~11.0	0.40	0.03	0.45	0.25~0.45	0.05	0.10	0.05	0.15	—	0.05	0.05	0.15	余量	—
31	360Z.2	9.0~11.0	0.45	0.08	0.45	0.25~0.45	0.05	0.10	0.05	0.15	—	0.05	0.05	0.15		—
32	360Z.3	9.0~11.0	0.55	0.30	0.55	0.25~0.45	0.15	0.35	—	0.15	—	0.10	0.05	0.15		—
33	360Z.4	9.0~11.0	0.45~0.9	0.08	0.55	0.25~0.50	0.15	0.15	0.05	0.15	—	0.15	0.05	0.15		—
34	360Z.5	9.0~10.0	0.15	0.03	0.10	0.30~0.45	—	0.07	—	0.15	—	—	0.03	0.10		—
35	360Z.6	8.0~10.5	0.45	0.10	0.20~0.50	0.20~0.35	—	0.25	0.01	Ti+Zr 0.15	—	0.05	0.05	0.20		ZLD104
36	360Y.6	8.0~10.5	0.8	0.30	0.20~0.50	0.20~0.35	—	0.10	0.01	Ti+Zr 0.15	—	0.05	0.05	0.20		YLD104

续附表 6

序号	合金牌号	质量分数/%														原合金代号
		Si	Fe	Cu	Mn	Mg	Ni	Zn	Sn	Ti	Zr	Pb	其他杂质①		Al②	
													单个	合计		
37	A360.1	9.0 ~ 10.0	1.0	0.6	0.35	0.45 ~ 0.6	0.50	0.40	0.15	—	—	—	—	0.25	余量	—
38	A380.1	7.5 ~ 9.5	1.0	3.0 ~ 4.0	0.50	0.10	0.50	2.9	0.35	—	—	—	—	0.50		—
39	A380.2	7.5 ~ 9.5	0.6	3.0 ~ 4.0	0.10	0.10	0.10	0.10	—	—	—	—	0.05	0.15		—
40	380Y.1	7.5 ~ 9.5	0.9	2.5 ~ 4.0	0.6	0.30	0.50	1.0	0.20	0.20	—	0.30	0.05	0.20		YLD112
41	380Y.2	7.5 ~ 9.5	0.9	2.0 ~ 4.0	0.50	0.30	0.50	1.0	0.20	—	—	—	—	0.20		—
42	383.1	9.5 ~ 11.5	0.6 ~ 1.0	2.0 ~ 3.0	0.50	0.10	0.30	2.9	0.15	—	—	—	—	0.50		—
43	383.2	9.5 ~ 11.5	0.6 ~ 1.0	2.0 ~ 3.0	0.10	0.10	0.10	0.10	0.10	—	—	—	—	0.20		—

续附表6

序号	合金牌号	质量分数/%											其他杂质①		Al②	原合金代号
		Si	Fe	Cu	Mn	Mg	Ni	Zn	Sn	Ti	Zr	Pb	单个	合计		
44	383Y.1	9.6~12.0	0.9	1.5~3.5	0.50	0.30	0.50	3.0	0.20	—	—	—	—	0.20	余量	—
45	383Y.2	9.6~12.0	0.9	2.0~3.5	0.50	0.30	0.50	0.8	0.20	—	—	—	0.05	0.30		YLD113
46	383Y.3	9.6~12.0	0.9	1.5~3.5	0.50	0.30	0.50	1.0	0.20	—	—	—	—	0.20		—
47	390Y.1	16.0~18.0	0.9	4.0~5.0	0.50	0.50~0.65	0.30	1.5	0.30	—	—	—	0.05	0.20		YLD117
48	398Z.1	19~22	0.50	1.0~2.0	0.30~0.50	0.50~0.8	RE:0.6~1.5	0.10	0.01	0.20	0.10	0.05	0.05	0.20		ZLD118
49	411Z.1	10.0~11.8	0.15	0.03	0.10	0.45	—	0.07	—	0.15	—	—	0.03	0.10		—

续附表 6

序号	合金牌号	质量分数/%											其他杂质①		Al②	原合金代号
		Si	Fe	Cu	Mn	Mg	Ni	Zn	Sn	Ti	Zr	Pb	单个	合计		
50	411Z. 2	8. 0 ~ 11. 0	0. 55	0. 08	0. 50	0. 10	0. 05	0. 15	0. 05	0. 15	—	0. 05	0. 05	0. 15	余量	—
51	413Z. 1	10. 0 ~ 13. 0	0. 6	0. 30	0. 50	0. 10	—	0. 10	—	0. 20	—	—	0. 05	0. 20		ZLD102
52	413Z. 2	10. 5 ~ 13. 5	0. 55	0. 10	0. 55	0. 10	0. 10	0. 15	—	0. 15	—	0. 10	0. 05	0. 15		—
53	413Z. 3	10. 5 ~ 13. 5	0. 40	0. 03	0. 35	—	—	0. 10	—	0. 15	—	—	0. 05	0. 15		—
54	413Z. 4	10. 5 ~ 13. 5	0. 45 ~0. 9	0. 08	0. 55	—	—	0. 15	—	0. 15	—	—	0. 05	0. 25		—
55	413Y. 1	10. 0 ~ 13. 0	0. 9	0. 30	0. 40	0. 25	—	0. 10	—	—	0. 10	—	0. 05	0. 20		YLD102
56	413Y. 2	11. 0 ~ 13. 0	0. 9	1. 0	0. 30	0. 30	0. 50	0. 50	0. 10	—	—	—	0. 05	0. 30		—

续附表 6

序号	合金牌号	质量分数/%														原合金代号
		Si	Fe	Cu	Mn	Mg	Ni	Zn	Sn	Ti	Zr	Pb	其他杂质①单个	其他杂质①合计	Al②	
57	A413. 1	11. 0 ~ 13. 0	1. 0	1. 0	0. 35	0. 10	0. 50	0. 40	0. 15	—	—	—	—	0. 25	余量	—
58	A413. 2	11. 0 ~ 13. 0	0. 6	0. 10	0. 05	0. 05	0. 05	0. 05	0. 05	—	—	—	—	0. 10		—
59	443. 1	4. 5 ~ 6. 0	0. 6	0. 6	0. 50	0. 05	Cr: 0. 25	0. 50	—	0. 25	—	—	—	0. 35		—
60	443. 2	4. 5 ~ 6. 0	0. 6	0. 10	0. 10	0. 05	—	0. 10	—	0. 20	—	—	0. 05	0. 15		—
61	502Z. 1	0. 8 ~ 1. 3	0. 45	0. 10	0. 10 ~ 0. 40	4. 6 ~ 5. 6	—	0. 20	—	0. 20	—	—	0. 05	0. 15		ZLD303
62	502Y. 1	0. 8 ~ 1. 3	0. 9	0. 10	0. 10 ~ 0. 40	4. 6 ~ 5. 6	—	0. 20	—	—	0. 15	—	0. 05	0. 25		YLD302
63	508Z. 1	0. 20	0. 25	0. 10	0. 10	7. 6 ~ 9. 0	B: 0. 03 ~ 0. 10	1. 0 ~ 1. 5	—	0. 10 ~ 0. 20	—	—	0. 05	0. 15		ZLD305

续附表 6

序号	合金牌号	质量分数/%														原合金代号
		Si	Fe	Cu	Mn	Mg	Ni	Zn	Sn	Ti	Zr	Pb	其他杂质[①] 单个	其他杂质[①] 合计	Al[②]	
64	515Y. 1	1. 0	0. 6	0. 10	0. 40 ~ 0. 6	2. 6 ~ 4. 0	0. 10	0. 40	0. 10	—	—	—	0. 05	0. 25	余量	YLD306
65	520Z. 1	0. 30	0. 25	0. 10	0. 15	9. 8 ~ 11. 0	0. 05	0. 15	0. 01	0. 15	0. 20	0. 05	0. 05	0. 15		ZLD301
66	701Z. 1	6. 0 ~ 8. 0	0. 6	0. 6	0. 50	0. 15 ~ 0. 35	—	9. 2 ~ 13. 0	—	—	—	—	0. 05	0. 20		ZLD401
67	712Z. 1	0. 30	0. 40	0. 25	0. 10	0. 55 ~ 0. 70	Cr: 0. 40 ~ 0. 6	5. 2 ~ 6. 5	—	0. 15 ~ 0. 25	—	—	0. 05	0. 20		ZLD402
68	901Z. 1	0. 20	0. 30	—	1. 50 ~ 1. 70	—	RE: 0. 03	—	—	0. 15	—	—	0. 05	0. 15		ZLD501
69	907Z. 1	1. 6 ~ 2. 0	0. 50	3. 0 ~ 3. 4	0. 9 ~ 1. 2	0. 20 ~ 0. 30	0. 20 ~ 0. 30	0. 20	RE: 4. 4 ~ 5. 0	—	0. 15 ~ 0. 25	—	0. 05	0. 20		ZLD207

注：表中含量有上下限者为合金元素；含量为单个数值者为最高限；“—”为未规定具体数值；铝为余量。

①“其他杂质”一栏系指表中未列出或未具体规定数值的金属元素；

②铝的质量分数为 100% 与质量分数等于或大于 0. 010% 的所有元素含量总和的差值。

附表7　铸造铝合金新牌号、类型与原合金牌号、代号对照

序号	新合金牌号	对应 ISO3522：2006（E）的合金类型（Alloy Group）	对应的原合金	
			牌　号	代　号
1	201Z. 1	AlCu	ZAlCu5MnD	ZLD201
2	201Z. 2		ZAlCu5MnDA	ZLD201A
3	201Z. 3		ZAlCu5Mn	ZLD210A
4	201Z. 4		ZAlCu5MnCdDA	ZLD204A
5	201Z. 5		ZAlCu5MnCdVDA	ZLD205A
6	210Z. 1		ZAlSi5Cu6MgD	ZLD110
7	295Z. 1		ZAlCu4D	ZLD203
8	304Z. 1	AlSiMgTi	—	—
9	312Z. 1	AlSi12Cu	ZAlSi12Cu2Mg1D	ZLD108
10	315Z. 1	(AlSi5ZnMg)	ZAlSi5Zn1MgD	ZLD115
11	319Z. 1	AlSi5Cu	—	—
12	319Z. 2		—	—
13	319Z. 3		ZAlSi7Cu4D	ZLD107
14	328Z. 1	AlSi9Cu	ZAlSi8Cu1MgD	ZLD106
15	333Z. 1		—	—

续附表 7

序号	新合金牌号	对应 ISO3522：2006（E）的合金类型（Alloy Group）	对应的原合金	
			牌号	代号
16	336Z. 1	AlSiCuNiMg	ZAlSi12Cu1Mg1Ni1D	ZLD109
17	336Z. 2		—	—
18	354Z. 1	AlSi9Cu	ZAlSi9Cu2MgD	ZLD111
19	355Z. 1	AlSi5Cu	ZAlSi5Cu1MgD	ZLD105
20	355Z. 2		ZAlSi5Cu1MgDA	ZLD105A
21	356Z. 1	AlSi7Mg	ZAlSi7MgD	ZLD101
22	356Z. 2		ZAlSi7MgDA	ZLD101A
23	356Z. 3		—	—
24	356Z. 4		—	—
25	356Z. 5		—	—
26	356Z. 6		—	—
27	356Z. 7		ZAlSi7MgDA	ZLD114A
28	356Z. 8		ZAlSi8MgBeD	ZLD116
29	A356. 2		—	—

续附表 7

序号	新合金牌号	对应 ISO3522：2006（E）的合金类型（Alloy Group）	对应的原合金	
			牌号	代号
30	360Z. 1	AlSi10Mg	—	—
31	360Z. 2		—	—
32	360Z. 3		—	—
33	360Z. 4		—	—
34	360Z. 5		—	—
35	360Z. 6		ZAlSi9MgD	ZLD104
36	360Y. 6		YAlSi9MgD	YLD104
37	A360. 1		—	—
38	A380. 1	AlSi9Cu	—	—
39	A380. 2		—	—
40	380Y. 1		YAlSi8Cu3D	YLD112
41	380Y. 2		—	—
42	383. 1		—	—
43	383. 2		—	—
44	383Y. 1		—	—
45	383Y. 2		YAlSi11Cu3D	YLD113
46	383Y. 3		—	—

续附表 7

序号	新合金牌号	对应 ISO3522：2006（E）的合金类型（Alloy Group）	对应的原合金	
			牌 号	代 号
47	390Y. 1	AlSi17Cu	YAlSi7Cu5D	YLD117
48	398Z. 1	AlSi20Cu	ZAlSi20Cu2Re1MgMnD	ZLD118
49	411Z. 1	AlSi（11）	—	—
50	411Z. 2		—	—
51	413Z. 1	AlSi（12）	ZAlSi12D	ZLD102
52	413Z. 2		—	—
53	413Z. 3		—	—
54	413Z. 4		—	—
55	413Y. 1		YAlSi12D	YLD102
56	413Y. 2		—	—
57	A413. 1		—	—
58	A413. 2		—	—
59	443. 1	AlSi（5）	—	—
60	443. 2		—	—
61	502Z. 1	AlMg（5Si）	ZAlMg5Si1D	ZLD303
62	502Y. 1		YAlMg5Si1D	YLD302

续附表 7

序号	新合金牌号	对应 ISO3522：2006（E）的合金类型（Alloy Group）	对应的原合金	
			牌　号	代　号
63	508Z. 1	AlMg（8）	ZAlMg8Zn1D	ZLD305
64	515Y. 1	AlMg（3）	YAlMg3D	YLD306
65	520Z. 1	AlMg（10）	ZAlMg10D	ZLD301
66	701Z. 1	AlZnSiMg	ZAlZn11Si7D	ZLD401
67	712Z. 1	AlZnMg	ZAlZn6MgD	ZLD402
68	901Z. 1	AlMn	ZAlMn1D	ZLD501
69	907Z. 1	AlRECuSi	ZAlCu3Re5Si2D	ZLD207

参考文献

[1] 王祝堂，田荣璋. 铝合金及其加工手册［M］. 长沙：中南工业大学出版社，1989.

[2] 马龙翔. 铝及铝合金的熔炼与铸锭［M］. 北京：冶金工业出版社，1959.

[3] Ветюков М М，идр. 铝镁电冶金学［M］. 邱竹贤，李席梦，王家庆译. 沈阳：辽宁教育出版社，1989.

[4] Марголис Л Д，ЕльцовЗВ，идр. Цветные Металлы［J］. 1964，(6)：42，43.

[5] 向凌霄. 原铝及其合金的熔炼与铸造［M］. 北京：冶金工业出版社，2005.

[6] 向凌霄，张家拓. 铝工业生产优化组合对保护环境及循环经济的作用［J］. 轻金属，2006，(6)：3~9.

[7] 东北轻合金加工厂，等. 轻金属材料加工手册（下册）［M］. 向培森. 北京：冶金工业出版社，1980.

[8] 向凌霄，孙轮，耿培久，等. 铝熔炼炉能源的合理选择［J］. 轻金属，2007(6)：24~27.

[9] 卢治森. 电解铝液铸造大方锭的工艺与质量［J］. 轻金属，1984，(9)：52~56.

[10] 周家荣. 铝合金熔铸生产技术问答［M］. 北京：冶金工业出版社，2008.

[11] 郑超，傅英祥. 提高铝合金熔炼中的金属实收率的研究［C］. 见：2007 第三届铝型材技术（国际）论坛文集. 铝业加工技术咨询信息服务中心，广东有色金属学会加工学术委员会. 广州：2007：187，188.

[12] 陆树荪，顾开道，郑来苏. 有色铸造合金及熔炼［M］. 北京：国防工业出版社，1983.

[13] 倪红军，黄明宇，朱昱. JDN－Ⅰ熔剂对 L_2、L_3 变形铝的净化作用［C］. 见：2004 铝型材技术（国际）论坛文集. 广东有色金属学会加工学术委员会，铝业加工技术咨询信息服务中心，华南理工大学，金属新材料制备与成形广东省重点实验室. 广州，2004：185~189.

[14] 苏堪祥，单长智，彭学仕. N_2 与 Ar 精炼铝熔体效果的对比. 见：2004 铝型材技术（国际）论坛文集. 广东有色金属学会加工学术委员会，铝业加工技术咨询信息服务中心，华南理工大学，金属新材料制备与成形广东省重点实验室. 广州，2004：183，184.

[15] 西北铝加工厂. 三种精炼剂的使用效果比较［J］. 轻金属，1977，(4)：6，44~46.

[16] 齐撕恰可夫 Ю Д，马利采夫 М В. 关于消除铝合金氧化夹杂物的几种方法. 高革译. 有色金属合金文集（第三集，轻合金 2）. 北京：冶金工业出版社，

1959：54 ~ 59.

[17] АграновскийА А，идр. 氧化铝生产手册 [M]. 沈阳铝镁设计院氧化铝专业组译. 北京：冶金工业出版社，1974：2，13.

[18] 王祝堂. 薄铝带坯高速连续铸轧技术 (1)[J]. 轻金属，1999，(2)：50 ~ 52.

[19] 邦达列夫 Б И，那帕尔科夫 В И，塔拉雷什金 В И. 变形铝合金的细化处理 [M]. 王永海，张发明，高革译. 北京：冶金工业出版社，1988：8.

[20] 左玉波，崔建忠，赵志浩，等. 低频电磁水平连铸新型超高强铝合金 [J]. 特种铸造及有色合金，2007，27 (9)：706 ~ 708.

[21] 朱庆丰，赵志浩，左玉波，等. 水平连续铸造 5182 铝合金组合磁场作用下的组织演变. 铸造，2008，57 (6)：578 ~ 581.

[22] 赵啸林，等. 连续铸轧时铝电磁铸轧固液区中流体行为. 轻金属，2000，(8)：55 ~ 58.

[23] 高学鹏，李新涛，郗喜望，等. 功率超声作用下水平连铸装置的设计及试验研究. 特种铸造及有色合金，2006，26 (10)：639 ~ 641.

[24] ДобаткинВ И. 铝合金铸锭. 乔玉普，等译. 北京：中国工业出版社，1964.

[25] 孝云祯，等. Al – Ti – B 细化效果的实验研究. 沈阳：东北工学院，1987.

[26] 高泽生. 铝钛硼晶粒细化剂的合理使用与质量控制 [C]. 见：第十届轻合金加工年会（轻合金文集第三集），杭州. 1991：26 ~ 31.

[27] 章宗和，向知杰，张权才，等. 铝合金熔体的除气 [C]. 见：第十届轻合金加工年会（轻合金文集第三集），杭州，1991：12 ~ 18.

[28] 易正伦. 刚玉质微孔过滤铝熔体的研制和应用 [C]. 见：第 1 ~ 5 届轻合金加工年会（轻合金文集第一集），哈尔滨，1974 ~ 1983：92 ~ 100.

[29] Бондарев Б И，идр. 铝合金精细过滤的工业试制经验 [J]. Цветные Металлы，1977，(6)：54 ~ 56.

[30] 周庆波，于守魁，冷金凤，等. 铝熔体中氢的产生机理及 Alpur 除气装置的除气效果 [J]. 黑龙江冶金，2007，(3)：22，26.

[31] 彭大署，林高用. LARS ——新型的铝及铝合金熔体纯净化系统 [C]. 见：2004 铝型材技术（国际）论坛文集. 广东有色金属学会加工学术委员会，铝业加工技术咨询信息服务中心，华南理工大学，金属新材料制备与成形广东省重点实验室. 广州：2004：190 ~ 194.

[32] 高泽生. 新的铝熔体炉外处理装置——MINT [J]. 轻金属，1985，(6)：47 ~ 50.

[33] 柯东杰，黄双溪，陈群，等. 新型泡沫陶瓷的铝熔体净化技术 [C]. 见：2004 铝型材技术（国际）论坛文集. 广东有色金属学会加工学术委员会，铝业加工技术咨询信息服务中心，华南理工大学，金属新材料制备与成形广东省重点实验室. 广州：2004：195 ~ 197.

[34] 雷惠，雷森田，庄斌星. 一种新型的水平连铸机中间包加热系统［J］. 钢铁，2008，43（4）：43～45，50.

[35] 柯东杰，路贵民，陈晓，等. 铝合金绿色熔炼的新概念［C］. 见：2007第三届铝型材技术（国际）论坛文集（卷Ⅱ）. 铝业加工技术咨询信息服务中心，广东有色金属学会加工学术委员会. 广州，2007：4～10.

[36] 三木功，と. 铝－铁合金凝固时铁的影响［J］. 轻金属，1975，25，(1)：1～9.

[37] Скворцов А А，Акименко А Д. ТЕПЛОПЕРЕДАЧ А И ЗАТВЕРДЕВАНИЕ СТ-АЛИ В У СТАНОВКАХ НЕПРЕРЫВНОЙ Р АЗЛИВКИ. ИЗДАДЕЛЬСТВО “МЕТАЛЛУРГИЯ” Москва，1966：84.

[38] 高泽生译. 连续铸造的控制——热顶铸造［J］. 轻合金加工技术（铸锭质量控制专集），1974，(3)：16，47～53.

[39] Елисов В С. 连续铸造铝合金锭时结晶器中熔体敞露表面的导热［J］. Цетные Металлы，1976，(10)：54～56.

[40] 梁鲁清. 3104合金扁锭裂纹的成因与控制［C］. 见：2007第三届铝型材技术（国际）论坛文集. 铝业加工技术咨询信息服务中心，广东有色金属学会加工学术委员会. 广州，2007：237，238.

[41] 李永春. 7A19铝合金熔铸工艺及消除羽毛状晶缺陷措施研究［C］. 见：2004铝型材技术（国际）论坛文集. 广东有色金属学会加工学术委员会，铝业加工技术咨询信息服务中心，华南理工大学，金属新材料制备与成形广东省重点实验室. 广州，2004：204～209.

[42] 曾奇才，留志铭. 7075铝合金熔铸工艺实践［C］. 见：2004铝型材技术（国际）论坛文集. 广东有色金属学会加工学术委员会，铝业加工技术咨询信息服务中心，华南理工大学，金属新材料制备与成形广东省重点实验室. 广州：2004：210～212.

[43] 王自焘. 中国铝挤压工业五十五年［C］. 见：2007第三届铝型材技术（国际）论坛文集（卷Ⅱ）. 铝业加工技术咨询信息服务中心，广东有色金属学会加工学. 广州：2007：1～3.

[44] 杨孟刚，文东辉，张虎. 6005A铝合金大直径圆铸锭生产技术［J］. 轻合金加工技术，2007，35（3）：23～25.

[45] 刘景茹. 美国MaxiCast热顶铸造设备及应用［C］. 见：第十届轻合金加工年会（轻合金文集第三集），杭州，1991：7～11.

[46] Жернов А И. 改进连铸铝合金锭的工艺［J］. ЦветныеМеталлы，1985，(6)：68～71.

[47] 石峰，彭学仕. 铝合金半连续铸造时影响逆流导热距离值的因素分析［J］. 轻合金加工技术，2005，33（8）：20～23.

[48] 张绍祥，曲镜海. 关于连续铸锭周边凝固区高度的确定及其在实际中的应用［J］. 轻金属，1981，(10)：52～57.
[49] 刘启林. 热顶模同水平多模半连续铸造工艺技术［J］. 轻金属，1988，(10)：27～30.
[50] 曲福，赵志浩，左玉波，等. 气体润滑技术在铝合金连铸中的应用［J］. 铸造，2008，57（8）：772～774.
[51] 文东辉. 6×××系铝合金圆铸锭气幕铸造工艺研究. 见：2007第三届铝型材技术（国际）论坛文集. 铝业加工技术咨询信息服务中心，广东有色金属学会加工学术委员会. 广州，2007：219～224.
[52] 高荫桓，翟永. 铝合金油气润滑模热顶铸造的研制［C］. 见：第十届轻合金加工年会（轻合金文集第三集），杭州，1991：1～6.
[53] 张建平，乐永康，毛建伟，等. 2024铝合金气滑铸造工艺研究［J］. 有色金属加工，2007，36（2）：25～27.
[54] 张文静，乐永康，毛建伟，等. 气滑铸造工艺参数对2024铝合金微观组织的影响［J］. 特种铸造及有色合金，2007，29（1）：42～44.
[55] 周家荣，张宏辉，鄢明军，等. 热顶铸造时防止铸锭裂纹的防止方法［C］. 见：2007第三届铝型材技术（国际）论坛文集. 铝业加工技术咨询信息服务中心，广东有色金属学会加工学术委员会. 广州，2007：228～230.
[56] 曲福，崔建忠，王向杰，等. 气膜对6063铝合金连铸坯中心裂纹及表面质量的影响［J］. 特种铸造及有色合金，2009，27（3）：207～209.
[57] 美国铝业公司. 铸铝水平连续铸造法及其装置［C］. 见：铝合金水平连续铸造（译文集），哈尔滨第五号信箱技术情报室. 哈尔滨：哈尔滨第五号信箱技术情报室，1971：8～13.
[58] 洪伟. 有色金属连铸设备［M］. 北京：冶金工业出版社，1987：2.
[59] Roth A. 铝制大电流铸造铝母线的生产［J］. Aluminium，1965，(2)：117～119.
[60] Aluminium Suisse，1962，(3)：145～154.
[61] Powers R B. Alcoa公司的卧式连续铸造法［J］. Light Metal Age，1975，33(11～12)：5～7.
[62] 廖乐杰. LF21合金扁锭的水平连铸［J］. 特种铸造及有色合金，1993，(2)：29，43.
[63] 刘俊东，徐增尧. 6063合金圆锭的横向多模同时铸造［J］. 轻金属，1999，(11)：31～33，41.
[64] 向凌霄. 高品位铝母线的实际意义［J］. 轻金属，1983，(9)：22～24.
[65] 向凌霄. 水平连铸与同水平铸造［M］. 北京：冶金工业出版社.
[66] 肖述兵. 铝母线浇铸生产工艺的探讨［J］. 轻金属，2005，(3)：36～39.

[67] 东北轻合金加工厂. 双辊下注式连续铸轧铝板 [J]. 轻金属, 1976, (3): 34 ~ 47.

[68] 张安乐, 徐冬泉. 铸轧铝板坯上下表面晶粒度不同的原因及对策 [J]. 轻合金加工技术, 2008, 36 (6): 12 ~ 14.

[69] Дайнеко А И, и др. 连铸连轧铝杆组织的育成 [J]. Цветные Металлы, 1981, (1): 67, 68.

[70] 魏永峰. 稀土元素对电工圆铝杆性能的影响 [J]. 轻金属, 1997, (7): 49, 50.

[71] 李丕显. 防止连铸连轧铝线锭断裂的措施 [J]. 轻合金加工技术, 1993, 21 (12): 41.

[72] Коркушко В С, Маленьких А Н, идр. 连铸连轧铝线坯铸造机组的改进 [J]. Цветные Металлы, 1985, (6): 71 ~ 73.

[73] 章跃中. 铸模设计的改进 [J]. 轻金属, 1997, (1): 56, 57.

[74] Petry C J. Hazelett 双带铸造机 [J]. Light Metal Age, 1975, 33 (11 ~ 12): 34 ~ 37.

[75] Regan P C, Allyn J B. 薄带铸造用的Hazelett双带式铸造机. Iren Steel Engneer, 1987, 64 (2): 41 ~ 46.

[76] 李元明, 谭本清, 张国栋. ELH - Ⅳ型铝熔体测氢仪的技术分析. 见: 2007第三届铝型材技术 (国际) 论坛文集. 铝业加工技术咨询信息服务中心, 广东有色金属学会加工学术委员会. 广州, 2007: 196 ~ 198.

[77] 王宝让, 等. 横向铸锭中光亮晶粒形成机理的研究 [C]. 见: 轻合金文集 (第一集). 中国金属学会有色金属材料与加工学术委员会、中国金属学会有色金属加工工业协会编. 哈尔滨, 1983: 257 ~ 260.

[78] 杨荣东, 等. 7039合金圆铸锭粗大化合物缺陷分析及控制 [C]. 见: 2007第三届铝型材技术 (国际) 论坛文集. 铝业加工技术咨询信息服务中心, 广东有色金属学会加工学术委员会. 广州, 2007: 249 ~ 257.

冶金工业出版社部分图书推荐

书　名	作　者	定价(元)
铝电解理论与新技术（第3版）	邱竹贤等	49.00
现代铝电解（平装）	刘业翔	108.00
原铝及其合金的熔炼与铸造	向凌霄	59.00
氧化铝生产知识问答	付高峰	29.00
有色金属材料工程概论	黎文献	49.00
有色金属及合金的熔炼与铸锭	王文礼	39.00
水平连铸与同水平铸造	向凌霄	76.00
带钢连续热镀锌（第3版）	李九岭等	86.00
带钢连续热镀锌生产问答	李九岭等	48.00
预焙槽炼铝（第3版）	邱竹贤	89.00
拜耳法生产氧化铝	毕诗文	36.00
铝加工技术实用手册	肖亚庆	248.00
铝电解炭阳极生产与应用	王平甫	58.00
氧化铝生产工艺	王　捷	28.00
中国铝工业技术发展	肖亚庆	98.00
氧化铝生产设备	陈　聪	39.00
铝合金阳极氧化工艺技术应用手册	朱祖芳	29.00
铝合金无缝管生产原理与工艺	邓小民	60.00
钴基合金铝化物涂层的高温氧化行为	刘培生	45.00
铝电解生产技术	杨　昇	39.00
铝及铝合金粉材生产技术	钟　利	25.00
铝电解槽非稳态非均一信息模型及节能技术	李贺松	26.00
铝合金熔炼与铸造技术	唐　剑	32.00
中国铝合金再生资源发展研究	蔡曾清	20.00
氧化铝生产仿真实训	徐　征	20.00
铝箔生产技术	段瑞芬	28.00
铝合金中厚板生产技术	钟　利	38.00
铝合金挤压工模具技术	刘静安	35.00